SYNOPSIS

DE LA

NOUVELLE FLORE

DES

ENVIRONS DE PARIS.

Chez les mêmes Libraires

ET DU MÊME AUTEUR.

NOUVELLE FLORE

DES

ENVIRONS DE PARIS,

SUIVANT LA MÉTHODE NATURELLE,

Avec l'indication des vertus des plantes usitées en médecine.

QUATRIÈME ÉDITION.

PARIS, 1836, 2 VOL. IN-8. PRIX : 13 FR.

TYPOGRAPHIE DE FIRMIN DIDOT FRÈRES ET Cie,
Imprimeurs de l'Institut de France,
RUE JACOB, N° 56.

SYNOPSIS

DE LA

NOUVELLE FLORE

DES

ENVIRONS DE PARIS,

SUIVANT

LA MÉTHODE NATURELLE,

PAR F.-V. MÉRAT,

Docteur en Médecine, Membre de l'Académie royale de Médecine, de la Légion d'honneur, etc., etc.

PARIS.

MÉQUIGNON-MARVIS PÈRE ET FILS,

LIBRAIRES, RUE DU JARDINET, N° 13.

1837.

PRÉFACE.

Nous avons pensé à faire un *Synopsis* qui offrît, dans le moins de mots possibles, les caractères abrégés, mais les plus saillants, de nos plantes parisiennes : c'est le résultat de ce travail que nous offrons aux élèves et aux amateurs.

Il est moins complet que la *Nouvelle Flore* puisqu'il ne renferme pas les caractères de détails qu'on aime à trouver lorsqu'on étudie les végétaux à loisir dans son cabinet. Il ne la remplace qu'en partie, sous ce rapport, et il faudra toujours recourir à celle-ci lorsqu'on voudra approfondir ce qui concerne les plantes de nos environs et leurs nombreuses variétés que nous n'avons pu y placer pour ne pas grossir ce volume. Nous en avons élagué aussi les plantes douteuses, celles trop éloignées du rayon habituel de nos promenades botaniques, celles qui sont dues à une culture passagère ou qui sont évidemment échappées des jardins; ces végétaux peuvent bien figurer dans une Flore complète, mais ils eussent été déplacés dans un *Vade mecum*.

Ce petit travail est destiné à servir en quelque sorte d'introduction à l'étude de la Flore parisienne, sauf à recourir à l'ouvrage même lorsqu'on sera plus avancé, et qu'on aura pris plus de goût pour la science végétale.

Nous avons d'ailleurs suivi la marche de la *Nouvelle Flore*, de manière à pouvoir s'y retrouver pour la nomenclature et la synonymie des plantes, les figures qui les représentent, leurs propriétés, etc., en un mot pour tous les détails qui les concernent (1).

---

(1) La fructification des Cryptogames ayant, en général, lieu d'octobre à février, et leur localité étant des plus variables, nous n'avons précisé aucune de ces deux indications; de même, pour les Phanérogames, nous n'avons pas indiqué le mois de la fleuraison des plantes lorsqu'elle a lieu de mai à septembre, et c'est chez le très-grand nombre; le tout pour abréger.

TABLEAU

DES CLASSES DE VÉGÉTAUX DISPOSÉES SUIVANT LA MÉTHODE ADOPTÉE DANS CET OUVRAGE.

―――

――◎――

Pour reconnaître une plante à l'aide de cette classification, il faut, après avoir cherché si elle est Acotylédone, Monocotylédone ou Dicotylédone (1), examiner si elle est susceptible d'avoir une fleur ou de n'en point avoir ; dans le premier cas, si cette fleur n'a que des écailles ou bien une ou deux enveloppes, et si l'ovaire est infère ou supère : après avoir acquis ces données, on suit les classes indiquées dans ce tableau, et on trouve celle à laquelle elle appartient. Pour cet examen il faut que la plante soit en bon état, c'est-à-dire en pleine fructification, pour les deux premières classes ou *Cryptogames*, et en fleur et fruit pour toutes les autres ou *Phanérogames*.

A chaque classe est indiquée la page de l'ouvrage où sont exposées méthodiquement les familles qu'elle renferme, et à celles-ci les genres et les espèces qui les composent : au moyen de cette facile analyse, on arrive à la plante, dont on cherche le nom, si elle est de nos environs.

— ◦ —

SIGNES ABRÉVIATIFS EMPLOYÉS DANS CET OUVRAGE.

—

⊙ Plante annuelle.
♂   —   bisannuelle.
♃   —   vivace.
♄   —   ligneuse, arbrisseau ou arbre.
R.   —   rare.
L. Linné.

La plupart des auteurs des noms des plantes sont en abrégé.

---

(1) Voyez les caractères de ces trois grandes classes du règne végétal pages 1, 149 et 187.

SYNOPSIS

DE LA

NOUVELLE FLORE

DES

ENVIRONS DE PARIS.

●◦●◖●◖●◗●◖●◖◗●◖◗●◖◗●◖◗●◖◗◗●◖◗●◖◗◗●◖◗◖●◗●◖◗◗●◖◗◗●◖◗●◖◗◗●◖◗◖●◖●◗●◖◗◖◗●◖◗◗●◖●◖◖◗●◖◗

PLANTES ACOTYLÉDONES.

———•••———

Polymorphes, celluleuses, dépourvues de vaisseaux lymphatiques, propres ou en spirale, ayant, le plus souvent, des pores corticaux; sans organes sexuels, ou du moins n'étant pas apercevables; se reproduisant par des fructifications (appelées gongyles, sporules ou séminules) nues ou réunies dans une enveloppe commune (nommée thèque, sporidie, péridiole ou sporange).

———•◦◦●———

CLASSE PREMIÈRE (1).

———

TABLEAU DES FAMILLES DE LA CLASSE PREMIÈRE.

PARTIE PREMIÈRE.

ACOTYLÉDONES APHYLLES (agames).

———

A. *Plantes aquatiques.*

ALGUES. Vertes, gélatineuses, filamenteuses, laminées ou dendroïdes, articulées ou continues, à fructifications extérieures, ou se reproduisant par une division de leurs parties; croissant dans ou sur l'eau ou sur les corps mouillés.

B. *Plantes non aquatiques* (parasites).

MUCÉDINÉES. Jamais vertes (non gélatineuses), filamen-

———————————————————————

(1) Les plantes de cette classe exigent l'usage du microscope pour être reconnues.

1

leuses, à tubes continus ou cloisonnés, à fructifications extérieures, nues; se développant sur les végétaux morts.

URÉDINÉES. Jamais vertes, pulvériformes; consistant en vésicules agglomérées, rarement cloisonnées, se développant sous l'épiderme des végétaux morts, qui leur forme parfois une sorte de réceptacle.

CHAMPIGNONS. Jamais vertes, fongueuses, spongieuses, gélatineuses; affectant la forme de parasol, de massue, de globe, de coupe, de lame, etc.; à fructifications (sporidies) réunies en une membrane qui les recouvre en tout ou en partie; croissant sur la terre, les feuilles, le bois mort.

LYCOPERDACÉES. Jamais vertes; formées de loges isolées, pleines, composées de deux couches distinctes, se détruisant irrégulièrement au sommet (après leur développement complet) pour le passage des sporules, libres, qu'elles renferment; croissant sur le bois mort, les feuilles, la terre.

HYPOXYLÉES. Noirâtres, coriaces; formées de loges creuses, rangées par série, d'abord closes, puis s'ouvrant par un pore ou ostiole, ou par une fente, d'où sortent des sporidies fixes, contenant des sporules enchâssées dans une matière mucilagineuse; croissant sous l'épiderme des plantes.

LICHÉNÉES. Rarement verdâtres, formées d'une couche pulvérulente, crustacée, dendroïde, ou filamenteuse, sur laquelle naissent des fructifications poriformes, tuberculeuses, cupuliformes, revêtues d'une membrane colorée qui renferme les sporules libres ou contenus dans des thèques; croissant sur l'écorce des arbres, les pierres, etc.

PARTIE DEUXIÈME.

ACOTYLÉDONES FOLIÉES (cryptogames).

HÉPATIQUES. Vertes; consistant en une expansion ou fronde foliacée, à divisions lobées; à fructifications pédicellées, capsuliformes, closes, ou s'ouvrant le plus ordinairement en 2-8 valves, sans opercule, columelle, ni coiffe, renfermant les sporules. (Les fleurs mâles séparées sur la même fronde, consistant en globules réunis dans un godet); croissant sur l'écorce des arbres, la terre, etc.

MOUSSES. Vertes; consistant en une expansion ou fronde foliacée, à folioles simples, non lobées; à fructifications (urne) pédicellées, capsuliformes, univalves, uniloculaires, traversées par une columelle, souvent dentées à l'orifice, fermées par un opercule, et recouvertes d'une coiffe, renfermant les sporules. (Les fleurs mâles sur la même fronde, réunies en granules latéraux); croissant sur l'écorce des arbres, la terre, les pierres, etc.

DESCRIPTION DES PLANTES

CONTENUES

DANS LES FAMILLES DE LA CLASSE PREMIÈRE.

———— ◦ ————

PARTIE Iʳᵉ. *ACOTYLÉDONES APHYLLES* (agames).

FAMILLE PREMIÈRE.

ALGUES OU HYDROPHYTES.

Voyez les caractères de cette famille, page 1.

————

§ I. ALGUES FILAMENTEUSES.

+ *LYNGBYÉES*. Filaments noirâtres, bruns, ou d'un vert intense, fixés par la base, puis libres, très-grêles, cylindriques, continus, finement striés.

SCYTONEMA. Filaments courts, déliés, cylindriques, rameux, à anneaux moniliformes, nombreux, variables.

Myochrous, Agardh. Petits groupes de filaments noirâtres, à rameaux géminés. *Bois morts, humides.*

LYNGBYA. Filaments délicats, libres, allongés, continus, marqués de lignes très-fines.

Variabilis, Agardh. Filaments flasques, roses. *Lieux humides.*

Muralis, Agardh. Filaments roides, verts. *Pied des murs.*

++*CONFERVÉES*. Filaments verts, rarement colorés, capillaires, simples ou rameux, gélatineux ou membraneux, articulés, non conjugués; conceptacles nuls ou inconnus (sauf dans le *Batrachospermum* où ils paraissent externes).

HYDRODYCTION. Filaments anastomosés en mailles quadrilatères, articulés aux deux extrémités, caducs.

Pentagonum, Vaucher. Sac formé de mailles à 4-6 angles. *Fossés aquatiques. Août.*

CONFERVA. Filaments cylindriques, transparents, articulés, flexibles, à articles remplis d'une matière verte.

4 ALGUES.—*Conferva.*

* *Filaments simples.*

Capillaris, L. Filaments longs. crispés, entrecroisés, alternativement comprimés, vert-noir. *Eaux stagnantes.*

Rivularis, L. Filaments longs, droits ou contournés, à articles à matière verte non interrompue. *Ruisseaux.*

Parasitica, DC. Filaments fasciculés, grêles, obtus, très-petits. *Sur les plantes aquatiques.*

Vesicata, Agardh. Petits flocons formés de filaments fins, glauques, à granules éparses. *Rivières, étangs.*

Dissiliens, Dillw. Filaments gluants, roides, fragiles, longs. *Fossés, ruisseaux.*

Zonata, Web. Filaments visqueux, atténués, à matière verte formant des bandes. *Sur les pierres et le bois dans les ruisseaux.*

Muscosa, Dillw. Flocons épais, formés de filaments gluants, délicats, remplis d'une matière verte continue, contractée. *Eaux.*

Floccosa, DC. Filaments arachnoïdes, muqueux, vert-pâle, remplis de bulles, à matière verte en grains arrondis. *Mares, fossés.*

Sordida, Roth. Filaments délicats, fort allongés, à articles renflés, à points transparents. *Eaux stagnantes.*

Nigrita, Agardh. Filaments noirs, dressés, à articulations longues. *Marais tourbeux.*

** *Filaments rameux.*

Pusilla, Lyngb. Filaments vert-gai, formant de petites touffes serrées, globuleuses, à ramuscules supérieurs rapprochés. *Sur les grandes conferves.*

? *Glomerata*, L. Filaments en touffes épaisses, à rameaux alternes, fasciculés à la pointe. *Sur les bois et les pierres dans l'eau pure.*

Crispata, Roth. Filaments verts, puis jaunes, tenus, allongés, flexueux, à rameaux espacés. *Dans les fossés et rivières.*

Fracta, Dillw. Filaments grêles, allongés, verts, puis jaunâtres, formant un coussin dense, à rameaux divariqués, les supérieurs recourbés. *Eaux stagnantes.*

BATRACHOSPERMUM. Filaments gélatineux, flexibles, articulés, à ramuscules moniliformes, verticillés; fructifications axillaires, gemmiformes, pédicellées, réunies. — *Couleur violette teignant le papier.*

* *Filaments opaques, peu gélatineux, à articulations épaisses; verticilles rares ou épars.* (Lemanea).

Tenuissimum, Bory. Filaments allongés, très-rameux, d'un gris bleuâtre. *Eaux pures, sombres.*

Dillenii, Bory. Filaments noirs, très-rameux, divariqués, confus. *Ruisseaux.*

** *Filaments transparents à articulations égales, à verticilles réunis.* (Thorinia).

Turfosum, Bory. Filaments d'un vert-bleu, couverts de ramuscules de tous côtés. *Tourbières.*

*** *Filaments à articulations distinctes, entourés de ramuscules verticillés.*

Moniliforme, Roth. Filaments gélatineux, à rameaux dichotomes, denses. *Pierres des ruisseaux.*

Helminthosum, Bory. Filaments gélatineux, d'un vert-bleu, à rameaux ailés, à verticilles très-rapprochés. *Fontaines.*

LEMANEA. Filaments rigides, point gélatineux, articulés (non verticillés), à axe solide à l'intérieur, moniliforme, ayant à l'extérieur des gemmes caducs, reproducteurs.

Fluviatilis, Agardh. Filaments simples ou rameux, allongés, droits, à gemmes ternés. *Pierres des eaux claires.*

Torulosa, Agardh. Filaments simples, courts, à articulations renflées, à gemmes nuls. *Idem.*

THOREA. Filaments muqueux, flexibles, rameux, filiformes, continus, couverts de ramuscules ciliformes, articulés, ténus.

Ramosissima, Bory. Filaments très-longs, très-rameux, vert-noir. *Rivières.*

Hepatica, Bory. Filaments allongés, blanchâtres, à articulations alternativement opaques et transparentes. *Eaux sulfureuses d'Enghien.*

? *Viridis,* Bory. Filaments courts, rameux, d'un vert intense, couverts d'un duvet qui brunit. *Eaux.*

Pluma, Bory. Filaments blancs, à rameaux allongés, penniformes, d'un gris noirâtre. *Sur le* Stereocaulon paschale.

+++ *ZYGNEMÉES.* Filaments allongés, jaune-verdâtre, capillaires, simples, articulés, d'abord libres, puis se réunissant 2 à 2; quelques uns renfermant une matière verte qui passe dans l'autre où elle forme des propagules granuliformes.

ZYGNEMA. Caractères du groupe. — *Filaments flottants sur les eaux, mêlés de bulles d'air.*

* *Matière verte des tubes, disposée en spirale* (zignema).

Deciminum, Agardh. Propagules elliptiques, formant 4 croix. *Eaux tranquilles.*

Nitidum, Agardh. Coussins d'un vert brun; propagules formant plusieurs spirales entrecroisées en forme d'X. *Eaux tranquilles.*

Quininum, Agardh. Propagules ovoïdes, formant des spirales en arc. *Eaux tranquilles.*

Condensatum, Agardh. Filaments égaux; propagules sphériques, formant 2 spirales arquées. *Rivières.*

Adnatum, Agardh. Filaments égaux; propagules elliptiques, formant des spirales en croix, pressées. *Pierres des ruisseaux.*

Inflatum, Agardh. Filaments renflés par place; propagules ovoïdes, à spirales simples. *Fossés.*

Elongatum, Agardh. Filaments égaux; propagules elliptiques, à spirales allongées. *Eaux stagnantes.*

** *Matière verte des tubes disposée en étoile.* (Tendaridea).

Gracile, Duby. Filaments très-grêles, vert intense; propagules formant de doubles étoiles. *Fossés pleins d'eau.*

Lutescens, Duby. Filaments grêles jaunâtres, visqueux; propagules en globules réunis 2 à 2. *Fossés pleins d'eau.*

? *Decussatum*, Agardh. Filaments contournés; propagules sphériques, transversales, à double tube. *Fossés pleins d'eau.*

Stellinum, Agardh. Filaments vert-pâle; propagules ovoïdes, en points stelliformes. *Fossés pleins d'eau.*

Cruciatum, Agardh. Filaments vert-jaune; propagules globuleuses, disposées par points stelliformes 2 à 2. *Fossés pleins d'eau.*

Pectinatum, Agardh. Filaments à articles égaux; propagules sphériques, formant des points oblongs à 3 branches parallèles. *Ruisseaux.*

*** *Matière colorée remplissant les tubes.* (Mougeottia).

Genuflexum, Agardh. Filaments coudés; propagules remplissant les tubes, puis se concentrant dans leur milieu. *Fossés aquatiques.*

Serpentinum, Duby. Filaments contournés; propagules disposées en rectangle. *Marais.*

++++*VAUCHERIÉES.* Filaments grêles, cylindriques, simples ou rameux, continus; conceptacles externes, globuleux ou ovoïdes, sessiles ou pédonculés, solitaires, didymes ou agrégés.

VAUCHERIA. Filaments remplis intérieurement d'une matière verte granuleuse. D'ailleurs les autres caractères de la section.

* *Conceptacles solitaires, sessiles, obovoïdes, latéraux, nus.*

Dichotoma, Agardh. Filaments sétacés, les supérieurs dichotomes. *Fossés aquatiques.*

** *Conceptacles solitaires ou 2 à 2, sessiles, globuleux, latéraux, avec un appendice intermédiaire en forme de corne.*

Sessilis, DC. caractères de la sous-division.

*** *Conceptacles solitaires, pédicellés.*

Ovata, DC. Filaments capillaires, très-longs, subdichotomes, en touffe dense; conceptacles à pédicelles nus, terminaux. *Fossés aquatiques.*

Hamata, DC. Filaments capillaires, rameux; conceptacles 2 à 2, avec une corne en hameçon. *Fossés aquatiques.*

Terrestris, DC. Filaments rigides, verts, formant de petites touffes; pédicelles terminés en crochets. *Sur la terre.*

**** *Conceptacles géminés.*

Geminata, DC. Filaments simples, vert-sale, en touffes denses; conceptacles pédicellés, à corne intermédiaire dressée. *Eaux tranquilles.*

Cæspitosa, DC. Filaments vert-noir; conceptacles sessiles, à corne intermédiaire recourbée. *Eaux pures.*

Cruciata, DC. Filaments en petites touffes; conceptacles sessiles, à corne intermédiaire à 3 pointes. *Eaux stagnantes.*

***** *Conceptacles en grappes.*

Racemosa, DC. Filaments rameux, en touffes denses; conceptacles subpédicellés, en grappes ramassées. *Fossés aquatiques.*

Multicornis, DC. Filaments rameux; conceptacles alternant avec une corne recourbée. *Eaux.*

***** *Conceptacles en massue, terminaux.*

Clavata, DC. Filaments très mêlés; conceptacles ovoïdes. *Eaux pures.*

HYDROGASTRUM. Vésicules pyriformes, remplies de propagules globuleuses, entourées d'une masse gélatineuse, s'échappant en laissant la base du sac.

Granulatum, Desv. Globules vert-glauque, pyriformes, ramassés, du volume d'un grain de moutarde, s'ouvrant au sommet en crépitant. *Allées sombres des jardins.*

§ II. ALGUES FOLIÉES.

+*CHÉTOPHOROIDÉES.* Frondes vertes, gélatineuses, globuleuses ou cylindriques, continues, à filaments simples, rameux, ou articulés, épars, ou radiant d'un centre, ayant des granules rares.

PALMELLA. Masse gélatineuse transparente, étalée ou globuleuse, contenant des granules rares, globuleuses ou elliptiques.

Hyalina, Lyng. Fronde hyaline, verdâtre, globuleuse. *Bassins des jardins.*

CLUZELLA. Masse gélatineuse allongée, très-rameuse, à rameaux cylindriques, subulés; granules colorées, disposées par série à l'extrémité des rameaux

Myurus, Bory. Vert-sale, fétide, très-étendu, à fronde composée de verticilles excentriques. *Eaux douces.*

Fœtida, Bory. Filaments fétides, formant une sorte de membrane, vert-foncé, à extrémités pennées. *Pierres des ruisseaux.*

CHOETOPHORA. Masse gélatineuse verte, globuleuse ou lobée, à filaments rayonnants, articulés, terminés par des appendices ciliformes, contenant des séries distinctes de matière colorante.

Pisiformis, Agardh. Fronde globuleuse, vert-tendre. *Herbes aquatiques.*

Endiviæfolia, Agardh. Fronde linéaire, dichotôme, vert, intense. *Pierres dans l'eau.*

Halleri, Fée. Fronde membraneuse, repliée en tube rameux, chargé de calcaire. *Eaux courantes.*

RIVULARIA. Masse gélatineuse, noire, globuleuse, à filaments rayonnants, continus, terminés par des appendices en anneau.

Dura, Fl. Danica. Fronde pisiforme, dure, à filaments courtement laciniés. *Plantes aquatiques.*

Natans, Roth. Fronde miliaire ou plus grosse, gélatineuse, creuse. *Plantes aquatiques nageantes.*

NOSTOC. Expansion gélatineuse, étalée, plissée ou globuleuse, à filaments courbés, moniliformes, dont les grains sont accolés par leur plus grand diamètre.

* Espèces membraneuses (Nostoc).

Commune, Vauch. Irrégulier, ondulé, plissé, passant du vert au roux. *Terre humide.*

Vesicarium, DC. Cartilagineux, vert-roux, un peu rugueux, se repliant en vessie. *Fange.*

Lichenoides, Vauch. Étalé, crépu, difforme, en forme de points noirs. *Terre et pierres après les pluies.*

Coriaceum, Vauch. Coriace, crépu, solide, brun-jaune, à lobes étalés. *Bords des marais.*

** Espèces globuleuses.

Minutum, Desmaz. Granuliforme, noirâtre, agrégé, uni, ridé étant sec. *Jardins.*

Verrucosum, Suborbiculaire, un peu coriace, rempli de verrues granuleuses, âpres. *Nageant dans l'eau, sur les pierres.*

Sphæricum, Vauch. Petit, globuleux, solide, d'un vert-brun. *Terre humide.*

Lemaneæ, Agardh. Très-petit, creux, rugueux, confluent. *Sur le* Lemanea fluviatilis.

++*ULVACÉES.* Expansion membraneuse, celluleuse, verte, aplatie ou en tube, pourvue de gongyles agglomérés, ou parfois épars, nus, ou couverts d'une enveloppe.

ULVA. Expansion celluleuse, fistuleuse, ou membraneuse, fragile; gongyles sous l'épiderme, n'en sortant que par sa destruction.

* Expansion étalée (Ulva).

Minima, Vauch. Petit, d'abord globuleux, visqueux, sinué-bulbeux, puis étalé. *Pierres des rivières.*

Terrestris, Roth. Ramassé, plissé, ridé, rugueux, en forme de coussins. *Terre des jardins.*

** Expansion tubuleuse, enflée; conceptacles quaternés.
(Tetraspora).

Gelatinosa, Vauch. Vésiculeux, en massue, tremblant. *Rivières.*

Lubrica, Roth. Tubuleux, simple, ondulé, sinueux. *Fossés aquatiques.*

*** Expansion tubuleuse, atténuée à la base (Solenia).

Intestinalis, L. Tubuleux, très-long, simple, à enflure inégale çà et là, devenant jaune. *Rivières.*

Compressa, L. Var. *Crinita.* Tubuleux, rameux, égal, comprimé. *Ruisseaux.*

FAMILLE DEUXIÈME.

LES MUCÉDINÉES.

Voyez les caractères de cette famille, page 1.

+ *BYSSACÉES.* Filaments distincts, rarement cloisonnés, stériles ou à séminules extérieures éparses, ou contenues dans les derniers articles.

A. BYSSINÉES. Filaments continus ou cloisonnés, couchés, entrecroisés, sans séminules visibles.

HIMANTIA. Filaments rempants, adhérents, rameux, rayonnés, persistants.

Cellularis, Pers. Grand, velu, noirâtre. *Murs des caves.*

Subcorticalis, Pers. Filaments formant par leur entre-croisement une membrane glabre. *Ecorce des arbres putréfiés.*

Ornithogala, Pers. Incrustation farineuse, dont il s'échappe quelques fibrilles. *Roseaux.*

Rufipes, Chev. Filaments blancs, réunis à la base en une membrane courte, spongieuse. *Bois des caves.*

OZONIUM. Filaments rameux, couchés, les uns gros, non cloisonnés; les autres ténus, cloisonnés.

Auricomum, Link. Filaments très-longs, un peu roides, jaune-doré, anastomosés et comme feutrés. *Vieux bois.*

Aureum, Duby. Filaments courts, simples, en touffe, jaune-roux. *Pierres, gazons.*

Stuposum, Pers. Filaments minces, feutrés, en touffes, bruns. *Caves.*

Candidum, Mart. Filaments très-blancs, bifurqués, anastomosés, formant deux membranes distinctes. *Vieilles feuilles.*

Radians, Mérat. Filaments blancs, en paquets réunis à la base, divergents au sommet. *Feuilles tombées.*

BYSSUS. Filaments couchés, rameux, mêlés, non cloisonnés, demi-transparents, diffluents.

Elongata, DC. Filaments d'un beau blanc, en faisceaux, rameux. *Caves.*

Argentea, Duby. Filaments jaune-pâle, feutrés, rayonnants. *Murs humides.*

Sulphurea, Duby. Filaments citrins, irréguliers, mous, dilatés, formant membrane. *Lieux humides.*

DEMATIUM. Filaments rameux, persistants, mêlés, non cloisonnés. (Imitant une sorte de bourre).

Rupestre, Link. Filaments noirâtres, minces, feutrés, gélatineux. *Rochers humides.*

Aluta, Link. Filaments blanc-jaunâtre, formant une sorte de peau. *Creux des arbres.*

Giganteum, Chev. Filaments blanchâtres, formant une large peau coriace, subéreuse. *Fentes des vieux arbres.*

Badium, Duby. Filaments ferrugineux, étendus, parallèles. *Rameaux desséchés.*

Fuscum, Duby. Filaments petits, denses, bruns, étalés. *Celliers.*

Papyraceum, Link. Filaments exigus, très-étalés, papiriformes. *Bois vermoulu.*

? *Cinnabarinum*, Pers. Filaments longs, déliés, un peu feutrés, rouges. *Bois putréfié.*

? *Serpiginosum*, Chev. Filaments aplatis, noueux, anastomosés, canaliculés en dessous, dressés à l'extrémité. *Sur les bouteilles humides.*

ATHELIA. Membrane sporulifère d'où s'échappent des filaments rayonnants, entrecroisés.

Muscigena, Pers. Disque verdâtre, couvert de poils hérissés. *Mousses, bois dénudés.*

Epiphylla, Pers. Cendré, glabre, fugace, étalé. *Feuilles desséchées du chêne.*

Velutina, Pers. Pulvérulent-soyeux, à disque rougeâtre, à filaments blancs, longs. *Bois sec.*

Citrina, Pers. Filaments presque distincts à peu près jusqu'à leur naissance, jaune soufre. *Sur la terre, les mousses.*

Flavescens, Duby. Filaments jaunâtres, presque soudés les uns aux autres. *Vieux troncs humides.*

Cerulæa, Chev. Disque arrondi, blanc, ainsi que les bords qui sont byssoïdes. *Bois, écores pourries.*

ACROTHAMNIUM. Filaments couchés, rameux, continus, opaques, entrecroisés, à extrémités articulées, caduques, transparentes.

Violaceum, Nées. Filaments violets, épaissis à l'extrémité. *Sur les mousses.*

B. CLADOSPORIÉES. Filaments moniliformes, à articles sporulifères.

OIDIUM. Filaments presque libres. Caractères de la sous-division, pour le reste. — *Petites moisissures venant sur les feuilles, les fruits, les bois putréfiés.*

Aureum, Nées. Touffes à filaments simples ou rameux, un peu dressés, jaunes. *Troncs.*

Fructigenum, Kunze. Touffes à filaments simples, dressés, mêlés, ochréacés. *Poires, pêches gâtées.*

Monilioides, Link. Touffes à filaments allongés, dressés, blanc-jaunâtre. *Graminées.*

Leuconium, Desm. Filaments couchés, blancs. *Rosiers.*

Laxum, Ehrenb. Touffes à filaments dressés, serrés, gris, à articles rares. *Abricots gâtés.*

Chartarum, Link. Filaments couchés, rameux, noirs. *Papiers humides.*

TORULA. Filaments mêlés. Caractères de la sous-division pour le reste.

Herbarum, Link. Touffes larges, noirâtres, à filaments denses, très-rameux, incrustées. *Végétaux morts.*

Tenera, Link. Touffes petites, confluentes, à filaments fragiles. *Rameaux tombés.*

ALTERNARIA. Filaments simples, dressés, à articles séparés par des espaces filiformes.

Tenuis, Nées, Filaments formant une sorte de pubescence noire. *Sur les rameaux des pins.*

ANTENNARIA. Filaments couchés, très-mêlés, moniliformes, à articles de la base renfermant des sporules à plusieurs loges.

Pinophylla, Nées. Touffes piliformes, noires, épaisses, à sporidies visibles. *Rameaux morts du sapin.*

CLADOSPORIUM. Filaments droits, réunis, simples, cloisonnés et sporulifères au sommet. — *Plaques noirâtres.*

Herbarum, Link. Filaments très-courts, comme pulvérulents. *Sur les grandes feuilles tombées des arbres.*

Fumago, Link. Filaments denses, courts, formant des plaques étendues. *Sur les feuilles tombées des arbres.*

C. CHLORIDIÉES. Filaments ordinairement non cloisonnés; sporidies éparses, externes.

DACTYLIUM. Filaments très-simples, dressés, cloisonnés et sporulifères au sommet.

Candidum, Nées. Petit duvet blanc, à peine visible *Ecorces unies.*

HELICOSPORIUM. Filaments dressés, presque simples, à peu près roides, non cloisonnés, à sporules en spirale, caducs.

Vegetum, Nées. Petites fongosités olivâtres, à filaments denses, à sporidies d'un vert-gris. *Bois pourri.*

HELMISPORIUM. Filaments dressés, roides, peu rameux, à extrémités cloisonnées, à sporules oblongs, caducs.

Velutinum, Link. Filaments en petit gazon noir, rameux, creux. *Sur les herbes sèches.*

Subulatum, Nées. Filaments subciliés. *Rameaux tombés du chêne.*

Nanum, Nées. Filaments en petites touffes noires, éparses, bifurqués. *Bois pourri.*

Cœlospermum, Link. Filaments noirs, rameux, divergents, formant des taches à peine visibles. *Sur les graminées sèches.*

RACODIUM. Filaments mous, rameux, persistants, moniliformes au sommet, entrelacés.

Cellare, Pers. Filaments dressés, cylindriques, crépus, olivâtres, puis noirâtres. *Sur les vieux tonneaux où il forme une sorte d'amadou.*

Vulgare, Fries. Filaments égaux, non crépus, noirs. *Rameaux tombés.*

CIRCINNOTRICUM Filaments couchés, non cloisonnés, feutrés en rond, à sporidies fusiformes.

Maculæforme, Nées. Petits points olivâtres, épiphylles, formés de filaments soyeux, floconeux. *Feuilles tombées du chêne, etc.*

CONOPLEA. Filaments dressés, roides, simples, obscurément cloisonnés, à sporidies globuleuses, simples.

Hispidula, Pers. Petites touffes noires, à filaments fasciculés, allongés. *Graminées desséchées.*

? Cinerea, Pers. Petites touffes grises, confluentes. *Branchages desséchés.*

? Sphærica, Pers. Sorte de granulations noirâtres, nombreuses, presque confluentes. *Hêtre desséché.*

CHLORIDIUM. Filaments simples, dressés, agrégés, opaques, non cloisonnés, à sporidies éparses, nombreuses, simples.

Griseum, Ehrenb. Filaments noirâtres, étalés, à sporidies grises, cylindriques. *Tronc pourri de l'aune glutineux.*

Viride, Link. Filaments petits, vert gai, à sporidies globuleuses. *Bois pourri.*

++ *BOTRITIDÉES.* Filaments distincts, transparents, fugaces, souvent cloisonnées; sporidies externes, éparses ou réunies par groupes aux extrémités.

ACLADIUM. Filaments cloisonnés, dressés, simples, à rameaux fastigiés, en touffes serrées.

Microspermum, Link. Taches pulvérulentes, étalées, à filaments blancs, à sporidies globuleuses. *Bois morts.*

Conspersum, Link. Taches confluentes, à filaments jaunâtres, à sporidies éparses, ovoïdes. *Troncs pourris.*

POLYTHRINCIUM. Filaments dressés, simples, moniliformes, à articles nombreux, ramassés; sporidies éparses 2 à 2 sur la cloison transversale.

Trifolii, Kunze. Petites fongosités noirâtres, à filaments épaissis au sommet, fasciculés. *Sous les feuilles des trèfles.*

ARTHRINIUM. Filaments simples, transparents, en touffe, à cloisons rapprochées, épaisses, à sporules fusiformes, dispersées sur les filaments.

Puccinioides, Kunze. Très-petits tubercules noirs, composés de filaments étalés. *Sur les carex.*

PSILONIA. Filaments dressés, simples, transparents, cloisonnés, réunis par une base commune, entremêlés de sporidies nombreuses.

Buxi, Fries. Très-petites fongosités, d'abord distinctes, puis confluentes, à filaments courts, fasciculés, à sporidies roses. *Sous les feuilles du buis.*

FUSISPORIUM. Filaments fugaces, couchés, rameux, réunis en touffes; sporidies fusiformes.— *Petites plaques venant sur les végétaux morts.*

Candidum, Link. Filaments lainiformes, blancs; sporidies blanches. *Sur les chatons tombés des arbres.*

Sulphureum, Duby. Filaments étalés; sporidies jaune pâle. *Sur les pommes de terre humides.*

Griseum, Duby. Filaments étalés, très-courts; sporidies grises. *Feuilles du châtaignier.*

Flavo-virens, Duby. Filaments étalés, courts; sporidies jaune-vert. *Sous les feuilles desséchées du chêne.*

Aurantiacum. Nées. Filaments blancs; sporidies orangées. *Sur les tiges du maïs, de la citrouille.*

SPORENDONEMA. Filaments courts, dressés, en touffes, à sporidies rougeâtres, agglomérées, grandes, placées sur une seule ligne, figurant des cloisons.

Casei, Desm. Plaques d'abord blanches, puis jaunes, enfin rouges, venant sur les *fromages salés.*

SEPEDONIUM. Filaments rameux, mêlés, couchés, cloisonnés, à sporidies arrondies, nombreuses, non cloisonnées, inappendiculées.

Mycophyllum, Link. Filaments laineux, épais, étalés, blancs, à sporidies jaunes. *Champignons putréfiés.*

TRICOTHECIUM. Filaments rameux, mêlés, couchés, cloisonnées, à sporules didymes, à sporidies inappendiculées, ovoïdes.

Roseum, Link. Petits boutons convexes, pulvérulents, rose clair. *Sur le bois coupé.*

SPOROTRICUM. Filaments rameux, couchés, cloisonnés; sporidies simples, nues, éparses, adhérentes. — *Duvets sur les corps en putréfaction.*

A. Filaments mêlés (*Sporotrix*).

* *Sporidies blanches.*

Laxum, Nées. Filaments étalés, blancs, à sporidies oblongues. *Écorces des arbres.*

Candidum, Link. Filaments étalés, blancs, à sporidies globuleuses. *Troncs et feuilles pourris.*

Polysporum, Link. Filaments denses, formant de petits coussins jaunâtres; sporidies globuleuses. *Écorces.*

Stromaceum, Link, Filaments très-mêlés, formant des plaques âpres, peu épaisses, à sporidies globuleuses, petites. *Sur les ramuscules tombés.*

Fructigenum, Link, Filaments denses, formant des plaques épaisses, à sporidies globuleuses, grandes. *Cerises gâtées.*

Briophyllum, Pers. Filaments lâches, mêlés, à sporidies nombreuses, globuleuses. *Sur les mousses.*

** *Sporidies colorées.*

Griseum, Link. Petit, étalé; sporidies globuleuses, nombreuses, grises. *Vieilles tiges.*

Sparsum, Link. Petites plaques jaune doré, composées de filaments à sporidies safranées. *Rameaux tombés.*

Aureum, Link. Filaments crépus, jaune doré, à sporidies très-petites, safranées. *Bouchons, tonneaux, écorces.*

Scotophyllum, Link. Petites plaques d'un rouge vermillon. *Crottes de chat dans les caves.*

Chlorinum, Link. Filaments denses, épais, mous, étalés, à sporidies jaune-vert. *Brindilles, feuilles.*

2.

Virescens, Fries. Filaments en buisson feutré, à sporidies olives. *Feuilles de pin tombées.*

Punctiforme, Link. Filaments verdâtres, à sporidies globuleuses, bleuâtres. *Oignons de jacinthe dans l'eau.*

Parietinum, Link. Sorte de laine à filaments lâches, vagues, à sporidies noires, globuleuses sur le disque. *Murs humides.*

Collæ, Link. Points étalés, épais, à filaments en touffe, à sporidies globuleuses, noires. *Colle sèche.*

B. Filaments étalés (*Byssocladium*).

Byssinum, Link. Filaments centrifuges, divisés en faisceaux, blancs; sporidies globuleuses, incolores. *Feuilles tombées.*

Pulchellum, Duby. Filaments vert-de-gris, blancs au sommet, divergents, à sporidies concolores. *Sous les feuilles du rosier.*

BOTRYTIS. Filaments libres, cloisonnés, les fertiles dressés, à sommet simple; sporidies simples, non cloisonnées, globuleuses, oblongues. — *Très-petites moisissures à peine visibles.*

* *Filaments blancs.*

Geotricha, Link. Filaments rameux, courts, à sporidies tronquées des deux côtés. *Sur la terre.*

Dendroides, Filaments laineux, en buisson, divariqués, à sporidies ovoïdes, grandes. *Champignons de couche gâtés.*

Capitula, Duby. Filaments simples, en buisson; sporidies ovoïde, en tête. *Troncs putréfiés.*

** *Filaments colorés.*

Olivacea, Link. Filaments olivâtres, courts, rameux; sporidies globuleuses, petites. *Troncs putréfiés.*

Linkii, Duby. Filaments roses, élevés, étalés; à sporidies globuleuses, petites, ramassées. *Brindilles tombées.*

Macrospora, Link. Filaments blancs, puis roses, verticillés; à sporidies grandes, cylindriques. *Feuilles tombées.*

Aurantiaca, Link. Filaments orangés, élevés, grands, étalés; sporidies globuleuses. *Tige des ombellifères, écorces des arbres.*

? *Rosea*, DC. Filaments blancs, puis rouges, étalés; les stériles faisant un angle droit; sporidies terminales. *Écorces du bouleau.*

Racemosa, DC. Filaments grisâtres, fasciculés; sporidies cendrées, en grappes. *Fruits et légumes gâtés.*

Ramosa, Pers. Filaments gris, dressés, quadrifides, en massue au sommet; sporidies glauques. *Tiges pourries.*

Umbellata, DC. Filaments gris-noirâtre, en ombelle; sporidies sessiles. *Confitures, fruits sucrés gâtés.*

Polyactis, Link. Filaments gris, vagues, rameux, lacérés au sommet; sporidies glauques. *Tiges putréfiées.*

PENICILLIUM. Filaments stériles couchés, cloisonnés, les fertiles dressés, fasciculés au sommet, formant un capitule terminal sporulifère. — *Petites plaques velues.*

Candidum, Link. Petites touffes aranéeuses, arrondies, blanches; sporidies blanches. *Champignons et herbes putréfiés.*

Glaucum, Link. Touffes assez épaisses, blanches, à sporidies globuleuses, glauques. *Confitures, corps mous putréfiés.*

Racemosum, Link. Touffes blanches, à filaments digités. *Idem.*

Roseum, Link. Touffes grêles, étalées, blanches; sporidies roses. *Tiges pourries de pommes de terre.*

COREMIUM. Filaments fertiles, dressés, cloisonnés, entre-croisés, stipités en bas, pénicillés au sommet, à sporidies simples, éparses. — *Moisissures granulées.*

Glaucum, Link. Touffes étalées, à stipe court, jaunâtre; sporidies glauques. *Fruits pourris.*

Candidum, Nées. Touffes étalées, blanches, à stipe court, jaunâtre; sporidies concolores. *Fruits pourris.*

Leucopus. Pers. Touffes blanches, à stipe blanc. *Gousses de fève.*

Citrinum, Pers. Touffes étalées, à stipe tomenteux, citrin; sporidies concolores. *Crottes de souris.*

BACTRIDIUM. Filaments rampants, rameux articulés, tronqués, sporulifères au sommet.

Flavum. Petit coussinet jaune, à filaments blancs, à sporidies oblongues, jaunes. *Vieux troncs.*

MYCOGENE. Filaments nombreux, couchés, cloisonnés, à sporidies solitaires, très-nombreuses, globuleuses, non cloisonnées, appendiculées.

Incarnata, Pers. Filaments blancs; sporidies rouges, formant une sorte de duvet. *Sur les champignons putréfiés.*

Cervina, Dittmar. Filaments blancs; sporidies jaunes. *Idem.*

ACREMONIUM. Filaments couchés, lâches, libres, cloisonnés; sporidies terminales, solitaires, persistantes, stipitées.

Verticillatum, Link. Filaments très-mêlés, petits, blancs; sporidies verticillées, ovoïdes, concolores. *Troncs pourris.*

Alternatum, Link. Filaments blancs, aranéeux, peu mêlés, à rameaux sporidifères alternes. *Feuilles tombées.*

VERTICILLIUM. Filaments droits, rameux, rapprochés par touffes, à rameaux verticillés; sporidies solitaires, à leur extrémité.

Tenerum, Nées. Petites fongosités d'un rouge-gris, à rameaux ternés; sporidies 3 à 5. *Tiges de l'alcea rosea.*

STACHYLIDIUM. Filaments stériles couchés, les fertiles dressés, rameux, cloisonnés; rameaux opposés ou verticillés, portant des sporules petits, globuleux, contenues dans des sporidies blanches.

Terrestre, Link. Filaments blancs, grêles, à rameaux verticillés. *Terre humide.*

Bicolor, Link. Filaments gris, denses, à rameaux opposés ou verticillés. *Tiges sèches.*

+++*MUCORÉES.* Filaments transparents, fugaces, cloisonnés, portant au sommet un *peridium* vésiculeux qui renferme des sporules.

EUROTIUM. Filamens couchés, rameux, à *peridium* membraneux, sessile, solitaire.

Herbariorum, Link. Petits points d'abord blancs, puis jaune vif, nombreux. *Plantes des herbiers humides, bois humides des caves.*

ASPERGILLUS. Filaments dressés, articulés, en touffe, renflés au sommet et y portant des sporidies en groupe et arrondis.

* Sporidies blanches.

Candidus, Link. Touffes grêles, blanches, à filaments fertiles simples. *Plantes humides, champignons gâtés.*

Micobanche, Link. Touffes épaisses, blanches, à filaments fertiles denses. *Sur les pezizes et les clavaires putréfiées.*

** Sporidies colorées.

Laneus, Link. Filaments laineux, jaune-blancs; à péridioles jaunes. *Champignons putréfiés.*

Glaucus, Link. Filaments blancs, exigus; péridioles glauques. *Fruits gâtés.*

Virens, Link. Filaments laineux, mêlés, blanc, denses; péridioles verdâtrés. *Vieille graisse.*

Roseus, Link. Filaments blancs, tenus, simples; péridioles roses. *Linge et papier humides.*

THAMNIDIUM. Filaments stériles flétris; les fertiles simples, dressés, cloisonnés, ayant à leur base des rameaux portant une sporidie solitaire, tandis quelles sont agglomérées sur ceux du haut.

Elegans, Link. Filaments blancs, très-rameux du bas, à rameaux divariqués; péridioles concolores. *Colle gâtée.*

MUCOR. Filaments stériles couchés; les fertiles dressés, cloisonnés, portant à leur sommet des sporules simples, contenus dans des péridioles solitaires, globuleux.

Caninus, Pers. Filaments fertiles simples, blanc-jaunâtre. *Crottes de chien.*

Fimetarius, Link. Filaments fertiles rameux, blancs; péridioles persistants, à ombilic noir. *Fumier de vache.*

Ramosus, Touffes laineuses, larges, à filaments rameux, blancs; péridioles roux, puis noirs. *Champignons gâtés.*

Truncorum, Link. Touffes laineuses, à filaments blancs, rameux; périodioles fauves, persistants, ombiliqués. *Troncs putréfiés.*

Juglandis, Link. Touffes laineuses, à filaments blancs, rameux; péridioles jaunes, verruqueux. *Noix rances.*

Flavidus, Link. Touffes épaisses, étalées, à filaments bruns; péridioles concolores. *Murs des caves, vieux bois.*

Mucedo, L. Filaments étalés, mêlés, blancs, simples; péridioles concolores, puis noirs. *Pain bouilli, substances décomposées.*

Ascophorus, Link. Filaments blancs, simples; péridioles convexes, noirs. *Corps en fermentation.*

STILBUM. Filaments solides, dressés, charnus, terminés par un renflement mou, sporulifère.

　　* *Tête arrondie, sur un filament noir, dur.*

Rigidum, Pers. Stipe subulé noirâtre, persistant; tête grise et caduque. *Troncs pourris.*

Nigrum, Schrad. Stipe et tête noirs et persistants. *Genèvrier.*

Filiforme, Pers. Fasciculé; stipe grêle, subulé, noir; tête blanche et fugace. *Herbes mortes au printemps.*

　　** *Tête arrondie, sur un filament blanc-jaunâtre, mou.*

Vulgare, Tode. Stipe blanc-ochréacé, épais, droit; tête blanche, puis jaune. *Herbes mortes à l'automne.*

Citrinum, Pers. Stipes fasciculés, citrin pâle; tête globuleuse. *Bois pourri.*

Tomentosum, Schrad. Stipes glanduleux, sur un coussin byssoïde, blancs; tête citrine. *Mousses, débris de champignons.*

　　*** *Tête turbinée.*

Micophyllum, Pers. Stipes épars, blancs, glabres, roides. *Sur les agarics desséchés.*

Villosum, Mérat. Stipes épais, persistants, jaunes, velus; tête blanche. *Fiente du daim et du chevreuil.*

Turbinatum, Tode. Stipe gélatineux, glabre, ochréacé, blanc au sommet, à tête concolore. *Hêtre pourri.*

PILOBOLUS. Filaments s'évasant en vessie aqueuse, d'où sort le péridiole qui se rompt avec élasticité par la sortie des sporules.

Cristallinus, Pers. Filament ou pédicule délicat, grêle, penché, puis droit, à péridiole jaune, devenant noirâtre. *Fiente des chevaux, daims, chevreuils.*

++++ *PHYLLERIÉES.* Filaments simples, non cloisonnés, ou venant sur les feuilles vivantes, entourant les sporules?

ERINEUM. Filaments couchés, presque simples, formant des coussins, à sporules inconnus.

　* *Filaments très-petits, ovoïdes, granuliformes.* (Taphria).

Aureum, Pers. Coussins soyeux, dorés, à filaments ovoïdes-claviculés. *Feuilles du peuplier, du chêne.*

　** *Filaments en tête ou en massue, venant dans un enfoncement de la feuille.* (Grumaria).

Roseum, Schultz. Coussinets petits, soyeux, à filaments en massue, rose, puis fauve-pourpre. *Bouleau.*

Platanoideum, Fries. Coussinets larges, minces, à filaments pâles, puis jaune-rouille, cyathiformes au sommet. *Acer platanoïdes.*

Populinum, Pers. Coussinets enfoncés, à filaments un peu rameux au sommet, épais, pâles, puis roux-brun. *Tremble.*

Alneum, Pers. Coussinets épais, étalés, enfoncés, à filaments grêles, à divisions comme tuberculeuses, fauves. *Aune glutineux.*

2.

Fagineum, Pers. Coussinets granuleux, un peu enfoncés, à filaments denses, épais, courts, en massue, blancs, puis ferrugineux ou pourpres. *Hêtre.*

Purpurascens, Gaert. Coussinets très-étalés, enfoncés, à filaments épais, en entonnoir, blancs, puis pourpres. *Erables.*

*** *Filaments simples, filiformes.* (Phyllerium).

Rubi, Pers. Coussinets étalés, non enfoncés, gris-verdâtre. *Les deux faces des feuilles de ronce.*

Tiliaceum, Pers. Coussinets confluents, enfoncés; filaments à extrémité tortue, obtuse, fauve. *Sur les deux faces des feuilles du tilleul.*

Juglandis, DC. Petits coussinets quadrangulaires, très-enfoncés, à filaments mêlés, grêles, blancs au sommet. *Sous les feuilles du noyer.*

Pyrinum, Pers. Coussinets étalés, épais, non enfoncés, à filaments pâles, puis rouges et bruns, obtus au sommet. *feuilles du poirier, pommier.*

Acerinum, Pers. Coussinets étalés, épais, un peu enfoncés, à filaments blancs, puis roux, crochus au sommet. *Erables.*

Purpureum, DC. Petits coussinets à filaments tortillés, blanc-violet. *Bouleau.*

Vitis, DC. Coussinets étalés, confluents, épais, enfoncés, à filaments blanc-rosé, puis roux, obtus. *Sous les feuilles de vigne.*

Sorbeum, Pers. Coussinets peu étalés, peu enfoncés, à filaments recourbés, obtus, rouge-tendre, puis ferrugineux. *Sorbier des oiseaux.*

Mespilinum, DC. Coussinets ovales, étalés, non enfoncés, à filaments comprimés, roux-olivâtre. *Néflier.*

Quercinum, Kunze. Coussinets enfoncés, à filaments lâches, roux pâle, mous, comprimés. *Chêne pubescent.*

CRONARTIUM. Filaments roides, colorés, simples, non cloisonnés, dilatés à la base, atténués au sommet.

Vincetoxici, Fic. Taches réticulées, à filaments allongés, arqués, brun-clair. *Sous les feuilles de l'*asclepias vinceto-xicum.

FAMILLE TROISIÈME.

LES URÉDINÉES.

Voyez les caractères de cette famille, page 2.

§ 1. *MÉLANCONIÉES.* Sporidies naissant sous l'épiderme des plantes vivantes, qui se rompt à leur maturité.

† ÆCIDINÉES. Sporidies à loges variables, placées sur le parenchyme des plantes vivantes, qui ne se tuméfie pas, entourées de l'épiderme qui se rompt.

ÆCIDIUM. Sporidies uniloculaires, disposées en groupes réguliers, entourés d'une cupule formée par l'épiderme non gonflé, de couleur différente du reste de la feuille, ou gonflé, ou tubuleux, ou tuberculeux.

A. *Épiderme formant cupule autour des sporidies.*

* *Groupes distincts, ou épars au moins dans l'origine* (1).

Epilobii, DC. Groupes jaunes, ovales, à sporidies brunes.

Thesii, Desv. Groupes contractés, cylindriques, blancs, à sporidies rouges.

Adoxæ, Grév. Groupes jaune pâle; sporidies jaunes.

Rubi, DC. Groupes noirs, bordés de blanc; sporidies brunes.

Cyani, DC. Groupes contractés, blancs; sporidies blanches, puis rousses.

Punctatum, Pers. Groupes confluents, verdâtres; sporidies brunes. *Anemone ranunculoides*.

Leucospermum, DC. Groupes cylindriques, blancs; sporidies blanches. *Anemone nemorosa*.

Cichoracearum, DC. Groupes nombreux, blanchâtres; sporidies jaunes.

Falcariæ, DC. Groupes nombreux, confluents, jaune pâle; sporidies blanches. *Ombellifères*.

Violarum, DC. Groupes blanc-jaune, rares; sporidies oranges.

Peryclimeni, DC. Groupes jaunâtres, nombreux; sporidies oranges.

Euphorbiacearum, DC. Groupes jaune-pâle; sporidies brunes.

Scrophulariæ, DC. Groupes blancs, puis bruns; sporidies blanches.

** *Groupes disposés en cercle.*

Tussilaginis, Pers. Groupes blanc-brun; sporidies oranges.

Orchidearum, Desm. Groupes blanc-roux; sporidies oranges.

Rubellum, DC. Groupes jaune-pâle, entourés de rouge; sporidies jaunes. *Rumex*.

Asperifolii, Pers. Groupes jaunes; sporidies oranges. *Boraginées*.

Clematidis, DC. Groupes blanc-jaune; sporidies jaunâtres.

Nymphoidis, DC. Groupes confluents, enfoncés; sporidies oranges. *Villarsia nymphoides*.

Ari, Desm. Groupes bruns; sporidies jaunes.

Convallariæ, Schum. Groupes jaune-pâle, enfoncés, à bords denticulés; sporidies jaunes.

Allii, Pers. Groupes blancs, un peu tubuleux; sporidies oranges.

Cirsii, DC. Groupes blancs, ramassés; sporidies jaunes, puis brunes. *Cirsium oleraceum*.

(1) Le nom spécifique indique les feuilles ou la partie du végétal où croissent ces plantes.

Urticæ, DC. Groupes les uns ronds, les autres allongés, jaunes; sporidies jaunes, puis brunes.

Cruciferarum, Link. Groupes grands, irréguliers, à bords blancs; sporidies oranges.

Prenanthis, Pers. Groupes allongés, à bords entiers, orangés; sporidies plus pâles.

Behenis, DC. Groupes blancs, à bords cylindriques, dentés; sporidies jaunes.

Menthæ, DC. Groupes brun-jaune, à bords lacérés; sporidies oranges.

Orobi, Pers. Groupes rares, blancs; sporidies oranges.

Parnassiæ, Grav. Groupes jaune-brun, à bords épais; sporidies pâles.

Irregulare, DC. Groupes petits, irréguliers, pâles; sporidies oranges. *Nerprun.*

Crassum, Pers. Groupes épais, aréolés, orange-pâle; sporidies oranges. *Bourdaine.*

Bunii, DC. Groupes bulleux, difformes, longs, à bords entiers; sporidies oranges. *Ombellifères.*

Ranunculacearum, DC. Groupes irréguliers, agglomérés, orange-pâle, à bords lacérés; sporidies oranges.

B. *Épiderme gonflé en vessie, se rompant par la base* (Peridermium).

Pini, Pers. Vésicules coniques, déprimées, roses, puis blanches, oblongues; sporidies oranges. *Pins.*

Elatinum, Alb. Vessies elliptiques, blanches, par séries; sporidies oranges. *Sapins.*

C. *Épiderme tubuleux, lacinié, à divisions divariquées, dressées* (Ceratites).

Laceratum, Sow. Groupes agrégés, brun-blanchâtre, à tubes divergents, fendus; sporidies brunes. *Épines blanche et noire.*

Amelanchieri, DC. Groupes pourpres, à tubercules jaunes, à tubes longs, gris, laciniés; sporidies rousses. *Amelanchier.*

Cornutum, Pers. Groupes à tubes courts, gris-jaune, à bords lacérés; sporidies gris-roux. *Sorbier des oiseaux.*

Mespili, DC. Groupes à tubes nombreux, serrés, multifides; sporidies brunes. *Néflier.*

D. *Épiderme tuberculeux, plissé, ne s'ouvrant pas.*

Cancellatum, Pers. Tubercules jaune-rouge, écailleux, divisés en lanières fines; sporidies brunes. *Poirier.*

URÉDO. Sporidies uniloculaires, libres, fines, recouvertes d'abord par l'épiderme qui se déchire sans se gonfler.

* *Sporidies violettes, noirâtres ou noires* (sessiles).

Antherarum, DC. Groupes confluents; sporidies violettes. *Anthères des caryophyllées.*

Flosculorum, DC. Groupes étalés; sporidies violettes. *Fleurons des synanthérées, des scabieuses.*

Receptaculorum, DC. Groupes étalés; sporidies noires. *Réceptacle des chicoracées.*

Olivacea, DC. Groupes dans les semences des *carex ;* sporidies olives.

Urceolorum, DC. Groupes noirs, compactes, placés à l'extérieur des semences des *carex* ; sporidies ovoïdes, grandes.

Caries, DC. Groupes noirs, fétides ; sporidies globuleuses. *Intérieur des grains du blé qu'il ne déforme pas.*

Carbo, DC. Groupes étalés. *Sur la glume, le rachis et les semences du blé.*

Maydis, DC. Groupes nombreux, placés sous les ovaires, l'épiderme, qu'ils dilatent énormément, noirs, très-fins. *Maïs.*

Utriculosa, Duby. Groupes noirs remplissant les fleurs des *polygonum.*

Longissima, Sow. Groupes linéaires, olives ; sporidies olives, puis noires. *Poa aquatica.*

Melanogramma, DC. Groupes linéaires, parallèles, noirs ; épiderme se rompant difficilement. *Feuilles des carex.*

Ranunculacearum, DC. Groupes larges, noirs, orbiculaires, confluents, à épiderme bulleux ; sporidies réticulées. *Renonculacées.*

** *Sporidies brunes* (sessiles).

Ficariæ, Alb. Groupes orbiculaires, bruns, convexes ; sporidies apiculées, ovoïdes. *Ficaire.*

Labiatarum, DC. Groupes roux pâle, orbiculaires, convexes ; sporidies globuleuses. *Labiées.*

Oblongata, Grév. Groupes bruns, elliptiques, petits, épars ; sporidies oblongues ou pyriformes. *Luzerne.*

Caricina, DC. Groupes roux-brun, ovales ; épiderme rompu longitudinalement ; sporidies globuleuses. *Carex pseudocyperus.*

Cyani, DC. Groupes bruns, ovales, planes ; épiderme à peine rompu ; sporidies transparentes.

Artemisiæ, Chev. Groupes ovoïdes, bruns, petits, épars ; sporidies globuleuses.

Cynapii, DC. Groupes roux pâle, orbiculaires, planes, épars ; épiderme bulleux ; sporidies ovoïdes. *Céleri ; petite ciguë.*

Suaveolens, Pers. Groupes roux-brun, planes, arrondis, nombreux ; sporidies odorantes. *Serratula arvensis.*

Armeriæ, Duby. Groupes roux, orbiculaires ; épiderme bulleux ; sporidies petites.

Sedi, DC. Groupes roux, verruciformes, à ouverture petite ; sporidies globuleuses.

Violarum, DC. Groupes roux, épars ; sporidies petites, globuleuses.

Vesicaria, Kaulf. Diffère du précédent par l'épiderme crispé. *Violettes.*

Betæ, Pers. Groupes ovales, roux, saillants ; sporidies ovoïdes.

Rumicum, DC. Groupes arrondis, convexes, bruns ; sporidies légèrement pédiculées.

Polygonorum, DC. Groupes confus, ronds, épars, puis confluents; sporidies globuleuses. *Feuilles des polygonum.*

Festucæ, DC. Groupes jaunes, puis bruns; sporidies ovoïdes ou pyriformes. *Feuilles des graminées.*

Genistarum, Duby. Groupes brun-pâle, brillants; épiderme fendu en long; sporidies transparentes, brunes.

Ribis, Chev. Groupes bruns, confluents; sporidies cohérentes.

Prunastri, DC. Groupes ferrugineux, confluents, recouverts; sporidies ovoïdes. *Prunus padus.*

Rubigo vera, DC. Groupes jaunes, ovales, épars; épiderme bulleux; sporidies globuleuses. *Céréales.*

Iridis, Duby. Groupes petits, pâles, linéaires; épiderme rompu en long; sporidies transparentes.

     *** *Sporidies noires ou brunes*, (stipitées).

Valerianæ, DC. Groupes roux, arrondis, confluents; sporidies globuleuses, d'autres oblongues.

Geranii, DC. Groupes roux, nombreux, épars; épiderme fendu en long; sporidies globuleuses.

Behenis, DC. Groupes noirs, convexes, épars, compactes; sporidies ovoïdes, à pédicule blanc.

Appendiculata, Pers. Groupes arrondis, épars, puis confluents, bruns; sporidies longuement pédicellées. *Légumineuses.*

Fabæ, Pers. Groupes arrondis, agglomérées, noirs; sporidies en partie sessiles.

Cichoracearum, DC. Groupes bruns, petits, épars; sporidies oblongues, obtuses, quelques-unes sessiles.

Excavata, DC. Groupes bruns, petits, enfoncés; sporidies ovoïdes, en partie sessiles. *Euphorbes.*

Scutellata, Pers. Groupes réunis par séries, bruns; épiderme élevé; sporidies globuleuses, courtement pédicellées. *Réveil matin, qu'il déforme.*

     **** *Sporidies jaunes, dissemblables.*

Lini, DC. Groupes convexes, arrondis, jaunes; sporidies courtement pédicellées.

Poterii, Spreng. Groupes arrondis, petits, épars; sporidies oranges, d'autres pâles.

Euphorbiæ, Rebent. Groupes arrondis, planes, orangés; sporidies pyriformes, d'autres oblongues, en partie pédicellées.

Caprearum, DC. Groupes nombreux, confluents, jaunes; sporidies globuleuses et pyriformes, un peu pédicellées. *Marceau.*

Salicis, DC. Groupes petits, épars, jaunes; sporidies pyriformes, sessiles, d'autres globuleuses à long pédicelle. *Salix triandra, viminalis.*

Vitellinæ, DC. Groupes épars; sporidies pyriformes et globuleuses, toutes pédicellées. *Salix alba, fragilis.*

Æcidioides, DC. Groupes variables, orangé-pâle, très-nombreux; sporidies claviculées, d'autres oblongues. *Populus alba.*

Longicapsula, DC. Groupes jaunes, petits, arrondis, confluents; épiderme se rompant tardivement; sporidies oranges, cylindriques, d'autres oblongues, obtuses, toutes pédicellées. *Peuplier noir, bouleau.*

Gyrosa, Rebent. Groupes très-petits, distants, formant de petits anneaux; sporidies globuleuses, jaunes, d'autres pyriformes, décolorées. *Framboisier.*

Polypodii, DC. Groupes petits, pâles; épiderme d'abord fermé, puis s'ouvrant longitudinalement; sporidies jaunes. *Fougères.*

***** *Sporidies jaunes, uniformes.*

Confluens, DC. Groupes petits, orangés, disposés en anneaux concentriques, confluents; sporidies globuleuses. *Mercuriale vivace.*

Rhinanthacearum, DC. Groupes irréguliers, safranés, confluents; épiderme se rompant tard; sporidies globuleuses dorées.

Symphyti, DC. Groupes arrondis, petits, très-nombreux, roux; sporidies globuleuses, jaunes.

Hypericorum. DC. Groupes arrondis, distincts, orangé; épiderme gonflé; sporidies cohérentes, globuleuses, oranges.

Campanulæ, Pers. Groupes irréguliers, épars, convexes, jaunes, puis pâles; sporidies cohérentes, jaune pâle.

Punctata, DC. Groupes petits, convexes, en cercle, jaune, puis noir; sporidies cohérentes, globuleuses. *Euphorbes.*

Pustulata, Pers. Groupes petits, épars, jaune pâle; épiderme se rompant rarement; sporidies ovoïdes. *Epilobes, caryophyllées, vaccinium.*

Vincetoxici, DC. Groupes petits, jaune pâle, épars, convexes, à pore central; sporidies sphériques.

Potentillarum, DC. Groupes agglomérés, bulleux, orangés; sporidies cohérentes, globuleuses, orangées.

Ruborum, DC. Groupes agglomérés, orbiculaires, orangés; sporidies oranges, globuleuses.

Pinguis, DC. Groupes étalés, épais, convexes, rouges; sporidies ovoïdes. *Ulmaire, rosiers.*

Rosæ, Persoon. Groupes irréguliers, petits, jaune pâle, distincts; sporidies globuleuses, orangées.

Sonchi, Pers. Groupes irréguliers, planes, fauves; sporidies globuleuses. *Sonchus, tussilage.*

Senecionis, DC. Groupes épais, puis confluents, safranédoré; sporidies globuleuses.

Linearis, Pers. Groupes elliptiques, puis allongés, pâles; épiderme fendu longitudinalement; sporidies oblongues, jaunes. *Graminées.*

Alliorum, DC. Groupes linéaires, convexes, pâles; épiderme s'ouvrant en long; sporidies ovoïdes, jaunes ou blanches.

****** *Sporidies blanches.*

Portulacæ, DC. Groupes confluents; épiderme bulleux; sporidies très-nombreuses. *Pourpier, rumex.*

Candida, Pers. Groupes épars; épiderme bulleux, se rompant rarement; sporidies très-nombreuses. *Crucifères, chicoracées, ombellifères.*

PUCCINIA. Sporidies pédicellées, à 2 et quelquefois à 5 loges, transversales, en groupes recouverts par l'épiderme, qui se déchire irrégulièrement, sans se gonfler.

* Pédicelles courts.

Scirpi, Pers. Groupes noirs, compactes; épiderme grimacé; sporidies en massue.

Betonicæ, DC. Groupes petits, agglomérés, roux, convexes; épiderme cupuliforme autour; sporidies ovoïdes.

Primulæ, Duby. Groupes petits, en cercle; épiderme se rompant tard; sporidies ovoïdes.

Violæ, DC. Groupes épars, ramassés; épiderme se rompant tard; sporidies ovoïdes.

Thalictri, Chev. Groupes irréguliers, convexes, bruns; sporidies oblongues, ponctuées, resserrées au milieu.

Anemones, Persoon. Groupes arrondis, convexes, agglomérés; sporidies oblongues, resserrées au milieu.

Adoxæ, DC. Groupes épars; sporidies obtuses, un peu rétrécies.

Ribis, DC. Groupes ramassés en cercle, bruns; épiderme bulleux, se rompant tard; sporidies cylindriques, obtuses.

Pruni, DC. Groupes confluents, fauves; sporidies cylindriques, obtuses, resserrées au milieu.

Galii-Cruciatæ, Duby. Groupes petits, noirs, ramassés; sporidies en massue, resserrées au milieu. *Croisette.*

Umbelliferarum, DC. Groupes noirs, confluents, planes; sporidies ovoïdes, obtuses.

Eryngii, DC. Groupes noirs, irréguliers; sporidies oblongues, obtuses.

Compositarum, Schlet. Groupes petits, linéaires; sporidies elliptiques, obtuses, un peu étranglées.

Polygonorum, Link. Groupes orbiculaires, petits, confluents; sporidies ovoïdes.

** Pédicelles allongés.

Polygonii convolvuli, DC. Groupes noirs, orbiculaires; pédicelles blancs; sporidies en massue.

Veronicarum, DC. Groupes bruns, disposés en rond, puis confluents; pédicelles inégaux; sporidies allongées.

Asparagi, DC. Groupes roux, oblongs, poudreux, épiderme fendu longitudinalement; pédicelles blancs; sporidies oblongues, resserrées au milieu.

Caricis, DC. Groupes noirs, en série; pédicelles blancs; sporidies claviculées, resserrées.

Graminis, Pers. Groupes linéaires, bruns, confluents; pédicelles blancs, courts; sporidies en massue, non resserrées.

Arundinacea, Hedw. Groupes linéaires, noirs, convexes, épars; pédicelles blancs, longs; sporidies oblongues, resserrées au milieu.

Aviculariæ, Pers. Groupes bruns, oblongs, les autres arrondis; pédicelles recourbés; sporidies ovoïdes.

Glechomæ, DC. Groupes roux, convexes, épars; pédicelles blancs; sporidies oblongues.

Tanaceti, DC. Groupes irréguliers, noirs, épars; pédicelles blancs; sporidies obtuses, rétrécies.

Gentianæ, Link. Groupes sinués, variables, noirs; pédicelles inégaux; sporidies ovoïdes.

Menthæ, Pers. Groupes petits, arrondis, planes, bruns; pédicelles fragiles, transparents; sporidies globuleuses, lisses.

Clinopodii, DC. Groupes petits, arrondis, planes, épars; pédicelles flexueux, blancs, transparents; sporidies globuleuses, tuberculeuses.

Scorodoniæ, Link. Groupes grands, convexes, confluents, bruns; sporidies allongées, à articles dissemblables. *Labiées.*

Buxi, DC. Groupes arrondis, convexes, épars, noirs; pédicelles roides, blancs; sporidies obtuses, à articles dissemblables.

Globulariæ, DC. Groupes roux, confluents; sporidies grises, oblongues, parfois à 3 loges.

Corrigiolæ, Chev. Groupes petits, ovales, bruns, dénudés; sporidies allongées, resserrées au milieu.

Circeæ, Pers. Groupes petits, confluents, recouverts; sporidies aiguës des 2 bouts, un peu resserrées.

Stellariæ, Duby. Groupes bruns, ramassés, compactes; sporidies globuleuses, à articles arrondis. *Stellaria media, sagina procumbens.*

Lychnidearum, Link. Groupes concentriques; pédicelles roides; sporidies cylindriques, souvent à 3 loges à articles oblongs. *Caryophyllées.*

TRIPHRAGMIUM. Sporidies pédicellées, globuleuses, à 3 loges transversales, en groupes recouverts par l'épiderme qui se déchire irrégulièrement, sans se gonfler.

Ulmariæ, Link. Groupes petits, bruns, s'étalant après la rupture de l'épiderme; pédicelles blancs, courts.

PHRAGMIDIUM. Sporidies pédicellées, cylindriques, à 4 loges et plus, transversales, en groupes, naissant sur l'épiderme.

Obtusum, Schm. Groupes petits, noirs; pédicelles blancs, égaux; sporidies obtuses. *Potentilles, fraisiers.*

Ulmi, Duby. Groupes ponctiformes, bruns; pédicelles blancs, égaux; sporidies ovoïdes. *Orme.*

Intermedium, Link. Groupes petits, bruns; pédicelles épaissis à la base; sporidies apiculées. *Poterium sanguisorba.*

Incrassatum, Link. Groupes petits, noirs; pédicelles épaissis à la base; sporidies apiculées. *Rosiers, ronces.*

SEPTARIA. Sporidies cylindriques, transparentes, sessiles, cloisonnées, réunies en groupes par une matière gélatineuse.

Ulmi, Fries. Groupes blanc-rose, arrondis; sporidies à 5-6 loges.

3

Oxyacanthæ, Kunze. Groupes blanc-jaunâtre, courbes, longs ; à 9-13 loges.

++ NEMASPORÉES. Sporidies petites, uniloculaires, adhérentes, placées sur le parenchyme des plantes vivantes, qui se tuméfie en une sorte de *stroma*, entourées de l'épiderme qui se rompt.

BULLARIA. Sporidies oblongues, didymes, sessiles, disposées en groupes sous l'épiderme des plantes.

Umbelliferarum, DC. Groupes vésiculeux, arrondis, grisâtres ; épiderme se rompant tard ; sporidies noires.

NÆMASPORA. Sporidies globuleuses, petites, sessiles, réunies dans une matière gélatineuse.

Crocea, Pers. Sporidies oranges dans une matière filamenteuse, safranée, transparente, qui se moule en passant par les fentes de l'écorce. *Hêtre mourant.*

SCHIZODERMA. Sporidies globuleuses, petites, sessiles, disposées par groupes sur un *stroma* glutineux.

Sparsum, Duby. Groupes oblongs, épars, entourant les feuilles des sapins et des pins çà et là.

Sulcigenum, Duby. Groupes linéaires, se développant dans les sillons des mêmes feuilles.

+++ STILBOSPORÉES. Sporidies noires, oblongues, libres, le plus souvent cloisonnées, groupées sur un faux *stroma*, se développant sur les végétaux morts.

MELANCONIUM. Sporidies arrondies, uniloculaires, sessiles, noires.

Bicolor, Nées. Groupes arrondis, élevés, à *stroma* blanc ; sporidies globuleuses. *Arbres morts.*

Sphæroideum, Link. Groupes semi-globuleux, circonscrits par l'épiderme ; sporidies ovoïdes. *Rameaux morts.*

Sphærospermum, Link. Groupes elliptiques, couverts, puis étalés ; sporidies transparentes, globuleuses. *Chaume des graminées.*

Ovatum, Link. Groupes irréguliers, élevés ; sporidies grandes, compactes, transparentes. *Écorce des bois morts.*

DIDYMOSPORIUM. Sporidies oblongues, biloculaires, didymes, sessiles.

Betulinum, Grév. Groupes coniques, irréguliers, jaunes à la base ; sporidies noires. *Écorce du bouleau mort.*

STILBOSPORA. Sporidies ovoïdes, triloculaires, sessiles, réunies en groupes irréguliers sous l'épiderme.

Macrosperma, Pers. Groupes élevés ; sporidies cylindriques, transparentes, noires. *Écorce du charme.*

++++ SPORIDESMIÉES. Sporidies filamenteuses, cloisonnées, plongées dans un réceptacle gélatineux.

EXOSPORIUM. Sporidies opaques, sessiles, attachées à un *stroma* verruciforme, étalé, venant sous l'épiderme des plantes mortes.

Rubi, Nées. *Stroma* globuleux, entouré d'un cercle noir ; sporidies courtes, filiformes, noires. *Feuilles des* rubus.

Trichellum, Link. *Stroma* petit, globuleux, épars, noir ; sporidies divergentes, allongées, concolores. *Tiges desséchées de l'oignon.*

Dematium, Link. *Stroma* oblongs, confluents, noirs ; sporidies courtes, filiformes, éparses, concolores. *Rameaux herbacés.*

Eryngianum. Chev. *Stroma* ponctiformes, agrégés, noirs ; sporidies en massue, aigues, distinctes, concolores. *Tiges du panicaut.*

Hypodermium, Link. *Stroma* oblongs, confluents, entourés, noirs ; sporidies allongées, distantes, noires. *Ombellifères.*

Tiliæ, Link. *Stroma* petits, convexes, agrégés, noirs ; sporidies allongées, obtuses, concolores, *Rameaux du tilleul.*

Longisetum, Chev. *Stroma* globuleux, noirs ; sporidies allongées, aigues, divergentes. *Tiges sèches de l'ortie.*

CORYNEUM. *Stroma* verruqueux, plane ; sporidies fusiformes, dressées, cloisonnées, à pédicelle renflé à la base.

Pulvinatum, Schm. *Stroma* nu, globuleux, noir, mamelonné ; sporidies ovoïdes, obtuses. *Brindilles.*

Umbonatum, Nées. *Stroma* arrondi, aplati, noir ; sporidies cylindriques. *Brindilles.*

Depressum, Schm. *Stroma* déprimé, noir ; sporidies obovoïdes. *Chou.*

SPORIDESMIUM. Sporidies fusiformes, opaques, cloisonnées, pédicellées, attachées superficiellement à un *stroma* étalé.

Atrum, Link. *Stroma* noir, épais ; sporidies tortueuses, concolores. *Poutres pourries,*

PODISOMA. Sporidies à une seule cloison, à long pédicelle, dont la base est dans un *stroma* gélatineux, en massue.

Fuscum, Duby. *Stroma* globuleux, fauve ; sporidies obtuses des 2 bouts. *Genévrier.*

Clavariæforme, Duby. *Stroma* cylindrique, simple ou bifurqué, orangé ; sporidies aiguës aux 2 bouts. *Idem.*

GYMNOSPORANGIUM. Sporidies à une seule cloison, pédicellées, réunies dans un *stroma* vésiculeux, étalé.

Juniperini, Link. *Stroma* simple, conique, puis étalé, orangé. *Genévrier.*

§ II. *TUBERCULARIÉES.* Sporidies uniloculaires sur un réceptacle solide, persistant, superficiel, ou libres à sa surface.

+ FUSARIÉES. Réceptacle arrondi ou étalé, libre, ou d'abord enfoncé, puis découvrant les sporidies en se rompant.

FUSARIUM. Sporidies fusiformes, diffluentes, recouvertes par un *stroma* charnu, sessile ou stipité, arrondi ou étalé.

Lateritium, Nées. *Stroma* étalé, irrégulier, gélatineux, jaune-roux. *Troncs morts, vieilles charpentes.*

Roseum, Link. *Stroma* petit, enfoncé, globuleux, rose ; sporidies pâles. *Tiges des malvacées, etc.*

Pallens, Nées. *Stroma* arrondi, enfoncé, blanc-cendré; sporidies cloisonnées, concolores. *Rameaux.*

VOLUTELLA. *Stroma* charnu, libre, bordé, cupulaire; sporidies cloisonnées, stipitées.

Ciliata, Fries. *Stroma* rose, cilié. *Feuilles des pins.*

TUBERCULARIA. *Stroma* tuberculeux, compacte, charnu, sessile; sporidies globuleuses, effleurissant à sa surface.

* *Tubercules restant roses.*

Vulgaris, Tode. *Stroma* arrondis, nus, agglomérés, rouges; sporidies lisses, puis diffluentes. *Rameaux morts.*

Cinnabarina, DC. *Stroma* gélatineux, nus, petits, rouge-vif, à surface granuleuse. *Mousses, herbes.*

Confluens, Pers. *Stroma* nus, confluents, petits, fauves, diffluents en vieillissant. *Rameaux morts.*

Velutipes, Nées. *Stroma* à pédicule court, enveloppé par des filaments. *Écorces de l'orme.*

** *Tubercules devenant noirs.*

Nigricans, Gmel. *Stroma* grands, d'abord filamenteux, puis devenant noirs. *Rameaux.*

Granulata, Pers. *Stroma* nu, pédiculé, blanc, puis rouge, enfin noir, rugoso-tuberculeux. *Érable, tilleul morts.*

ÆGERITA. Sporidies globuleuses, libres, arrondies, lisses, grumelées, éparses à la surface du *stroma.*

Candida, Pers. *Stroma* graniforme, blanc; sporidies inégales. *Écorces des arbres morts.*

Epixylon, DC. *Stroma* couvert, gris, puis noir, filamenteux en dedans; sporidies oblongues. *Bois pourri.*

++ SCORIADÉES. *Stroma* varié, formé de filaments étalés horizontalement.

CERATIUM. *Stroma* nombreux, plissés, rameux, à filaments entrecroisés, d'abord gélatineux, puis secs; sporidies solitaires.

Hydnoides, Alb. Touffes agglomérées, rameuses, blanches. *Tronc pourri du hêtre.*

+++ CÉPHALOTRICHIFES. *Stroma* capité, rameux ou clavelliforme, allongé verticalement, de contexture vésiculeuse, filamenteuse; filaments couverts de sporidies pulvériformes.

ISARIA. *Stroma* allongé, persistant, à extrémité en massue; sporidies globuleuses, très-petites.

Saccharina, Pers. *Stroma* étalé, blanc, recouvert d'une poussière blanche, dense. *Boletus cyanescens.*

Agaricina, Pers. *Stroma* ramassé, blanc, roide, rameux, à rameaux filiformes. *Champignons pourris.*

Eleutheratorum, Nées. *Stroma* filiforme, tortu, à rameaux courts, étalés. *Sur le cerf-volant.*

Felina, Chev. *Stroma* en buissons blanc de neige, longs, filiformes, à rameaux cylindriques, mous, pulvérulents. *Crottes de chat.*

PERICONIA. *Stroma* stipiforme, ferme, capillaire, roide, en tête sporulifère.

Stemonitis, Pers. Stipes réunis, grisâtres, à tête garnie de sporules blanchâtres. *Rameaux.*

Byssoides, Pers. Stipes noirs; tête à sporules concolores. *Malvacées.*

CEPHALOTRICHUM. *Stroma* stipiforme, simple, roide, terminé en tête ovoïde formée de filaments contournés, parsemés de sporidies globuleuses.

Monilioides, Link. *Stroma* blanc, jaunâtre, puis roux; tête concolore persistante. *Sur le bois mort.*

Rigescens, Link. *Stroma* noir, atténué, divisé au sommet, à tête brune persistante. *Vieux troncs.*

Flavo-virens, Nées. *Stroma* strié, épaissi à la base, brun, à tête jaune caduque. *Feuilles putréfiées.*

FAMILLE QUATRIÈME.

LES CHAMPIGNONS.

Voyez les caractères de cette famille, page 2.

I. *CHLATRACÉES.* Champignons naissant d'une *volva* radicale, sessile, qui se rompt avec élasticité; sporules nues, nichées dans une mucosité qui en enduit la surface.

PHALLUS. *Volva* composée d'une double membrane, qui se rompt en plusieurs parties, remplie de gelée.

Impudicus, L. Fétide; gros (1). Pédicule spongieux; chapeau conique, blanc, libre, réticulé, perforé au sommet. *Bois.*

Caninus, Huds. Inodore. Chapeau adhérent, tuberculeux, perforé; stipe atténué au bas. *Troncs pourris.*

II. *FONGINÉES.* Champignons charnus ou subéreux; *hymenium* distinct, limité; sporules dans des thèques.

Subtribu I. **AGARICÉES.** Champignons pourvus d'un chapeau horizontal ou renversé, ou étalé en forme de croûte; *hymenium* en dessous, rarement lisse, le plus ordinairement figuré en feuillets, veines ou pores, etc.; stipe ou pied ordinairement dressé, plein ou creux.

Section I. *Agaricinées. Hymenium* plissé ou lamelleux.

AMANITA. *Volva* radicale plus ou moins complète; une enveloppe ou tégument particulier qui revêt le dessous du chapeau, et qui reste souvent en anneau sur le pédicule; chapeau campanulé, à feuillets radiants, libres, blancs.

---

(1) Au-dessus de 2 pouces de diamètre un champignon est gros; moyen, depuis 6 lignes jusqu'à 2 pouces; petit, au-dessous de 6 lignes. Lorsque le volume n'est pas indiqué, c'est qu'il est moyen,

3.

A. *Volva incomplète; chapeau à bords lisses.*

1   *Aspera*, Pers. Chapeau à verrues grenues, âpres; stipe long, bulbeux, fibrilleux. *Bois.*

2   *Ampla*, Pers. Chapeau très-grand, visqueux, gris-brun verruqueux; stipe épais, blanc, lisse. *Bois.*

B. *Volva incomplète; chapeau à bords striés.*

3   *Solitaria*, Mérat. Chapeau blanc, déprimé, verruqueux; stipe solide, droit, écailleux, bulbeux. *Bois.*

4   *Umbrina*, Pers. Chapeau olivâtre, à verrues blanches, égales; *volva* ochracée. *Bois montagneux.*

5   *Muscaria*, Pers. Fausse oronge. Chapeau orangé, à verrues blanches; feuillets blancs, ainsi que le stipe et la *volva*. *Bois.*

C. *Volva complète; chapeau à bords striés.*

6   *Aurantiaca*, Pers. Oronge. Chapeau lisse, orangé ainsi que les feuillets et le stipe qui est creux et bulbeux; *volva* blanche. *Bois.*

7   *Alba*, Pers. Chapeau, lames, stipe blancs; ce dernier un peu velu, non bulbeux. *Bois.*

8   *Livida*, Pers. Chapeau fauve, à feuillets blancs; stipe fistuleux, enfoncé en terre, conservant une portion de *volva* en forme de gaîne. *Bois.*

D. *Volva complète, lâche; chapeau à bords non striés.*

9   *Bulbosa*, Pers. Oronge ciguë. Fétide. Chapeau convexe, visqueux, chargé de verrues blanches, vertes ou fauves, à feuillets blancs; stipe fistuleux, bulbeux, enveloppé à la base par le reste de la *volva. Bois.*

10   *Verna*, Pers. Chapeau ovoïde, blanc, enfoncé au centre, lisse, à peau adhérente, à feuillets blancs; stipe long, bulbeux à la base où il reste de la *volva. Bois.*

11   *Virgata*, Pers. Grand, groupé. Chapeau poilu, varié de noir et de blanc, à lames cannelle; stipe solide, glabre; *volva* blanche. *Tan des serres.*

12   *Pusilla*, Pers. Très-petit. Chapeau mince, blanc, strié de noir; à lames roses; stipe plein, transparent; *volva* rougeâtre. *Jardins.*

13   *Incarnata*, Pers. Grand, gros. Chapeau soyeux, blanc, à lames roses; stipe solide, courbe, glabre; *volva* rougeâtre. *Vieux arbres.*

AGARICUS. *Volva* nulle (le plus souvent); par fois un tégument annulaire recouvrant le dessous du chapeau; celui-ci ayant des lames parallèles, radiantes, les unes plus courtes vers la circonférence; *Hymenium* à double feuillet, formé par les thèques séminifères.

Série I. *LEUCOSPORÉES.* Tégument variable ou nul; feuillets ne s'altérant pas; sporidies blanches.

+ *Stipe central, pourvu d'un tégument.*

I. LEPIOTA. Tégument simple, enveloppant tout le dessous du chapeau, épais, persistant en anneau sur le pédicule.

Ramentaceus, Bull. Moyen. Chapeau blanc, écailleux; feuillets fuligineux; stipe égal, blanc, un peu écailleux. *Terre*.

Granulosus, Batsch. Moyen. Chapeau furfuracé-farineux, jaune; à feuillets pâles; stipe creux, concolore. *Bruyères*.

Mesomorphus, Bull. Petit. Chapeau mameloné, aigu, sec, lisse, jaunâtre; feuillets blancs; pédicule grêle. *Prés*.

Piluliformis, Bull. Très-petit. Chapeau globuleux, roux, à bord blanc, à lames blanches; pied fistuleux, glabre; tégument persistant. *Mousses*.

Clypeolarius, Bull. Moyen. Chapeau à épiderme se relevant en écailles, grandes, rousses, éparses; lames blanches; stipe un peu long, floconneux. *Bois*.

Cristatus, Bolt. Petit, odeur forte. Chapeau blanc, à disque ferrugineux, à épiderme se relevant en écailles régulières; lames blanches; pied creux, roux. *Mousses, lieux herbeux*.

Procerus, Scop. Grand, élevé. Chapeau roux; épiderme se relevant en écailles brunes; pied très-long, bulbeux, creux. *Bois*.

Excoriatus, Schœff. Chapeau taché, gros, épais, gris-rose, à épiderme se déchirant sur les bords; pied court, égal. *Prés, champs*.

II. ARMILLARIA. Tégument simple, partiel, mince, annuliforme, presque toujours persistant; pédicule solide, ferme; chapeau charnu à chair blanche, à lames larges, inégales, presque aigues par derrière.

Annularius, Bull. Gros, ramassé. Chapeau noirâtre, à petites écailles velues; lames pâles ou rousses; pied avec des débris d'anneau étagé. *Bois, troncs d'arbres*.

Denigratus, Pers. Moyen. Chapeau noirâtre, taché; lames fuligineuses; pied grêle, courbe, à anneau blanchâtre. *Troncs pourris*.

Mucidus, Schrad. Moyen. Chapeau mince, glutineux; pied bulbeux, à base écailleuse, à anneau ordinairement réfléchi. *Vieux troncs du hêtre*.

III. LIMACIUM. Tégument complet, visqueux, mince, fugace; pied écailleux ou taché; chapeau charnu, convexe-étalé, ferme, à chair blanche; lames adhérentes-décurrentes, inégales, distantes.

Olivaceo-albus, Fries. Moyen. Chapeau olivâtre, conique, à lames blanches; pied marbré, solide. *Terre*.

Pustulatus, Pers. Moyen. Chapeau flexueux, visqueux, cendré, garni sur le disque de papilles; pied grêle, un peu écailleux. *Bois montueux*.

Discoideus. Pers. Moyen. Chapeau visqueux, planiuscule, blanchâtre, à disque jaunâtre; pied solide, écailleux, blanc. *Bois sablonneux*.

Eburneus, Bull. Assez grand. Chapeau visqueux, plane, blanc ainsi que les lames et le pied qui est long et écailleux. *Bois*.

Carnosus, Sow. Moyen. Chapeau un peu plane, visqueux,

blanc-rougeâtre ainsi que le pied qui est épais au sommet et écailleux. *Bois de hêtre.*

Chrysodon, Batsch. Moyen. Chapeau blanc, à bord entouré ainsi que le disque de flocons jaunes ; lames crépues, blanches ; pied long à anneau floconneux, écailleux, jaune. *Terre.*

IV. TRICHOLOMA. Tégument complet, fibrillaire, marginal, très-fugace ; pied ferme, écailleux ou strié ; chapeau charnu ; à bords minces penchés et contigus au tégument étant jeune ; lames inégales, sans suc, échancrées ou arrondies.

* *Chapeau toujours sec, lisse, glabre, à bords minces, floconneux ; lames arrondies, serrées ; stipe se confondant avec le chapeau.*

Nudus, Bull. Chapeau violet ; lames *idem ;* pied solide, égal, nu. *Bois.*

Brevipes, Bull. Grand. Chapeau charnu, gris-noirâtre ; lames chamois ainsi que le pied qui est très-court, gros, glabre. *Terre.*

Humilis, Pers. Assez grand. Chapeau très-large, mou, brunâtre ; lames blanches ; stipe court, cendré-pulvérulent. *Prés.*

Dasypus, Pers. Moyen, odeur forte. Chapeau compacte, glabre, gris, à lames et pied tomenteux, blancs. *Troncs du chêne.*

Cinerascens, Bull. Grand, cendré-blanc partout. Chapeau à bords sinueux ; stipe plein, égal. *Bois.*

Acerbus, Bull. Grand. Chapeau charnu, strié, gris de paille autour, jaune au milieu ; lames pâles ; pied solide, bulbeux, écailleux, jaunâtre. *Terre.*

Molybdocephalus, Bull. Chapeau gros, épais, plombé ; lames gris-pâle ; pied *idem*, solide, écailleux. *Hautes futaies.*

** *Chapeau toujours sec, lisse, allongé ou fibrilleux, à bords nus, à peine ouverts ; stipe solide, glabre, strié, séparé du chapeau.*

Tumidus, Pers. Chapeau charnu, cendré ; lames distantes (1) ; pied long, solide, très-gonflé, strié, blanc. *Bois.*

Phaiocephalus, Bull. Chapeau charnu, gris, recourbé en dessous, noirâtre ; lames jaunâtres ; stipe long, solide, tubéreux, nuancé de roux. *Terre.*

Frumentaceus, Bull. Chapeau gris, varié de rouge et de brun ; lames jaunes ; pied solide, strié de roux. *Bois.*

Cartilagineus, Bull. Moyen. Chapeau charnu, onduleux, noirâtre ; stipe solide, égal, cendré, varié de stries rousses. *Terre.*

Graveoleus, Pers. Moyen. Chapeau charnu, hémisphérique, fuligineux ; lames blanc-sale ; stipe solide, marqué de lignes blanches. *Pâturages.*

*** *Chapeau toujours sec, écailleux, constamment entouré, étant jeune, de villosités ; stipe écailleux, séparé du chapeau.*

---

(1) Lorsque la couleur des lames n'est pas indiquée, elle est blanche.

Leucocephalus, Bull. Grand, tout blanc. Chapeau crevassé, écailleux, irrégulier; pied solide, épais, maculé de noir. *Bois.*

Terreus, Schœff. Grand, odeur forte. Chapeau irrégulier, écailleux, livide; lames blanches; stipe inégal, cylindrique. *Bois.*

Atro-virens, Pers. Grand. Chapeau grêle, vert obscur, écailleux; stipe long, noirâtre. *Bois.*

Vaccinus, Schœff. Chapeau charnu, hémisphérique, roux, à écailles velues; stipe creux, long, fibrilleux. *Bois.*

Equestris, L. Chapeau citrin, mêlé de brun, à écailles noirâtres; pied solide, gonflé du bas, sulfuré-squammuleux. *Chemins.*

**** *Chapeau très-charnu, visqueux, à bords pubescents; pied velu, distinct du chapeau.*

Russula, Schœff. Grand. Chapeau charnu, rouge, granulé; lames blanches; pied court, rose. *Bois.*

Fulvus, Bull. Grand. Chapeau mince, fauve; lames jaunes, maculées; pied creux, égal, fibrilleux, jaune en dedans. *Terre.*

Glutinosus, Bull. Grand. Chapeau gris; lames blanches; pied cannelle du bas, enflé en haut où il est blanc et très-visqueux, un peu noir, écailleux. *Terre.*

++ *Stipe central, nu.*

V. **RUSSULA.** Tégument nul; chapeau charnu, puis déprimé, à bord mince; lames égales, sans suc; stipe égal, glabre (sporules quelquefois jaunes).

* *Lames fourchues, dont plusieurs ne vont qu'à moitié; sporules blancs.*

Nigricans, Bull. Assez grand. Chapeau déprimé, olive-noirâtre; lames blanches; pied solide, épais, court, cendré. *Bruyères.*

Furcatus, Pers. Grand. Chapeau devenant en entonnoir, vert; lames fourchues, blanches; pied court, épais, creux en vieillissant, blanc. *Bois.*

Fœtens, Pers. Fétide, jaune. Chapeau très-grand, visqueux, à bords tuberculeux-sillonnés; pied creux. *Bois.*

Ruber, DC. Chapeau compacte, sec, rose, à bords lisses; lames blanches; pied plein, court, gros, spongieux. *Bois.*

** *Lames presque égales; sporules blancs.*

Fragilis, Pers. Petit. Chapeau mince, à bord sillonné, blanc; lames blanches; stipe plein, fragile, blanc. *Bois.*

Pectinaceus, DC. Grand. Chapeau sillonné; lames blanches, stipe ferme, plein, cylindrique. *Bois.*

*** *Toutes les lames égales; sporules jaunes.*

Nitidus, Pers. Moyen. Chapeau mince, rouge-vineux, sillonné; lames jaunes; pied grêle, plein, blanc. *Bois.*

Luteus, Huds. Petit. Chapeau visqueux, jaune-pâle, lisse; lames jaunes; pied allongé, blanc. *Bois.*

Alutaceus, Pers. Chapeau compacte, sillonné; lames souples; stipe épais, ferme, blanc. *Bois.*

VI. GALORRHEUS. Tégument nul; stipe ferme, dégénérant en un chapeau charnu, à chair ferme, plane-déprimé, ombiliqué; lames simples, inégales, lactescentes, atténuées postérieurement, adhérentes-décurrentes.

Vellereus, Fries. Odeur ingrate. Chapeau blanc, tomenteux, rigide; lames rendant un lait blanc; stipe pubescent, plein. *Buissons.*

Piperatus, Scop. Grand. Chapeau roide, glabre, blanc; lames plusieurs fois dichotomes, à lait âcre; pied plein, épais, blanc. *Bois.*

Pargamenus, Sw. Chapeau gros, épais, blanc; lames rapprochées, à lait blanc; pied plein, épais, blanc. *Bois.*

Digmogalus, Bull. Chapeau glabre, à zones brunâtres; lames blanches, à lait insipide (1); stipe plein, gros, égal, blanc. *Bois.*

Zonarius, Bull. Chapeau jaunâtre, à zones concentriques nombreuses, plus foncées; lames blanches; pied plein, très-court, blanc. *Pâturages.*

Azonites, Bull. Chapeau flexueux, grisâtre, sans zones, taché de noir; lames jaunes; pied court, cendré. *Bois.*

Pyrogalus, Bull. Grand. Chapeau sec, glabre, plombé, à zones concentriques, nombreuses; lames jaune-rouge; pied creux, cendré. *Bois, prés.*

Fuliginosus, Pers. Chapeau sec, fuligineux, sans zones; lames ochréacées, à lait blanc safrané; pied fuligineux, plein, puis creux. *Bois ombragés.*

Plumbeus, Bull. Chapeau très-large, sec, sans zones, noirâtre; lames jaunâtres; pied jaune, creux. *Bois.*

Glyciosmus, Fries. Chapeau squammuleux, sec, fragile, livide; lames jaunâtres; pied glabre. *Terre.*

Rufus, Scop. Assez grand. Chapeau sec, brun, poli; lames rousses; pied plein, roussâtre. *Terre.*

Tithymalinus, Scop. Chapeau sec, glabre, jaune pâle, zoné; lames incarnates; stipe plein, pâle. *Bois.*

Theiogalus, Bull. Chapeau fauve, un peu zoné; lames jaunâtres, à lait jaune; pied solide, roux. *Bois.*

Subdulcis, Pers. Chapeau poli, sec, roussâtre; lames incarnates-ferrugineuses, à lait blanc, presque doux; pied glabre, creux. *Bois.*

Quietus, Fries. Chapeau lisse, rougeâtre; lames grises, à lait doux; pied plein, ferme, roux. *Bois.*

Mitissimus, Fries. Chapeau papillaire, orangé, sec, lisse; lames incarnates, à lait blanc, doux; stipe creux, long, orangé. *Bois.*

Aurantiacus, Fries. Chapeau un peu visqueux, orangé, sans zones; lames jaunâtres, à lait blanc, âcre; stipe allongé, lisse. *Bois mousseux.*

Deliciosus, L. Chapeau à bords réfléchis, orange, zoné; la-

(1) Le lait, dont la couleur n'est pas indiquée, est blanc.

mes oranges, à lait *idem* ; pied creux, marqué de fossettes, un peu tomenteux. *Pins.*

Blennius, Fries. Chapeau visqueux, marqué de gouttes verdâtres ; lames blanches, à lait âcre ; pied court, cendré-vert, *Terre des bois.*

Acris, Bolt. Chapeau un peu oblique, visqueux, cendré, fuligineux ; lames blanches, puis jaunes, à lait rougissant, âcre ; pied solide, blanc. *Bois.*

Luridus, Pers. Chapeau livide, visqueux, zoné ; lames blanches, à lait rougissant ; pied creux, blanchâtre. *Bruyères.*

Necator, Bull. Chapeau rouge, tacheté abondamment, villeux sur les bords ; lames blanches, à lait blanc ; pied plein, court, rougeâtre clair. *Bois.*

Torminosus, Schœff. Chapeau briqueté, à bords roulés, barbus, tiquetés ; lames blanches, à lait blanc ; pied creux, lisse. *Bois.*

Controversus, Pers. Chapeau blanc, maculé de rouge, vileux ; lames pâles ou incarnates ; pied plein, un peu velu. *Bois.*

VII. CLITOCYBE. Tégument nul, chapeau charnu, convexe étant jeune ; lames distinctes, inégales, sans suc, variables.

§ I. Chondropodes. *Stipe à épiderme non cartilagineux, fistuleux ou rempli de flocons ; lames égales par derrière et oblongues.*

Hariolorum, Bull. Petit. Chapeau glabre, chamois ; lames concolores ; pied grêle, fistuleux, velu, épaissi en bas. *Feuilles pourries.*

Aquosus, Bull. Petit. Chapeau aqueux, blanc-jaune, strié ; lames rousses ; pied fistuleux, fauve, fibrillaire. *Mousses.*

Dryophillus, Bull. Chapeau étalé, lisse, jaune pâle ; lames blanches ; pied fistuleux, glabre, jaunâtre, épaissi. *Bois.*

Collinus, Scop. Chapeau roux pâle, en cloche, strié ; lames *idem* ; pied grêle, fistuleux, à base pubescente. *Collines.*

Erythropus, Pers. Petit. Chapeau pâle ; lames concolores ; pied fistuleux, rouge-noir, à base velue. *Feuilles.*

Repens, Bull. Petit. Chapeau sulfuré ; lames concolores ; pieds couchés, grêles, rameux, rougeâtres, un peu fistuleux. *Mousses.*

Acervatus, Fries. Chapeau charnu, à bords infléchis, incarnat ; stipe fistuleux, rouge, à base tomenteuse. *Pied des arbres.*

Pelianthinus, Fries. Chapeau purpurin, strié ; lames purpurines, appendiculées ; pied fistuleux, pâle. *Racines des chênes.*

Contortus, Bull. Chapeau rouge, charnu ; lames blanches ; pied rameux, tortu, flexueux. *Racines des arbres.*

Phaoipodius, Bull. Grand. Chapeau charnu, sinué au bord, roux ; lames blanches ; stipe épaissi aux deux extrémités, noirâtre. *Terre.*

Butyraceus, Bull. Chapeau couleur de beurre, sinueux ; lames blanches ; stipe plein, strié, roux, à base gonflée, tomenteuse. *Feuilles.*

Vinosus. Bull. Chapeau rouge-noir, sinué, tomenteux ; lames rousses ; pied plein, roussâtre, un peu gonflé. *Bois sablonneux.*

Velutipes, Curt. Chapeau glutineux, jaune fauve au centre; lames blanc-jaune; pied creux, soyeux, noir-bai. *Troncs.*

Fusipes, Bull. Grand. Chapeau charnu, coriace, brun; lames rousses; pied filiforme du bas, ventru du haut, creux, concolore. *Bois.*

Radicatus, Relh. Grand. Chapeau glutineux, rugueux, roussâtre; lames blanches; pied très-long, grêle, ferme, tors, ventru au milieu. *Racines pourries.*

§ II. **Thrausti**. *Fragiles. Stipe charnu; chapeau mince, sec; lames soudées, échancrées, souvent ventrues, à bord concolore ou appendiculé.*

Platiphyllus, Pers. Grand. Chapeau rouge, strié, mince au bord; lames jaune pâle, très-larges; pied plein, strié, concolore, égal. *Troncs d'arbres.*

Cuneifolius, Fries. Chapeau rose fauve, se fendant; lames cunéiformes, blanches; pied creux, un peu gonflé à la base. *Friches.*

Murinaceus, Bull. Grand. Chapeau peu charnu, difforme, écailleux, cendré-noir; lames poisseuses, blanches; stipe difforme, sillonné de noir, creux. *Hêtres.*

Melaleucus, Fries. Chapeau charnu, mou, fuligineux, lisse; lames très-blanches; pied creux, grêle, épaissi à la base. *Bois humides.*

§ III. OE **sipii**. *Roides, sans suc; chapeau sec, à petites écailles ou soyeux; lames larges, inégales postérieurement, décurrentes en arcade.*

Lascivus, Fries. Petit, fétide. Chapeau soyeux; lames blanches; stipe roide, plein, à base égale, tomenteuse. *Terre des bois.*

Sulphureus, Bull. Chapeau charnu, presque soyeux, jaune-pâle, à lames concolores; stipe tordu, sulfurin. *Terre.*

Ovinus, Bull. Chapeau écailleux, à bords fendus; lames blanches; stipe court, cendré. *Pâturages.*

Arcuatus, Bull. Grand. Chapeau roux, à disque squammuleux, strié; lames pâles; pied plein, épaissi à la base. *Terre.*

Ionides, Bull. Chapeau rouge; lames blanches ou jaunâtres; pied plein, rose, atténué en haut. *Terre.*

Laccatus, Schœff. Chapeau rouge, coriace, squammuleux; lames violettes; pied tenace, vineux, fistuleux, allongé. *Terre.*

§ IV. **Hygrocybe**. *Stipe nul, sans racine, à épiderme similaire; chapeau un peu charnu, glabre, légèrement humide, ou visqueux; lames égales, atténuées, aiguës à leur partie postérieure.*

Flammeus, Scop. Petit. Chapeau sec, rouge vif; lames jaunes; pied plein, égal, rouge. *Bois humides.*

Coccineus, Wulf. Moyen. Chapeau visqueux, rouge; lames, versicolores; stipe creux, un peu comprimé, rouge. *Prés, collines.*

Puniceus, Fries. Grand. Chapeau lobé, orangé, un peu visqueux; lames jaunes; stipe ventru, à base blanche. *Prés.*

Dentatus. L. Chapeau aigu , irrégulier, safrané, puis noir , lobé-denté; lames jaunes; stipe cylindrique, strié. *Prés.*

Chlorophanus, Fries. Chapeau fragile, membraneux, strié, jaune; lames plus pâles; stipe égal, lisse, épais , jaune. *Bois.*

Ceraceus, Wulf. Petit. Chapeau luisant, strié, jaune ; lames jaunes ; pied grêle, inégal, jaune. *Prés.*

Psittacinus, Schæff. Petit. Chapeau varié de vert, de jaune et de rouge, strié; lames dorées; stipe égal, lisse. *Prés , racines des arbres.*

Virgineus, Wulf. Petit, blanc. Chapeau réfléchi, strié; lames réticulées; stipe fistuleux, court, aminci par le bas. *Friches.*

Ficoides, Bull. Gros. Chapeau ferme, roux ; lames épaisses concolores; pied épais , plein, atténué à la base. *Prés.*

V. D a s i p h y l l i. *Stipe charnu, presque solide, constant, à épiderme similaire ; chapeau charnu, sec, glabre, convexe, puis étalé ; lames égales postérieurement, atténuées, aiguës, pressées.*

OEdematopes , Schæff. Chapeau petit , pulvérulent, roux ; lames rousses; pied long , ventru, roux. *Bois.*

Lignatilis, Pers. Chapeau irrégulier , excentrique, un peu velu , blanc ; lames blanches; pied plein, tortu, à base velue. *Bois de hêtre.*

Grammopodius, Bull. Grand. Chapeau châtain ou blanc , piloso-squammeux; lames blanches ou jaunâtres; pied solide , sillonné, glabre, gros, renflé, jaunâtre. *Terre.*

Dealbatus , Fries. Tout blanc, inodore. Chapeau mince , lisse; lames pressées; pied grêle, plein, égal. *Champs.*

Odorus, Bull. Odeur d'anis. Chapeau charnu, lisse, vert sale ; lames blanchâtres ; pied flexueux. *Bois.*

Fumosus, Pers. Chapeau charnu , raide, fuligineux-noir ; lames blanches; pied plein , blanc sale , lisse. *Bois.*

Pullus, Pers. Grand. Chapeau dur , brun , à bords blancs ; lames blanches; pied plein, strié, blanc cendré, à base épaisse. *Bois.*

Nebularis , Batsch. Grand. Chapeau tomenteux , cendré, réfléchi ; lames gris-blanc : pied plein, gros, gonflé du bas, marqué de lignes grisâtres. *Bois.*

Auricula , DC. Chapeau gris , à bords roulés; lames blanches; pied plein, arrondi , court, blanc. *Champs.*

Eringii, DC. Chapeau irrégulier , parfois excentrique , roux sale, à bords roulés; lames blanches; pied solide, court , arrondi , blanc. *Panicaut.*

VIII. COLLYBIA. Tégument nul; stipe presque corné, rarement floconneux au dedans ou plein; chapeau coriace, charnu, convexe-planiuscule, puis déprimé ; lames distantes, obtuses postérieurement et souvent connexes.

§ I. R o t u l æ. *Chapeau flexible, membraneux; lames adhérentes; stipe grêle, corné, noir. — Très-petits.*

Epiphyllus, Pers. Inodore. Chapeau rugueux, blanc; lames veinées; pied fistuleux, villeux, châtain. *Feuilles.*

4

Fœtidus, Fries. Fétide. Chapeau fauve; lames en anneau; stipe fistuleux, châtain, velu. *Brindilles.*

Caulicinalis, Bull. Chapeau roux, noir au centre; lames blanches; pied plein, velu en bas. *Préles, feuilles.*

Androsaceus, L. Chapeau plissé, blanc-roux; lames simples, libres; pied fistuleux, sillonné.'*Feuilles, jardins.*

Rotula, Scop. Chapeau plissé, blanc; lames réunies en un anneau, blanches; pied fistuleux, strié. *Búchettes, feuilles mortes.*

Vaillantii, Fries. Chapeau plissé, rude; lames blanches, libres; stipe solide, tenace, plus pâle, plus épais en haut. *Idem.*

§ II. Eucollybia. *Chapeau presque charnu, convexe, lisse, à peine ombiliqué; lames adhérentes, plus rarement libres; stipe creux ou obscurément fistuleux, petit.*

Parasiticus, Bull. Petit, tout blanc. Chapeau charnu, gris, pulvérulent; lames chamois; pied recourbé, velu. *Agarics gâtés.*

Amadelphus, Bull. Très-petit. Chapeau jaune pâle; lames rousses; stipe blanc, courbe, à base velue. *Ecorce des arbres.*

Ramealis, Bull. Très-petit. Chapeau roussâtre; lames blanches; pied court, pulvérulent. *Brindilles.*

Clavus, Bull. Chapeau orange; lames blanches; pied court glabre, blanc. *Rameaux, feuilles.*

Ocellatus, Fries. Très-petit. Chapeau blanc, plus foncé au centre, un peu lobé; lames blanches; pied grêle, pulvérulent, roux, à base fibrillaire. *Terre, feuilles.*

Tuberosus, Bull. Petit, tout blanc. Chapeau charnu; lames pressées; pied roussâtre, renflé. *Champignons.*

Conigenus, Pers. Chapeau inégal, fuligineux; lames blanches; stipe tenace, pulvérulent, bistre. *Ecailles des cônes.*

Esculentus, Wulf. Chapeau gris, charnu; lames blanches; stipe perpendiculaire, grêle à la base, jaunâtre. *Friches.*

Carneus, Bull. Petit. Chapeau charnu, flexueux, incarnat; lames blanches: pied écailleux, incarnat. *Pins.*

Alliatus, Schæff. Odeur d'ail. Chapeau incarnat, un peu ridé; lames crépues, blanches; stipe fistuleux, roux, glabre. *Bruyères.*

§ III. Scortei. *Chapeau un peu charnu, ombiliqué, légèrement ridé et convexe; lames tronquées postérieurement, libres; stipe assez allongé, velu. — grêles.*

Fusco-purpureus, Pers. Petit. Chapeau rouge-noir, ridé; lames rousses; stipe fistuleux', long, purpurin, aminci et poilu, roux à la base. *Feuilles mortes.*

Porreus, Fries. Odeur d'ail, petit. Chapeau blanc-roux; lames concolores; pied fistuleux, long, rougeâtre, aminci du haut, tomenteux en bas. *Bois.*

Oreades, Bolt. Petit ou moyen. Chapeau tenace, sec, luisant, blanc-roux; lames rousses; pied tors, arrondi, velu, pâle. *Friches.*

Peronatus, Bolt. Chapeau coriace, jaune pâle; lames concolores; stipe plein, blanc-jaune, rétréci à la base. *Feuilles.*

Chrysanterus, Bull. Chapeau charnu, jaune; lames concolorés, ainsi que le stipe qui est solide, courbe, à base blanche, à poils dressés. *Bois, Feuilles.*

IX. MYCENA. Stipe fistuleux, grêle, à base garnie de poils; chapeau membraneux, campanulé, s'étalant rarement, un peu strié, le plus souvent glabre, sans écailles; lames inégales, à peu près sans suc, aiguës postérieurement.—*Grêles; stipe fistuleux.*

* *Stipe sec; chapeau se déprimant; lames décurrentes.*

Integrellus, Pers. Très-petit, tout blanc. Chapeau strié, sphérique; lames en rides; pied velu du bas. *Feuilles, bois.*

Capillaris, Schum. Chapeau blanc, mince; lames adhérentes; stipe capillaire, roussâtre. *Feuilles.*

Pterigenus, Fries. Petit. Chapeau rose, mince; lames roses; pied capillaire, bulbifère, long, tomenteux. *Fougères, mousses.*

Corticalis, Bull. Très-petit. Chapeau mince, strié, blanchâtre ou roux; lames blanches; pied courbé, court, glabre. *Vieilles écorces.*

Variegatus, Pers. Petit. Chapeau strié, varié de roux; lames rousses; pied long, glabre, blanc. *Prés.*

Umbratilis, Fries. Chapeau aqueux, noir-fauve, strié; lames fauve-clair; pied floconneux, plein. *Fossés.*

Pellucidus, Bull. Petit, tout roux. Chapeau membraneux, strié; stipe plein, grêle, gonflé du bas. *Bois.*

** *Chapeau et stipe visqueux; lames adhérentes ou décurrentes.*

Citrinellus, Pers. Chapeau strié, citrin; lames blanches; pied visqueux, velu à la base, citrin, filiforme. *Pins.*

*** *Stipe sec; chapeau souvent mamelonné, non déprimé; lames libres ou adhérentes, point décurrentes.*

Mucor, Batsch. Très-petit, tout gris. Chapeau plissé; stipe flexueux, à base dilatée. *Feuilles.*

Stylobates, Pers. Très-grêle, tout gris. Chapeau membraneux, un peu velu; stipe droit, dilaté en membrane orbiculaire. *Graminées.*

Torquatus, Fries. Très-petit, tout blanc. Chapeau plissé, glabre; lames agglomérées en anneau; stipe dilaté en membrane à la base. *Rameaux tombés.*

Lacteus, Pers. Petit, tout blanchâtre. Chapeau strié, se fendillant; stipe raide, à base blanche et velue. *Bruyère.*

Lineatus, Bull. Très-petit. Chapeau sec, marqué de lignes, jaune; lames blanches; stipe jaune, blanc et velu à la base. *Mousses, feuilles.*

Chloranthus, Fries. Chapeau strié, vert; lames blanches; stipe verdâtre, glabre. *Bois.*

Adonis, Bull. Chapeau blanc, rose ou vert; lames blanches; stipe filiforme sans racine, glabre. *Bois.*

Purus, Pers. Assez grand. Chapeau rose; lames pâles; stipe fistuleux, à base velue. *Bois.*

Roseus, Pers. Petit. Chapeau rose, strié; lames blanches; pied sec, filiforme, pâle, à base velue. *Rameaux, feuilles.*

Galopus, Pers. Chapeau strié, noir glauque; lames cendrées; stipe à suc blanc. *Bois.*

Crocatus, Schrad. Petit, inodore. Chapeau strié, cendré; lames blanches; stipe renfermant un suc orangé. *Feuilles.*

Prasyosmus, Fries. Petit, odeur d'ail. Chapeau lisse, cendré, à disque olivâtre; stipe renfermant un suc orangé. *Feuilles.*

Atro-cyanus, Batsch. Petit. Chapeau noir-bleu, strié, un peu pulvérulent; lames moins foncées; stipe *idem*, droit, égal. *Terre.*

Polygrammus, Bull. Chapeau cendré, noirâtre, finement strié; lames blanches; stipe raide, argenté-clair, velu au pied. *Troncs creux.*

Flexipes, Fries. Inodore, très-petit. Chapeau fuligineux, finement strié; lames blanches; stipe flexible, soyeux, strié. *Troncs, feuilles.*

Muscigenus, Schum. Petit, tout blanc. Chapeau lisse; lames linéaires; stipe sétacé, flasque. *Arbres mousseux.*

Galericulatus, Schæff. Moyen. Chapeau un peu rugueux, strié, fuligineux; lames blanches; pied lisse, tenace. *Troncs.*

Griseus, Flora Danica. Petit. Chapeau persistant, gris, strié; lames ventrues; pied court, courbe, blanc, glabre. *Troncs.*

Filopes, Bull. Inodore. Chapeau strié, livide; lames ventrues, blanches; pied très-long, filiforme; velu à la base. *Mousses.*

Alliaceus, Jacq. Odeur d'ail. Chapeau brun; lames blanches; stipe très-long, soyeux, effleuri, noir, corné. *Feuilles, bois.*

X. **OMPHALIA.** Tégument nul; stipe d'abord plein, souvent se creusant, pourvu d'une écorce fibreuse; chapeau peu charnu ou membraneux, ombiliqué ou infondibuliforme, à chair mince; lames du chapeau distinctes.

§ I. **Fibulaeformes.** *Chapeau membraneux, ombiliqué; lames décurrentes, grêles.*

Fibula, Bull. Petit, chamois. Chapeau glabre, lisse; lames plus claires; pied long, grêle. *Mousses.*

Pyxidatus, Bull. Chapeau roux, strié, en soucoupe; lames jaunes; pied ferme, allongé. *Terre.*

Umbelliferus, L. Chapeau turbiné, strié, blanc sur les bords, plus coloré au centre; lames blanches; pied court, blanc, scabre. *Bruyères.*

Epichrysium, Pers. Tout noir. Chapeau strié; pied coriace, plein, à base velue. *Saule pourri.*

§ II. **Umbilicati.** *Chapeau grêle, ombiliqué au centre; lames légèrement décurrentes, pressées; stipe raide.*

Muscorum, Hoffm. Chapeau strié, jaune-brun; lames plus pâles; pied court, arqué, épaissi à la base. *Troncs, mousses.*

Umbilicatus, Bull. Chapeau blanc-chamois, lisse, réfléchi, luisant; lames jaunâtres; pied creux, lisse, grêle. *Bois.*

§ III. Cyathiformes. *Chapeau charnu', membraneux, convexe, déprimé, en forme de conque; lames adhérentes entre elles.*

Fimbriatus, Bolt. Chapeau à bords crépus, lobés, blanc sale; lames concolores; pied plein, grêle, court. *Bois carié.*

Fragrans, Sow. Odeur d'anis. Chapeau blanc sale, sec; lames blanches; pied creux, blanc, long, à base velue. *Herbes.*

Metachroüs, Fries. Inodore. Chapeau à bords jaunes, puis blancs; lames blanches; stipe cendré, creux, effleuri en haut égal. *Terre.*

Cyathiformis, Bull. Chapeau noir, fuligineux, à bords ondulés, réfléchis; lames cendrées; pied élastique, long, creux. *Lieux humides.*

Expallens, Pers. Chapeau charnu, livide; lames cendrées; pied plein, égal, tenace, pâle. *Terre des bois.*

§ IV. Infundibuliformes. *Chapeau un peu convexe étant jeune, puis infondibuliforme; lames très-décurrentes, ramassées.*

Obliquus, Pers. Très-petit. Chapeau noir de fumée, oblique, glabre, lisse; pied épais, concolore. *Terre.*

Phyllophilus, Pers. Chapeau lisse, blanc; pied creux, courbé, velu à la base. *Feuilles tombées.*

Hydrogrammus, Bull. Chapeau flasque, à bords striés, blanc livide; lames concolores; pied fistuleux, comprimé, atténué à la racine. *Feuilles tombées.*

Chrysoleucus, Fries. Chapeau très-mou, blanc, glabre, à bords striés; lames jaunes; pied plein, blanc-jaune, tacheté. *Troncs pourris.*

Cervinus, Hoffm. Chapeau oblique, réfléchi, gris; lames blanches; pied plein, tubéreux, tomenteux à la base. *Bois.*

Squamulosus, Pers. Chapeau furfuracé-écailleux, gris sale; lames blanches; stipe plein, bulbeux. *Terre.*

Gibbus, Pers. Grand. Chapeau mince, pâle, puis chamois; lames blanches; pied plein, élastique, aminci du haut. *Bois.*

Infundibuliformis, Bull. Grand. Chapeau onduleux, ferrugineux; pied plein, épais, tubéreux, velu. *Feuilles tombées.*

Gilvus, Pers. Grand. Chapeau raide, couleur cannelle; lames cendrées; stipe plein, à base velue. *Mousses.*

XI. LENTINUS. Chapeau solide, souple, inégal, écailleux, charnu, en entonnoir, s'amincissant en pied, qui est central; lames simples, se durcissant avec le chapeau, dentées-lacérées. — *Espèces lignatiles.*

Cochleatus, Pers. Petit, odeur d'anis. Chapeau lobé, contourné, roussâtre; lames pâles; pied ferme, sillonné, roux. *Troncs.*

Tigrinus, Bull. Chapeau presque régulier, blanc, taché de

noir, velu ; lames blanches ; stipe mince, plein, flexueux. *Troncs.*

+++. *Pédicule excentrique, latéral ou nul.*

XII. **PLEUROTUS.** Chapeau inégal, excentrique, ou latéral ; lames inégales, sans suc, persistantes.

§ I. M y c e n a r i a. *Tégument nul ; chapeau membraneux ; lames adhérentes, répondant à un point excentrique.*

Applicatus, Batsch. Petit. Chapeau subsessile, cupuliforme, réfléchi, cendré-obscur, à base velue ; lames purpurines, puis noires, à bords blanchâtres. *Troncs pourris.*

Tremulus, Schœff. Chapeau réniforme, diaphane, grisâtre, velu ; lames blanchâtres ; stipe marginal, ascendant, velu. *Terre, mousses.*

Pillotii. Mérat. Petit. Chapeau latéral, vermillon, un peu pubescent, lisse ; lames et pied concolores. *Troncs de hêtre.*

§ II. O m p h a l a r i a. *Tégument nul ; chapeau charnu, d'abord retourné, puis réfléchi, horizontal, sessile ; lames répondant à un point excentrique.*

Algidus, Fries. Chapeau parfois imbriqué, charnu, fuligineux, à couches supérieures gélatineuses ; lames jaunâtres ; pied presque nul. *Bouleau.*

Nidulans, Pers. Imbriqué. Chapeau charnu, réniforme, tomenteux, jaunâtre ; lames orangées ; pied nul. *Arbres.*

§ III. Æ g e r i t a r i a. *Tégument nul ; stipe rarement nul ; chapeau charnu, tenace, horizontal étant jeune ; lames noires, décurrentes, manquant avec régularité:*

Fluxilis, Fries. Chapeau subsessile, gélatineux, fluant, réniforme, fuligineux ; lames blanches. *Arbres morts.*

Stypticus, Bull. Petit. Chapeau coriace, styptique au goût, réniforme, sec, roux, à épiderme s'en allant en écailles ; lames cannelle ; pied latéral, évasé, effleuri. *Troncs.*

Serotinus, Pers. Chapeau charnu, visqueux, vert-olive ; lames pâles ; pied court, presque latéral, fuligineux, écailleux. *Troncs.*

Palmatus, Bull. Grand. Chapeau glabre, lisse, roux ; lames concolores ; pied excentrique, soudé à la base, palmé. *Arbres.*

Tessulatus, Bull. Grand. Chapeau oblique, ferrugineux, marbré de lignes hexagones ; lames blanches ; pied excentrique. *Poutres.*

Ulmarius, Bull. Très-grand. Chapeau charnu, très-large, unicolore ou tacheté de noir ou de rouge ; lames blanches ; stipe robuste, tomenteux, parfois maculé. *Troncs.*

§ IV. C o n c h a r i a. *Tégument nul ; chapeau charnu, tenace, à épiderme contigu ; lames décurrentes, puis divisées.*

Petaloides, Bull. Chapeau spathulé, blanc-noirâtre ; lames blanches ; stipe canaliculé villeux. *Hêtre.*

Salignus, Pers. Grand. Chapeau horizontal, fuligineux ; lames blanches ; stipe tenace, latéral, blanc-tomenteux, parfois nul. *Saule, hêtre.*

Ostreatus, Jacq. Assez grand. Chapeau charnu, glabre, noir-rougeâtre; lames blanches, sans glandes; stipe court ou nul. *Troncs.*

Glandulosus, Bull. Chapeau presque latéral, bai clair; lames blanches, glanduleuses sur les côtés; stipe glabre, court, épais. *Troncs.*

Conchatus, Bull. Grand. Chapeau difforme, cannelle; lames concolores; stipe court, irrégulier, à base pubescente, plus pâle. *Troncs.*

Inconstans, Pers. Chapeau tenace, lobé, flexueux, roussâtre; lames crispées, pâles; stipe court, fuligineux. *Troncs.*

Torulosus, Pers. Chapeau tenace, souple, rougeâtre; lames crépues, plus pâles; stipe court, gris, tomenteux. *Bouleau.*

Orcellus, Bull. Grand. Chapeau parfois excentrique, jaune-pâle, maculé de noir; lames incarnates; pied glabre, blanc atténué du bas. *Tronc, terre.*

§ V. Lepiotaria. *Tégument simple, presque universel, fugace, solide; stipe dur, excentrique ou latéral; chapeau charnu, compacte, à épiderme sec, s'en allant en écailles, convexe, puis plane; lames décurrentes.*

A *Dryinus*, Pers. Moyen. Chapeau oblique, glabre, blanc, à écailles brunes; lames distantes, blanches; stipe écailleux, blanc. *Chêne, pommier.*

Série II. *HYPORHODIÉES*. Tégument nul; feuillets se décolorant; sporidies roses.

Stipe toujours central.

XIII. CLITOPILUS. Stipe charnu, égal; chapeau charnu, membraneux, sec, ombiliqué; lames inégales décurrentes.

Umbrosus, Pers. Chapeau rugueux, écailleux, terre d'ombre, à bords fimbriés; lames roses; pied plein, blanc, villeux-squammeux. *Bois.*

Pluteus, Batsch. Grand. Chapeau charnu, fuligineux, parfois zoné, strié; lames roses; stipe blanc-noir, fibrilleux. *Terre.*

Leoninus, Schæff. Chapeau fragile, brun, jaune ou rouge, maculé de noir; lames orange; pied plein, strié, blanc ou jaunâtre. *Bois humides.*

Ardosiacus, Bull. Chapeau ardoise, à bords sinués; lames ferrugineuses; stipe creux, glabre, plombé. *Prés.*

Sinuatus, Bull. Grand. Chapeau sinué-lobé, large, glabre, blanc-jaune; lames rousses; pied épais, plein, égal, blanc. *Terre.*

Phonospermus, Bull. Grand. Chapeau glabre, livide; lames incarnates; pied plein, blanchâtre, bulbeux. *Prés.*

Rhodopolius, Fries. Chapeau soyeux, rougeâtre; lames roses; stipe creux, glabre, égal, fragile. *Bois humides.*

Atro-punctus, Pers. Petit. Chapeau charnu, cendré clair; lames incarnates; stipe tenace, à écailles ponctiformes, noires. *Bois.*

Hortensis, Pers. Chapeau noirâtre; lames torses, blanches; stipe creux, épaissi du bas. *Jardins, bois.*

Prunulus, Pers. Chapeau à peau sèche, charnu, blanc-rose, à bords anguleux; lames roses; stipe court, épaissi à la base, blanc, velu. *Sur la terre.*

XIV. **LEPTONIA.** Stipe séparé du chapeau, cartilagineux; celui-ci charnu, membraneux, convexe, puis plane, sec, à superficie fibrilleuse ou écailleuse; chair mince; lames obtuses postérieurement, non décurrentes.

Columbarius, Bull. Petit. Chapeau gris, strié de noir, sinué; lames violettes; pied allongé, fistuleux au sommet. *Terre, bois.*

Glaucus, Bull. Petit. Chapeau bleu pâle, écailleux, plus clair au bord; lames blanc-bleu, puis purpurines; pied plein, bleu de ciel. *Prés.*

Salicinus, Pers. Chapeau charnu, bleu-cendré, ridé; lames roses; stipe fibrilleux, plein, blanc-bleu. *Saules.*

Grisco-cyanus, Fries. Petit. Chapeau écailleux, violet-gris; lames purpurines; stipe creux, fibrilleux, bleu. *Bois herbeux.*

XV. **ECCILIA.** Stipe grêle, creux, se développant en chapeau mince; celui-ci pâle, point bleu, membraneux, convexe, puis plane, ombiliqué, strié, glabre ou écailleux; lames adhérentes, légèrement décurrentes, larges, un peu distantes.

Politus, Pers. Chapeau sec, pâle, strié, luisant; lames incarnat; pied fistuleux, bleuâtre, raide. *Lieux herbeux.*

Junceus, Fries. Chapeau grêle, conique, strié, squamuleux fuligineux; lames plus claires; stipe *idem*, fistuleux, allongé. *Sphagnes.*

XVI. **NOLANEA.** Stipe séparé du chapeau; celui-ci membraneux, campanulé, puis étalé, sans écailles fibrilleuses, humide, strié, presque transparent, pâlissant en séchant; lames libres ou légèrement adhérentes, grêles; stipe fistuleux.

Pleopodius, Bull. Chapeau jaune pâle, lisse; lames rousses; pied grêle, blanchâtre, raide, glabre. *Bois.*

Sericeus, Bull. Chapeau fuligineux, poilu-écailleux; lames grises ou jaunâtres; stipe fistuleux, long, grêle, un peu raide. *Bois.*

Série III. *CORTINARIA.* Tégument aranéeux; feuillets se décolorant, marcescents; sporides ochréacées.

Stipe toujours central.

XVII. **TELAMONIA.** Tégument aranéeux, en forme d'anneau persistant; stipe solide, ferme, presque égal, fibrilleux; chapeau peu charnu, à bords minces, étalé, sec, squammeux ou fibrilleux; chair sèche; lames larges, distantes, presque adhérentes, ou échancrées.

* *Chapeau charnu, obtus, fibrilleux; tégument et stipe blancs; lames échancrées, un peu pressées.*

Bivelus, Fries. Très-grand. Chapeau obtus, fauve, blanchâtre au bord; lames fauves; stipe plein, court, bulbeux, violet à la base. *Bruyères, bois.*

** *Chapeau, surtout le disque, charnu, formé de fibrilles ; tégument coloré ; stipe blanc ; lames échancrées, un peu pressées.*

Aimatochelis, Bull. Grand. Chapeau écailleux, rouge, strié ; lames fauves ; stipe plein, roux, bulbeux. *Hêtre.*

*** *Chapeau charnu, écailleux ; tégument oblique ; lames adhérentes, épaisses, peu marquées dans leur jeunesse.*

Gentilis, Fries. Chapeau cannelle, ou blanc, un peu charnu ; lames cannelle ; pied long, grêle, creux. *Bois.*

Umbrinus, Pers. Chapeau fibrilleux, blanchâtre ; lames purpurines, puis ombrées ; pied bulbeux, épais, violet, blanc du bas, entouré d'un anneau violet. *Humus.*

XVIII. **INOLOMA.** Tégument composé de filaments libres, aranéeux, quittant les bords, fugace ; stipe solide, bulbeux, fibrilleux, se perdant dans le chapeau ; celui-ci charnu ou visqueux ; lames échancrées, adhérentes, se décolorant.

* *Chapeau toujours sec, écailleux ou à fibrilles, obtus ou mamelonné, jamais déprimé.*

Violaceus, L. Grand. Chapeau villoso-écailleux, violet ; lames violettes ; pied spongieux, violet-cendré, plein, bulbeux. *Sous les pins.*

Violaceo-cinereus, Pers. Chapeau violet-brunâtre, à écailles ponctiformes, cendré, ridé ; lames purpurines ; pied bulbeux, concolore. *Bois.*

Albo-violaceus, Pers. Chapeau soyeux-fibreux, violet-blanchâtre ; lames plus pâles, puis cannelle ; stipe long, en massue renversée. *Bois.*

Argentatus, Pers. Chapeau soyeux, luisant, lilas-argenté ; lames cannelle ; stipe bulbeux, concolore. *Bois.*

Psammocephalus, Bull. Grand. Chapeau épais, poilu, blanc-gris ; lames violet-cannelle ; stipe à écailles noirâtres, lisse au sommet, à anneau violet. *Bois.*

Eumorphus, Pers. Chapeau un peu glabre, fuligineux ; lames bleu-pourpre ; pied à base épaisse, à écailles grêles. *Bois.*

Bulliardi, Pers. Grand. Chapeau sec, glabriuscule, roussâtre ; lames cannelle ; stipe bulbeux, à pied vermillon. *Bois.*

** *Chapeau glabre, humide, visqueux, toujours obtus, puis déprimé.*

Infractus, Pers. Chapeau charnu, inégal, fuligineux, un peu visqueux, à bords rompus ; lames olives ; pied solide, bulbeux, concolore. *Bois.*

Callochrous, Pers. Chapeau égal, lisse, visqueux, jaune pâle ; lames violettes, puis cannelle ; stipe plein, long, bulbeux, violet-blanc. *Bois.*

Glaucopus, Schæff. Grand. Chapeau ferrugineux, visqueux, ridé-inégal ; lames bleu-pâle ; stipe épais, cérulescent, bulbeux. *Bruyères.*

Varius, Schæff. Chapeau jaune, subsquammeux, visqueux ; lames bleuâtres, puis cannelle ; stipe atténué, blanc. *Bois.*

Turbinatus, Bull. Chapeau non visqueux, jaune, fuligineux au milieu; lames cannelle; pied blanc, très-bulbeux. *Bois.*

XIX. **PHLEGMACIUM.** Tégument visqueux, très-fugace, aranéeux; stipe solide, parfois squammeux; chapeau plus ou moins charnu, campanulé, convexe, étalé, visqueux; chair succulente; lames adhérentes, décurrentes.

Collinitus, Sow. Grand. Chapeau charnu, fauve; lames purpurines, puis ferrugineuses; pied·écailleux, à anneau rouge. *Bois.*

Longicaudus, Pers. Chapeau charnu• lisse, sec; lames cannelle; pied long, lisse, blanchissant. *Bois.*

XX. **DERMOCYBE.** Tégument sec, aranéeux, très-fugace; stipe presque égal, fibrilleux, ferme; chapeau plus ou moins charnu, mais un peu membraneux, conique, puis convexe, garni de fibrilles; lames inégales, un peu larges, pressées.

§ I. **Lysiophylli.** *Stipe concave; chapeau un peu charnu, obtus, visqueux ou velu; lames libres, ventrues, pressées; odeur nulle.*

Ephebeus, Fries. Chapeau velu, purpurin; lames ochréacées; stipe plein, blanc, un peu recourbé, cylindrique. *Sur les morceaux de bois de chêne.*

Croceo-cœruleus, Pers. Petit. Chapeau un peu visqueux, violet tendre; lames incarnat-safrané; stipe glabre blanc. *Bois.*

§ II. **Leucopodii.** *Tégument soyeux, blanc; stipe blanc, rarement violet; chapeau glabre, fibrilleux.*

Leucopodii, Bull. Chapeau grêle, un peu sinueux, rouge-paille, sec; lames cannelle; pied creux, égal, blanc. *Bois.*

Castaneus, Bull. Petit. Chapeau charnu, fendillé, châtain, satiné; lames noirâtres; stipe court, ferme, fibrilleux, blanc, creux, *Bois.*

Lamprocephalus, Bull. Grand. Chapeau charnu, luisant, ferrugineux; lames concolores; pied *idem*, plein, courbe. *Bois.*

Armeniacus, Schæff. Chapeau cannelle, pointillé-squammeux; lames plus foncées; stipe plein, pointillé-écailleux, lisse, atténué au sommet. *Lieux herbeux.*

§ III. **Raphanoidei.** *Tégument soyeux, blanc; stipe et peau concolores; celui-ci écailleux ou fibrilleux; odeur et saveur de rave.*

Sideroides, Bull. Petit. Chapeau sec, roux, glabre; lames rougeâtres; stipe glabre, grêle, creux, blanc-rouge. *Chemins.*

Urens, Bull. Chapeau charnu, chamois, glabre; lames cannelle; pied très-long, solide, grêle, à base velue, strié de roux. *Feuilles.*

Ileopodius, Bull. Chapeau chamois, très-variable; lames oranges; pied grêle, plein, à base fibrilleuse, gonflée. *Bois.*

Cucumis, Pers. Chapeau purpurin; lames safranées; stipe grêle, noirâtre. *Bois.*

Cinnamomeus, L. Chapeau charnu, soyeux, cannelle; lames sanguines; stipe fibrilleux, égal, jaunâtre. *Bois.*

Raphanoides, Pers. Grand. Odeur de rave. Chapeau charnu, soyeux, fauve; lames *idem*; pied plein, gonflé à la base, à anneau fibrilleux. *Bois montueux.*

Purpureus, Bull. Grand. Chapeau charnu, rouge, écailleux, bords soyeux, à chair jaune; lames rouge obscur; stipe épais, court, plein. *Bois.*

Série IV. *DERMINUS.* Tégument non aranéeux; feuillets se décolorant, persistant; sporidies ferrugineuses.

* Tégument distinct.

XXI. **PHOLIOTA.** Tégument sec, annuliforme, soit membraneux, soit floconneux-radié; stipe un peu écailleux; chapeau convexe, devenant planiuscule, point oblique; lames sans suc.

Blattarius, Fries. Petit. Chapeau ferrugineux pâle, strié; lames cannelle; pied fistuleux, blanc, lisse, soyeux, à anneau défléchi. *Prairies.*

Mutabilis, Schæff. Chapeau glabre, cannelle; lames ferrugineuses; pied tenace, marbré du bas, grêle, plein, puis fistuleux. *Terre.*

Muricatus, Fries. Chapeau fauve, couvert de poils épais; lames jaunes, serrulées; stipe fistuleux, épais, à anneau distinct. *Troncs.*

Squarrosus, Flora Danica. Grand. Chapeau charnu, ferrugineux, à squammes roulées, cilié sur les bords, à chair jaune; lames olive; stipe écailleux, blanc, lisse, courbe. *Racines.*

Aurivellus, Batsch. Chapeau compacte, jaune, à écailles planes, non cilié sur les bords; lames olives; pied solide, fibrilleux, très-recourbé. *Troncs.*

Radiosus, Bull. Grand. Chapeau dur, varié de taches rousses; pied plein, épais, écailleux, à base tubéreuse, ayant une sorte de racines. *Troncs.*

Togularis, Bull. Chapeau charnu, ferrugineux-clair; lames rougeâtres; pied allongé, creux, glabre, à anneau réfléchi. *Terre.*

Pudicus, Bull. Grand. Chapeau blanc ou jaunâtre, globuleux; lames concolores; stipe maculé de jaune, à anneau large, strié. *Terre.*

Aureus, Mattusch. Chapeau doré, globuleux, à écailles petites, nombreuses, entremêlées parfois de poils; lames blanches; pied plein, courbe, à anneau petit, jaune. *Terre.*

XXII. **HEBELOMA.** Tégument marginal, floconneux, sec, fugace; stipe fibroso-écailleux; chapeau ferme, charnu, convexe, puis plane, humide, visqueux; lames échancrées, pressées.

Crustuliniformis, Bull. Chapeau charnu, sinueux, briqueté ; lames cannelle ; stipe épais, fibrilleux-écailleux, blanc. *Bois.*

** *Tégument très-fugace.*

XXIII. FLAMMULA. Tégument marginal, fibrilleux, très-fugace ; stipe fibrilleux, se développant graduellement en chapeau ; celui-ci convexe, étalé, glabre ; chair ferme ; lames échancrées.

* *Espèces souvent en groupes, lignatiles, ou terrestres ; chapeau visqueux ; lames adhérentes.*

Carbonarius, Fries, Petit. Chapeau lisse, visqueux, fauve ; à chair jaune ; lames brunâtres ; pied raide, pâle, écailleux. *Lieux où on fait le charbon.*

Lubricus, Pers. Chapeau charnu, visqueux, fauve, à chair blanche ; lames grisâtres ; pied solide, fibrilleux, blanc. *Terre.*

Lentus, Pers. Chapeau blanc, charnu, visqueux ; lames grisâtres ; stipe solide, long, fibrilleux, blanc. *Terre, brindilles.*

** *Espèces en groupes, terrestres ; chapeau sec ; lames libres.*

Cohærens, Pers. Chapeau charnu, mou, rugueux, cannelle ; lames concolores, stipe long, creux, luisant, bai, dont les pieds sont enveloppés par une base commune. *Feuilles.*

XXIV. INOCYBE. Tégument formé de fibrilles longitudinales, venant du chapeau, très-fugaces ; stipe ferme, écailleux ou fibrilleux, séparé du chapeau ; celui-ci plus ou moins charnu, puis étalé, mamelonné, formé de fibres longitudinales, soyeux ou écailleux, à chair blanche ; lames blanches, se décolorant ; sporules ochréacés, ferrugineux.

* *Stipe fibreux ou fibrilleux-écailleux.*

Repandus, Bull. Chapeau lisse, blanc, strié de jaune, à bords sinueux, brisés ; lames pâles ; pied solide, blanc, fibro-squammeux. *Forêts.*

Pyriodorus, Pers. Grand. Chapeau pulvérulent, subécailleux, jaunâtre ; lames blanches, puis jaunes ; stipe fibreux, blanc. *Terre.*

Lanuginosus, Bull. Petit. Chapeau charnu, poilu, brun, écailleux ; lames baies ; pied plein, grêle, glabre, strié de brun. *Bois.*

** *Stipe farineux, écailleux, blanc au sommet.*

Rimosus, Bull. Grand. Chapeau à fentes longitudinales, versicolores, satiné ; lames à bords blancs ; stipe solide, pâle, farineux, tubéreux à la base. *Bois.*

Geophilus, Bull. Petit. Chapeau soyeux, blanc-jaune, à bords sinués, parfois lacérés ; lames brunes ; stipe jaunâtre, grêle, pulvérulent en bas. *Bois.*

Rufipes, Pers. Petit. Chapeau roux, à soies blanchâtres ; lames ciliées, jaunâtres ; stipe plein, roux, pulvérulent. *Terre.*

XXV. NAUCORIA. Tégument homogène, avec l'épiderme

très-fugace ; chapeau charnu, membraneux, planiuscule, écailleux ; stipe squamuleux ; lames cannelle. — *Petits.*

Pygmæus, Bull. Chapeau roux, à bords striés ; lames ferrugineuses ; stipe grêle, fistuleux, roux, ferme, rude. *Bois.*

S mi-orbicularis, Bull. Chapeau hémisphérique, luisant, jaunâtre ; lames grises, puis cannelle ; stipe roux, ferme, creux, nu. *Chemins.*

Furfuraceus, Pers. Chapeau hémisphérique, roux, sinueux ; lames cannelle ; pied épaissi à la base, s'écorçant, écailleux. *Feuilles.*

Conspersus, Pers. Chapeau roux, farineux-écailleux ; lames cannelle ; stipe furfuracé-écailleux. *Sphagnes.*

XXVI. GALERA. Tégument floconneux, très-fugace ; stipe grêle, fistuleux, séparé du chapeau ; celui-ci membraneux, campanulé, un peu strié étant humide, lisse, pâlissant étant sec ; lames jointes ou adhérentes.

Hypnorum, Schrank. Petit, grêle. Chapeau papillaire, ochréacé, sillonné ; lames cannelle ; pied grêle, effleuri au sommet, flexible. *Mousses.*

Melinoides, Bull. Chapeau paillé, à bords striés ; lames concolores, dentées ; pied long, creux, effleuri. *Graminées, mousses.*

Physalodes, Bull. Petit. Chapeau hémisphérique, non strié ; jaune-rouge ; pied creux, égal, jaune, court. *Terre.*

Tener, Schæff. Petit. Chapeau strié, ochréacé ; lames linéaires ; pied long, glabre, raide. *Lieux humides.*

XXVII. TAPINIA. Tégument marginal, velu, très-fugace ; stipe égal, se perdant dans le chapeau ; celui-ci plus ou moins charnu, convexe, plus plane, à bords roulés, velus, enfin déprimé et largement ombiliqué ; lames adhérentes-décurrentes.

Involutus, Batsch. Gros, grand. Chapeau irrégulier, ferrugineux, à bords roulés, tomenteux ; lames plus claires, poriformes à la base ; pied plein, court, gros. *Bois.*

Eriocephalus, DC. Petit, grêle. Chapeau cotonneux sur les bords ; lames orange ; pied plein, cylindrique, atténué. *Bois mort.*

Undulatus, Bull. Très-petit. Chapeau onduleux, zoné de blanc, strié ; lames grises ; stipe long, tors, creux. *Terre.*

Cupularis, Bull. Chapeau lisse, jaune, cupuliforme ; lames gris obscur ; pied creux, long, blanchâtre. *Terre.*

XXVIII. CREPIDOTUS. Tégument très-mince, fibrilleux ; chapeau inégal, excentrique ou nul ; lames inégales.

Byssisedus, Pers. Petit. Chapeau velu, gris ; lames incarnat, fuligineuses ; pied très-court, latéral, courbe, à radicules byssoïdes. *Troncs cariés.*

Depluens, Batsch. Chapeau réniforme, aqueux, roux-blanc, à base velue ; lames rousses ; pied nul. *Terre.*

Epibryus, Fries. Très-petit. Chapeau soyeux, blanc ; lames blanches ; pied nul. *Mousses.*

Variabilis, Pers. Petit et moyen. Chapeau retourné, soyeux, blanc, ondulé ; lames blanc-roux ; pied d'abord central, puis latéral , oblitéré. *Branches pourries.*

Mollis , Schæff. Chapeau difforme , flasque , presque gélatineux ; lames cannelle ; pied presque nul. *Troncs.*

Série V. *PRATELLA.* Tégument distinct , non aranéeux ; feuillets se décolorant , nébuleux, dissolubles ; sporidies pourpres.

Stipe toujours central.

XXIX. PSALLIOTA. Tégument annuliforme, presque persistant ; stipe ferme, égal, séparé du chapeau ; celui-ci plus ou moins charnu , convexe ou campanulé , puis étalé ; lames larges , fauves.

Aeruginosus , Curt. Chapeau glutineux, blanc-vert ; lames fauves ; stipe plein, écailleux-velu ; anneau incomplet qui laisse des débris blancs sur les bords du chapeau. *Bois.*

Echinatus, Roth. Petit. Chapeau poudreux, écailleux-hérissé, noirâtre ; lames rouges ; pied fistuleux , écailleux , anneau incomplet. *Serres.*

Squamosus, Pers. Grand. Chapeau écailleux, jaune, visqueux ; lames noirâtres ; stipe plein , velu-écailleux , à anneau en bas. *Feuilles.*

Semi-globatus , Batsch. Chapeau hémi-sphérique , visqueux , jaune ; lames noires , nébuleuses ; stipe long, fistuleux, à anneau en haut, épais du bas. *Prés , bois.*

Melanospermus , Bull. Chapeau lisse , jaune ; lames jaunes , puis noires ; stipe creux , blanc , annulé du bas. *Prés, champs.*

Sphaleromorphus , Bull. Chapeau blanc , hémisphérique ; lames jaunâtres ; pied plein , tubéreux , glabre , annulé. *Terre.*

Præcox , Pers. Chapeau mince , jaune , lisse ; lames fauves , dentées ; pied solide, glabre , Llanc, à anneau fugace. *Champs.*

Hæmatospermus , Bull. Chapeau gris-jaunâtre , écailleux ; lames briquetées ; pied fistuleux , grêle , à anneau dressé. *Terre.*

Coronilla , Bull. Petit. Chapeau fauve-roux , glabre ; lames fauves ; stipe creux , blanc , à anneau dressé, fugace. *Bois.*

Campestris , L. Champignon de couche. Grand. Chapeau charnu, sec , blanc , à peau se détachant ; lames roses , puis noirâtres ; stipe épais , bulbeux, annulé. *Prés , couchés.*

Cretaceus , Bull. Grand. Chapeau gris, sec , pelucheux-crétacé ; lames blanches , puis brunes ; stipe creux , pelucheux , gonflé. *Terres grasses.*

XXX. HYPHOLOMA. Tégument léger, marginal, fugace ; stipe bulbeux, un peu creux , ferme , séparé du chapeau ; celui-ci charnu, convexe, puis étalé ; lames adhérentes, échancrées, pressées, presque déliquescentes.

Hybridus, Bull. Grand. Chapeau fauve, à chair jaune-soufre ; lames verdâtres ; tégument noirâtre ; stipe creux, gonflé du haut, subulé du bas. *Souches.*

Lateritius , Schæff. Grand. Chapeau charnu, visqueux, briqueté, à bords jaunâtres ; lames verdâtres ; pied creux , maculé de noir; tégument noir. *Troncs.*

XXXI. PSILOCYBE. Tégument marginal, mince, très-fugace ; stipe peu fibrilleux, coriace, ainsi que le chapeau qui est un peu charnu, lisse, glabre, souvent visqueux, séparé du stipe; lames assez larges , non déliquescentes.

Campanulatus , Bull. Chapeau membraneux, ochréacé ; lames ferrugineuses ; pied long, grêle, lisse, concolore. *Bois.*

Ventricosus , Bull. Chapeau conique, pâle ; lames concolores, pied allongé, ventru et fusiforme à la base, jaunâtre. *Terre* , *bois, fumiers.*

Montanus , Pers. Petit. Chapeau fauve , obtus ; lames pâles , ombrées; stipe court, à base ventrue et fusiforme. *Terre.*

Callosus , Fries. Petit. Chapeau conique, sec, strié ; lames pourpre-noir; stipe coriace, glabre, pâle. *Chemins, prés.*

Udus , Pers. Petit. Chapeau ridé, sec, fauve ; lames purpurines; stipe très-long, fibrilleux, ferrugineux. *Prés tourbeux.*

Ericæus , Pers. Petit. Chapeau humide, luisant, ferrugineux ; lames noirâtres; stipe allongé, creux, nu. *Terre.*

Stercorarius, Fries. Petit. Chapeau visqueux, livide; lames fauves; pied blanc, raide, fibrilleux. *Humus.*

Merdarius , Fries. Chapeau jaunâtre , humide, strié; lames terre d'ombre; pied court, glabre, pâle. *Fumiers.*

XXXII. PSATHYRA. Tégument nul; stipe fistuleux, fragile, blanc; chapeau presque membraneux, fragile, sec, à peine glabre, mais le plus souvent fibrillaire ou couvert de corpuscules; lames adhérentes, rarement libres, fauves; sporidies pourpres, ou noires-fauves.

Gracilis , Pers. Petit. Chapeau mou, membraneux; lames cendrées-noirâtres, à bord rose; stipe grêle, rose, velu à la base. *Bois.*

Pellospermus, Bull. Chapeau rose, strié; lames violet-noir; stipe très-long, creux, velu à la base. *Feuilles.*

Bullaceus, Bull. Très-petit. Chapeau roux, hémisphérique, strié; lames cannelle; stipe court, creux, laineux. *Fumiers.*

Coprophilus, Bull. Petit. Chapeau ovoïde , fuligineux; lames livides; stipe nu , ou velu , cendré. *Fumiers.*

Fibrillosus , Pers. Chapeau blanc, strié; lames purpurines, à bords noirs; stipe long, blanc, fibrilleux-écailleux. *Feuilles.*

Appendiculatus, Bull. Chapeau fauve, puis blanc , charnu ; lames violet pâle, blanchâtres au bord; pied fibrilleux, à tégument frangé, dont il reste des débris au chapeau. *Jardins.*

Hydrophilus , Bull. Chapeau fauve, strié, sinueux; lames incarnat; stipe blanc, glabre, fistuleux. *Lieux cultivés.*

XXXIII. COPRINARIUS. Tégument fixé au bord, rarement annuliforme, le plus souvent très-fugace; stipe fistuleux, séparé du chapeau; celui-ci membraneux, glabre, diffluent ainsi que les lames; sporidies noires.

* *Lames fixes ou libres, déliquescentes ; chapeau membraneux , devenant strié ou se fondant, à peine roulé.*

Digitaliformis, Bull. Très-petit. Chapeau en forme de dé, blanc ou roux, strié de noirâtre au bord; lames devenant noirâtres; pied long, grêle, nu, raide, poilu à la base. *Troncs.*

Disseminatus, Pers. Petit. Chapeau ovoïde, campanulé, cendré-noirâtre; lames *idem*, glabres. *Saule.*

Papyraceus, Pers. Chapeau hémisphérique, blanc; lames purpurines-noires; stipe nu, blanc, fistuleux. *Chêne.*

Hydrophorus. Bull. Chapeau devenant conique, roussâtre, à bords lacérés, striés, blancs, repliés en dessus; lames purpurines-noires ; pied très-long, grêle, glabre, blanc. *Terre.*

Conocephalus, Bull. Chapeau conique, strié, livide; lames fauve-noirâtre ; stipe long, grêle , blanc, à base presque égale. *Terre.*

Titubans, Bull. Chapeau grêle, fragile, luisant, plissé, visqueux, jaune; lames purpurines; pied creux, tremblant, jaune, à base velue. *Terre , feuilles.*

Boltonii. Pers. Grand. Chapeau visqueux, jaune; lames pâles; pied aminci, jaune. *Fumiers.*

Vitellinus, Pers. Grand. Chapeau visqueux , fendu sur les bords, jaune d'œuf; lames grisâtres; pied écailleux-pulvérulent. *Fumiers.*

Striatus, Bull. Petit. Chapeau roux au sommet, blanc autour, à plis radiants, bifurqués; lames brunes; pied grêle; blanc, cylindrique, creux. *Terre.*

** *Lames adhérentes, variées de cendré et de noir; chapeau peu charnu, campanulé ou hémisphérique, contracté-plissé en vieillissant.*

Subtilis, Fries. Petit. Chapeau blanc, lisse; lames noires, à bords, blancs; pied glabre, blanc, long, filiforme. *Fumiers, humus.*

Fimicola, Fries. Chapeau fauve, souple; lames cendrées-noires; stipe glabre , blanc-pulvérulent au sommet. *Fumiers.*

Papilionaceus, Bull. Chapeau sec, noirâtre, tacheté; lames concolores, à bords blancs ; stipe long, roux, creux, strié, noir pulvérulent en haut. *Feuilles mortes,*

Fimiputris. Chapeau humide, cendré-noirâtre; lames plus foncées, à bords concolores; pied long, noir, avec un petit anneau lacéré. *Couches, terreau.*

Séparatus, L. Chapeau visqueux, blanc-citrin ; lames cendrées-noires; stipe long, grêle, à base épaissie et anneau entier. *Bouses.*

COPRINUS. Caractères des *Agaricus*, à l'exception du chapeau qui est mince, membraneux; des feuillets qui se fondent en une eau noire ; et des thèques qui sont grands et séparés en quatre séries (1).

---

(1) Ces champignons, grêles, de peu de durée, sont des agarics pour les auteurs que nous citons.

Radiatus, Bolt. Petit. Chapeau transparent, cendré-tomenteux, fendu sur les bords en rayons ; lames grisâtres ; pédicule long, grêle, fistuleux à la base. *Bouses.*

Ephemerus, Bull. Petit. Chapeau cendré-rougeâtre, à disque roux, fendu-strié ; lames plus foncées ; stipe long, grêle, égal, creux. *Fumiers.*

Ephemeroides, Bull. Chapeau squammeux, blanc, à bords striés-déchirés, à disque jaune ; lames noirâtres ; stipe bulbeux ; parfois velu, fistuleux, à anneau radical entier. *Fumiers.*

Domesticus, Bolt. Petit. Chapeau écailleux, furfuracé, sillonné, fuligineux ; lames noirâtres ; stipe soyeux, très-long. *Murs des villages.*

Niveus, Pers. Petit. Chapeau écailleux-farineux, couvert d'un duvet blanc de neige, ainsi que le stipe ; lames noires. *Fumiers.*

Cinereus, Bull. Grand. Chapeau blanc-livide, tomenteux, sillonné, déchiré et recourbé sur les bords ; lames ponctuées ; pied long, écailleux-tomenteux. *Fumiers, terre, troncs.*

Gossypinus, Bull. Chapeau ochracé, plissé ; lames brunes ; pied creux, blanc, velu, épaissi au sommet. *Terre.*

Pseudo-extinctorius, DC. Chapeau pâle, rougeâtre et écailleux au sommet, strié et lacéré sur les bords ; lames blanches ; stipe creux, à base renflée. *Fumiers.*

Micaceus, Bull. Chapeau ferrugineux, écailleux-furfuracé, déchiré sur les bords ; lames roses, puis cendrées et noires ; stipe blanc, nu, égal. *Prés, bois.*

Deliquescens, Bull. Chapeau fuligineux, strié ; lames purpurin-clair, puis noir, à marge blanche ; stipe creux, égal, glabre, marbré de jaune. *Prés, jardins.*

Atramentarius, Bull. Grand. Chapeau fauve, écailleux au sommet ; lames fauves ; pied blanc, égal, très-rameux à la base. *Prés.*

Picaceus, Bull. Grand. Chapeau à plaques blanches sur un fond noir, strié, se déchirant ; lames noirâtres ; stipe bulbeux, nu. *Jardins.*

Sterquilinus, Fries. Grand. Chapeau soyeux, sillonné-fendu, à disque écailleux ; lames purpurines ; pied égal, glabre, blanc, à anneau radical entier. *Bouses.*

Comatus, Flora Danica. Très-grand. Chapeau blanc, à écailles jaunes, à bords déchirés en lanières ; lames blanches, puis purpurines ; stipe très-long, bulbeux, à anneau mobile. *Jardins.*

CANTHARELLUS. Chapeau charnu, membraneux, garni en dessous de veines radiantes, dichotomes, presque parallèles, rarement anastomosées, obtus, dont l'*hymenium* porte de tous côtés des thèques homogènes et solides.

* *Stipe central, se développant en un chapeau infondibuliforme ou déprimé ; plis décurrents* (Craterellus).

Cibarius, Fries. Chanterelle. Jaune chamois ou orange.

5.

Chapeau et stipe charnus, glabres, lisses; le premier irrégulier, en entonnoir, lobé ou lacinié; pied court, gros. *Bois.*

Tubæformis, Fries. Chapeau fauve en dedans, mince, glabre, rayé, écailleux; stipe très-long, creux, jaune. *Bois.*

Sinuosus, Fries. Chapeau floconneux-velu, onduleux, gris brun; stipe plein, pâle. *Bois.*

Nigripes, Duby. Chapeau tomenteux, lobé, orangé-fauve; stipe long, solide, un peu courbe et gonflé du bas. *Bois.*

Brachopodes, Chevall. Chapeau en godet, fauve-noir; pied court, concolore, soudés plusieurs ensemble. *Bois.*

Ochreatus, Duby. Chapeau jaune pâle, ondulé, tubiforme, écailleux en dedans; pied noir, court. *Bois.*

Lutescens, Pers. Chapeau brun-jaunâtre, onduleux, floconneux, pied long, jaune, creux. *Bois.*

Hydrolips, Duby. Chapeau noir-gris, épais, en entonnoir, à plis cendrés, à ouverture squammuleuse; stipe noirâtre, creux, plissé, atténué. *Pied des arbres.*

Cornucopioides, Fries. Chapeau en tube, membraneux, zoné de noir, cendré en dehors, à veines effacées; pied presque nul. *Bois.*

Undulatus, Fries. Chapeau en entonnoir, coriace, roux pâle, à bords crépus, blanchâtres, pâle en dehors; pied solide, concolore. *Bois.*

Kunthii, Chev. Très-petit. Chapeau régulier, noirâtre; en coupe, décroissant en un pied court et concolore. *Sable.*

** *Stipe perpendiculaire, se confondant avec un chapeau en masse à peine bordé, veiné finement à l'extérieur (Gomphus).*

Truncatus, Fries. Gros. Chapeau turbiné, comme tronqué, fendu d'un côté, violet, jaunâtre en dedans; pied non distinct. *Bois.*

*** *Stipe court, latéral, vertical ou nul; chapeau étalé, mince, un peu membraneux, inégal, demi-circulaire (Leptopilos).*

Crispus, Fries. Petit. Chapeau roux, velu, coriace, à bords crépus, blancs, dichotomes; pied souvent nul. *Rameaux des arbres.*

Muscigenus, Fries. Chapeau horizontal, fauve pâle, rayé, opaque, à plis luisants; pied latéral, court, un peu épaissi. *Mousses.*

Lobatus, Fries. Chapeau horizontal, lobé, fauve, fixé par un point; stipe nul. *Mousses.*

Retirugus, Fries. Petit. Chapeau vertical, mince, sessile, arrondi, blanc-cendré, fuligineux en dessous; stipe nul. *Mousses, brindilles.*

Lævis, Fries. Petit. Chapeau vertical; sessile, blanc pur, à veines effacées; pied nul. *Mousses.*

Tenellus, Fries. Petit. Chapeau sessile, plat, gélatineux en dessus, noir, fauve en dessous; pied nul. *Planches pourries.*

MERULIUS. Champignon sans chapeau, consistant en une membrane irrégulière, adhérente par une face, offrant des plis presque poreux, flexueux, interrompus et portant des thèques épais.

Tremellosus, Schrad. Imbriqué, charnu, tremelloïde, tomenteux, blanc, à plis poriformes. *Solives humides.*

Rufus, Pers. Roux, glabre, à plis oblongs, lacérés. *Hêtre.*

Lacrymans, DC. Très-large, ferrugineux, à bords tomenteux, blancs; plis orangés. *Poutres pourries.*

Isoporus, Duby. Long, roux-incarnat, bordé d'une ligne byssoïde blanche, et un peu déchiquetée, à plis grands, réguliers, les extérieurs réticulés. *Rameaux écorcés.*

SCHIZOPHYLLUM. Demi-chapeau coriace, lamelleux en dessous, à lames longitudinales, bifides, roulées, renfermant les thèques sur les bords; pied nul.

Commune, Fries. Chapeau sessile, latéral, en éventail, gris, peluché en dessus; feuillets en gouttière. *Aune, bois à brûler.*

Section II. *Polyporées. Hymenium* poreux ou lacuneux-sinué.

DÆDALEA. Chapeau subéreux, coriace, à face inférieurement garnie d'une membrane fructifère sinueuse; feuillets saillants, anastomosés, formant des cavités irrégulières ou des pores allongés, flexueux; thèques ténus.
* *Espèces lamelleuses.*

Quercina, Pers. Chapeau gros, ligneux, sessile, grisâtre, à zones concentriques; lames épaisses, rameuses, lacuneuses. *Chêne.*

Betulina, Reb. Petit. Chapeau coriace, sessile, gris-blanc, à zones concentriques, à lames droites, à peine rameuses en dessous. *Troncs desséchés du bouleau.*

? *Rufo-velutina*, Duby. Chapeau sessile, coriace, tomenteux, roux; lames peu nombreuses, concolores, entières et interrompues. *Cours.*

Sepiaria, Pers. Chapeau sessile, orbiculaire, coriace, zoné, tomenteux, bai ou versicolore, à lames rameuses, jaunâtres. *Pieux pourris.*

Abietina, Fries. Chapeau sessile, subéreux, coriace, un peu zoné, glabre, gris-rougeâtre; lames droites, rameuses, très-saillantes. *Sapins.*
** *Espèces à pores sinueux.*

Suberosa, Duby. Chapeau volumineux, irrégulier, sessile, glabre, roux, aqueux, mou, puis devenant coriace en vieillissant, lacuneux en dessus, à pores nombreux. *Troncs.*

Confragosa, Pers. Chapeau volumineux, sessile, coriace, zoné, rude, fauve, glabre, à lacunes cendrées, labyrinthiformes. *Alizier.*

Unicolor, Fries. Chapeau imbriqué, lobé, sessile, cendré, velu, zoné; lacunes inégales, flexueuses, lacérées. *Troncs.*

Imberbis, Chev. Chapeau grand, persistant, imbriqué, arrondi, zoné, lisse, sillonné, versicolore. *Vieilles feuilles.*

Variegata, Fries. Chapeau petit, imbriqué, réniforme, à zones glabres ou velues, versicolores; lames blanches. *Hêtre.*

Suaveolens, Pers. Chapeau gros, volumineux, sessile, coriace, subéreux, glabre, zone-scabre, blanc fauve; pores roux. *Saules.*

Gibbosa, Pers. Chapeau sessile, gros, subéreux, velu, à base gibbeuse, blanc, puis roux. *Troncs.*

Rubescens, Fries. Chapeau sessile, effleuri, lisse, zoné, rougeâtre. *Saules.*

POLYPORUS. Chapeau souvent sessile, à surface inférieure percée de pores distincts, arrondis, faisant corps avec lui, séparés chacun par une cloison mince, contenant des thèques très-petits.

§ I. FAVOLUS. *Pores grands, à 4-6 angles, imitant des alvéoles.*

Squamosus, Fries. Grand. Chapeau visqueux, ochréacé, marbré, à écailles noirâtres; stipe latéral, gros, concolore, écailleux et crevassé. *Noyers.*

§ II. MICROPORUS. *Pores très-petits, arrondis.*

A. PORIA. Chapeau retourné, étalé, couvert en dessus de pores partout, souvent cotonneux, oblitéré du côté fixe (qui est stérile).

* Pores blancs en dedans.

Vaillantii, Fries. Étalé, cotonneux, charnu; pores agglomérés, oblongs, roussâtres; blanc et veiné du côté adhérent. *Vieux troncs.*

Racodioides, Pers. Très-large, jaunâtre, mou du côté adhérent, ferrugineux du côté porifère; pores obtus, égaux. *Murs.*

Terrestris, Fries. Étalé, cotonneux, très-fugace, délicat; pores très-petits au centre, devenant roux. *Terre.*

Radula, Fries. Étalé, mou, blanc, cotonneux; pores inégalement élevés, anguleux, dentes. *Rameaux.*

Mucidus, Fries. Étalé, charnu, mou, blanc, cotonneux de tous côtés; pores entiers, arrondis. *Pins.*

Versiporus, Pers. Irrégulier, dilaté, pâle; pores réguliers, devenant inégaux et proéminents. *Chêne.*

Pertusus, Pers. Petit, régulier, blanc, glabre, cotonneux au bord; pores assez grands, réguliers. *Troncs pourris.*

Vitreus, Fries. Étalé, ondulé, charnu, aqueux, blanc, glabre, à bords tomenteux, presque transparents; pores très-petits. *Hêtre.*

Medulla panis, Fries. Étalé en long, épais, coriace, un peu ondulé, dur, glabre; pores petits, égaux. *Vieux bois.*

** Pores colorés en dedans.

Fusco-carneus, Pers. Charnu, pourpre, à bords épais, tomenteux; pores distincts, arrondis. *Rameaux détachés.*

Umbrinus, Pers. Étalé, dur, grisâtre, à bords glabres; pores droits, égaux, très-petits. *Charpentes.*

Obliquus, Fries. Très-large, châtain, dur, à bords dressés en crête, noirâtre; pores petits, obliques. *Troncs.*

Subspadiceus, Fries. Étalé, mince, blanc-fauve, entouré d'un coton blanc; pores petits, inégaux. *Hêtre.*

Salicinus, Fries. Étalé, dur, ondulé-rugueux; glabre, roussâtre; pores droits et obliques. *Saules.*

Spongiosus, Fries. Étalé en buisson ou en croûte, coriace, spongieux, ferrugineux; pores droits, arrondis, petits. *Saules.*

B. RETIPORUS. Chapeau dimidié, sessile, latéral, horizontal ou marginal, à bords étalés, réfléchis.

* *Espèces vivaces; chapeau poudreux, très-dur; pores petits, égaux, disposés par couches.*

Cryptarum, Fries. Coriace, spongieux, étalé, réfléchi, mince, fuligineux; pores très-longs. *Caves.*

Conchatus, Fries. Dur, châtain, étalé, réfléchi, mince, à bandelettes transversales, creux en dessous; pores très-petits, cannelle. *Saule, hêtre.*

Marginatus, Fries. Dur, épais, tuberculeux, roux, à bords très-blancs; pores citrins. *Bouleau.*

Ribis, Fries. Imbriqué, subéreux, rugueux, légèrement pubescent, à zones baies, plus foncées sur les bords et en dessous; pores petits, égaux. *Groseilliers.*

Torulosus, Pers. Rugueux-tuberculeux; dilaté, cannelle, zoné; pores très-petits. *Chêne.*

Igniarius, Fries. Dur, épais, lisse, ferrugineux; pores petits, convexes, cannelle. *Troncs.*

Nigricans, Fries. Très-dur, poudreux, épais, à sillons concentriques noirs, à bords ferrugineux; pores très-longs, concolores. *Bouleaux.*

Fomentarius, Fries. Très-gros, corné, glabre, fuligineux, mou en dedans, à bords pâles, puis ferrugineux; pores petits par couches, longs. *Hêtre, chêne.*

Dryadeus, Fries. Lisse, étalé, sans zones, mou, tuberculeux, gris, cannelle en dedans, suintant des gouttes; pores petits, blancs. *Chêne.*

Lævis, Pers. Assez gros, coriace, blanc, lisse, à zones obscures; pores grands, linéaires, jaunes. *Saules.*

Fraxineus, Fries. Gros, dur, très-épais, glabre, zoné-rugueux, blanc, puis jaune, enfin rougeâtre, à bords blancs; pores petits, ferrugineux, à orifice grisâtre. *Frênes.*

** *Espèces annuelles; pores dispersés sur une seule couche.*

Cinnabarinus, Fries. Petit, vermillon, coriace, rayé, zoné obscurément; pores arrondis, très-fins. *Cerisier, etc.*

Versicolor, Fries. Velu, coriace, blanchâtre, à zones multicolores, à bords plus glabres; pores petits, ronds, blancs. *Arbres morts, poutres.*

* *Hirsutus*, Fries. Petit, réniforme, plane, blanc, coriace, subéreux, velu, zoné; pores fauves et blancs, arrondis. *Troncs.*

Fumosus, Fries. Petit, blanc, puis fuligineux, charnu-fibreux, ondulé; pores concolores, petits, égaux. *Troncs.*

Populinus, Fries. Petit, blanc, charnu-subéreux, soyeux, non zoné; pores petits, arrondis, blancs. *Peupliers.*

Suaveolens, Fries. Gros, odeur d'anis, charnu-subéreux, sans zones, velu, blanc; pores grands, blancs, puis fauves. *Saules.*

Croceus, Fries. Grand, subéreux, humide, tomenteux, jaunâtre; pores safranés, grands, inégaux. *Chêne.*

Adustus, Fries. Charnu, velu, fuligineux, à zones obscures, à bords noirâtres; pores petits, arrondis, brillants-argentés, puis noirâtres. *Rameaux.*

Cuticularis, Fries. Gros, chapeau tomenteux, subéreux, ferrugineux, puis noir, sinué, zoné obscurément; pores brillants, gris-ferrugineux, lacérés en vieillissant. *Troncs.*

Destructor, Fries. Étalé, mou, puis friable, blanc, inégal, rugueux, glabre; pores arrondis, obtus. *Sur les bois humides.*

Betulinus, Fries. Très-gros, irrégulier, glabre, lisse, roux, réniforme, oblique, ondé, un peu stipité. *Bouleaux morts.*

C. MERISMOIS. Très-rameux, imbriqués, à stipe latéral qui s'efface parfois; chair blanche; pores décurrents, ténus, inégaux, lacérés dans les parties obliques. — *Grandes espèces venant en buisson à la base des arbres.*

Imbricatus, Fries. Chapeau très-large, sec, glabriuscule, fauve, ondulé, découpé, presque sessile; pores petits, pâles, concolores. *Chêne, frêne.*

Sulphureus, Fries. Très-grand. Chapeau sessile, large, ondulé, jaune-rouge; pores petits, citrins. *Chêne.*

Cristatus, Fries. Grand, rameux. Chapeau verdâtre, charnu, irrégulier, tomenteux, à lobes roulés; pores blancs, puis soufre, lacérés. *Terre.*

Giganteus, Fries. Chapeau très-large, lobé, zoné, mou, rouge-noirâtre, sillonné; pores inégaux, courts; stipe épais, très-court. *Souches.*

Frondosus, grand, très-rameux. Chapeau dimidié, rugueux, fuligineux; pores blancs. *Chêne.*

D. PLEUROPUS. Stipe latéral, simple, presque horizontal; chapeau difforme, s'endurcissant.

Lucidus, Fries. Chapeau châtain-noirâtre, glabre, parfois luisant; pores égaux, petits, arrondis; pied très-long, ou quelquefois nul. *Vieux chênes.*

Varius, Fries. Chapeau coriace, glabre, lisse, sec, rouge, variable; pores petits, arrondis, pâles; pied court, lisse, pâle, subitement noirâtre. *Aunes, saules.*

E. MILLEPORUS. Stipe solitaire, presque horizontal; chapeau difforme, s'endurcissant.

* *Espèces coriaces ou subéreuses, devenant ligneuses, infondibuliformes, à chair et sporidies presque ferrugineuses (non comestibles).*

Sistotremoides, Duby. Grand. Chapeau inégal, substipité, presque dimidié, subéreux, tomenteux, fauve; pores verdâtres, grands, difformes, lacérés. *Terre.*

Rufescens, Fries. Chapeau coriace, velu, roussâtre; pores blancs, puis rougeâtres; stipe court, velu, tubéreux, concolore. *Terre.*

Perennis, Duby. Chapeau coriace, soyeux, zoné, cannelle noirâtre; pores petits, lacérés, devenant concolores; stipe plein, cannelle. *Souches.*

** *Espèces charnues, mais souvent devenant ou étant souples; à chair et sporidies blanches (mangeables).*

Fuligineus, Fries. Chapeau lisse, fuligineux, glabre, peu charnu; pores très-petits, ronds, blancs; stipe plein, fuligineux, gonflé du bas. *Bois.*

Melanopus, Pers. Chapeau mince, chamois; pores pâles; stipe long, grêle, noir, égal. *Bois.*

Leucomelas, Pers. Chapeau blanc, charnu, souple, glabre, mince, lisse; pores blancs; pied noirâtre. *Bois.*

BOLETUS. Chapeau le plus souvent pédiculé, à surface inférieure formée de tubes libres, cylindriques, distincts, rapprochés et adhérents entre eux, dont la masse peut se séparer du chapeau, contenant dans leur intérieur des thèques.

§ I. **HIPPORHODII.** *Tégument nul; tubes blancs ou citrins; sporidies blanches ou roses.*

Cyanescens, Bull. Grand. Chapeau tomenteux, roux, à chair blanche, devenant subitement beau bleu quand on la rompt; tubes blancs ou citrins; stipe roux, plein, tubéreux. *Bois.*

Felleus, Bull. Grand. Chapeau mou, glabre, fauve-chamois, à chair devenant rose avec le temps; tubes blancs-rosés; stipe chamois, réticulé, ventru. *Bois.*

§ II. **VELATI.** *Tégument le plus souvent très-fugace; stipe solide; tubes jaunes, ferrugineux ou rouges; sporidies presque ochréacées.*

Aereus, Bull. Chapeau épais, compacte, bronze; tubes soufrés; pied long, égal, réticulé, jaune clair. *Bois.*

Circinans, Pers. Chapeau visqueux, étalé, jaune pâle, plus foncé en dessous; pied court, ponctué-scabre. *Pins.*

Edulis, Bull. Gros. Chapeau épais, fauve, glabre, à peau hygrométrique; tubes blancs, puis fauve-verts, ne changeant pas de couleur; stipe épais, surtout à la base, marbré de roux et de blanc pâle. *Bois.*

Tuberosus, Bull. Très-gros. Chapeau très-épais, livide, sec, à peau hygrométrique, toujours humide en vieillissant, changeant de couleur; pores vert-rougeâtre; pied gros, court, épais, réticulé. *Bois.*

Luridus, Schæff. Très-gros. Chapeau subtomenteux, visqueux, rouge, fuligineux; pores vermillon; chair jaunâtre, changeant en bleu à l'air; pied long, réticulé de lignes rouges, presque cylindrique. *Bois.*

Castaneus, Bull. Assez gros. Chapeau charnu, soyeux; pores blancs, puis jaunes; stipe lisse, châtain, rempli d'une substance mollasse, un peu gonflé du bas. *Terre.*

Testaceus, Pers. Grand. Chapeau terre cuite, glabre; pores médiocres; pied glabre, concolore. *Bois.*

Radicans, Pers. Chapeau épais, jaune, à bords roulés, un peu tomenteux; pores tomenteux, citrins; stipe court, tubereux, lisse, à racine dure, fibreuse-velue. *Bois.*

Subtomentosus, L. Chapeau subtomenteux, sec, jaune-rouge, divisé en compartiments; pores anguleux, jaune; pied ferme, lisse, rouge. *Bois.*

Brachyporus, Pers. Chapeau paillé, rayé, bleu en dedans; pores jaunes, flexueux, épaissis; pied élevé, dur, fuligineux. *Bois.*

Lividus, Bull. Chapeau glabre, rouge-livide, verdâtre en dedans; pores jaunes; pied lisse, un peu courbe, livide, atténué à la base. *Bois.*

Parasiticus, Bull. Chapeau épais, glabre, fendu en compartiments, jaune clair; pores petits, dorés; pied jaune, lisse, courbe. *Parasite sur d'autres champignons.*

Piperatus, Bull. Chapeau flexueux, jaune-clair; pores cannelle; pied jaune, lisse, contenant un suc jaune. *Bois.*

Granulatus, L. Chapeau inégal, fauve, gélatineux; pores jaune clair; pied court, plein, ponctué-scabre. *Bois.*

Luteus, L. Grand. Chapeau jaune-verdâtre, parfois macule de roux, enduit de glu; pores jaunes; pied jaune, avec un anneau, tacheté au dessous. *Bois, jardins.*

Section III. *Hydnées. Hymenium subulé ou tuberculeux.*

FISTULINA. Chapeau dimidié, à surface inférieure adhérente à sa chair, d'abord verruqueuse; tubes cylindriques, libres, naissant de chaque verrue, imperforés, puis s'ouvrant pour laisser sortir les thèques.

Buglossoides, Bull. Masse ovoïde, oblique, se développant en langue ou chapeau, épaisse, rouge vineuse, visqueuse et charnue jeune, garnie d'aspérités étoilées en vieillissant, succulente; pied nul ou court, latéral. *Parasite sur les arbres, sur les feuilles, à terre.*

HYDNUM. Champignon portant à sa partie inférieure des pointes libres, subulées, donnant issue aux thèques.

§ I. ODONTIA. Point de chapeau distinct; plaque étendue, mince, adhérente, souvent byssoïde. — *Lignatiles.*

* *Aiguillons comprimés, incisés parfois, ou anguleux.*

Fallax, Fries. Étalé, glabre, entouré d'un coton blanc; aiguillons jaune pâle, incisés, inégaux. *Vieux bois, sous d'autres champignons.*

Farreum, Pers. Couche mince, tomenteuse, blanche; aiguillons granuliformes, ochréacés, un peu incisés. *Branches pourries.*

Membranaceum, Bull. Mince, glabre, ferrugineux ; aiguillons égaux, bifurqués, droits. *Branches mortes.*

** *Aiguillons arrondis, égaux, entiers.*

Herba jobi, Bull. Blanc pâle, tomenteux ; aiguillons pubescents, blancs, à pointes orangées, barbues. *Troncs cariés.*

Niveum, Pers. Membraneux, blanc, à bords cotonneux ; aiguillons grêles, aigus, glabres. *Troncs du chêne.*

Farinaceum, Pers. Croûte farineuse, pâle, cotonneuse autour ; aiguillons distants, très-aigus. *Vieux troncs.*

Mucidum. Pers. Membraneux, blanc, villeux dessous et autour ; aiguillons longs, pressés, mous. *Troncs de chêne.*

Muscicola, Pers. Couché, mince, blanc, glabre ; aiguillons très-grêles, allongés. *Mousses.*

Setosum, Pers. Mince, blanc, très-glabre dessus, citrin et velu dessous ; aiguillons longs, sétacés, droits. *Pommiers.*

§ II. **APUS.** Chapeau dimidié, sessile, fixé latéralement et horizontalement, plane, bordé ; aiguillons en dessous.

Dichroum, Pers. Petit. Chapeau imbriqué, tomenteux, zoné, pâle ; aiguillons épais, réguliers, incarnat-obscur. *Troncs.*

Pachiodon, Pers. Chapeau glabre, blanchâtre, charnu ; aiguillons épais, les uns arrondis, les autres comprimés, égaux, concolores. *Chêne.*

Cirrhatum, Pers. Grand. Chapeau subréniforme, flexueux, pâle, fibrilleux sur les bords, verruqueux ; aiguillons très-longs. *Hêtre.*

§ III. **HERICIUM.** Chapeau charnu, en massue, ou très-rameux, ou en un tronc épais, avec un pied peu apparent.

Caput medusæ, Pers. Champignon grand, gros, blanc, à tronc court, épais, dilaté en une multitude d'aiguillons ondulés en tous sens, serrés, droits. *Vieilles souches.*

Coralloides, Scop. Grand. Champignon très-rameux, blanc, puis jaune, à rameaux mêlés, flexueux ; aiguillons unilatéraux, subulés, pendants. *Souches.*

§ IV. **TREMELLODON.** Stipe irrégulier, court, simple, souvent horizontal ; chapeau mou, non dimidié ou excentrique.

Erinaceus, Bull. Champignon ovoïde, charnu, jaune, à divisions fibrilloso-lacérées en grillage ; aiguillons pendants ; pied gros, latéral, courbé en bas. *Chêne.*

§ V. **MESOPUS.** Stipe solide, ferme, contigu au chapeau, presque central, perpendiculaire, souvent très-court ; chapeau charnu ou subéreux, plane, peu à peu déprimé, arrondi, presque toujours entier. — *Terrestres.*

* *Subéreux ou coriace, ligneux même ; chapeau turbiné ou infondibuliforme* (non comestibles).

Auriscalpium, L. Chapeau petit, coriace, horizontal, auriculé, tomenteux, fuligineux ; aiguillons égaux, bruns ; pied latéral, tomenteux, grêle. *Cônes des pins.*

Cyathiforme, Bull. Chapeau petit, en gobelet, zoné, fibreux,

ferrugineux, terminé en un stipe plus clair ; aiguillons extérieurs, courts, roux, en série, à pointés en bas. *Futaies.*

Cinereum, Bull. Chapeau globuleux, s'ouvrant en entonnoir, lobé, incarnat, marbré, pubescent, subécailleux ; aiguillons gris ; pied épais, ventru, plissé. *Pins.*

Hybridum, Bull. Chapeau infundibuliforme, soyeux, mou,
peu lobé, ferrugineux-noirâtre ; aiguillons noirs, courts ; pied
gros, court, tubéreux à la base. *Bois de pins.*

Compactum, Pers. Chapeau grand, subéreux, infundibuliforme, irrégulier, tomenteux, cendré, varié en dedans, à
écailles brunes, égales ; pied court, marron, parfois nul.
Bois de pins.

Suaveolens, Scop. Chapeau petit, mou, tomenteux, blanc,
varié en dedans, à aiguillons égaux, violets ; pied court,
bleu. *Bois.*

Scutatum, Pers. Chapeau grêle, très-petit, glabre, lacuneux, à papilles très-fines ; pied court, lisse, glabre, conique. *Chênaies.*

** *Chapeau charnu, un peu convexe, souvent étalé* (mangeables).

Rufescens, Pers. Chapeau assez grand, tomenteux, roux, à
zones effacées ; aiguillons fins, égaux ; pied grêle, égal.
Bois.

Repandum, L. Chapeau inégal, sinué, charnu, glabre,
rude, sans zones, blanc-rose ; aiguillons inégaux, les uns
ronds, les autres aplatis, entiers ou incisés ; stipe difforme,
parfois rameux. *Bois.*

Lævigatum, Swartz. Chapeau charnu, étalé-sinueux,
bosselé, lisse, roux cendré ; aiguillons *idem ;* stipe inégal,
lisse, plein, gros, court, fragile, irrégulier. *Bois de pins.*

Subsquamosum, Batsch. Gros. Chapeau irrégulier, sinué-
écailleux, ferrugineux-incarnat ; aiguillons blancs, égaux,
longs ; pied court, gros, lisse. *Bois.*

SISTOTREMA. Chapeau charnu, irrégulier, à lamelles interrompues, flexueuses, d'autres se détachant un peu du chapeau, portant des thèques des deux côtés.

Confluens, Pers. Chapeau petit, confluent plusieurs ensemble, fragile, infundibuliforme, blanc, puis jaunâtre ; lames
concolores ; pied *idem*, atténué en bas, glabre. *Sables.*

Cerasi, Pers. Chapeau orbiculaire, retourné, fauve, sessile,
à bords tomenteux ; lames dentées, pressées, confluentes.
Cerisier.

Section IV. *Auricularinées. Hymenium* lisse ou papillaire.

PHLEBIA. Champignon sessile, étendu, à membrane séminifère rugueuse, glabre, veinée ; veinules papilliformes,
allongées.

Merismoides, Fries. Incarnat, branchu, velu et blanc en
dessous, à bords orangés, velus. *Mousses.*

Radiata, Fries. Glabre des deux côtés, orbiculaire, incarnat, à plis pressés, radiés. *Troncs, mousses.*

AURICULARIA. Chapeau coriace, gélatineux; membrane séminifère extérieure en grillage, contenant des sporules nus.

Mesenterica, Pers. Chapeau sessile, imbriqué, latéral, à bords réfléchis, zonés et velus en dedans, gris-rougeâtre, à disque purpurin, plissé. *Noyer.*

CONIOPHORA. Champignon orbiculaire, membraneux, charnu, mou, adhérent par sa surface stérile, contenant des sporules réunis formant des zones concentriques.

Membranacea, DC. Très-large, mince, blanc-jaunâtre; zones fauves, à bords byssoïdes pâles, l'inférieure lisse, brune au centre. *Vieilles poutres.*

THELEPHORA. Couche membraneuse, dont les deux surfaces sont adhérentes entre elles, la fructifère papillaire ou lisse.

§ I. **CORTICIUM.** Couche adhérente, entièrement étalée et retournée; papilles le plus souvent apercevables. — *Champignons lignatiles.*

        * *Couleur blanche.*

Sambuci, Pers. Étalée, mince, rugoso-tuberculeuse, farineuse, à bords glabres. *Sureau.*

Calcea, Pers. Petite, sèche, glabre, crevassée, blanc-fauve, à papilles nombreuses. *Écorces.*

Sera, Pers. Blanc de neige, pulvérulente-tomenteuse, tuberculeuse, molle. *Saules.*

Leucocoma, Pers. Très-lisse, glabre, blanchâtre, à bords sinués, noir-brun. *Buissons.*

Cretacea, Pers. Membrane molle, blanche, à bords byssoïdes, à papilles petites, rayées. *Caves.*

      ** *Couleur noirâtre, bleu cendré ou grise.*

Glebulosa, Pers. Glabre, cendrée, luisante, puis fauve, tuberculeuse, parfois linéaire. *Jardins.*

Lycii, Pers. Suborbiculaire, un peu épaisse, glabre, blanc-cendré ou lilas, à papilles petites, confluentes. *Frêne, Lyciet.*

Cœrulea, DC. Allongée, subtomenteuse, bleu clair, rugueuse, à bords se détachant. *Écorces putréfiées.* Phosphorescent.

Fuliginosa, Pers. Grande, coriace, fuligineuse, couverte de sétules dressées. *Bois pourri.*

      *** *Couleur jaunâtre.*

Fraxinea, Pers. Interrompue, fauve, tomenteuse, à papilles anguleuses. *Rameaux du frêne.*

Ferruginea, Pers. Grande, orbiculaire, tomenteuse, ferrugineuse, pulvérulente, papillaire au milieu. *Fentes des troncs.*

Aurantia, Pers. Allongée, glabre, épaisse, à bords byssoïdes, orangés. *Bois écorcés.*

Confluens, Fries. Jaunâtre, lisse, glabre, à bords soudés, confluents. *Troncs.*

Sebacea, Pers. Incrustante, large, molle, jaunâtre, presque fibreuse, à papilles presque nulles. *Fraisiers.*

Corrugata, Fries. Irrégulière, fortement adhérente, glabre, crevassée-rugueuse, fauve, à papilles nulles. *Saule pourri.*

**** *Couleur incarnat ou rouge.*

Castanea, Pers. Glabre, incarnat, se fendillant, à papilles nombreuses. *Châtaignier.*

Salicina, Pers. Large, étalée, molle, incarnat clair, effleurie-tuberculeuse. *Saules.*

Rosea, Pers. Lisse, rose, tomenteuse en dessous, à bords blancs, byssoïdes. *Écorces.*

Radiosa, Fries. Étalée, confluente, lisse, glabre, rouge pâle, à bords blancs, frangés. *Hêtre.*

Alutacea, Pers. Orbiculaire, à disque rugueux, incarnat, à bords lisses et blancs. *Écorces.*

§ II. STEREUM. Couche coriace, subéreuse, horizontale, retournée ou étalée, à bords libres; *hymenium* tuberculeux ou papillaire, distinct..

* *Couche retournée ou étalée largement, à bords libres, rarement réfléchis.*

Rudis, Pers. Ochréacée, rude, inégale, crevassée, l'inférieur à duvet raide. *Troncs.*

Corylacea, Pers. Ochréacée, à bords courtement réfléchis, glabre en dessous, bai clair. *Coudrier.*

Corticalis, DC. Coriace, rugueuse, crevassée, incarnat, à bords roulés, noirâtre en dessous où elle est glabre ou velue. *Chêne.*

** *Couche imbriquée, horizontale ou étalée, réfléchie, à bords libres.*

Purpurea, Pers. Imbriquée, coriace, velue, zonée, fauve en dessus, glabre et purpurine en dessous. *Troncs.*

Rubiginosa, Schrad. Presque ligneuse, zonée, rouillée, presque glabre en dessus, papillaire-veloutée en dessous. *Troncs.*

Tabacina, Fries. Mince, soyeuse, ferrugineuse, à bords ondulés, crépue, glabre ou sétuleuse en dessous. *Noyers.*

Papyrina, DC. Imbriquée, réfléchie, striée, blanche, pubescente en dessus, glabre et ochréacée en dessous, à bords frangés. *Troncs.*

Hirsuta, Willd. Coriace, garnie de poils raides, zonée, rouge pâle en dessus, glabre, lisse et jaunâtre en dessous. *Vieilles charpentes.*

§ III. PHYLACTERIA. Couche étalée, coriace, membraneuse, un peu molle, imbriquée, parfois infondibuliforme; *hymenium* lisse, glabre; sporidies placées sur quatre séries distinctes. — *Terrestres; involvantes.*

Phylacteris, DC. Molle, grande, à divisions ondulées, blanches, puis grisâtres et noirâtres, à bords réfléchis, tomenteux. *Chênes.*

Terrestris, Ehr. Touffue, fauve pourpre, fibreuse, raide, dimidiée, à bords blancs, glabres; stipe très-court. *Bois.*

Caryophyllacea, Pers. Touffue, fauve pourpre, infondibuliforme, striée, fibreuse, lisse dessous, à bords blancs, dressés, incisés. *Bois de pins.*

§ IV. **LEIOSTROMA**. Couche retournée, peu etalée, à peine contiguë, glabre, lisse ou munie de fausses papilles, un peu grumeuse ; thèques nuls. — *Lignicoles*.

Acerina, Pers. Courte, interrompue, glabre, bleu de ciel, sèche. *Érable*.

Cinerea, Pers. Large, sèche, lisse, irrégulière, glabre, cendrée. *Rameaux*.

Subtribu II. **CLAVARIÉES**. Champignon dressé, en massue, aplati ou cylindrique, simple ou rameux, *hymenium* mince, l'enveloppant en grande partie, contenant des thèques linéaires.

MERISMA. Réceptacle irrégulier, rameux, à rameaux comprimés, dilatés ou filamenteux au sommet ; membrane fructifère consistante, mince, occupant les deux surfaces, mais portant les thèques surtout en dessous ; ceux-ci distincts.

  * *Espèces décombantes, subcrustacées.*

Fastidiosum, Pers. Blanche, largement incrustante, à rameaux aplatis, parfois difformes. *Bois*.

Vermiculare, Pers. Gélatineuse, puis cartilagineuse, blanche, très-rameuse, à rameaux arrondis, grêles, rayés. *Graminées, feuilles*.

Serratum, Pers. Visqueuse, ascendante, fuligineuse, à rameaux larges, dentés en scie. *Mousses*.

Cristatum, Pers. Glabre, décombante, tuberculeuse, fauve, à rameaux plats, dilatés, laciniés, frangés, en crête. *Terre, graminées*.

Cinereum, Pers. Gris cendré, à base incrustante, à rameaux ascendants, à extrémités incisées et blanches. *Vieux bois*.

  ** *Espèces dressées, très-rameuses ; rameaux distincts.*

Palmatum, Pers. Pourpre fauve, à rameaux planes, dilatés, palmés, pubescents, à sommet blanc. *Sur le bois humide*.

Coralloideum, Pers. Mou, coriace, fauve-noir, à rameaux striés-dilatés, tomenteux, déchiquetés, blancs. *Feuilles pourries*.

CLAVARIA. Réceptacle dressé, cylindrique, homogène, à stipe non distinct ; *hymenium* mince, superficiel, l'occupant en entier, mais ne portant des thèques, qui sont grêles, qu'au sommet.

§ I. **CLAVARIASTRUM**. Espèces charnues, non visqueuses, le plus souvent terrestres.

A. **Botryoides**. *Très-rameuses ; troncs épais ; rameaux obtus, fastigiés ou courts et difformes.*

Botrytis, Pers. Tronc gros, difforme, épais, décombant, jaune pâle ; rameaux courts, un peu rugueux, à divisions obtuses, rougeâtres. *Bois*.

Formosa, Pers. Tronc décombant, blanc, à rameaux orange rose, à divisions obtuses, jaunes. *Bois*.

Flava, Pers. Tronc épais, gros, jaune pâle, à rameaux denses, fastigiés, jaunes, à divisions obtuses. *Terre des bois*.

6.

Coralloides, L. Menóttes. Tronc blanc, à base violette, peu épais, à rameaux allongés, dichotomes, aigus. *Terre.*

β. Ramariæ. *Rameuses ; tronc grêle, dressé, à rameaux délicats.*

Stricta, Pers. Tronc jaune fauve, épais, à branches épaisses, à rameaux raides, très-courts, pulvérulents, comme tronqués. *Vieilles souches.*

Cinerea, Villars. Tronc cendré-roux, gros, à rameaux dilatés, comprimés, glabres; à divisions courtes, subfastigiées, obtuses. *Bois.*

Syringarum, Pers. Tronc jaunâtre pâle, à rameaux rapprochés, raides, un peu glauques, tubéreux, spongieux à la base. *Pied des lilas.*

Decurrens, Pers. Tronc en buisson, jaune fauve, grêle, à rameaux pressés, raides; à divisions courtes, aiguës; à radicules fibrilleuses, blanches. *Troncs arides.*

Muscigena, Schum. Tronc grêle, petit, glabre, ochréacé, à rameaux flexueux, multifides; à divisions inégales, divariquées, très-aiguës. *Terre.*

Pratensis, Pers. Tronc jaune, gros, à rameaux courts; à divisions genouillées, divariquées, obtuses, égales. *Lieux herbeux.*

Muscoides, L. Tronc à base tomenteuse, grêle, allongé, crochu, jaune clair, à divisions arquées, aiguës. *Bois.*

Crocea, Pers. Tronc grêle, petit, safrané, nu, à rameaux ramassés; à divisions jeunes, fourchues. *Terre.*

Amethystea, Bull. Tronc petit, lisse, violet, à rameaux partant de la base, gros; à divisions courtes, aiguës. *Terre.*

Chionaea, Pers. Tronc grêle, blanc, à rameaux allongés, grêles, inégaux, acuminés. *Terre.*

Rugosa, Bull. Tronc épaissi, simple, aplati, rugueux, blanc, à rameaux difformes, obtus. *Terre.*

Trichopus, Pers. Tronc grand, blanc, grêle, à base velue; à rameaux glabres, fourchus, palmés. *Terre.*

Vitellina, Tronc petit, très-grêle, jaune, glabre, à rameaux fourchus, obtus, fauves. *Terre.*

Kuntzei, Fries. Tronc touffu, blanc, glabre, à rameaux raides, droits; à écailles comprimées. *Terre.*

Byssiseda, Pers. Tronc petit, velu, puis glabre, roux pâle, à radicules byssoïdes; à rameaux simples, courbes, puis fourchus. *Chêne, marceau.*

c. Corinoidea. *Espèces simples, solitaires ou en buisson, à base atténuée.*

Pistillaris, L. Tige grosse, cylindrique, glabre, épaissie en haut, pleine, jaune, puis bistre. *Hautes futaies.*

Juncea, Fries. Tige grêle, presque égale, molle, rouge, pubescente, puis glabre, un peu fistuleuse, à base fibrilleuse, rampante. *Bois, feuilles.*

Fusiformis, Pers. Tige grande, rameuse, fasciculée, dorée, à rameaux égaux, courbes, un peu cohérents, atténués à la base. *Bruyères.*

Helvola, Pers. Tige à branches à peine renflées, fistuleuses, paillées, obtuses, à base plus claire. *Terre.*

Ericetorum, Pers. Tige légèrement touffue, jaune, en massue, un peu comprimée, presque ridée, jaunâtre, à base luisante. *Terre.*

Fragilis, Holmsk. Tige fistuleuse, fragile, blanc-jaunâtre, atténuée à la base, rugueuse et comprimée en vieillissant. *Terre.*

Vermiculata, Mich. Tige en touffe cylindrique, glabre, blanche, à rameaux pleins, atténués en haut, courbes et bifurqués. *Terre.*

Falcata, Pers. Tige petite, épaisse, très-simple, à rameaux courts, en massue, obtus, falciformes. *Humus.*

Virgultorum, Pers. Tige longue, blanche, puis fauve, à rameaux filiformes, en massue oblongue, à base velue. *Feuilles.*

§ II. CALOCERA. Espèces cornées, gélatineuses, tenaces, visqueuses, venant sur le bois.

Cornea, Batsch. Extrêmement petit; groupé, allongé, visqueux, jaune, très-fragile, à base adhérente. *Bois pourris.*

Corticalis, Batsch. En buisson, mou, très-petit, subuliforme, incarnat, pellucide. *Fentes des troncs.*

GEOGLOSSUM. Réceptacle en massue, solide, à stipe distinct, cylindrique; *hymenium* portant de toutes parts les thèques.

Viride, Pers. Stipe fasciculé, vert-jaunâtre, écailleux, *Terre.*

Glutinosum, Pers. Stipe noirâtre, glabre, visqueux; massue petite, comprimée, elliptique. *Herbes.*

Glabrum, Pers. Stipe glabre, sec, noir, linguiforme, un peu écailleux, à base blanche velue. *Bois.*

Hirsutum, Pers. Stipe velu, noir; massue allongée ou en tête, comprimée. *Sphagnes.*

SPATHULARIA. Réceptacle en massue verticale, comprimé, décurrent, distinct du stipe; *hymenium* en occupant toute la superficie, mais ne portant des thèques que supérieurement.

Flavida, Pers. Stipe assez grand, plissé, gros, blanc, atténué en haut, où il est pâle, puis jaune, glabre; massue comprimée, irrégulière, en spatule. *Pins.*

PISTILLARIA. Réceptacle cylindrique, simple, mince, non distinct du stipe; *hymenium* le recouvrant dans presque toute son étendue et contenant des sporules à la partie supérieure, qui sortent spontanément.

Muscicola, Fries. Filiforme, un peu épaissi en haut, obtus, blanc, à base dilatée, glabre, recourbée. *Mousses.*

Micans, Fries. Obovoïde, rose, luisant, à base courte, blanchâtre, un peu transparente. *Feuilles, tiges.*

TYPHULA. Réceptacle simple ou rameux, très-grêle, cylindrique, séparé du stipe, revêtu partout de la membrane fructifère; celle-ci portant des thèques dans toute son étendue, souvent oblitérée.

? Pennicillata, Duby. Stipe capillaire, allongé, jaune vif, glabre, découpé en pinceau au sommet. *Brindilles.*

Filiformis, Fries. Stipe très-grêle, simple, allongé, pubescent, roussâtre, à sommet renflé, gris blanc, velu. *Brindilles.*

Gyrans, Fries. Stipe petit, simple, blanc, à renflement cylindrique, glabre, à base allongée, pubescente. *Feuilles.*

Filicina, Duby. Stipe petit, simple, allongé, roux, glabre, à renflement arrondi, aigu. *Fougères.*

Fuscipes, Duby. Stipe simple, petit, glabre, noir fauve, à renflement cannelle, obtus, un peu flexueux. *Rameaux secs.*

MITRULA. Réceptacle en massue ovoïde, très-distinct du stipe; *hymenium* l'enveloppant strictement, portant à sa superficie des thèques allongés.

Phalloides, Chev. Petit. Massue pyriforme, orangée, obtuse (s'ouvrant au sommet en deux portions égales à sa maturité); stipe blanc nuancé de gris, creux, flexible. *Feuilles pourries.*

Sulītribu III. HELVELLACEÆ. Champignons en cupule, en chapeau ou mitréforme; *hymenium* en enveloppant la partie supérieure et renfermant des thèques allongés.

Section I. HELVELLÆ. Réceptacle en chapeau mitréforme, jamais clos.

LEOTIA. Chapeau orbiculaire, convexe, tuméfié, portant en dessus les fructifications, à bords roulés en dessous, sinués, ondulés; thèques fixés par la base, claviformes.

Gelatinosa, Hill. Chapeau gélatineux, vert-jaune, à bords arrondis; stipe creux, égal, jaune, visqueux. *Feuilles tombées, vieilles souches.*

VERPA. Chapeau pédicellé régulier, conique, central, charnu, membraneux, lisse sur les deux faces; membrane fructifère supérieure, ridée, contenant des thèques fixes par la base.

Digitaliformis, Pers. Chapeau un peu cylindrique, terre d'ombre, rayé-ridé; pied gros, épais, écailleux, blanc pâle. *Bois.*

Agaricoides, Pers. Chapeau campanulé-plissé, vineux, atténué en bas; pied grêle, aminci à la base, blanc pâle. *Bois.*

MORCHELLA. Chapeau ovoïde ou conique, plissé-réticulé, formant des alvéoles nombreux, irréguliers, porté par un stipe creux; *hymenium* supérieur, persistant, renfermant des thèques fixes.

* *Chapeau n'adhérant pas au stipe.*

Fusca, Pers. Chapeau arrondi fauve; aréoles à côtes droites, parallèles; stipe long, gros, fuligineux, blanc, lisse. *Bois.*

Rimosipes, DC. Chapeau conique, obtus, à base contractée, brunâtre; alvéoles rhomboïdaux; stipe lacuneux, ridé, creux. *Bois.*

Semilibera, DC. Chapeau conique, à moitié libre, jaunâtres, à alvéoles oblongs; stipe très-long, lisse, blanc. *Bois.*

Patula, Pers. Chapeau gros, ovoïde à moitié libre, paillé, à alvéoles rhomboïdaux; stipe furfuracé-écailleux. *Bois.*

** *Chapeau adhérant par la base au stipe.*

Tremelloides, Pers. Chapeau ample, lobé, celluleux-lacuneux, jaunâtre, gélatineux; pied court, très-épais, effleuri, lisse, pâle. *Terre.*

Crassipes, Pers. Chapeau conique, court, brun, celluleux; pied dilaté en bas. *Terre.*

Deliciosa, Fries. Petit. Chapeau presque cylindrique, aigu, jaune, à alvéoles carrés, profonds; pied lisse, petit, mince. *Lieux ombragés.*

Esculenta, Pers. Morille. Chapeau gros, ovoïde, obtus, à alvéoles anastomosés; pied lisse, cylindrique, blanc, mou, gros. *Terre.*

HELVELLA. Chapeau irrégulier, orbiculaire-sinué, réfléchi sur les bords, bombé en dessus, concave et stérile en dessous, porté par un stipe lisse ou lacuneux; membrane fructifère supérieure lisse ou rugueuse persistante, sans veines ni aréoles, portant des thèques fixes.

§ I. MITRÆ. Stipe constant, épaissi au bas; chapeau membraneux, enflé, d'abord adhérant au stipe, puis libre, ondulé plissé.

* *Stipe lisse.*

Monachella, Fries. Chapeau ondulé-lobé, adhérent, lisse, marron; stipe lisse, creux, cannelle, lacuneux, glabre, blanc, épais, court. *Pied des arbres.*

Esculenta, Pers. Mitre. Chapeau enflé, bizarre, ondulé-tortillé, lobé, rouge foncé, un peu velu sur les bords en dessous; stipe lisse, anguleux, blanc ou incarnat. *Pins.*

** *Stipe lacuneux*

Lacunosa, Afzel. Petit. Chapeau bilobé, mitréforme, cendré, à lobes abaissés, adhérents; pied fistuleux, alvéolo-lacuneux. *Terre.*

Crispa, Fries. Grand et gros. Chapeau recourbé en mitre, lobé, libre, crispé, pâle en dessus, noirâtre dessous; pied fistuleux, blanc, lacuneux. *Bois humides.*

§ II. PEZIZOIDÆ. Stipe allongé, grêle, d'abord plein, puis creux; chapeau membraneux, lisse, libre.

Elastica, Bull. Chapeau mitréforme, uni, à deux lobes, chamois; stipe allongé, grêle, plein, lisse, élastique, effleuri. *Bois.*

Section II. PEZIZEÆ. Réceptacle en cupule, d'abord clos.

RHIZINA. Réceptacle globuleux, lobé, irrégulier, mince, crustacé, bulbeux, noirâtre, concave en dedans, sessile, supporté par des fibrilles radicales, éparses et marginales; *hymenium* occupant toute sa superficie.

Undulata, Fries. Chapeau noir, irrégulier, lobé, sessile

radiculaire, à bords infléchis, floconneux et pâle en dessous. *Terre, mousse.*

HELOTIUM. Réceptacle stipité, nu, d'abord globuleux, régulier, ouvert, se développant en un chapeau hémisphérique, à surface supérieure seminifère, contenant des thèques amples, fixes, qui renferment des sporules sortant avec élasticité.

Agariciforme, DC. Stipe très-petit, glabre, blanc, allongé, égal, à tête petite, orbiculaire, puis plane et convexe ensuite. *Souches putrides.*

Fimetarium, Pers. Stipe petit, grêle, rouge, glabre, égal, à tête conique, devenant un peu anguleuse. *Fumier de vaches desséché.*

PEZIZA. Réceptacle cupuliforme bordé, d'abord presque fermé par contiguïté de l'épiderme, puis ouvert; *hymenium* lisse, persistant, distinct, contenant des thèques amples, fixes, lançant avec élasticité leurs sporidies.

§ I. **PATELLA.** Cupule patelliforme; thèques connés, sans fibrilles intermédiaires.

Patellaria, Pers. Coriace, sessile, noire, à bords tuméfiés, à disque légèrement pruineux. *Écorces, vieux bois.*

Coriacea, Bull. Très-petits. Cupule glabriuscule, coriace, dégénérant en un stipe tortu, à disque briqueté. *Fumiers de cerf, d'âne, de cheval.*

§ II. **PEZICA.** Cupule en godet; thèques distincts, entremêlés de fibrilles.

Série I. **PHIALEA.** Cupules céracées ou membraneuses, très-grêles, à peine ouvertes; tégument nul; *subiculum* nul.

A. *Patella.* Glabres; cupules naturellement sessiles, s'ouvrant et s'aplanissant, sèches, cériformes, à bords à peine roulés, entiers; *hymenium* distinct; thèques grêles.

Lepida, Pers. Cupules vasculeuses, dures, rousses, luisantes, un peu ouvertes, connilventes. *Tiges des plantes.*

Juncina, Pers. Cupules petites, plissées, linéaires, glabres, cériformes, aplaties, rousses. *Joncs.*

Salicaria, Pers. Cupules ramassées, enfoncées, paillé-noir, petites, concaves, coriaces. *Saule.*

Lecideola, Fries. Cupules ponctiformes, réunies, fuligineuses, sessiles, coriaces, concaves, placées sur une couche maculée, cendrée. *Bois.*

Viticola, Pers. Cupules orbiculaires, sessiles, coriaces, assez épaisses, noirâtres, à disque roux sur un *subiculum* noir, pulvérulent. *Fentes de la vigne.*

Melanophaea, Fries. Cupules en soucoupe, planes, sessiles, cannelle, à disque noir. *Chêne.*

B. *Mollizia.* Glabres, libres; cupules turbinées-stipitées, souvent sessiles, cériformes, molles, aqueuses, presque entières; *hymenium* confluent; thèques petits ou nuls.

* **Ceracellæ.** *Cupules libres en dessous où elles sont fixées par un point, grêles, aqueuses-cériformes.*

Atrata, Pers. Cupules rayées extérieurement, petites, globuleuses, noirâtres, à orifice blanc, connivent. *Rameaux*.

** **Udæ.** *Sessiles, presque trémelloïdes, un peu épaisses.*

Pteridis, Alb. Cupules ponctiformes, jaune sale en dedans, granuleuses et olivâtres en dehors, à bords crénelés. *Fougères.*

Cinerea, Batsch. Cupules urcéolées, puis planes, petites, pelucheuses, grises en dehors, à bords entiers, blancs. *Vieilles souches.*

Atro-virens, Pers. Cupules globuleuses, vert-jaune, à disque hémisphérique, puis plane, incarnat. *Bois sec et pourri.*

Vinosa, Pers. Cupules orbiculaires, luisantes, petites, vineuses, planes, sans bordure. *Tiges des plantes.*

Carpinea, Pers. Cupules obconiques, un peu difformes, réunies, petites, incarnat pâle, dans un *subiculum* charnu, concolore. *Charme.*

Chrysocoma, Bull. Cupules glabres des deux côtés, fauves, sphériques, immarginées, jaunes, puis brunes. *Bois pourri.*

. *Calycina.* Glabres, nues; cupules cériformes, épaisses, fermes, obconiques, dégénérant en un stipe plus ou moins long; *hymenium* distinct, plus mince que la cupule; thèques petits.

* **Lenticulares.** *Presque sessiles; stipe oblique, papilliforme; disque planiuscule, puis convexe.*

Epiphylla, Pers. Cupules convexes, planes, bordées, ochréacées, petites, sessiles ou stipitées. *Feuilles.*

Herbarum, Pers. Cupules planes, convexes, glabres, blanches, devenant rousses, souvent immarginées; stipe très-court. *Tiges desséchées.*

Imberbis, Bull. Cupules planes-concaves, flexueuses, glabres, blanches, d'abord sessiles, puis stipitées. *Bois mort.*

Cupressina, Batsch. Cupules dorées, petites, groupées, très-entières, clavelliformes, puis hémisphériques; stipe court, velu. *Feuilles du cyprès.*

Ferruginea, Schum. Cupules turbinées, concaves, puis dilatées, lenticulaires-ponctuées, ferrugineuses, gonflées extérieurement et sur les bords. *Chêne.*

Lenticularis, Bull. Cupules creuses, puis convexes, luisantes, jaunes, pressées; stipe court, noirâtre. *Idem.*

** **Calyculæ.** *Obconiques, distinctement stipitées; disque concave, bordé.*

Janthina, Fries. Cupules violettes, cylindriques, puis épaissies-urcéolées, concaves, à bords entiers; stipe court, glabre. *Saule.*

Citrina, Fries. Cupules ramassées, inégales, citrines; rebord proéminent, un peu flexueux, crénelé, plus pâle; stipe épais, obconique. *Écorces.*

D. *Himenoscipha.* Glabres, nues, libres; cupules petites, membraneuses, portées par un stipe grêle; *hymenium* distinct; thèques amples, en massue.

* **Volutellæ.** *Cupules planes des deux côtés, toujours ouvertes, à centre presque ombiliqué.*

Culmigena, Fries. Cupules éparses, petites, pâles, subombiliquées; stipe capillaire, glabre, concolore. *Tiges desséchées.*

** **Cyathoideæ.** *Stipe court; cupules urcéolées, puis concaves, orbiculaires, sèches, connivents.*

Cyathoidea, Bull. Cupules globuleuses-cyathiformes, petites, pâles, glabres, très-entières; stipe assez long. *Tiges desséchées.*

Scutula, Pers. Cupules en soucoupe, grandes, lisses, jaunes, concaves; bords entiers; stipe un peu long, grêle, égal. *Tiges des plantes.*

Urticæ, Pers. Cupules hémisphériques, membraneuses, fauves-pâles, à bords connivents; stipe un peu long. *Ortie.*

Inplexa, Bolt. Cupules subhémisphériques, blanches, bordées de dents triangulaires; stipe assez long, un peu courbe. *Ortie.*

Coronata. Bull. Cupules très-petites, stipitées, pâles, concaves, bordées de poils setacés. *Tiges desséchées.*

*** **Ciborioideæ.** *Assez fermes; stipe un peu long; cupules infondibuliformes.*

Fructigena, Bull. Cupules glabres, réunies, lisses, patelliformes; stipe long, grêle. *Fruits du chêne, etc.*

Echinophylla, Bull. Cupules grandes, épaisses, glabres, fauves; stipe long, plus clair, d'abord tomenteux. *Brou de la châtaigne.*

Subularis, Bull. Cupules briquetées, fragiles, en soucoupe, très-entières; stipe très-long, grêle. *Semences des composées.*

Série II. **LACHNEA.** Cupules céracées, fermes, rarement charnues, soyeuses ou velues; tégument séparé, velu ou poilu, persistant.

E. *Tapezia.* Cupules céracées ou coriaces, presque sessiles, enchâssées dans une croûte ou *subiculum.*

* *Cupules glabres.*

Sanguinea, Pers. Cupules petites, noirâtres, glabres, à bords rouges, à base tomenteuse, courte. *Hêtre.*

Lateritia, Pers. Cupules noires, grandes, glabres, sessiles; *subiculum* briqueté, tomenteux. *Bois.*

Fusca, Pers. Cupules sessiles, concaves, fauves, s'aplatissant, puis cendrées: *subiculum* tomenteux. *Écorces.*

** *Cupules velues.*

Rosæ, Pers. Cupules coriaces, sessiles, légèrement tomenteuses, paillées; *subiculum* tomenteux, concolore. *Rosiers.*

Conspersa, Pers. Cupules crustacées, sessiles, fauve-noir, effleuries; *subiculum* concolore. *Écorces,*

Poriæformis, DC. Cupules pressées, arrondies, tomenteuses, cendrées; *subiculum* dense, concolore. *Saules.*

F. *Dasyscypha.* Cupules petites, céracées, sèches, à disque glabre extérieurement, poilues ou velues en dessous ; *subiculum* nul.

* Cupules sessiles.

Dryophila, Pers. Cupules ponctiformes, orbiculaires, brunes, à ouverture presque connivente. *Feuilles du chêne.*

Villosa, Pers. Cupules granulées, persistantes, blanches, à ouverture presque connivente. *Herbes.*

Sulphurea, Pers. Cupules globuleuses, puis étalées, couleur de soufre, à disque pâle. *Ortie, etc.*

Papillaris, Bull. Cupules très-petites, concaves, blanches des 2 côtés, papillaires en dehors, à bords denticulés. *Bois morts.*

Flavo-ferruginea, Alb. Cupules dilatées, molles, planiuscules, olivâtres en dedans, à bords jaunes-oufre. *Bois, feuilles.*

Rufo-olivacea, Alb. Cupules orbiculaires, aplaties, pulvérulentes, velues, roux-olivâtre, à disque verdâtre. *Rameaux.*

Berberidis, Pers. Cupules petites, rousses-fauves, velues, à base entourée de soies radiantes. *Berberis.*

Hispidula, Schrad. Cupules concaves, hispidules, extérieurement noirâtres, lisses et blanches en dedans. *Bois.*

Corvina, Pers. Cupules ponctiformes, s'ouvrant à peine, aplaties, noires des 2 côtés, sur un *subiculum* inaculiforme. *Bois secs.*

Corticalis, Pers. Cupules subglobuleuses, garnies de poils roides, courts, blanc-sale, à orifice roux. *Peuplier.*

Albo-violaceus, Alb. Cupules sèches, dures, comprimées, d'un blanc violet, à disque plus pâle, souvent clos. *Tilleul.*

** Cupules stipitées.

Clandestina, Bull. Cupules turbinées, furfuracées, velues à l'extérieur, entières. *Ronce.*

Cerina, Pers. Cupules hémisphériques, furfuracées-velues, jaune-olivâtre, à disque jaune. *Bois pourri.*

Bicolor, Bull. Cupules petites, subsessiles, globuleuses, puis planes, blanches en dehors, orangées en dedans. *Chêne.*

Patula, Pers. Cupules très-petites, hémisphériques, velues, blanches, à disque plane, jaunâtre. *Feuilles.*

Nivea, Fries. Cupules turbinées, velues-tomenteuses, blanches en dehors et en dedans où elle est glabre. *Bois pourri.*

Virginea, Pers. Cupules blanches, hémisphériques, entourées de poils nombreux, à bord cilié, blanches et lisses en dedans. *Écorces.*

Vernalis, Schum. Cupules fermes, cendré-pâle, hémisphériques, velues à l'extérieur; stipe velu, filiforme, flexueux. *Brindilles.*

G. *Sarcocypha.* Cupules charnues ou charnues-membra-
neuses. *Subiculum* nul.

   * *Cupules sessiles, soyeuses-ciliées extérieurement.*

Papillata, Pers. Cupules groupées, petites, rougeâtres, à
disque papillaire, à bord cilié de soies concolores. *Fumier.*

Diversicolor, Fries. Cupules obconiques, de couleur variée,
à disque convexe, bordé de poils dressés. *Fumier.*

Stercorea, Pers. Cupules concaves, fauves, couvertes près
du bord de poils dressés, blancs. *Fumiers.*

Setosa, Nées. Cupules excavées, oranges, ayant à l'extérieur
des poils très-longs, fauves, dressés. *Troncs cariés.*

Cœrulea, Bolt. Cupules planes, ciliées, à disque bleu, noires en dehors, avec des poils pâles, mous. *Sapins.*

Crinita, Bull. Cupules subglobuleuses, fermes, concaves,
rousses et lisses en dedans, cendrées-velues, ciliées de longs
poils noirs en dehors. *Bois pourri.*

Scutellata, L. Cupules grandes, planes, à disque rouge-vif,
cendrées à l'extérieur, garnies de poils noirs-hispides, soyeux
sur le bord. *Souches.*

Vitellina, Pers. Cupules grandes, flexueuses, jaune clair,
ayant des poils sur les bords. *Prés.*

   ** *Cupules sessiles, laineuses extérieurement, ou couvertes
de poils fasciculés.*

Hemisphærica, Hoffm. Cupules hémisphériques, pâles en dedans, noires en dehors où elles sont couvertes de poils fasciculés. *Terre.*

Carnosa, Bull. Cupules profondes, épaisses, cendrées, tomenteuses en dedans et en dessous; chair rose. *Bois pourri.*

Leucotrica, Alb. Cupules hémisphériques, concaves, charnues, glauques-noirâtres en dedans, poilues en dehors.
Terre.

                  *** *Cupules stipitées.*

Melastoma, Sow. Cupules charnues, à disque noir, fauve-
pulvérulent, orangé en dehors; stipe noir, poilu à la base.
Troncs moussus.

Epidendra, Bull. Cupules grandes, en entonnoir, pubescentes, jaunâtres à l'extérieur, rouge vif et glabres à l'intérieur;
stipe épaissi du haut. *Souches, branchages.*

Série III. **ALEURIA.** Cupules charnues, molles, fragiles; tégument universel mince, pruineux à la surface ou floconn-
neux-furfuracé.

H. *Encoelia.* Tégument universel fugace; cupules très-
creuses, membraneuses, fragiles ou fermes, s'ouvrant à
peine.

Ampliata. Pers. Cupules sessiles, minces, grandes, fuligineuses, à bords très-entiers, nues en dehors. *Troncs.*

I. *Humaria.* Tégument mince, un peu filamenteux, fugace,
presque marginal; cupules sessiles, entières, hémisphéri-

ques, étalées, charnues, petites; sporidies à sporidiole unique.

* Cupules convexes, sessiles.

Omphalodes, Bull. Cupules ramassées, petites, très-épaisses, ombiliquées, orangées-violettes, sur un duvet blanc, fugace. *Terre, couches.*

** Cupules concaves, presque sessiles.

Polytrichi, Schum. Cupules orbiculaires, cinabre, plus claires en dehors où elles ont des poils fasciculés, verdâtres. *Sphagnum.*

Araneosa, Bull. Cupules petites, minces, orangé vif en dedans; bords crénelés; face externe aranéeuse; stipe court, gros. *Lieux couverts.*

Rutilans, Fries. Cupules déprimées, finement pubescentes, pâles en dehors; disque rouge; stipe blanc, enfoncé dans la terre. *Les bois.*

Leucoloma, Fries. Cupules globuleuses, puis planes, rouges, à bord blanc, finement lacinié. *Mousses.*

J. *Geopixis.* Tégument non fugace; cupules globuleuses étant jeunes, fermées, puis ouvertes, orbiculaires; sporidies simples.

* C u p u l a r e s. *Cupules pruineuses à l'extérieur, membraneuses ou charnues; stipe nul ou court.*

Granulata, Bull. Cupules petites, sessiles, orangées, papillaires-granulées à l'extérieur. *Bouse.*

Capreoli, Pers. Cupules obconiques, épaisses; sessiles, purpurines, puis ambrées étant séchés, rugueuses à l'extérieur. *Crottes de chèvre, de cerf.*

Globularis, Pers. Cupules petites, globuleuses, rayées, noirâtres, à bords connivents. *Bouleau.*

Purpurascens, Pers. Cupules sessiles, purpurines, à large ouverture, colorée d'une ligne jaune, à parois incisées. *Terre, mousse.*

Arenaria, Osb. Cupules petites, sessiles, fauves, globuleuses, puis dilatées-lacérées, verruqueuses extérieurement. *Terre.*

Cupularis, L. Cupules cératées, sessiles, petites, globuleuses-campanulées, grisâtres, farineuses, à bords crénelés. *Terre, bois pourri.*

** M a c r o p o d e s. *Cupules assez petites; stipe allongé, grêle.*

Melania, Pers. Cupules très-grandes, noirâtres, glabres, campanulées; stipe court, strié, à base fibrilleuse. *Mousses.*

! *Rapulum*, Bull. Cupules minces, en entonnoir, glabriuscules, fauves; stipe tors, allongé, à base fibrilleuse. *Enfoncé dans la terre.*

Tuberosa, Bull. Cupules minces, en entonnoir, pâles; stipe allongé, à base tubéreuse, difforme, noire. *Enfoncé en terre.*

Bulbosa, Nées. Cupules finement écailleuses, cendrées, à disque fauve; stipe très-long, tubéreux, lisse ou un peu lacuneux. *Terre*.

Stipitata, Hudson. Cupules grandes, grosses, velues-verruqueuses, cendrées; stipe très-long, tortu, lacuneux, fibrilleux à son extrémité. *Terre*.

K. *Helvelloïeda*. Tégument mince; cupules toujours ouvertes, ou conniventes étant jeunes, entières, dimidiées ou contournées; sporidies contenant deux sporules.

* **Pustulatæ**. *Cupules sessiles, quelquefois à base radiciforme, à stipe central, en forme de bourse étalée, entières, mais à bord un peu incisé, granuleuses ou verruqueuses à l'extérieur.*

Plicata, Pers. Cupules sessiles, grandes, cériformes, grises, furfuracées, à orifice plissé. *Terre*.

Pustulata, Pers. Cupules sessiles, globuleuses, fuligineuses en dedans, blanches-furfuracées en dehors, à bords entiers. *Bois*.

Lycoperdoïdes, DC. Cupules sessiles, en grelots, agglomérées, grosses, rougeâtres, transparentes, glabres, à ouverture un peu crénelée. *Fumiers*.

Cerea, Sow. Cupules stipitées, grandes, cériformes, ventrues, jaunâtres, blanches et velues en dehors. *Terre, couches*.

Coronata, Jacq. Cupules sessiles, très-grandes, incisées-étalées, rugueuses en dedans, brunes ou jaunâtres, à base radicale. *Terre, troncs*.

** **Cochleatæ**. *Cupules subsessiles, pruineuses à l'extérieur, dimidiées ou obliques, flexueuses-contournées, puis souvent incisées d'un côté et presque roulées.*

Geochroa, Pers. Cupules grandes, solitaires, tuberculeuses à la base qui est blanche, grisâtres en dedans, écailleuses en dehors; racine épaisse, horizontale. *Bois*.

Cochleata, L. Cupules grandes, sessiles, irrégulières, groupées, chamois, cériformes. *Terre*.

Concinna, Pers. Cupules grandes, sessiles, irrégulières, groupees, citrines, et rayées en dedans, incarnat en dehors. *Feuilles de chêne*.

Coccinea, Schæff. Cupules grandes, sessiles, régulières, puis irrégulières, obliques, orangées en dedans, jaune-pâle en dehors. *Terre*.

Badia, Pers. Cupules grandes, entières, subsessiles, irrégulières, brunes en dedans, pruineuses et olive, en dehors. *Bois*.

Venosa, Pers. Cupules grandes, entières, sessiles, irrégulières, à peine ouvertes, brunes, blanches à la base, marquées de côtes veinées-rugueuses. *Terre*.

*** **Acetabula**. *Cupules presque entières; stipe épais, sillonné.*

Sulcata, Pers. Cupules en soucoupe, blanches, lisses; stipe plein, très-épais, sillonné-lacuneux. *Bois*.

Acetabulum, L. Cupules grandes, en soucoupe, fuligineuses, à veines épaisses en dehors ; stipe fistuleux, court, pâle, sillonné-lacuneux. *Terre.*

Ancilis, Pers. Cupules très-grandes, brunes, farineuses en dehors ; stipe très-court, enfoncé en terre, divisé au sommet en branche qui s'anastomose avec la cupule. *Terre.*

ASCOBOLUS. Réceptacle plane, mou, cupuliforme ou hémisphérique, présentant à sa surface extérieure ponctuée des thèques proéminents, grands, claviformes, distincts, adhérents, qui se rompent avec élasticité, sans paraphyses.

Carneus, Pers. Cupules sessiles, planes, sans bordures, glabres, incarnates. *Fumier de vache.*

Immersus, Pers. Cupules enfoncées, irrégulières, coniques, bordées, furfuracées. *Idem.*

Glaber, Pers. Cupules sessiles, petites, rousses, puis noirâtres, convexes, glabres, à bords paillés. *Idem.*

Furfuraceus, Pers. Cupules sessiles, concaves, grises ou verdâtres, plissées et fermées, puis s'ouvrant, à bords calleux, furfuracé à l'extérieur. *Idem.*

BULGARIA. Réceptacle gélatineux, cupuliforme, orbiculaire, ventru-turbiné, d'abord clos, puis ouvert, un peu plane, rugueux à l'extérieur, contenant intérieurement des thèques immergés, grands, qui s'ouvrent avec élasticité, mêlés de paraphyses.

Inquinans, Fries. Cupules d'abord régulières, ovoïdes, closes, puis dilatées, concaves, irrégulières, noires, sillonnées. *Vieux bois.*

Sarcoïdes, Fries. Cupules évasées en vieillissant, polymorphes, lobées, vineuses en dehors, à disque rouge ; stipe lacuneux-veiné. *Souches.*

TYMPANIS. Réceptacle cupuliforme, bordé, à épiderme corné, à membrane fructifère lisse, ou un peu rugueuse, d'abord recouvert par un tégument incomplet, se détachant avec les thèques, qui renferment des sporidies variables, sans paraphyses.

* *Disque d'abord clos, ou à peine ouvert.*

Saligna, Tode. Cupules groupées, sessiles, allongées, luisantes, coriaces, noires, bordées, comme tronquées, très-ouvertes. *Saules.*

Viticola, Fries. Cupules éparses, sessiles, hémisphériques, sillonnées, gélatineuses, noires, à disque ponctiforme, et à bords ensuite dilatés. *Vignes.*

Conspersa, Fries. Cupules très-petites, groupées, ponctiformes, globuleuses, noires, nues, à bords minces, irréguliers, à tégument blanc, pulvérulent. *Sorbier, poirier, bouleau, etc.*

** *Disque grand, toujours ouvert.*

Fraxini, Fries. Cupules sessiles, globuleuses, turbinées, lisses, noires, à disque plane, tuberculeux, à bords flexueux. *Frêne.*

7.

Alnea, Fries. Cupules petites, substipitées, noirâtres-ombrées, un peu flexueuses, obscurément bordées. *Aune*

Frangula, Fries. Cupules petites, sessiles, orbiculaires, noires, à disque ombré, presque oblitéré. *Bourdaine.*

CENANGIUM. Réceptacle coriace, d'abord très-clos, puis plus ou moins ouvert, bordé, à épiderme épais, discolore; membrane fructifère lisse, persistante, à thèques fixes, souvent adhérents, entremêlés de paraphyses sporulifères.

I. EXCIPULA. Espèces sessiles, déchirant naturellement l'épiderme, nues, vaculiformes; réceptacle corné, à peu près clos, puis s'ouvrant, à orifice orbiculaire, très-entier; disque petit, mou, presque déliquescent.

Asperum, Duby Cupules ponctiformes, très-petites, sphériques, veinées, sèches, noires, à orifice blanc. *Osmonde.*

Rubi, Fries. Cupules s'ouvrant en naissant, cornées, lisses, noires, planiuscules, à orifice pâle. *Framboisier.*

II. CLITHRIS. Espèces rompant l'épiderme, d'abord comprimées, closes, puis s'ouvrant longitudinalement, pruineuses à l'extérieur.

Quercinum, Fries. Cupules cendrées, closes, puis s'ouvrant, simples, allongées. *Chêne.*

III. TRIBILDIUM. Espèces rompant l'épiderme, presque stipitées; réceptacles orbiculaires, d'abord pézizoïdes, puis s'ouvrant d'un centre commun en plusieurs plis, presque rugueux en dehors.

Pinastri, Fries. Cupules rugueuses, noires, s'ouvrant en plusieurs laciniures, à disque blanc en dedans. *Pins.*

Pithyum, Fries. Cupules subsessiles, difformes, lisses, opaques, noires, à orifice en fente, à disque noir. *Pins.*

Caliciiforme, Fries. Cupules solitaires, presque sessiles, globuleuses, déprimées, verruqueuses, ridées, opaques, noires, laciniées, déhiscentes. *Chêne.*

IV. SCLERODERRIS. Espèces déchirant l'épiderme, presque stipitées; réceptacle d'abord sphériforme, puis ouvert, à orifice orbiculaire, entier.

Aucupariæ, Fries. Cupules allongées, blanc pulvérulent, closes, puis ouvertes au sommet. *Sorbier.*

Prunastri, Fries. Cupules très-petites, un peu cornées, noires, d'abord subulées, puis ouvertes, concaves, substipitées. *Prunier.*

Cerasi, Fries. Cupules difformes, transversales, d'un gris roux, tuberculeuses-rugueuses, épaisses, noires en dessus. *Cerisier.*

Ribis, Fries. Cupules en groupe dense, fauves, ridées-globuleuses, turbinées, à bords frangés, connivents, à disque pâle; stipes ramassés. *Groseillier.*

STICTIS. Réceptacle cupuliforme, immergé, adhérent par toute sa surface externe, formé en entier par la membrane fructifère, ayant des thèques fins sans paraphyses, fixes, renfermant des sporidies petites et globuleuses.

Radiata, Pers. Cupules ponctiformes, orbiculaires, enfoncées, à disque orangé, à limbe blanc, entier ou lacéré, pulvérulent. *Brindilles.*

Chrysophœa, Pers. Cupules orbiculaires, à disque excavé rouge; à limbe épaissi, doré, ondulé. *Sapins.*

Cinerascens, Pers. Cupules un peu grandes, elliptiques, enfoncées, à disque cendré, pulvérulent. *Saule.*

Nivea, Pers. Cupules elliptiques, grêles, blanches, à disque entier. *Feuilles de pin.*

SOLENIA. Réceptacle allongé, tubuliforme, simple, membraneux, redressé, terminé supérieurement par un disque rouge, cupuliforme, à bord entier resserré; thèques non reconnus; sporules sortant avec élasticité et difficilement appréciables.

? Candida, Hoffm. Pustules cylindriques fines, distantes, dressées, glabres, blanches *Hêtre.*

Tribu III.

+ *TREMELLINEÆ*. Champignons difformes, membraneux ou gélatineux, mous, de texture filamenteuse; *hymenium* faisant corps avec le réceptacle; thèques nuls; sporidies nues.

EXIDIA. Réceptacle mou, gélatineux, homogène, horizontal, presque bordé-velu, veiné-plissé en dessous, lisse en dessus, composé de deux membranes, dont la supérieure, séminifère, recouvre des tubes proéminents qui renferment les sporules.

Glandulosa, Fries. Cupules grandes, étalées, irrégulières, épaisses, ondulées, noirâtres, épineuses et cendrées en dessous. *Rameaux.*

Gelatinosa, Duby. Cupules molles, en entonnoir, étalées, ondulées, fauves, scabres en dessous; stipe très-court, excentrique. *Saule marceau.*

Auricula Judæ, Fries. Cupules grandes, auriculiformes, sessiles, concaves, flexueuses, noirâtres, tomenteuses et pulvérulentes en dessous où il y a des nervures saillantes. *Sureau, etc.*

TREMELLA. Réceptacle gélatineux, mou, homogène, presque transparent, polymorphe, lobé, plissé, partout similaire, couvert d'une membrane glabre, de texture fibroso-celluleuse; sporules épars à la superficie de la membrane fructifère qui est lisse et sans papilles.

I. CORYNE. Espèces dressées, en massue, parfois comprimées, lobées, d'autres fois cylindriques; sporidies au sommet, qui est en tête.

Clavata, Pers. Membrane simple, épaisse, flexueuse, rouge-incarnat, à base noire, à sommet épaissi. *Brindilles.*

Sarcoïdes, With. Membrane touffue, molle, diaphane, visqueuse, incarnat-pâle, lobée-plissée, à base plus obscure. *Rameaux*.

II. CEREBRINÆ. Espèces à pulpe gélatineuse, gonflée, d'abord un peu compacte, puis pruineuse ou pulvérulente après la sortie des sporidies.

? *Persistens*, Bull. Membrane petite, coriace, mince, glabre, violette, dimidiée. *Sabine*.

Albida, Huds. Membrane petite, tenace, cycloïde, blanche, ondulée. *Frêne*.

Mesenterica, Retz. Membrane étalée, ascendante, ondulée, orangée, plissée. *Souches*.

III. MESENTERIFORMES. Espèces cartilagineuses, gélatineuses, molles, en touffes, divisées en plusieurs lobes grêles, flexueux.

Lutescens, Pers. Membrane très-molle, jaune-pâle, ondulée, à lobes nus. *Hêtre*.

Foliacea, Pers. Membrane grande, lisse, diaphane, plissé-ondulé, à base crêpue sillonnée, cannelle-incarnat. *Pin*, *bouleau*.

Frondosa, Fries. Membrane très-grande, lisse, ferme, touffue, jaune-pâle, à lobes ondulés-tournoyants. *Vieux troncs*.

Fimbriata, Pers. Membrane dressée, plissée, touffue, noirâtre, à lobes flasques, incisés et frangés sur les bords. *Aune*, etc.

ACROSPERMUM. Réceptacle allongé en massue, souvent stipité, homogène, cartilagineux, charnu en dedans, couvert d'une écorce très-mince, membraneuse, qu'on ne peut séparer, ayant des sporules nus, épars au sommet de la surface supérieure, ce qui la rend pruineuse.

Cornutum, Fries. Réceptacle cornu, lisse, sillonné, roux, moins foncé au sommet. *Champignons pourris*.

Conicum, Fries. Membrane très-petite, conique, subulée, lisse, noirâtre, à sommet mou, plus clair. *Plantes sèches*.

Compressum, Tode. Membrane stipitée, lancéolée, un peu comprimée, noir-olivâtre. *Tiges et feuilles des herbes*.

DACRYMYCES. Réceptacle subsessile, arrondi, charnu-gélatineux, homogène, présentant de tous côtés des fructifications, glabre, puis déliquescent; papilles nulles; à filaments dressés, entremêlés de sporules.

Urticæ, Fries. Masse petite, groupée, difforme, orangée, lisse. *Ortie desséchée*.

Deliquescens, Duby. Masse groupée, petite, déliquescente, arrondie, convexe, plissée, irrégulière, orange passant au brun. *Sapins*, etc.

Violaceus, Fries. Masse petite, compacte, comprimée, tournoyante, violette, noire étant sèche. *Poirier*.

Fragiformis, Nées. Masse groupée, compacte, arrondie, rouge, à plis ramassés, lobés, blanc-jaune, rayée en dedans. *Écorce des pins*, etc.

PYRENIUM. Réceptacle arrondi, sessile, sans racines, lisse, glabre persistant, se changeant en une pulpe gélatineuse, molle, contenant une noix de consistance et d'apparence de cire, formée d'un amas de séminules.

Terrestre, Tode. Globule pyriforme, très-glabre, lisse, orangé. *Terre.*

AGYRIUM. Réceptacle tuberculeux, homogène, céracé, sessile, sphérique, lisse, portant des fructifications de tous les côtés, humide, gélatineux : sporules épars, couverts; contexture filamenteuse; papilles nulles.

Nigricans, Fries. Tubercules ponctiformes, confluents, convexes, rayés, noirâtres. *Tilleul, chêne.*

Rufum, Fries. Tubercules ponctiformes, lisses, à base aplatie, groupés, sphériques, incarnat; roux étant sec. *Vieux bois.*

HYMENELLA. Réceptacle tuberculeux, sessile, adhérent, aplati, lisse, très-mince, limité, humide et presque gélatineux, coriace étant sec; sporules? immergés, épars.

Umbilicata, Fries. Petit, orbiculaire, coriace, trémelloïde, noir, un peu bordé, ombiliqué au centre. Sur l'*angelica sylvestris.*

FAMILLE CINQUIÈME.

LES LYCOPERDACÉES.

Voyez les caractères de cette famille, page 2.

+*SCLEROTIACEÆ. Peridium* ir déhiscent, rempli d'une substance compacte, persistante, celluleuse, entremêlée de sporules peu distincts.

A. APIOSPOREÆ. *Peridium* libre, velu, ou pulvérulent à l'extérieur, gélatineux en dedans, contenant les sporules.

ILLOSPORIUM. Sporidies globuleuses, transparentes, éparses sur une membrane vésiculeuse, molle, gélatineuse.

Roseum, Mart. Petites touffes roses, lobées, irrégulières; sporidies rouges. Sur les *peltidea, cenomyce.*

CHÆTOMIUM. *Peridium* pileux, s'ouvrant au centre pour la sortie des sporules transparents, contenus dans une masse gélatineuse.

Elatum, Kunze. *Peridium* cylindriques, ferrugineux, fauves, épars; sporules elliptiques. *Chaume.*

B. SCLEROTIEÆ. *Peridium* confus ou oblitérés, toujours clos, obscurément celluleux ou vésiculeux, sporidifères à l'intérieur.

XYLOMA. *Stroma* noir, dur, charnu, sans sporules distincts, sous-épidermoïque. Sur *les feuilles mourantes.*

Rosæ, DC. Pustules compactes, orbiculaires, souvent confluentes, convexes, lisses, gris noir.

Allii, DC. Pustules compactes, ovales, convexes, lisses, noires, brunes en dedans.

Herbarum, Duby. Pustules oblongues, convexes, rousses, puis noires. *Potentilles, ceraistes, lin, épilobe, etc.*

Areolatum, Fries. Pustules un peu planes, noires, formant des aréoles par leur disposition. *Prunus padus.*

Salicinum, Duby. Pustules rugueuses, puis lisses, rouge-clair, ensuite rousses et noires.

Populinum, Duby. Pustules ramassées ou éparses, confluentes, planes, rousses, puis noires. *Peuplier, tremble.*

SCLEROTIUM. *Peridium* arrondi, persistant, pustuleux, dur, charnu, à enveloppe adhérente, rugueux à l'état sec, à écorce qu'on ne peut séparer; sporules pulvérulents. — *Sur les feuilles.*

* *Espèces superficielles, glabres, adhérentes par la base.*

? *Spetrum*, Fries. Pustules éparses, orbiculaires, ponctiformes, planiuscules, noires. *Ægopodium, phyllirea, cônes des pins.*

Ambiguum, Duby. Pustules éparses, petites, planes, à bords élevés, crépus, sillonnées, noires, grises au dedans. *Bulbes de l'ail.*

Pustula. Pustules hémisphériques, pâles, puis noires, sillonnées, blanches, ensuite noires en dedans. *Chêne, hêtre, charme, etc.*

Nervale, Fries. Pustules en lignes, épaisses, un peu rugueuses, noires en dehors, blanches en dedans. *Bouleau, aune.*

Brassicæ, Pers. Pustules d'abord recouvertes, oblongues, déprimées, grises en dehors, passant au noir en dedans.

Durum, Pers. Pustules oblongues, confluentes, difformes, tenaces, très-adhérentes, noires, blanches dedans. *Ombellifères.*

Bullatum, DC. Pustules orbiculaires, granulées, confluentes, noires, blanches en dedans. *Gourdes.*

Compactum, DC. Pustules réticulées, épaisses, sillonnées, noires, blanches en dedans. *Soleil, potiron.*

Pyrinum, Fries. Pustules flexueuses, lobées, noires-pâles, blanches en dedans. *Fruits charnus, gâtés.*

Varium, Pers. Pustules arrondies, un peu lobées, blanches, fauves, puis noires. *Chou, carotte.*

** *Espèces enfoncées, adhérentes par la base, glabres.*

Globulare, DC. Pustules globuleuses, noires, luisantes, remplies d'une chair gélatineuse jaune. *Bois pourri.*

Cyparissiæ, DC. Pustules globuleuses, dures, violettes, noires en dedans. *Réveil-matin.*

Betulinum, Fries. Pustules orbiculaires, confluentes, se déprimant, pâles, rousses, puis brunes.

Populinum, Pers. Pustules anguleuses, confluentes, planes, rousses, puis noirâtres.

Sanguineum, Fries. Pustules réunies, petites, globuleuses, lisses, rouge-obscur. *Muguet.*

Immersum, Tode. Pustules ovoïdes, jaunes, blanches en dedans. *Pins.*

*** Espèces libres de la base.

Pubescens, Pers. Pustules agglomérées, globuleuses, pâles, fixées sur des radicules. *Lames des agarics.*

Muscorum, Pers. Pustules cachées, agglomérées, spongieuses, glabres, tuberculeuses, jaunes dehors et dedans. *Mousses.*

Truncorum, Fries. Pustules cachées, comprimées, lacuneuses, tuberculeuses, jaunes, blanches en dedans. *Chêne pourri.*

Fungorum, Pers. Pustules difformes, cachées, lobées, unies, fauves, blanches en dedans.

Stercorarium, DC. Pustules grosses, cachées, arrondies, difformes, rugueuses, noires, blanches en dedans. *Fumier de vache,* etc.

Elongatum, Chev. Pustules nues, enfoncées, régulières, allongées, noires, blanches en dedans. *Carottes pourries.*

Vulgatum, Fries. Pustules nues, régulières, lisses, jaunes, blanches en dedans. *Fumier, bois pourri.*

Semen, Tode. Pustules nues, régulières, sphériques, rouge-brun, puis noires, blanches en dedans. *Feuilles en putrilage,* etc.

Complanatum, Tode. Pustules nues, régulières, dressées, pédiculées, obovoïdes, fauves. *Feuilles putréfiées.*

Clavus, DC. Ergot. Pustules courbes, allongées, sillonnées au milieu, noires, pulvérulentes. *Grains du seigle.*

ERYSIPHE. *Peridium* globuleux, graniforme, d'abord pâle, puis noircissant à la base, entouré de filaments radiants, les uns dressés, les autres couchés, contenant une ou plusieurs sporidies remplies de sporules. *Sur les feuilles tombées, mortes.*

Capraeæ, DC. Filaments couchés fins, pulvérulents; les dressés courts, blancs, dilatés à la base; pustules agglomérées.

Salicis, DC. Filaments couchés étalés, très-mêlés, blancs, les dressés courts, concolores; pustules sphériques, brunes.

Guttata, Link. Filaments couchés mêlés, blancs, les dressés bulbeux, coudés; pustules globuleuses, grises. *Coudrier, frêne, orme, charme.*

Abnormis, Duby. Filaments couchés nuls, les dressés bulbeux à la base, aigus, recourbés; pustules noires, globuleuses. *Fraisier, ronce, mercuriale.*

Fagi, Duby. Filaments couchés très-mêlés, blancs, les dressés bulbeux, inégaux; pustules brunes, globuleuses.

Astragali, DC. Filaments couchés très-mêlés, blanchâtres, les dressés longs, blancs, tortueux, aigus; pustules aplaties, luisantes, noires. *Réglisse sauvage.*

Evonymi, DC. Filaments couchés, crépus, très-mêlés, les dressés très-longs, floconneux, argentés, recourbés; pustules globuleuses, éparses, déprimées, brunes.

Penicillata, Link. Filaments couchés, étalés, gris-blancs, les dressés en pinceau au sommet; pustules très-petites, déprimées, brunes. *Aune, berberis, groseillier.*

Divaricata, Link. Filaments couchés étalés, très-mêlés, gris-blancs, les dressés flexueux, bifurqués, divariqués; pustules petites, brunes. *Chèvre-feuille.*

Aceris, DC. Filaments couchés, contigus, membraniformes, cendrés, les dressés courts, fourchus, noueux; pustules déprimées, brunes.

Adunca, Link. Filaments couchés, tachés, courts, entre-croisés, les dressés denses, courbés, très-longs, crochus; pustules éparses, globuleuses, brunes. *Peuplier, prunellier.*

Betulæ, DC. Filaments couchés, fins, roux; les dressés simples, à base dilatée, subulés; pustules éparses, déprimées, brunes. *Bouleau.*

Compositarum, Duby. Filaments couchés, étalés, lâches, les dressés noirâtres; pustules concolores, bordées, un peu concaves. *Bardane, armoise, cnicus, artichaut.*

Lemprocarpa, Link. Filaments couchés courts, les dressés fort longs, tortueux, bruns; pustules luisantes, noires. *Galeopsis, labiées, plantain.*

Communis, Link. Filaments couchés étalés en rond, arachnoïdes, cendrés, les dressés simples, blancs, adhérents aux premiers; pustules éparses, nombreuses, brunes. *Légumineuses, ombellifères, graminées*, etc.

Pannosa, Link. Filaments couchés étalés, poudreux, soyeux, bruns, les dressés nuls; pustules agglomérées, nombreuses, ridées, brunes. *Rosiers.*

Mali. Duby. Filaments arachnoïdes, mêlés; les dressés peu nombreux, tombants, tortueux, obtus; pustules éparses, rares.

Oxyacanthæ, DC. Filaments couchés très-grêles, lâches, les dressés bifurqués, à rameaux géminés, noueux, se renversant; pustules éparses, petites, rares.

Poterii, Link. Filaments couchés étalés, ferrugineux, les dressés simples, aigus, longs; pustules éparses, brunes.

Humuli. DC. Filaments couchés étalés, longs, limités, les dressés crispés, longs, bruns; pustules cachées, agglomérées, déprimées.

RHIZOMORPHA. Réceptacle ou *thallus* radiciforme, continu, rameux, crustacé, ayant à l'intérieur une substance blanche, cotonneuse, et à sa surface des *peridium* arrondis, à deux pointes, qui s'ouvrent par un pore et donnent issue à une matière blanche filamenteuse, puis pulvérulente.

Byssoïdea, DC. *Thallus* byssoïde, blanc, puis noir, très-rameux, à divisions divariquées, blanches. *Poutres des caves.*

Terrestris, Pers. *Thallus* très-large, noir, ridé, sec, à fibrilles entremêlées, étroites, courtes. *Terre des cavernes.*

Setiformis, Roth. *Thallus* arrondi, très-grêle, sétiforme, noir, roide, presque simple, à sommet court et rameux. *Feuilles tombées, poutres humides.*

Intestina, DC. *Thallus* très-grêle, comprimé, serpentant, noir, poussant quelques tubercules latéraux ramassés. *Couches du tronc du chêne.*

Subterranea, Pers. *Thallus* noir, très-rameux, filiforme, étalé, atténué. *Bois putréfiés des caves*, etc.

Fragilis, Roth. *Thallus* fragile, très-long, comprimé, sub-canaliculé. *Sous l'écorce des arbres.*

RHIZOCTONIA. Tubercules charnus, pisiformes, parfois agglomérés, irréguliers, à fibres radiciformes, byssoïdes, fasciculées à la base; fructification inconnue. *Souterrains, racines des plantes.*

Crocorum, DC. Tubercules roux, à fibrilles anastomosées. *Bulbes du safran.*

Allii, Graves. Tubercules orangés, à fibrilles blanches, réticulées. *Échalote.*

Medicaginis, DC. Tuberbules violets-pourpres, à fibrilles enveloppant les racines de la luzerne.

Mali, DC. Tubercules blancs, à fibrilles grêles, enveloppant les racines supérieures des jeunes pommiers.

Orobanches, Mérat. Tubercules noirs, contenant une substance pulvérulente noire. *Intérieur des tiges et à la base des orobanches.*

++*ANGIOGASTRES. Peridium* distincts, ne se rompant pas au sommet, renfermant un ou plusieurs sporules sans filaments.

A. TUBEREÆ. *Peridium* épais, sessiles, sans racines sensibles, charnus en dedans, veinés, renfermant des péridioles petits, membraneux, épais, à peine distincts, s'ouvrant irrégulièrement.

TUBER. *Peridium* souterrains, globuleux, lobuleux, ne s'ouvrant pas, renfermant des péridioles petits, membraneux, globuleux, pédiculés, éparpillés par veines.

· *Albidum*, Cæsalp. Tubercules globuleux, nuciformes, ayant extérieurement des verrues blanches, jaunâtres à l'intérieur. *Sables.*

Cibarium, Bull. Tubercules variables en grosseur, ayant extérieurement des verrues noires, veinés de blanc, puis de gris, et enfin de noir à l'intérieur. *Terres arides des bois.*

RHIZOPOGON. *Peridium* globuleux, lobuleux, un peu filamenteux à la base, charnus et veinés de rose en dedans; péridioles nombreux, sessiles, remplis de sporules.

8

Albus, Fries. Tubercules pisiformes, un peu rugueux, blancs en dedans et en dehors, puis roux. *Presque à la sur- face de la terre.*

B. **NIDULARIEÆ**. *Peridium* s'ouvrant régulièrement, renfer- mant des péridioles distincts et clos.

CYATHUS. *Peridium* en godet, coriace, un peu filamenteux à l'extérieur, renfermant, étant jeune, une pulpe gelatineuse contenant les péridioles, qui sont *nombreux*, arrondis, d'a- bord mous, lenticulaires, ayant les sporules fixés.
  * *Peridium sans opercule* (Nidularia).
Globosus, Erhenb. *Peridium* globuleux, blanc, s'ouvrant irrégulièrement; péridioles presque globuleux, jaunes. *Sur la terre sablonneuse.*
Fractus, Roth. *Peridium* arrondi, tuberculeux, tomenteux, gris, à radicules très-longues; péridioles orbiculaires, bruns. *Bois humide.*
  ** *Peridium operculé* (Cyathea).
Crucibulum, Hoffm. *Peridium* campanulé, cylindrique, tronqué, glabre, ochréacé, non strié. *Bois mort.*
Vernicosus, DC. *Peridium* campanulé, mince, ferrugineux, subtomenteux, lisse et luisant en dedans. *Bois mort.*
Striatus, Hoffm. *Peridium* épars, coniques, laineux, striés à l'extérieur. *Sur la terre, le bois pourri.*
Complanatus, DC. *Peridium* hémisphérique, cendré, ferru- gineux, squammuleux à l'extérieur, lisse et blanc en dedans. *Bois putréfié.*

C. **CARPOBOLI**. *Peridium* arrondi, urcéolé, poussant au dehors un péridiole solitaire, vésiculeux.

CARPOBOLUS. *Peridium* globuleux, double; l'extérieur ses- sile, enfoncé, s'ouvrant en étoile, l'intérieur membraneux, se renversant élastiquement et projetant un péridiole globuleux, cristallin, longuement pédicellé.
Stellatus, Desmaz. *Peridium* oblong, gros comme une tête d'épingle, jaune, à ouverture fendue en 5-7 dents, en étoile. *Bois mort.*
Impatiens, Boud. *Peridium* pisiforme, byssoïde à la base, s'ouvrant en 7-8 lanières. *Crottin de cheval.*

THELEBOLUS. *Peridium* sessile, charnu, arrondi, urcéolé, poussant un péridiole vésiculeux, qui donne issue à des spo- rules muqueux.
Terrestris, Alb. *Peridium* safrané, ayant à la base un coussin tomenteux feutré. *Sur la terre, les mousses.*
Stercoreus, Tode. *Peridium* safrané-pâle, ayant à la base des fibrilles solitaires. *Crottins.*

+++ *FULIGINEÆ*. *Peridium* sessile, irrégulier, composé de filaments lâches ou d'une membrane fugace; sporidies (sporules?) nues, réunies, rarement entremêlées de fila- ments.

TRICHODERMA. *Peridium* à filaments distincts au centre, qui s'effacent; sporules petits, globuleux, conglobés, pulvérulents.

Viridis, Pers. Bouton arrondi, concave, tomenteux, verdâtre, à villosités blanches. *Écorces des bois morts.*

Nigrescens, Pers. Bouton étalé, planiuscule, noirâtre-pulvérulent, à villosités blanc-clair. *Idem.*

Læve, Pers. Bouton blanc-pâle, lisse, pulvérulent blanc, puis jaunâtre. *Terre argileuse*

SPUMARIA. *Peridium* membraneux, simple, celluloso-floconneux, s'entr'ouvrant au centre; sporules groupés dans les plis intérieurs du *peridium.*

Alba, DC. Masse d'abord écumeuse, irrégulière, diffluente, se réduisant en poussière blanche, entremêlée de sporules noirs. *Sur les végétaux.*

FULIGO. *Peridium* double, l'extérieur fibreux, disparaissant, l'intérieur membraneux, s'ouvrant au milieu, contenant des sporules, par couches séparées chacune par une membrane.

Carnosa, Duby. *Peridium* petit, arrondi, blanc ou jaune, cotonneux, puis compacte, à sporules noirs. *Sur la terre.*

Hortensis, Duby. Écume filamenteuse, étalée, cannelle, pulvérulente. *Sur la terre.*

Flava, Pers. Écume étalée, arrondie, jaune, à superficie tomenteuse; sporules bruns. *Sur la terre, les mousses, les tiges mortes.*

RETICULARIA. *Peridium* simple, membraneux, se déchirant; sporidies groupées, mêlées et attachées à des flocons rameux, réunis par la base.

Argentea, Fries. Grand, hémisphérique, lisse, argenté, pédiculé; sporules gris-noirâtre. *Troncs pourris.*

Hemisphærica, Bull. Mou noir, puis noir, spumeux ensuite, presque orbiculaire, compacte, noir, à pédicule court; sporules noirâtres. *Feuilles mortes.*

Sphæroïdalis, Bull. Blanc, puis rose; *peridium* globuleux, sessiles, ramassés, compactes. *Feuilles mortes.*

? Nigra, Bull. Petit, transparent, cendré, puis noir. *Écorces mortes.*

Rosea. DC. Rose, pulpeux, papilleux, formant une tache blanche réticulée, un peu pédiculé. *Fentes des troncs.*

Fuliginosa, Fries. Grand, globuleux, velu, blanc; sporules mêlés de filaments luisants, fasciculés. *Troncs des sapins putréfiés.*

+++ *LYCOPERDEÆ. Peridium* distinct, arrondi, se rompant au sommet, contenant un ou plusieurs péridioles remplis de sporules sans filaments.

A. TRICHIACEÆ. *Peridium* ténu, pulpeux, membraneux, fugace, se rompant irrégulièrement; sporules réunis, entremêlés de filaments.

LYCOGALA. *Peridium* extérieur verruqueux, l'intérieur persistant, papyracé, s'ouvrant au sommet, et contenant une masse pulpeuse, à sporules entremêlés de quelques filaments.

Punctata, Pers. Pisiforme, cendré, résineux, ponctué, à sporules concolores. *Troncs pourris.*

Miniata, Pers. Pisiforme, groupé, d'abord rouge vif, puis brun, ponctué; sporules roses. *Bois morts.*

LICEA. *Peridium* simple, papyracé, persistant, lisse; sporules opaques, filaments rares ou nuls.

* *Peridium globuleux, s'ouvrant en travers, nus* (Licea).

Strobilina, Alb. *Peridium* nombreux, brun-terne. *Écailles des sapins.*

Circumcissa, Pers. *Peridium* réunis, déprimés, noirs, luisants. *Bois morts.*

** *Peridium tubuleux, ne s'ouvrant pas en travers, placés sur une membrane commune* (Tubulina).

Fragiformis, Nées. *Subiculum* blanc; *peridium* courbes, à base atténuée, rouges, puis rouillés, persistants. *Bois morts humides.*

Cylindrica, Duby. *Subiculum* blanc; *peridium* cylindriques-coniques, droits, ferrugineux, blancs au sommet. *Idem.*

PHYSARUM. *Peridium* placé sur un *subiculum,* se rompant au sommet et s'en allant en écailles, globuleux ou irrégulier, filaments au fond; une columelle proéminente ou nulle dans le *peridium.*

Bivalve, Pers. *Peridium* sessile, comprimé, flexueux, cendré-blanc, bivalve; sporules concolores. *Feuilles sèches, mousses.*

? *Capsuliferum,* Duby. *Peridium* un peu stipité, ovoïde, noir-bleu, puis blanc; filaments et sporules noirâtres. *Mousses.*

Globuliferum, Pers. *Peridium* sphérique, jaunâtre, à stipe court, jaune; sporules noirâtres, mêlés de globules jaunes. *Bois pourris.*

Aurantiacum, Pers. *Peridium* arrondi, jaune, à stipe noir, strié, épaissi du bas; *subiculum* blanc. *Bois morts.*

Viride, Pers. *Peridium* lenticulaire, granuleux, vert; stipe allongé, grêle, briqueté. *Terre, troncs morts.*

Columbinum, Pers. Groupé; *peridium* globuleux, luisant, jaune, puis violet, versicolore; stipe noir. *Troncs putrides.*

Luteum, Pers. *Peridium* lenticulaire, granuleux, blanc; stipe allongé, grêle. *Bois morts.*

Nutans, Pers. *Peridium* lenticulaire, un peu ridé, glabre, blanc, penché; stipe blanc. *Troncs humides, feuilles tombées.*

Leucostictum, Chev. *Peridium* petit, pyriforme, l'extérieur lisse, blanc, l'intérieur réticulé, rempli d'une poussière noire; stipe roux-pâle, à base dilatée. *Mousses.*

Hyalinum, Pers. *Peridium* globuleux, lisse, blanc; stipe flasque, court, roussâtre. *Subiculum* ferrugineux. *Bois mort, feuilles mortes.*

TRICHIA. *Peridium* simple, globuleux ou irrégulier, membraneux, persistant, s'ouvrant irrégulièrement; sporules épais, fixés à la base des filaments, sortant par jets.

Reticulata, Duby. *Peridium* réticulé, rameux, jaune, à filaments et sporules jaunes. *Troncs et écorces mousseux.*

Varia, Pers. *Peridium* épars, jaunâtres, arrondis-réniformes, couchés. *Troncs d'arbres.*

Nitens, Pers. *Peridium* ramassé, sessile, arrondi, orange. *Troncs pourris.*

Nigripes, Pers. *Peridium* nombreux, petits, épars, pyriformes, obtus, à stipe noir, dont la base est blanche. *Troncs morts.*

Ovata, Pers. *Peridium* réunis, sessiles, obovoïdes, opaques, citrins; sporules jaune-vif. *Mousses, bois pourri.*

Turbinata, DC. *Peridium* orangé, turbiné puis tronqué; stipe simple, allongé, lisse. *Bois mort.*

Antiades, DC. *Peridium* globuleux, ferrugineux, marqué de lignes flexueuses; stipe rameux, noirâtre; sporules noirs, *subiculum* blanc. *Bois mort.*

Fallex, Pers. *Peridium* simple, rouge, puis grisâtre-noir, pyriforme, plissé; stipe renflé. *Troncs humides.*

Botrytis, Pers. *Peridium* ovoïde, rougeâtre, fasciculé; stipes allongés, en grappe. *Troncs pourris.*

Rubiformis, Pers. *Peridium* assemblés par 7-8, rouges, pyriformes; stipes adhérents. *Bois pourri.*

DIDYMIUM. *Peridium* doubles, membraneux, crustacés, fragiles, l'externe devenant squammuleux, ayant des filaments fixés à la base; columelle proéminente ou nulle; sporidies agglomérées.

Cinereum, Fries. *Subiculum* blanc, portant des *peridium* pédiculés, ovoïdes, gris, transparents, dont la membrane externe s'en va en poussière. *Écorces, bois morts.*

? *Ramosum,* Duby. *Peridium* persistants, arrondis-turbinés, blancs puis jaunes, enfin noirâtres, à pédicules rameux. *Troncs pourris.*

Globosum, Link. *Peridium* ramassés, globuleux, sessiles, roux, l'intérieur noirâtre; columelle grande. *Feuilles tombées.*

Difforme, Duby. *Peridium* oblongs, sessiles, adhérents, blancs à l'extérieur, bleuâtres intérieurement. *Tiges putréfiées.*

Contextum, Duby. *Peridium* sessiles, agglomérés, flexueux, comprimés, citrins à l'extérieur, pâles à l'intérieur. *Mousses, feuilles humides.*

CRATERIUM. *Peridium* simple, papyracé, elliptique, tronqué au sommet, fermé par un opercule; filaments très-fins, sortant avec les sporules.

Vulgare, Dittm. *Peridium* à opercule blanc, persistant ; stipe safrané, sporules noirs. *Mousses, feuilles sèches.*

Leucocephalum, Dittm. *Peridium* à opercule convexe, blanchâtre, disparaissant peu à peu ; stipe brun ; sporules blancs. *Idem.*

LEANGIUM. *Peridium* simple, globuleux, irrégulier, crustacé, fragile, se rompant en étoile ; columelle nulle ; filaments vagues, basilaires ; sporules agglomérés.

Floriforme, Link. *Peridium* globuleux, nombreux, paillés ; stipe allongé, roux ; columelle grande, conique. *Bois mort.*

Vernicosum, Duby. *Peridium* oblong ; stipe grêle, blanc. *Mousses, feuilles, brindilles.*

Stellare, Link. *Peridium* lenticulaire, réfléchi ; stipe très-court, épaissi ; columelle rousse. *Bois mort.*

STEMONITIS. *Peridium* très-fugace, disparaissant ; stipe prolongé en une longue columelle, persistante ; filaments en réseaux ; sporules épars.

Fasciculata, Pers. *Subiculum* brun ; *peridium* en groupes serrés, oblongs ; stipe noir ; *Feuilles, mousses.*

Typhina, Pers. *Peridium* cylindrique, un peu courbé, épars, délicat ; stipes noirs. *Terre des serres.*

Leucopodia, DC. *Subiculum* blanc ; *peridium* ovoïdes, violets, persistants ; stipe blanc. *Brindilles, feuilles tombées.*

Ovata, Pers. *Peridium* ovoïdes, ramassés, bruns ; stipe subulé. *Bois sans écorce.*

ARCYRIA. *Peridium* simple, membraneux, s'ouvrant en travers, à partie supérieure fugace, l'inférieure persistante, cupuliforme ; columelle nulle ; sporules sortant avec élasticité, ainsi que les filaments.

Flava, Pers. *Peridium* arrondis, agrégés, fauves ; stipe conique. *Terre, bois mort.*

Cinerea, Pers. *Peridium* ovoïde, blanchâtre ; stipe court, filiforme. *Troncs pourris.*

Punicea, Duby. *Peridium* cylindrique, ponceau, ramassé ; stipe court. *Troncs pourris.*

Coccinea, Duby. *Peridium* sphériques, rouges, groupés ; stipe cylindrique. *Bois morts.*

Incarnata, Pers. *Peridium* ovoïdes-cylindriques, incarnats, ramassés ; stipe court, canaliculé. *Brindilles du chêne.*

DICTIDIUM. *Peridium* simple, globuleux, diaphane, réticulé-membraneux, s'ouvrant en un grillage qui entoure les sporules.

Umbilicatum, Schrad. *Peridium* ombiliqué, persistant, penché, brun ; stipe allongé, flexueux. *Troncs pourris.*

Trichidides, Chev. *Peridium* droit, rouge ; stipe court, épaissi. *Bois mort.*

CRIBARIA. *Peridium* simple, globuleux, membraneux, se détruisant jusqu'à la moitié inférieure ; filaments formant en dessus un réseau libre qui maintient les sporules.

Argillacea, Pers. *Peridium* ramassés, couleur d'argile; stipe court, noirâtre. *Bois mort.*

Vulgaris, Schrad. *Peridium* ramassés, penchés, jaunes, striés; stipe allongé, roux. *Troncs putrides, mousses.*

ONYGENA. *Peridium* simple, arrondi, crustacé, formé de filaments, se rompant au sommet; sporules conglobés.

Equina, Pers. *Peridium* petit, paillé; stipe court, écailleux. *Corne du pied de cheval, de brebis.*

B. LYCOPERDINEÆ. *Peridium* épais, d'abord charnu, puis consistant, souvent double, l'extérieur ordinairement écailleux ou verruqueux; l'intérieur contenant des sporules nombreux, placés sur des filaments.

TULOSTOMA. *Peridium* stipité, globuleux, double, l'extérieur adhérent se détruisant en poussière, l'intérieur membraneux s'ouvrant par un ostiole arrondi; sporules en étoile.

Brumale, Pers. Stipe allongé, globuleux, glabre; *peridium* blanc, à ostiole allongé. *Vieux murs, sables, mousses.*

ASTEROPHORA. *Peridium* simple, arrondi, pédiculé, lamelleux en dessous, se résolvant en poussière jusqu'au pédicule.

Lycoperdoïdes, Dittm. Sorte de petit agaric à chapeau tomenteux, grisâtre, à lamelles radiantes, gélatineuses, bleunoirâtre; stipe fibrilleux, strié, cendré. *Sur les agarics qui se putréfient.*

GOUPILIA. *Peridium* simple, stipité, arrondi, qui se détruit par ramollissement; contenant une sorte de bouillie dès l'origine; stipe évasé du haut, soudé au *peridium*, poreux.

Tuberoïdes, Mérat. *Peridium* gros, mou, lobé, blanc, charnu; pédicule enfoncé en terre, gros, plein, blanc, enfoncé au sommet. *Sables.*

LYCOPERDON. *Peridium* double, stipité: l'extérieur aréolé, tuberculeux ou aiguillonné, s'en allant en poussière; l'intérieur membraneux, se rompant irrégulièrement, renfermant au milieu de filaments des sporules d'abord durs, qui se ramollissent ensuite en bouillie.

Macrorhizon, Pers. *Peridium* blanc, gros, cylindroïde, à écailles aiguës; stipe élevé, ayant de grosses racines rameuses. *Bois.*

Candidum. Pers. *Peridium* ovoïde, turbiné, blanc, à verrues aiguës, plus grandes dans le disque. *Bois.*

Pratense, Pers. *Peridium* hémisphérique, large, blanc, luisant, à verrues dures; stipe court ou nul. *Prés en colline.*

Cælatum, Bull. *Peridium* obconique, pâle, gros, turbiné, plissé dessous; stipe élevé, à radicules en touffe. *Collines herbeuses.*

Cepæforme, Bull. Moyen. *Peridium* blanc, puis fuligineux, flasque, lisse; stipe à racines assez grosses. *Lieux sablonneux.*

Utriforme. Bull. Grand. *Peridium* cylindrique, lisse, jaunâtre, puis ferrugineux; stipe assez élevé, confluent avec le *peridium. Terre des bois.*

Turbinatum, Pers. *Peridium* turbiné, brunâtre, luisant, à écailles persistantes; stipe à racines marquées. *Terre des bois.*

Echinatum, Pers. *Peridium* ocracé, turbiné, à verrues compactes, persistantes; stipe nu, cylindrique, fibrillaire à la racine. *Bois.*

Pyriforme, Bull. *Peridium* pyriforme, plissé à la base, fuligineux, à écailles arrondies, minces; stipe aggloméré, à radicules fibreuses. *Troncs pourris.*

Mammæforme, Pers. Grand. *Peridium* incarnat, bossu en dessus, farineux, plissé à la base; écailles fasciculées, caduques; stipe élevé. *Feuilles tombées.*

Excipuliforme, Scop. Grand. *Peridium* velu, blanc-jaune, à verrues éparses; stipe allongé, plissé, hispidiuscule, écailleux. *Parmi les pins.*

Hiemale, Bull. Moyen. *Peridium* blanc, à verrues petites, ramassées, caduques; stipe épais, décurrent, plissé. *Pins.*

Molle, Pers. Petit. *Peridium* turbiné, pulvérulent, mou, papillaire, glabre à la base. *Bois ombragés.*

Gossypinum, Bull. Petit. *Peridium* turbiné, lanugineux, blanc, sans écailles. *Lieux secs.*

Pusillum, Bastch. Petit. *Peridium* globuleux, gris, écailleux-furfuracé. *Lieux secs.*

BOVISTA. *Peridium* globuleux, double, sessile, l'extérieur adhérent, celluleux, s'en allant en lambeaux, l'intérieur membraneux, s'ouvrant irrégulièrement, contenant des sporules pedicellés, entre-mêlés de filaments.

Gigantea, Nées. *Peridium* très-grand, lisse, ochréacé, ridé en dessous, à écailles éparses; sporules jaune-vert. *Prés, bois, lieux cultivés.*

Plumbea, Pers. *Peridium* petit, ardoisé, plissé en dessous; sporules rouge-noirâtre. *Collines montueuses.*

GEASTRUM, Pers. *Peridium* sessile, double, globuleux, l'extérieur coriace, s'ouvrant en plusieurs parties, radiantes, l'intérieur membraneux, pourvu au sommet d'un ostiole, contenant des sporules épars, avec des filaments.

* *Peridium interne sessile.*

Hygrometricum, Pers. *Peridium* roussâtre, l'externe multifide, épais, l'interne réticulé, à ostiole non strié. *Bois sablonneux.*

Rufescens. Pers. Grand. *Peridium* externe roussâtre, à 5-6 divisions; l'interne lisse, à ostiole non strié, soyeux. *Sables.*

Badium, Pers. Moyen. *Peridium* châtain, l'extérieur à 5-6 rayons, l'intérieur à ostiole cilié-pectiné. *Bois sablonneux.*

** *Peridium interne stipité.*

Striatum, DC. Petit. *Peridium* blanc-roux, mince, multifide, l'interne à ostiole allongé, cilié-pectiné, acuminé. *Terres sèches.*

Multifidum, Pers. Grand. *Peridium* externe multifide, à lobes réfléchis; l'interne gris-noirâtre, à ostiole grand, conique, cilié-pectiné. *Parmi les sapins.*

SCLERODERMA. *Peridium* simple, radicant, globuleux, verruqueux, pierreux en desséchant, filamenteux en dedans, se rompant irrégulièrement, contenant des sporules groupés, interposés entre des filaments.

Aurantium, Pers. *Peridium* brun, aréolé-écailleux; stipe court, radicant. *Terre, troncs mousseux.*

Verrucosum, Pers. *Peridium* verruqueux, jaunâtre, violet en dedans; stipe épais, radical, à écailles ramassées, petites. *Bois montueux.*

Cepa, Pers. *Peridium* déprimé, lisse, châtain, sessile, noir en dedans. *Bois.*

Cervinum, Pers. Souterrain, sans racine. *Peridium* arrondi, dur, granuleux, purpurin, pulvérulent, noir à l'intérieur. *Sables des montagnes.*

? *Corium*, Graves. Grand. *Peridium* lisse, gris, à écorce épaisse, coriace, persistante; pédicule épais. *Bois.*

FAMILLE SIXIÈME.

LES HYPOXYLÉES.

Voyez les caractères de cette famille, page 2.

Tribu 1. *CYTISPOREÆ.* Réceptacle s'ouvrant par un ostiole ou une fente; *nucleus* rempli de sporules; thèques nuls.

PHOMA. Réceptacle nul; tubercule formé par le tissu de la plante, s'ouvrant au sommet, et laissant échapper des séminules nues, granuleuses.

Pustula, Fries. Pustules uniloculaires, lisses, rousses; *nucleus* noir, à sommet aplati, blanc. *Pousses du chêne.*

Saligna, Fries. Pustules unies ou multiloculaires, brun-noir, à sommet élevé. *Feuilles des saules.*

Lauro-cerasi, Desmaz. Pustules très-petites, nombreuses, orbiculaires, noires, à sporidies très-nombreuses, sphériques. *Laurier-cerise.*

ACTINOTHYRIUM. Réceptacle en bouclier, noir, renfermant des sporules fusiformes, sans ostiole, s'ouvrant en boîte à savonnette et sous forme d'opercule, à bords radiés.

Graminis, Kunze. Très-petits points noirs, souvent confluents, planes, élevés au centre. *Graminées.*

LEPTOSTROMA. Réceptacle comprimé, un peu étalé, maculiforme, luisant, à centre légèrement élevé, renfermant des sporules sans ostiole, contenus dans une substance compacte, un peu incarnat.

Iridis, Ehrenb. Petits points noirs, environnés d'une auréole pâle, à épiderme strié. *Feuilles des iris.*

Spireæ, Fries. Taches noires, irrégulières, conglomérées-connées, rugueuses, tombantes, entières. *Tiges des spirées.*

Vulgare, Fries. Pustules petites, grêles, simples, arrondies, rayées, confluentes, caduques. *Crucifères.*

Filicinum, Fries. Pustules allongées, difformes, striées, noires, marquées de lignes élevées, caduques. *Fougères.*

Juncinum, Fries. Pustules grêles, oblongues, difformes, très-planes, noires, luisantes, caduques. *Joncs.*

Scirpinum, Fries. Pustules orbiculaires, à centre élevé, opaques, à disque blanc, caduques. *Scirpes.*

LABRELLA. Réceptacle difforme, s'ouvrant par des fentes, et contenant des sporules ellipsoïdes ou fusiformes dans une masse gélatineuse.

Ptarmicæ, Fries. Pustules ponctiformes, luisantes, noires, ovales, un peu proéminentes. *Ptarmique.*

Pomi, Mont. Pustules elliptiques, très-petites, rugueuses, brillantes. *Pommes gâtées.*

CEUTHOSPORA. Réceptacle cellulaire, sans ostiole, s'ouvrant irrégulièrement, et renfermant un *nucleus* noir dont il sort à sa rupture des sporidies cylindriques.

Phacidioïdes, Grév. Petites plaques noires, nombreuses, espacées, orbiculaires, planes, s'ouvrant en 2 ou 3 laciniures. *Feuilles du houx.*

CYTISPORA. Réceptacle cellulaire, à cellules difformes, membraneuses, minces, rangées autour d'une colonne centrale, presque connées à la base, jointes en haut en un ostiole contenant des tubercules granuleux entourés de pulpe gommeuse, soluble, qui s'échappe en filaments tortueux.

Fugax, Fries. Pustules lentiformes, proéminentes, noires, à cellules disposées en cercle; disque fuligineux; cirrhes grêles, pâles. *Écorces de l'aune, du noisetier, etc.*

Leucosperma, Fries. Pustules noires, à cellules disposées en rond; disque blanc; cirrhes blanches. *Hêtre, charme, érable, etc.*

Carphosperma, Fries. Pustules noires, à loges nombreuses, disposées en rond; disque pâle, planc; cirrhes d'un blanc-jaune, à ostiole noir. *Tilleul.*

Chrysosperma, Fries. Pustules petites, noirâtres, entourées de taches pulvérulentes cendrées; cirrhes jaunes. *Peuplier.*

Coccinea, Fries. Pustules enfoncées, noirâtres, à ostiole proéminent; cirrhes rouges. *Acacia.*

Atro-nitens, Chev. Pustules noires, luisantes, proéminentes, coniques; ostiole blanc; cirrhes pâles. *Osier.*

SPHÆRONEMA. Réceptacle allongé, un peu cylindrique, grumeux, à pore simple; *perithecium* corné, superficiel, ren-

'ermant des sporidies mucilagineuses contenues dans un sac très-mince, se durcissant et s'échappant sous forme d'un globule pulvérulent.

Cladoniscum, Fries. Production légèrement rameuse, noire, tronquée, un peu ouverte ; globule petit, blanc, inclus. *Bois pourri*.

Tribu II. *PHACIDIACEÆ*. Réceptacle se rompant en plusieurs fentes régulières, à disque ouvert; thèques dressés, fixes, persistants.

RHYTISMA. Réceptacle d'abord clos, puis se rompant en plusieurs fentes flexueuses, transversales, irrégulières, séparées du *nucleus;* celui-ci composé, presque multiloculaire, offrant par la rupture du *perithecium* un *hymenium* en forme de placenta charnu et persistant; thèques fixes, presque en massue, remplis de sporidies placées sur un seul rang, entremélées de paraphyses.

Punctatum, Fries. Taches épiphylles, anguleuses-arrondies, rugueuses, noires, luisantes, se fendillant, fauves en dedans. Feuilles de l'*acer pseudo-platanus*.

Acerinum, Fries. Taches épiphylles, rugueuses, confluentes, noires, blanches en dedans, à rides flexueuses. *Feuilles de l'érable champêtre*.

Salicinum, Fries. Taches épaisses, tuberculeuses, luisantes, jaune paille, s'écaillant, blanches en dedans. *Saules*.

Lenticulare, Chev. Taches petites, noires, épaisses, arrondies, sillonnées, fauves en dedans. *Épines blanches*.

Onobrychis, Fries. Taches noires, confluentes, étendues, rugueuses-sillonnées, blanches en dedans. *Sainfoin*.

Urticæ, Fries. Taches très-noires, en croûte allongée, à tubercules proéminents, s'ouvrant en lignes flexueuses, cendrées en dedans. *Ortie*.

PHACIDIUM. Réceptacle sessile, arrondi, déprimé, d'abord clos, puis s'ouvrant du centre à la circonférence en plusieurs lanières distinctes du disque; thèques dressés, fixes, portant des sporules unisériés, entremêlés de paraphyses.

* Réceptacle faisant corps avec l'épiderme.

Fimbriatum, Schm. Pustules orbiculaires, aplaties, noires, à stries radiées, à disque blanc. *Feuilles du tremble*.

Dentatum, Schm. Pustules ponctiformes, se dilatant en taches quadrangulaires, pâle-noirâtre, à disque jaunâtre. *Feuilles du chêne*.

Coronatum, Fries. Pustules groupées, noires, orbiculaires, hémisphériques, à disque jaune. *Idem*.

** Réceptacle sous-épidermoïque avant de se rompre.

Leptideum, Fries. Pustules déprimées, planes, noires, ponctuées; disque paillé. *Feuilles du myrtille*.

Taxi, Fries. Pustules petites, aplaties, cendrées-noires, laciniures aiguës; disque noir. *Feuilles de l'if*.

Carbonaceum, Fries. Pustules arrondies, déprimées, iné-gales, noires, luisantes, laciniures obtuses ; disque noir. *Marceau*.

HYSTERIUM. Réceptacle simple, sessile, ovale ou allongé, d'abord fermé, puis s'ouvrant par une fente longitudinale ; *nucleus* discifère, linéaire, persistant ; thèques dressés, allon-gés, portant des sporules unisériés.

* *Espèces venant sur les parties annuelles des plantes*.

Ponctiforme, Fries. Pustules elliptiques, arrondies, petites, noires, à fente inégale. *Nervures des feuilles du chêne*.

Herbarum, Fries. Pustules éparses, elliptiques, presque bordées, lisses, noires, à disque devenant concave, fuligi-neux. *Muguet*.

Foliicolum, Fries. Pustules elliptiques, éparses, déprimées, nues, noires, à fente déprimée. *Feuilles des rosacées*, etc.

Culmigenum, Fries. Pustules oblongues, proéminentes, lisses, à disque pâle, elliptique, entouré d'une tache. *Tiges des graminées*.

Arundinaceum, Schm. Pustules ovales, déprimées, rayées, noires, fauves, à bords non relevés ; s'ouvrant tardivement. *Arundo phragmites*.

Scirpinum, Pers. Pustules allongées, droites, très-noires, à bords relevés en crête, à disque blanc. *Scirpus lacustris*.

Typhinum, Fries. Pustules oblongues, obtuses, recouvertes d'abord, à lèvres tuméfiées. *Typha*.

Commune, Fries. Pustules oblongues, obtuses, noires, un peu rugueuses, à disque dilaté, fuligineux. *Armoise, épilobe*.

** *Espèces venant sur les parties vivaces des plantes*.

A. *Réceptacles presque cachés*.

Melaleucum, Fries. Pustules petites, elliptiques, arrondies, noires, convexes, à fente blanche. *Sous les feuilles du* vitis idea.

Pinastri, Schrad. Pustules enfoncées, linéaires, puis ovales, lisses, noirâtres, à fente elliptique, à disque livide. *Feuilles des pins*.

Nervisequium, Fries. Pustules situées le long des nervures, confluentes, droites, convexes, à disque pâle. *Feuilles des sapins*.

Rubi, Pers. Pustules groupées, parallèles, allongées, ai-guës, lisses, noires ; fente à lèvres carénées, béantes. *Ra-meaux de la ronce*.

Sambuci, Schum. Pustules ovoïdes ou arrondies, proémi-nentes, noires, presque confluentes ; lèvres gonflées, ridées. *Écorce du sureau*.

B. *Réceptacles rompant l'épiderme*.

Confluens, Moug. Pustules réunies, petites, ponctiformes ; fente longitudinale. *Écailles des cônes*.

Fraxini, Pers. Pustules elliptiques, dures, convexes, noi-res ; lèvres gonflées, lisses ; disque linéaire. *Brindilles du frêne*.

*** *Espèces venant sur le bois dénudé.*

Lineare, Fries. Pustules un peu enfoncées, ramassées, parallèles, linéaires, à lèvres gonflées; disque linéaire. *Poirier, érable.*

Acuminatum, Fries. Pustules éparses, un peu enfoncées, noires; lèvres minces, proéminentes; disque lancéolé, acuminé. *Hêtre.*

Graphicum, Fries. Pustules entourées d'un *subiculum* noirâtre, superficielles, ramassées, courbées, un peu rameuses, noires; lèvres proéminentes. *Chêne.*

Elongatum, Wahlenb. Pustules au milieu d'une croûte maculiforme, oblongues, droites, noires; lèvres tuméfiées; disque linéaire. *Peuplier.*

Pulicare, Pers. Pustules sur une croûte lichénoïde, oblongues, striées en long; lèvres obtuses; disque linéaire. *Chêne.*

Tribu III. *SPHERIACEÆ*. Réceptacle s'ouvrant par un ostiole ou une fente longitudinale, rempli de thèques diffluents.

LOPHIUM. Réceptacle vertical, comprimé, un peu membraneux, fermé, s'ouvrant par une fente longitudinale; thèques redressés, entremêlés de paraphyses, renfermant des sporidies simples, exiguës et sortant sous forme pulvérulente.

Mytilinum, Fries. *Subiculum* large, noir; réceptacle un peu pédicellé, noir-vert, petit, comme à 2 valves, strié transversalement. *Vieilles souches.*

EUSTEGIA. Réceptacle orbiculaire, sessile, d'abord clos, puis cupuliforme par la chute de l'opercule, renfermant des thèques redressés, mêlés de paraphyses.

Ilicis, Chev. Pustules ponctiformes, disséminées, arrondies, aplaties, noir-cendré, luisantes, à bord blanc, annulaire. *Feuilles du houx.*

ACTINONEMA. Fibrilles radiant d'un centre, âpres-noduleuses, très-adhérentes au corps où elles naissent.

Cratægi, Pers. Taches suborbiculaires, fauve-noir, à rayons distincts. *Feuilles de l'alisier.*

Caulicola, Pers. Taches fauves, à fibrilles denses, confluents. *Tiges des ombellifères.*

DOTHIDEA. Cellules multiples et solitaires, enfoncées dans un *stroma* arrondi, sans réceptacle propre, puis ouvertes par un pore simple, remplies d'un *nucleus* céracé, composé de thèques dressés, fixes, un peu en massue, entremêlés de paraphyses.—*Très-petits tubercules noirâtres, disséminés.*

§ I. *Stroma* caché d'abord par l'épiderme auquel il adhère.

* *Cellules uniformes, simples ou en série, sans fibrilles ni taches autour* (dothidea).

Robertiani, Fries. Tubercules épiphylles, ramassés, hémisphériques, lisses, luisants, blancs en dedans. *Geranium robertianum.*

Alnea, Fries. Tubercules bifrons, arrondis, épars, luisants, rugueux-plissés en vieillissant, entourés d'un, cercle rouge. *Feuilles des aunes*.

Hederæ, Moug. Tubercules épiphylles, arrondis, inégaux, glabres, opaques, noir-cendré en dedans. *Lierre*.

Anemones, Fries. Tubercules agrégés, confluents, difformes, rugueux, purpurin-fauve, puis noirs, blancs en dedans. *Feuilles d'anémones*.

** *Cellules petites, proéminentes, ramassées, un peu confluentes, entourées de fibrilles radiées ou d'une tache* (Asteroma).

Solidaginis, Fries. Tubercules hypophylles, petits, distincts, rugueux, fauves en dedans, comme étoilés. *Verge d'or*.

Campanulæ, Fries. Tubercules hypophylles, agrégés, finement ponctués. *Gantelée*.

Ranunculi, Fries. Tubercules hypophylles, bruns, indéterminés, à cellules blanches. *Renoncules*.

Rosæ, Duby. Pustules épiphylles, fauve-noir, à cellules *idem*, à fibrilles blanches. *Rosiers*.

Padi, Spreng. Pustules épiphylles, rouges, à fibrilles byssoïdes, cendrées, rameuses-dichotomes. *Prunus padus*.

Reticulata, Fries. Pustules épiphylles, noires, à fibrilles grêles, rameuses, réticulées, entourées d'un anneau noir. *Sceau de Salomon*.

*** *Cellules composées, tubercules agrégés, proéminents, uniformes partout* (Stigmea).

Loniceræ, Fries. Pustules bifrons, à groupes orbiculaires, luisantes, un peu stipitées. *Xilosteum*.

**** *Cellules multiloculaires; tubercules enfoncés, puis se vidant, à ostiole à peine visible, réniformes à la circonférence* (Polystigma).

Ulmi, Fries. Pustules épiphylles, arrondies, confluentes, cendré-noir, à cellules blanches; ostioles granuliformes. *Orme*.

Betulina, Fries. Pustules épiphylles, petites, anguleuses, difformes, tuberculeuses; cellules blanches, à ostiole ponctiforme, ombiliqué. *Bouleau*.

Typhina, Fries. Pustules allongées, blanches, environnant la tige, puis jaunâtres, granuleuses, à sphérules nombreuses, blanches en dedans. *Graminées*.

Fulva, Fries. Pustules hypophylles, un peu anguleuses, ochréacées, puis fauves, à cellules enfoncées, concolores, à ostiole enfoncé. *Pommier, poirier*.

Rubra, Fries. Pustules hypophylles, orbiculaires, rouges, puis fauves; cellules enfoncées; ostiole un peu proéminent. *Pruniers*.

§ II. *Stroma* libre et nu en-dessus en naissant.

Pyrenophora, Fries. Pustules elliptiques, planes, lisses, noires, blanches en dedans, à cellule solitaire. *Sorbier des oiseaux*.

Juglandis, Fries. Pustules éparses, ovales, convexes, noires, à disque planiuscule, ceint par l'épiderme. *Écorce des noyers.*

Puccinioïdes, Fries. Pustules difformes, orbiculaires, noirâtres; cellules nombreuses, enfoncées; ostiole très-fin. *Rameaux et feuilles du buis.*

Sambuci, Fries. Pustules orbiculaires, planiuscules, lisses, noires, charnues, à périphérie blanche; ostiole granuleux. *Rameaux du sureau.*

Ribesia. Fries. Pustules molles, elliptiques, noires, à périphérie blanche; cellules nombreuses, blanches. *Rameaux morts du groseillier.*

SPHÆRIA. Réceptacles osseux, arrondis, solitaires, ou embrassés dans une base commune, charnue ou coriace, et percés d'un pore ou d'une ouverture par où s'échappe une matière visqueuse, noire ou blanche, contenant des thèques allongés, remplis eux-mêmes de sporidies simples ou le plus souvent cloisonnées.

Section I. *EUSPHÆRIA.* Réceptacles s'ouvrant par un orifice arrondi ou labié.

A. *Compositæ.*

§ 1. PERIPHERICÆ. Loges disposées autour d'un *stroma* varié, s'ouvrant par un ostiole dépourvu de col.

* Cordyceps. *Stroma fourni d'une tige droite, simple ou rameuse, stérile à sa base; réceptacles saillants dans un âge avancé.*

Militaris, Ehrh. Tige droite, charnue, épaisse, safranée, renflée au sommet, simple ou bifurquée. *Sur les larves d'insectes.*

Ophyoglossoides, Ehrh. Tige droite, charnue, grêle, jaune-noirâtre, renflée en massue au sommet, et ayant à sa base de fortes racines. Sur le *scleroderma cervina.*

Digitata, Ehrh. Tiges réunies par la base, glabres, noires, cylindroïdes au sommet. *Bois morts.*

Polymorpha, Pers. Tige rameuse, droite; rameaux difformes, spathulés, obovales, glabres, à moelle centrale rayonnée. *Bois pourri.*

Hypoxylon. Ehrh. Tige comprimée, droite, très-velue, noire à la base, divisée au sommet, renflée au milieu. *Vieux bois, pieux.*

Carpophila, Pers. Tige grêle, simple, grande, solitaire, rhizomorphe, en massue au sommet, terminée par un filet. *Fruit du hêtre, bois pourri.*

** Poronia. *Stroma cupuliforme, pédicellé; loges ovales, dépourvues de col, disposées sur un seul rang à l'intérieur du disque; ostioles égaux, un peu saillants.*

Punctata, Sow. Cupules pézizoïdes, orbiculaires, blanches, marquées de points noirs, pédicellées. *Crottin de cheval.*

*** **Pulvinatæ**. *Stroma sessile, convexe, hémisphérique, immarginé ; loges superficielles, adnées.*

Fragiformis, Pers. Groupes charnus, globuleux, mamelonnés, couverts d'une poudre d'abord jaunâtre, puis rouge, enfin ferrugineuse-noirâtre, devenant friables; *stroma* noir, à ostiole saillant. *Hêtre, écorce du marronnier.*

Fusca, Pers. Groupes superficiels, hémisphériques, confluents, saupoudrés de poussière rouge, puis noire, à ostioles saillants, ombiliqués. *Hêtre, écorce du coudrier.*

Granulosa, Sow. Groupes variables, mamelonnés, cendré-noirâtre à l'intérieur, à base adhérente, efflorescente étant jeune. *Écorce des pins, du hêtre.*

Gelatinosa, Tode. Groupes un peu jaunâtres, charnus, égaux, blancs en dedans, à ostioles proéminents, grisâtres. *Vieilles souches.*

**** **Connatæ**. Stroma *étalé, plane, indéterminé; loges privées de col, cornées, noires, d'abord pulvérulentes; sporidies cloisonnées, noires.*

Rubiginosa, Pers. Groupes étalés, minces, jaune-sale, puis rougeâtres, noirs en dedans, à loges sur une seule rangée, à ostiole ombiliqué. *Bois mort.*

Serpens, Pers. Groupes arrondis, oblongs ou linéaires, onduleux, couverts d'un duvet cendré, puis noir; loges globuleuses, saillantes, ainsi que les ostioles. *Bois cariés.*

Confluens, Tode. Groupes ayant une matière cotonneuse, blanchâtre, autour de la base, persistante, à loges saillantes, solitaires, plus souvent confluentes, non enfoncées. *Bois cariés.*

§ II. **HYPOPHERICÆ**. Loges verticales, amincies en col au sommet et recouvertes par le *stroma*.

* **Globosæ**. *Stroma étalé, déterminé, fragile, séparable de la matrice ; loges ovales, amples, immergées.*

Deusta, Hoffm. Groupes épais, larges, ondulés, charnus, blanc-cendré, pulvérulents, devenant noirâtres, friables; loges terminées par un col court et un ostiole peu saillant. *Hêtre, etc.*

Nummularia, DC. Groupes noirs, orbiculaires ou elliptiques, larges, planes, unis; loges sur un seul rang; ostiole mamillaire, percé d'un pore. *Troncs des arbres.*

** **Lignosæ**. *Stroma étalé, plane, limité, intimement uni à la matrice et circonscrit à sa base par une ligne noire; loges toujours immergées, amincies en col et très-pressées l'une contre l'autre; sporidies cloisonnées.*

Bullata, Ehrh. Groupes orbiculaires, nombreux, ovales ou réniformes, déprimés sur les bords, noirs en dehors, blancs en dedans, à loges globuleuses, à ostioles peu prononcés. *Saule, coudrier.*

Disciformis, Hoffm. Groupes orbiculaires, bruns, à bords coupés à pic; loges ovoïdes, à ostiole ponctiforme, saillant. *Hêtre.*

Stigma, Hoffm. Groupes larges, embrassant, blanchâtres, pulvérulents, puis noirs, luisants, fendillés, à dépressions ponctiformes où se voient les ostioles. *Écorces.*

Verrucæformis, Ehrh. Groupes anguleux, saillants, entourés par l'épiderme en étoile, noirs, rugueux; loges amincies en col. *Coudrier, hêtre, charme.*

Flavo-virens, Hoffm. Groupes variables, orbiculaires, jaune, olivâtre-noir sur les bords, vert-pomme à l'intérieur; ostioles ponctiformes. *Hêtre, etc.*

Udæ, Pers. Groupes circonscrits par une ligne noire, à loges profondément séparées et réunies seulement à la base. *Bois cariés.*

*** **Versatiles.** *Stroma d'abord immergé, puis faisant éruption à travers l'épiderme, limité, mais non circonscrit à sa base par une ligne noire; loges droites, irrégulièrement nichées dans le stroma, pourvues de cols distincts, cachés ou développés en bec; thèques cylindriques; sporidies simples, unisériées, globuleuses-elliptiques.*

Scabrosa, DC. Groupes larges, durs, contigus, ferrugineux, fendillés, noirs et tuberculeux en vieillissant; loges globuleuses, à col court, saillant. *Chêne mort, etc.*

Sordida, Pers. Groupes saillants, arrondis, à disque noir-sale, perforés; loges ovoïdes, au nombre de 16-20, à ostiole latent. *Chêne.*

Quercina, Pers. Groupes orbiculaires, noirâtres en dehors et en dedans; loges à ostioles tétragones, d'abord cachés, puis s'allongeant en bec. *Chêne.*

Cincta, DC. Groupes elliptiques, noirs en dehors, cendrés en dedans; loges globuleuses, amples, à ostioles arrondis, immergés, puis saillants. *Bouleau.*

Leprosa, Pers. Groupes sous-épidermiques, à loges sphériques, à cols dressés, saillants, réunis par un *stroma* blanc, ayant des ostioles très-fins, noirs. *Tilleul.*

Insitiva, Tode. Groupes charnus, blanchâtres ou roses, puis bruns, oblongs, confluents en lignes; loges en séries, à ostioles saillants, globuleux. *Vignes.*

**** **Concrescentes.** *Stroma mince, étalé, ni limité ni circonscrit par une ligne noire; loges verticales, d'abord solitaires, puis agrégées, dont le col court est terminé par un ostiole saillant au dehors du stroma.* — Développées dans l'épaisseur des bois morts.

Spinosa, Pers. Groupes étalés, très-larges; loges ovales, globuleuses, assez serrées, anguleuses, réunies au sommet; ostioles épais, quadrangulaires, proéminents, sillonnés, souvent irréguliers. *Bois pourri.*

Spiculosa, Pers. Groupes à loges enfoncées, sphériques, à ostiole allongé, cylindrique, souvent couché, aminci au sommet. *Douce-amère.*

Lata, Pers. Groupes noirâtres, contigus, à loges ovoïdes, globuleuses, distinctes, blanches en dedans, à ostioles coniques, un peu saillants. *Vieux bois.*

9.

Decipiens, DC. Groupes planes, noirâtres, à loges ovoïdes, noires en dedans, à cols très-longs, à ostioles hémisphériques, rugueux, largement perforés. *Charme*.

Velata, Pers. Groupes noirs en dehors et en dedans, épars ou irrégulièrement rapprochés, à ostioles difformes, allongés, divergents. *Tilleul*.

§ III. **AMPHIPHERICÆ**. Loges amincies en col, disposées en cercle et convergentes, entourées d'un *pseudo-stroma* qui les réunit en pustules.

* C i r c u m s c r i p t æ. *Stroma arrondi, cortical, renfermé dans un conceptacle propre, ventru, adné à sa base, entier et resserré au sommet, mais dépourvu de disque hétérogène ; loges noires, irrégulièrement disposées en cercle, à cols allongés, convergents, faisant saillie au centre du conceptacle; thèques courts, en massue ; sporidies cloisonnées.*

Stellulata, Fries. Groupes blancs, à loges petites, globuleuses ; ostioles à 4-6 angles, parfois allongés et sillonnés, mais le plus souvent courts et réunis en un disque convexe. *Orme*.

Enteroleuca, Fries. Groupes noirs, ovoïdes, saillants, blancs à l'intérieur ; loges petites, nombreuses, à ostioles libres, cylindriques, quelquefois en bec. *Chêne*.

Anomia, Fries. Groupes noirs, ovoïdes, difformes, irréguliers, parfois confluents, cendré-noirâtre en dedans; loges ovoïdes, très-amples, à ostioles distants, gros, pentagones. *Bois morts*.

** I n c u s æ. *Stroma cortical, orbiculaire, inclus à sa base, dans un conceptacle scutelliforme, couvert en haut par l'épiderme, qu'il déchire pour former un disque blanc, diversement coloré ; loges perçant le disque par leurs ostioles moins saillants que ceux de la tribu précédente.* — Thèques très-déliés.

Nivea, Hoffm. Groupes coniques, tronqués, blanchâtres, à loges sphériques, à cols noirs, déliés, munis de 4-10 ostioles saillants, granuleux, à peine proéminents. *Peupliers*.

Leucostoma, Pers. Diffère de l'espèce précédente par le *stroma* cendré, et par son disque sans ostiole, mais percé d'un ou deux pores noirâtres. *Pruniers*.

Talcola, Fries. Groupes arrondis ou elliptiques, à disque tronqué, blanchâtre ; loges à ostioles épars, faisant une légère saillie. *Chêne*.

Profusa, Fries. Groupes blanchâtres, circonscrits par une ligne noire ; loges sphériques, grandes, à disque étroit, à ostioles irréguliers, immergés, rares, courts, convexes, coniques ou disciformes. *Robinier*.

Tessella, Pers. Groupes bornés par une ligne noire, orbiculaires ; loges petites, sphériques ; ostioles convexes, luisants, ombiliqués, disposés en quinconce. *Frêne*.

*** O b v a l l a t æ. *Stroma cortical, dépourvu de conceptacle ; loges immergées, réunies en cercle, à cols convergents ;*

ostioles en massue , rapprochés en disque ou saillants sur celui qui forme le stroma ; thèques en massue ; sporidies souvent cloisonnées. — Espèces nées dans l'écorce, sans pénétrer dans le bois.

. *Coronata,* Hoffm. Groupes difformes, noirs, disposés en rond, rétrécis en cols ; ostioles globuleux, rapprochés en disque, allongés en massue ou en cylindre obtus, divergents. *Bouleau.*

Leiphæmia, Fries. Groupes saillants , à sommet en disque plane , inégal, blanc-sale , puis jaunâtre ; loges globuleuses, nombreuses ; ostioles ovoïdes, puis cylindriques , élevés sur le disque. *Chêne.*

Turgida, Pers. Groupes déprimés au centre, bosselés sur les bords ; loges globuleuses, dressées, très-amples ; ostioles convergents vers le disque, graniformes ou recourbés en crochets. *Hêtre.*

Salicina, Pers. Groupes fuligineux, puis blancs ; loges très-petites ; ostioles d'abord ponctiformes, noirâtres, puis globuleux, nombreux, luisants. *Rameaux du saule.*

Pulchella, Pers. *Stroma* et conceptable nuls ; loges simples, rapprochées en cercle, convergentes sous l'épiderme, libres ; ostioles simples, unisériés. *Cerisiers, pruniers.*

§ IV. EPIPHERICÆ. Loges dépourvues de cols , nues, mais primitivement recouvertes par la matière , et horizontalement disposées en *pseudo-stroma,* souvent tuberularioïdes. — *Espèces innées, d'abord cachées sous l'épiderme.*

* Cespitosæ. *Stroma convexe , arrondi , granulé , ordinairement inné ; loges superficielles , libres , naissant par groupes ; ostioles égaux ; thèques courts ; sporidies simples , très-menues.*

a. *Ostioles en forme de papille.*

Cinnabarina, Tode. Groupes tuberularioïdes , rouges , rugueux ; ostiole peu apparent , brun , cupuliforme. *Groseillier rouge,* etc.

Coccinea, Pers. Diffère du précédent par un *stroma* safrané ; des loges plus petites, d'un rouge vif, qui ne s'affaissent point en coupe. *Idem, et parfois sur d'autres sphéries.*

Laburni, Pers. Groupes arrondis, ceints par les lambeaux de l'épiderme, noirs ; à loges rugueuses, pressées, anguleuses, légèrement déprimées au sommet. *Aubours.*

Ribis, Tode. Groupes arrondis, rougeâtres ; loges globuleuses, lisses, pourpre-fauve ; ostiole papilliforme. *Groseillier rouge.*

b. *Ostioles nuls ; loges s'ouvrant par une ou plusieurs fissures.*

Cucurbitula, Tode. Diffère du *S. coccinea* par les groupes et le réceptacle d'un beau rouge orangé, cupuliformes, et les ostioles nuls. *Écorces.*

Cupularis, Pers. Diffère du *S. laburni* par ses loges plus petites , sans ostioles , plus profondément excavées au sommet. *Orme, charme,* etc.

Pulicaris, Fries. Groupes irréguliers, fuligineux (ou rose); loges nombreuses, petites, rugueuses, pressées, s'ouvrant en plusieurs fentes et s'affaissant en cupules. *Sureau, robinier.*

** Confluentes. *Stroma mince, d'étendue variable, cortical, formé en grande partie par la confluence des réceptacles; ceux-ci simples, mous, minces, connés, d'abord immergés, sortant ensuite de dessous l'épiderme et devenant confluents; cols nus; thèques cylindriques; sporidies ovales, cloisonnées.*

Melogramma, Pers. Groupes obconiques ou arrondis, noirs, fuligineux en dehors, bruns en dedans, sortant en lignes parallèles; loges aplaties au sommet; privés d'ostioles distincts. *Hêtre.*

Elongata, Fries. Groupes très-étendus, noirs, blancs en dedans, disposés sur plusieurs rangs; loges globuleuses, déprimées au sommet, où elles sont papillaires, contenant une matière noire. *Écorces.*

Dothidea, Moug. Groupes arrondis, elliptiques, déprimés, élevant l'épiderme, fendillés en lignes flexueuses ou concentriques; loges contenant une matière blanche. *Rosiers.*

*** Seriatæ. *Stroma mince, indéterminé, sous-épidermique, quelquefois nul; loges d'une grande ténuité, simples, globuleuses, disposées en séries parallèles sur le stroma; ostioles courts; thèques en massue; sporidies simples.* — Caulicoles.

Rimosa, Alb. Groupes grisâtres, allongés, fendillant l'épiderme en stries parallèles; loges petites, enchâssées dans un *stroma* noir, à ostioles nuls. *Gaine du roseau commun.*

Nebulosa, Pers. Taches grisâtres, cendrées, formées par des myriades de loges extrêmement petites, sous-épidermiques, à ostioles extrêmement saillants. *Ombellifères.*

**** Confertæ. *Stroma étalé, souvent déterminé, granuleux, formé par le parenchyme de la feuille, quelquefois oblitéré; loges agrégées, naissant sous l'épiderme; thèques déliés; sporidies simples.* — Espèces se développant sur les feuilles mortes ou mourantes.

Graminis, Pers. Groupes oblongs, ronds ou elliptiques, noirs, accompagnés de taches noires ou cendrées; loges globuleuses sur un ou plusieurs rangs; ostioles latents.

Trifolii, Pers. Groupes noirs, arrondis, confluents, inégaux, tuberculeux, rugueux; loges enfoncées dans un *stroma* pulvérent, farcies de matière blanche, vides en veillissant.

Fimbriata. Pers. Groupes noirs, maculiformes, s'élevant; loges réunies dans l'épiderme de la feuille; ostioles droits, ou un peu recourbés, espacés, noirs, cylindriques, obtus, environnés des débris frangés de l'épiderme. *Charme.*

Coryli, Batsch. Diffère du précédent par les loges, qui sont séparées, quoique rapprochées en groupe. *Coudrier.*

Ceuthocarpa, Fries. Taches très-minces, noires, anguleuses; loges hypophylles privées de col. *Peuplier.*

B. *Simplices.*

§ V. **SUPERFICIALES.** Réceptacle formé d'une double enveloppe, primitivement couvert d'un *velum*, puis libre sur la matrice, ou sur un *stroma* byssoïde et étalé.

* **Byssisedæ.** *Réceptacle glabre, d'abord entouré, puis supporté par un stroma composé de filaments byssoïdes, souvent feutrés; thèques en massue; sporidies cloisonnées.*

Aquila, Fries. Groupes maculiformes, étalés, bruns, tomenteux, persistants, d'où sortent les loges noirâtres, globuleuses, à ostiole papillaire, aigu, noir. *Bois mort.*

Byssiseda, Tode. Groupes maculiformes, interrompus, grisâtres, à loges saillantes, cendrées, puis noires, lisses, à ostiole granuliforme, concolore. *Saule marceau.*

Pomiformis, Pers. Groupes graniformes, pédiculés, distincts, libres, globuleux, nombreux, noirs, à ostiole central, grisâtre, grand. *Écorces.*

Callimorpha, Mont. Groupes maculiformes, feutrés, étendus, noirâtres; loges globuleuses, très-noires, très-petites, fragiles, et dont la partie inférieure reste fixée au *subiculum* et entraînant des poils, rayonnant, à la base, en se détachant; ostioles très-apparents, granuliformes, persistants. *Framboisier.*

** **Villosæ.** *Réceptacles le plus souvent libres, ovales, ou globuleux, couverts de poils persistants, non feutrés.*

Ovina, Pers. Groupes tomenteux, blancs; loges recouvertes en partie par le duvet, ovales; ostiole noirâtre, papillaire. *Troncs.*

Biformis, Pers. Groupes tomenteux, noirâtres; loges noires, ovales, à poils concolores, roides; ostiole obtus, conique. *Sur la terre des bois.*

Hirsuta, DC. Diffère du précédent par les loges globuleuses, déprimées; par l'ostiole moins prononcé, quelquefois nul; par l'absence du *tomentum*. *Hêtre.*

Hispida, Tode. Groupes graniformes, noirâtres, lisses, ovoïdes-coniques, épars, couverts de poils divergents, rares, à ostiole confluent. *Brindilles.*

Vermicularis, Nées. Groupes ovales, noirs, déprimés; ostioles peu visibles, terminés par un poil dressé, dont l'ensemble forme une surface velue. *Pins, etc.*

*** **Denudatæ.** *Subiculum nul; réceptacle glabre, nu, libre, arrondi à la base, à ostiole granuliforme, persistant; thèques allongés; sporidies cloisonnées.* — Espèces adnées, réunies en groupes ou en séries.

Peziza, Tode. Groupes nombreux, à loges sphériques, molles, orangées, un peu velues à la base, mamelonnées au sommet, parfois filifères, s'affaissant en cupule dans leur vieillesse. *Saule.*

Sanguinea, Sibt. Plus petit que le précédent, dont il diffère par sa couleur rouge de sang; il ne devient pas cupuliforme, est glabre, et les loges sont ovoïdes. *Saules.*

Episphæria, Tode. Diffère du *S.-sanguinea* par ses loges convexes, oblongues, qui s'affaissent à une époque peu avancée. *Sur les sphéries.*

Mammæformis, Pers. Groupes à loges grandes, noires, sphériques, lisses, parfois confluentes, à ostioles en mamelon. *Bois dénudés, morts.*

Bombarda, Batsch. Groupes à loges noirâtres, allongées en massue, renflées au milieu, en faisceaux, couchées; ostiole noir, papillaire. *Bois morts.*

Spermoïdes, Hoffm. Groupes de loges très-serrées, granuliformes, chagrinées, noires, parfois amincies à la base; ostioles mamelonnés. *Bois pourris.*

Pulveracea, Ehrh. Diffère du précédent par ses réceptacles ovoïdes, plus petits, luisants, et ses ostioles distinctement perforés. *Vieux bois.*

**** P e r t u s æ. *Réceptacles glabres, aplatis à la base, adnés ou immergés, perforés au sommet par la chute de l'ostiole.*

Mastoïdea, Fries. Groupes à loges moitié enfoncées dans le bois, éparses, coniques, lisses, terminées en mamelon luisant dont la chute les laisse perforées. *Vieux bois.*

Latericolla, DC. Groupes à loges distinctes, sphériques, s'affaissant en cupule après la sortie des thèques; ostiole latéral, conique, aigu, roide. *Chêne.*

Pertusa, Pers. Groupes à loges ovales-coniques, très-fragiles, enfoncées dans le bois, puis superficielles; ostiole conique, caduc. *Bois mort.*

Nucula, Fries. Groupes à loges plus petites que celles du *S.-pertusa;* ostiole court, cylindrique ou légèrement comprimé, caduc. *Saule.*

§ VI. SUBIMMERSÆ. Réceptacles immergés, tendant à devenir libres; ostiole dilaté en lèvres, ou allongé en col cylindrique.

• P l a t y s t o m æ. *Ostiole très-large, comprimé, s'ouvrant par une fente longitudinale; thèques en massue; sporidies elliptiques, lancéolées. — Espèces en crête, croissant indifféremment sur les bois ou les écorces.*

Macrostoma, Tode. Groupes à loges globuleuses, éparses, brunes, à moitié immergées; ostioles courts, en crête, ou obconiques, grands, triangulaires. *Bois morts.*

Compressa, Pers. Groupes à loges comprimées, noires, immergées; ostioles linéaires, très-larges, saillants sur une tache noire. *Bois morts.*

** C e r a s t o s t o m æ. *Ostioles en bec cylindrique, plus longs en général que les loges en elles-mêmes.*

Pilifera, Fries. Groupes à loges globuleuses, noires, très-petites; ostioles capillaires. *Chêne pourri*

Rostrata, Fries. Groupes à loges noires, rugueuses, assez grandes, libres ou immergées; ostioles très-longs, obtus, flexueux, striés longitudinalement. *Hêtre mort.*

Rostellata, Fries. Groupes à loges arrondies, déprimées, petites, noires; ostioles droits, cylindriques, amincis au sommet, rarement coniques, et hispides. *Framboisier.*

*** **Obtectæ.** *Réceptacles toujours immergés, à parois minces, cachés dans le bois, ou couverts par l'épiderme, et ne se manifestant que par l'éruption d'un ostiole court, souvent dilaté au sommet; thèques déliés; sporidies monostiques.*

Eutypa, Fries. Groupes maculiformes, noirâtres, à loges immergées, petites, noires, globuleuses, surmontées de cols saillants seuls, à ostioles convexes. *Bois mort.*

Millepunctata, Duby. Groupes dont les loges immergées, globuleuses, noires, assez grandes, percent l'écorce pour montrer au dehors seulement les ostioles obtus qui semblent des points noirs. *Frêne.*

Ditopa, Fries. Groupes à loges libres, immergées, cupuliformes par l'affaissement de leur fond; ostiole noir, convexe, aboutissant à un disque pâle. *Aune.*

Lanata, Fries. Groupes à loges très-amples, globuleuses, abondamment recouvertes d'une laine ferrugineuse; ostiole perçant l'épiderme. *Chêne.*

Hirta, Fries. Groupes à loges plus petites que dans le précédent, déprimées, couvertes d'un duvet très-court, brun-noir. *Sureau,* etc.

Pœtula, Fries. Groupes disposés en série; loges petites, recouvertes, libres, globuleuses, déprimées, sillonnées, glabres, noires; ostioles ponctiformes. *Sureau.*

Tiliæ, Pers. Groupes à loges éparses, noires, glabres, lagéniformes; ostiole allongé en col, saillant, obtus, parfois évasé en cupule, mamelonné au centre. *Tilleul.*

Inquinans, Tode. Groupes sous-épidermoïques, à loges immergées; ostioles se montrant seuls sur l'épiderme, sali par une poussière noire qui en provient. *Érable.*

Mammillana, Fries. Groupes à loges noires, saillantes sous l'épiderme, non tachées, amples, hémisphériques; ostioles entourés d'un limbe frangé, blanchâtre. *Tilleul.*

Clypeata, Nées. Groupes sous-épidermiques, à loges moins amples, plus minces que dans le précédent; ostioles à épiderme noirci; ostioles coniques, sans limbe. *Framboisier.*

§ VII. **subinnatæ.** Loges se développant sous l'épiderme, dépourvues de *velum,* et conservant longtemps la matière visqueuse qui les remplit.

* **Obturatæ.** *Loges innées, devenant superficielles, épaisses, glabres, farcies d'une matière qui a la consistance de la cire et se ramollit pour se répandre au dehors; thèques droits, courts; sporidies simples et fort petites.* — Espèces corticales.

Syringæ, Fries. Groupes à loges elliptiques, glabres, noires, opaques, rugueuses, terminées par un ostiole granuliforme, très-petit, qui se montre par les fissures de l'épiderme. *Lilas.*

Strobilina, Fries. Groupes à loges disposées en lignes droites, quelquefois concentriques, arrondies, difformes, à fente longitudinale. *Écailles des cônes de sapin.*

** Subtectæ. *Réceptacles d'abord innés, intimement unis à la matrice, puis dénudés à leur sommet; ostiole simple, non saillant; thèques courts; sporidies simples.* — Sous-épidermiques.

Sepincola, Fries. Groupes à loges globuleuses, noir-mat en dehors, blanches en dedans, à ostiole peu visible. *Ronces, rosiers.*

Ilicis, Fries. Groupes ponctiformes, à loges globuleuses, noires, luisantes, se rompant au sommet en plusieurs laciniures aiguës.

*** Caulicolæ. *Réceptacles le plus souvent développés dans la matrice, puis nus par la destruction ou le retrait de l'épiderme.* — Tiges herbacées et sous-épidermiques.

Herpotricha, Fries. Groupes à loges éparses, noirâtres, attachées par un duvet fin qui les recouvre d'abord; ostioles en mamelon confluent avec la loge. *Gaine des graminées.*

Trichostoma, Fries. Groupes à loges sortant entre les fibres du chaume, sans duvet à la base; ostiole couvert de poils divergents. *Tige des graminées.*

Comata, Fries. Groupes pustuliformes, épars, à loges arrondies, grandes, obtuses, très-fragiles, blanches en dedans, sans ostiole, surmontées chacune d'un très-long poil noir. *Tiges tombées.*

Rubella, Pers. Groupes épars, noirs, petits, ovales-coniques, acuminés par l'ostiole confluent sortant d'entre les fibres des tiges mortes, souvent environné d'une tache rouge. *Ortie dioique.*

Acuta, Hoffm. Groupes à loges globuleuses, sessiles, noires, luisantes, lisses, produisant un ostiole cylindrique, obtus, long, souvent brisé. *Ortie dioique.*

Complanata, Tode. Groupes épars, à loges petites, globuleuses, affaissées sur elles-mêmes, et alors scutelliformes, à ostiole central, mamelonné. *Tiges sèches.*

Doliolum, Pers. Groupes à loges coniques, très-obtuses, noires, luisantes, striées ou plissées; ostiole mamelonné, percé d'un pore. *Ortie, ombellifères.*

Caulium, Fries. Groupes à loges immergées, globuleuses, elliptiques, s'ouvrant par un ostiole nu, linéaire, saillant. *Ortie.*

Culmifraga, Fries. Groupes à loges solitaires, confluentes, comprimées, terminées par un ostiole court, glabre. *Chaume.*

Scirpi, DC. Groupes à loges éparses, orbiculaires, déprimées, très-petites, noires, immergées; ostiole conique, ponctiforme au dehors. *Scirpus lacustris.*

Herbarum, Fries. Groupes à loges petites, globuleuses, lisses; ostiole convexe, arrondi, percé d'un pore, caduc. *Tiges herbacées.*

**** **Foliicolæ**. *Réceptacles innés, minces, intimement unis avec la matrice, faisant saillie, mais rompant rarement l'épiderme et croissant sur les feuilles dont le parenchyme n'est pas décoloré; thèques en massue, souvent allongés; sporidies simples.*

Gnomon, Tode. Groupes à loges petites, globuleuses, cachées, puis affaissées, libres, cupuliformes, à ostiole central, droit, glabre, en massue. *Feuilles du coudrier.*

Hederæ, Sow. Groupes à loges arrondies, noires, luisantes, très-petites, recouvertes, percées d'un pore blanc, puis noir. *Feuilles du lierre.*

Maculæformis, Pers. Groupes noirs, hypophylles, à loges noires, sphériques, sans ostiole, produisant sur l'épiderme des taches grises, variées. *Feuilles.*

Punctiformis, Pers. Groupes ponctiformes, petits, nombreux, à loges lisses, luisantes, convexes, ombiliquées, noires à l'intérieur. *Feuilles du châtaignier, du chêne, etc.*

Section II. **DEPAZEA**. Simples. Réceptacles couverts de l'épiderme, s'ouvrant par un pore ou s'affaisant au sommet en une espèce de disque, produisant toujours la décoloration du parenchyme environnant; thèques quelquefois nuls. — *Foliicoles.*

I. **Subtectæ**. *Sur les feuilles persistantes.*

Buxicola, Fries. Taches blanches, bordées de noir, marginales; loges hypophylles, éparses, convexes, noires. *Buis.*

Hederæcola, Fries. Taches blanches, orbiculaires, entourées d'une bande brune; loges épiphylles, convexes, noires, opaques. *Lierre.*

II. **Innatæ**. *Sur les feuilles annuelles des arbres et arbrisseaux.*

Fagicola, Fries. Taches petites, parfois bordées de brun, complétement oblitérées par les loges, pressées, noires, luisantes. *Hêtre.*

Tremulæcola, Fries. Taches blanc-cendré, larges, à marge brune, couvertes de loges hypophylles, éparses, déprimées, dont la partie supérieure se détache et laisse une cupule à point noir au centre. *Tremble.*

Castanæcola, Fries. Taches difformes, confluentes, jaune pâle, parfois limitées de noir; loges éparses, rares, ponctiformes. *Châtaignier.*

Cornicola, Fries. Taches orbiculaires, petites, grises, bordées d'une ligne plus obscure; loges éparses, arrondies, déprimées au centre. *Cornouiller sanguin.*

III. **Innatæ**. *Sur les feuilles des plantes herbacées.*

Cruenta, Fries. Taches rougeâtres, larges, plus rouges à l'entour; loges épiphylles, éparses, arrondies, noirâtres, lisses, perçant l'épiderme. *Sceau-de-Salomon.*

Gentianæcola, Fries. Taches rouges, larges, ayant à leur centre des loges rares, convexes, noires. *Liseron des haies.*

Calthæcola, Fries. Taches blanches, petites, ovales ou arrondies, souvent stériles; loges éparses, très-petites, planes, noires. *Populage.*

Vagans, Fries. Taches blanches, bordées de brun; loges excessivement petites, nombreuses, convexes, noires. *Plantes herbacées.*

FAMILLE SEPTIÈME.

LES LICHÉNÉES.

Voyez les caractères de cette famille, page 2.

+ Apothécions sessiles, pulvérulents, sur un *thallus* nul ou pulvérulent.

LEPRA. Croûte irrégulière, pulvérulente ou filamenteuse, adhérente; apothécions nuls.

? *Leiphæma*, Achar. Croûte mince, lactée, à circonférence déchiquetée, ayant des grains pâles. *Troncs.*

? *Antiquitatis*, Achar. Croûte très-mince, noire, étalée largement. *Pierres, marbres.*

? *Cæsia*, Achar. Croûte mince, noir-bleu. *Pierres sablonneuses.*

? *Botryoides*, DC. Croûte mince, étalée, verdâtre, à grains en chapelet. *Vieilles écorces.*

? *Sulphurea*, Erhr. Croûte mince, unie, glauque-verte, à grains très-petits. *Écorces.*

? *Flava*, Achar. Croûte étalée, mince, un peu fendillée, d'un beau jaune, à grains globuleux. *Écorces, murailles.*

? *Chlorina*, DC. Croûte mince, soyeuse, vert-jaune, à grains villosiuscules. *Rochers.*

? *Odorata*, Achar. Croûte étalée, rouge, puis jaune-cendré, à grains floconneux, en chapelet. *Écorces.*

CONIOCARPON. Croûte tartareuse, uniforme; apothécions pulvérulents, composés de petits paquets colorés, agrégés.

Olivaceum, DC. Croûte blanche; apothécions jaune-olive, confluents. *Aune, poutres.*

Nigrum, DC. Croûte blanche, parfois limitée de noir; apothécions noirs, rugueux. *Écorces.*

Cinnabarinum, DC. Croûte blanche; apothécions roux, puis rouge-cinabre. *Écorces.*

VARIOLARIA. Croûte crustacée, composée d'apothécions arrondis, verruciformes, sessiles, sorédifères, blancs, renfermant un *nucleus.*

Albo-flavescens, DC. Croûte aréolaire, blanc-glauque; apothécions à verrues blanches, pulvérulentes, puis jaunâtres. *Rochers.*

Dealbata, DC. Croûte épaisse, rugueuse, blanche, crevassée, papillaire; apothécions à *nucleus* lentiforme, pulvérulent. *Rochers*.

Discoidea, Pers. Croûte crevassée, cendrée; sorédies bordées, concolores; apothécions à verrues, concaves. *Troncs*.

Communis, Achar. Croûte lisse, blanche, à sorédies concolores, non bordées; apothécions sphéroïdes, pulvérulents, se dénudant. *Écorces, rochers*.

GASSICURTIA. Croûte épaisse, squammiforme; apothécions discolores, immarginés, d'abord recouverts, granuleux, noirs.

Silacea, Fée. Croûte squammeuse, gris-bleuâtre; apothécions d'abord clos, s'épanouissant en une matière noire. *Grès*. Fontainebleau.

Lignatis, Fée. Croûte blanchâtre, à granulations qui se métamorphosent en apothécions à marge crénelée, qui s'épanouissent en matière noire. *Vieux bois*. Saint-Germain.

++ Apothécions sessiles, tuberculeux, arrondis, sur un *thallus* crustacé.

THELOTREMA. *Thallus* crustacé; apothécions inclus, solitaires, formés par les verrues bordées de la croûte, s'ouvrant et devenant cupuliformes.

Conchylioides, Duby. Croûte presque nulle; apothécions blancs, déprimés, cyathiformes, noirs après leur ouverture. *Grès*.

Exanthematicum, Achar. Croûte lépreuse, cendrée; apothécions demi-enfoncés, blanchâtres, à ouverture radiée-fendillée, à fond jaunâtre. *Rochers*.

Lepadinum, Achar. Croûte mince, blanchâtre; apothécions conoïdes, tronqués, à ouverture resserrée, à fond noirâtre-cendré. *Écorce du chêne*.

Variolioides, Achar. Croûte presque limitée, cendrée; apothécions ramassés, blancs, à ouverture grande, noire, floconneuse, à bords lacérés-crénelés. *Charme, peuplier*.

PERTUSARIA. *Thallus* crustacé; plusieurs apothécions dans une verrue, à ostiole perforé, discolore.

Leioplaca, Schœr. Croûte blanche, lisse; apothécions à ostioles fauves, souvent confluents en une fente irrégulière. *Écorces*.

Wulfenii, DC. Croûte verdâtre, plissée; apothécions gibbeux, flexueux, à ostiole unique, difforme, noir. *Écorces*.

Chionæa, DC. Croûte blanche, verruqueuse; apothécions à plusieurs ostioles distincts, concolores ou fauves. *Rochers*.

URCEOLARIA. *Thallus* crustacé; apothécions immergés, orbiculaires, bordés par la croûte, à disque coloré, creusé en godet.

Calcaria, Achar. Croûte blanche, farineuse; apothécions à disque petit, concave, noir-bleu effleuri, entier. *Pierres calcaires.*

Cinerea, Achar. Croûte verruqueuse, cendrée, puis ochréacée, parfois limitée de noir; apothécions d'abord ponctiformes, noirs, puis dilatés, à bords entiers. *Rochers.*

Opegraphoïdes, DC. Croûte blanche, un peu ridée; apothécions ponctiformes, bleuâtres, puis confluents, anguleux, comme en ligne. *Rochers.*

Scruposa, Achar. Croûte blanc-cendré, granuleuse; apothécions urcéolés, noir-cendré; à bords onduleux. *Rochers, mousses, terre.*

Mutabilis, Achar. Croûte cendrée ou livide, rugueuse; apothécions noirs, d'abord fermés, enfoncés, à bords entiers. *Rochers, charpentes.*

LECANORA. *Thallus* crustacé, adhérent; apothécions discolores, scutelliformes, à rebords formés par la croûte, sessiles.

* Apothécions noirs.

Atra, Achar. Croûte cendrée; apothécions noirs, à bords blanchâtres, élevés, devenant crénelés. *Rochers, écorces.*

Pharcidia, Achar. Croûte blanchâtre; apothécions noirs, à lame proligère, recouvrant le bord qui est blanc. *Noyer, etc.*

Metabolica, Achar. Croûte verdâtre; apothécions petits, fauves, à bord entier, élevé, blanc, puis fauve. *Écorces.*

Milvina, Achar. Croûte noirâtre; apothécions noirs, papillaires, à bord élevé, presque entier. *Rochers.*

** Apothécions pâles, livides ou pruineux.

Lutescens, Achar. Croûte pâle-jaunâtre, pulvérulente; apothécions globuleux, jaune-incarnat, finissant par dépasser le bord qui est pulvérulent et flexueux. *Sapins, etc.*

Hageni, Achar. Croûte blanc-cendré; apothécions petits, ramassés, fauve-bleuâtre, à bord entier, nu, persistant. *Écorces.*

Angulosa, Achar. Croûte cendrée, rugueuse; apothécions bombés, anguleux, fauves, à bord entier, qui s'évanouit. *Écorces:*

Albella, Achar. Croûte lactée, lisse; apothécions planes, puis convexes, cendrés, à bord épais, qui disparaît. *Pins.*

Glaucoma, Achar. Croûte blanc-cendré, tartareuse; apothécions enfoncés, sub-globuleux, glauques, à bord bleuâtre, qui s'évanouit. *Rochers.*

Parella, Achar. Croûte blanche, verruqueuse; apothécions épais, ramassés, difformes, incarnat-pulvérulents, à bord gonflé, très-entier. *Rochers.*

Carneo-lutea, Achar. Croûte mince, lisse, cendrée; apothécions très-petits, à bord presque réfléchi, crénelé. *Écorces.*

*** Apothécions jaunes, roux, rouges ou bruns.

Intricata, Achar. Croûte cendrée ou blanc-jaune; apothécions vert-olive, à bord mince, entier, puis recouvert. *Rochers.*

Lepidora, Achar. Croûte granulée, jaune-fauve; apothécions roux-fauve, dilatés, à bord élevé, infléchi, crénelé. *Terre, mousses.*

Brunnea, Achar. Croûte imbriquée, demi-gélatineuse, fauve; apothécions enfoncés, difformes, roux, à bords élevés, crénelés. *Idem.*

Rubra, Achar. Croûte blanche, pulvérulente; apothécions rouge tendre, à bord gonflé, un peu crénelé. *Écorces.*

Hæmatomma, Achar. Croûte blanchâtre-soufré, épaisse; apothécions très rouges, confluente. *Rochers, pierres.*

Ventosa, Achar. Croûte épaisse, plissée, pâle; apothécions rouge-brun, irréguliers, parfois à double rebord. *Grès.*

Badia, Achar. Croûte olive, un peu écailleuse; apothécions châtains, à bord épais, persistant. *Rochers.*

Detrita, Achar. Croûte cendrée; apothécions pâles, puis fauve-noirâtre, irréguliers, à bord élevé, épais, crénelé. *Écorces.*

Varia, Achar. Croûte pâle-verdâtre ou jaunâtre; apothécions petits, ramassés, fauves, variables, à bord élevé, onduleux. *Clôtures.*

Effusa, Achar. Croûte cendré-verdâtre, étalée; apothécions petits, nombreux, roux, à bord mince, disparaissant. *Saule.*

Populicola, Duby. Croûte cendré-noirâtre, zonée de blanc au pourtour; apothécions incarnat-livides, à bord élevé, crénelé. *Peuplier blanc, etc.*

Subfusca, Achar. Croûte blanc-cendré; apothécions roux-fauve, convexes, à bord gonflé, entier, puis crénelé. *Écorces, vieux bois.*

Scruposa, Achar. Croûte blanc-cendré; apothécions petits, à disque verruqueux, incarnat, puis fauve et noir, à bord très-entier, flexueux. *Écorces.*

Haematites, Chaub. Croûte bleuâtre-noir; apothécions rouge-fauve, à bord élevé, entier ou crénelé. *Peuplier d'Italie, etc.*

Cerina. Achar. Croûte blanchâtre, mince; apothécions jaune de cire, à bord entier, puis crénelé. *Écorces lisses.*

Luteo-alba, Duby. Croûte nulle; apothécions ramassés, orangés, à bord presque concolore, blanchissant, crénelé, parfois s'effaçant. *Écorces.*

Citrina, Achar. Croûte citrine, pulvérulente; apothécions petits, comprimés, orangés, à bord pulvérulent, mince. *Murs, rochers, bois.*

Salicina, Achar. Croûte jaune-sale; apothécions orangés, à bord mince, crénelé, puis entier, s'effaçant. *Saule, orme.*

Vitellina, Achar. Croûte jaune d'œuf; apothécions ramassés, concolores, à bord élevé, un peu pulvérulent, et s'effaçant presque. *Bois, murs, pierres.*

PATELLARIA. *Thallus* farineux ou crustacé, adhérent, étalé; apothécions scutelliformes, concolores, sessiles.

10.

I. **RHIZOCARPON.** Croûte aréolée, de couleur variée, sur un *subiculum* fin, noir.

Atro-alba, Duby. Croûte à aréoles gris-blanc, convexes; apothécions noirs, orbiculaires. *Grès*.

Geographica, Duby. Croûte à aréoles jaune-vert, planes, bornés par des lignes noires au pourtour; apothécions noirs, orbiculaires ou oblongs. *Grès*.

II. **PATELLASTRUM.** Croûte uniforme.

          * *Apothécions jaunes, rouge-fauve ou roses.*

Épixantha, Duby. Croûte pulvérulente, jaune-pâle; apothécions jaunes, à bord plus clair. *Terre, mousses*.

Rupestris, DC. Croûte blanc-cendré ou verdâtre, marquée de points jaunes; apothécions un peu enfoncés, orangés. *Rochers*.

Erythrocarpa, DC. Croûte pulvérulente, blanche; apothécions petits, ramassés, rouge-fauve, à bord petit, plus clair. *Roches, pierres meulières, écorces*.

Ferruginea, Hoffm. Croûte mince, fendue, blanc-cendré; apothécions ramassés, ferrugineux-rouge, devenant anguleux-difformes, à bord plus clair, flexueux. *Mousses, écorces*.

        ** *Apothécions bruns.*

Carneola, Spreng. Croûte blanche, granuleuse; apothécions sessiles, épais, gonflés, fauves. *Écorces*.

Vernalis, Spreng. Croûte blanc-verdâtre, granuleuse; apothécions sessiles, ramassés, rouges ou roux-ferrugineux, à bord gonflé, plus clair, qui s'évanouit, confluent. *Écorces, mousses*.

Sanguineo-atra, Duby. Croûte blanc-vert, granuleuse; apothécions ramassés, noir-fauve, hémisphériques, presque immarginés. *Mousses*.

Viridescens, DC. Croûte éruginéux-vert; apothécions épars, irréguliers, confluents, bruns, à bords entiers, plus pâles, devenant rayés, noirâtres. *Troncs pourris*.

Fungicola, Duby. Croûte verdâtre; apothécions demi-enfoncés, fauve-noir, immarginés. Sur le *boletus ungulatus*.

Decolorans, Hoffm. Croûte blanc-cendré, puis verte, granulée; apothécions incarnat-livide ou fauves, à bord élevé, flexueux. *Murs, mousses, ais*.

Rivulosa, Spreng. Croûte cendré-fauve, limitée par de petites lignes noires; apothécions noirs, bordés, irréguliers. *Roches quartzeuses, granit, grès*.

Quernea, Spreng. Croûte farineuse, jaunâtre, limitée de lignes noires; apothécions enfoncés, fauve-rouge, puis convexes, immarginés, noircissant. *Mousses*.

Incana, Spreng. Croûte molle, farineuse, glauque-verdâtre; apothécions épais, bruns, à bord entier, plus pâle. *Terre, écorces*.

      *** *Apothécions bleu ou bleu-noir, effleuris.*

Epipolia, DC. Croûte blanche ou grise, aréolée; apothécions bleus, hémisphériques, ramassés, à bord blanc. *Pierres, murs*.

Corticola, DC. Croûte très-blanche, granulée - aréolaire ; apothécions bleus, petits, enfoncés, presque globuleux, immarginés. *Écorces.*

Silacea, Hoffm. Croûte rouge ou ochréacée, aréolée ; apothécions confluents, difformes, noirs. *Rochers.*

Albo-cœrulescens, Hoffm. Croûte blanc-cendré ou ferrugineuse ; apothécions noir - blanc, à bord flexueux, noirs. *Rochers.*

Dicksonii, DC. Croûte ferrugineuse, aréolée ; apothécions petits, élevés, noir-bleu, à bord épais. *Rochers.*

**** *Apothécions noirs, blancs ou blanchâtres en dedans.*

Sanguinaria, Duby. Croûte cendrée, rayée ; apothécions noirs, devenant un peu tuberculeux, hémisphériques, rouge-sanguin à l'intérieur. *Écorces, rochers.*

Fusco-atra, Hoffm. Croûte fauve, bordée de noir ; apothécions noirs, déprimés, blancs en dedans. *Rochers, pierres.*

Enteroleuca, Duby. Croûte cendrée, granulée, rugueuse ; apothécions noirs, devenant convexes, blanchâtres en dedans. *Écorces, bois pourri.*

Elæochroma, Duby. Croûte jaune-vert ; apothécions noirs ou érugineux - noirs, devenant difformes, blanchâtres en dedans. *Écorces, rochers.*

Albo-zonaria, DC. Croûte blanc-jaunâtre, tartareuse, fendillée ; apothécions demi-enfoncés, noirs, blanchâtres en dedans. *Écorces, rochers.*

Immersa, DC. Croûte blanchâtre ; apothécions concaves, enfoncés, noirs, effleuris, rouges en les mouillant, blancs en dedans. *Rochers calcaires.*

Lapicida, DC. Croûte cendrée ; apothécions noirs, devenant convexes et confluents, blanchâtres en dedans. *Rochers.*

***** *Apothécions noirs en dehors et en dedans.*

Citrinella, Duby. Croûte jaune-verdâtre, granulée ; apothécions ramassés, confluents. *Terre.*

Parasema, DC. Croûte gris-blanc, limitée de noir ; apothécions épars, noirs. *Écorces.*

Alba, Duby. Croûte blanche, pulvérulente ; apothécions épars, noirs, comprimés, rares. *Terre, mousses, rochers.*

Cerebrina, Duby. Croûte très-blanche, ondulée, pulvérulente, parfois nulle ; apothécions un peu enfoncés, à bord flexueux. *Pierres.*

Pantosticta, Duby. Croûte blanc-cendré, fendillée-aréolaire ; apothécions grêles, enfoncés, devenant confluents et difformes. *Rochers.*

Fumosa, DC. Croûte enfumée, lisse, limitée ; apothécions conglomérés, immarginés, cendré - noirâtre à l'intérieur. *Pierres.*

Nigra, Spreng. Croûte enfumé-noir, un peu gélatineuse, écailleuse au bord ; apothécions noirs, convexes. *Pierres calcaires.*

Uliginosa, DC. Croûte cendrée ou fauve-noir, granulée, gélatineuse ; apothécions ramassés, comprimés. *Terre humide.*

Crenata, DC. Croûte cendrée, limitée de noir; apothécions à bord crénelé, élevé. *Pierres.*

Petrœa, DC. Croûte blanche ou grise, pulvérulente; apothécions épais, protubérants, parfois concentriques. *Rochers.*

Coracina, Duby. Croûte cendré-noirâtre, lisse, mince; apothécions enfoncés, devenant pulvérulents. *Rochers.*

PLACODIUM. *Thallus* crustacé-foliacé, adhérent, disposé en rosette, orbiculaire, plissée, concentrique; apothécions centraux, scutelliformes, bordés, concolores.

* Croûte jaunâtre ou verdâtre.

Elegans, DC. Croûte orangée, à lobes linéaires; apothécions concolores, à bord plus pâle, entier. *Rochers.*

Murorum, DC. Croûte jaune, pulvérulente, pruineuse, à lobes linéaires; apothécions concolores, à bord plus pâle, entier ou un peu crénelé. *Murs, rochers, écorces.*

Callopismum, Mérat. Croûte jaune-pâle, un peu pruineuse, à lobes plus jaunes; apothécions orangés, à bord anguleux, plus pâle, entier. *Murs, rochers.*

Fulgens, DC. Croûte jaune-pâle, pulvérulente; apothécions épars, très-rouges, à bord épais, crénelé, puis s'effaçant. *Terre, mousses.*

Ochroleucum, DC. Croûte jaune-pâle; apothécions très-rapprochés, jaune-fauve, à bord plus clair, flexueux, crénelé. *Rochers, murs.*

** Croûte blanchâtre.

Teicholytum, DC. Croûte blanchâtre, tartareuse; apothécions rouges, épais, à bord épais, pulvérulent, un peu crénelé. *Tuiles, pierres, murs.*

Canescens, DC. Croûte blanchâtre, glauque; apothécions à disque noir, pruineux, relevés au pourtour, à bord très-mince, à peine visible. *Murailles, écorces.*

Epigaeum, Chev. Croûte petite, très-blanche; apothécions petits, dispersés, très-noirs, à bord mince. *Terre.*

Candicans, Duby. Croûte blanche, rayée, à centre parfois noir; apothécions ramassés, noir-bleuâtre, effleuris, à bord épais, gonflé, un peu crénelé. *Rochers.*

Albescens, DC. Croûte blanc-sale, rayée, plus pâle au pourtour; apothécions livide-fauve, à bord élevé, crénelé. *Rochers.*

Versicolor, Delise. Croûte blanc-verdâtre; apothécions incarnat, puis roux, à rebord mince, qui disparaît. *Rochers.*

Radiosum, DC. Croûte cendrée au pourtour, noire au centre, radiée; apothécions crénelés, anguleux, fauve-noir, à bord mince. *Rochers.*

SQUAMARIA. Croûte foliacée, écailleuse au centre, imbriquée, étalée, adhérente; apothécions épars, scutelliformes, marginés, discolores.

Lentigera, DC. Croûte blanche; apothécions roux, à bord gonflé, crénelé. *Terre, mousses.*

Smithii, DC. Croûte glauque-verdâtre ; écailles à bords blancs ; apothécions fauves, à bord élevé, gonflé, devenant un peu crénelé. *Terre, rochers.*

Crassa, DC. Croûte verdâtre, épaisse ; apothécions épars, gonflés, fauve-noir, à bord entier, qui s'efface. *Terre.*

Rubina, DC. Croûte jaune-pâle ; apothécions agrégés, concolores ou rouges, à bord crénelé, qui s'efface. *Rochers.*

PSORA. *Thallus* crustacé-foliacé, épais, adhérent ; apothécions concolores, épars, bordés.

* Écailles planes ou concaves.

Decipiens, Hoffm. Croûte incarnat, à écailles un peu peltées ; apothécions marginaux, globuleux, noirs, presque sans bord. *Terre.*

Lurida, DC. Croûte fauve-verte ; apothécions fauve-noir, à bords épais, s'effaçant. *Terre, marbre.*

? Denticulata, Chev. Croûte presque imbriquée, fauve, à bords denticulés-incisés ; apothécions inconnus. *Terre.*

** Écailles convexes.

Candida, Hoffm. Croûte très-épaisse, blanche, pruineuse ; apothécions noir-glauque, effleuris, devenant difformes. *Rochers, mousses.*

Vesicularis, DC. Croûte épaisse, bleu-noir, effleurie, à écailles graniformes ; apothécions noirs, d'abord bordés. *Terre.*

VERRUCARIA. *Thallus* crustacé ; apothécions non bordés, discolores, hémisphériques, ayant un ostiole au sommet, et souvent recouvert par la croûte.

* Espèces venant sur les rochers, plus rarement sur la terre.

Muralis, Achar. Croûte blanche, lépreuse ; apothécions blancs, globuleux, enfoncés, bordés, à ostiole se dilatant. *Vieux murs.*

Nigrescens, Pers. Croûte ombrée ou noirâtre ; apothécions noirâtres, élargis à la base, sillonnés, d'abord clos. *Pierres calcaires.*

Fuliginea, Wahlenb. Croûte granulée, cendrée ; apothécions très-noirs, hémisphériques, proéminents, à bord pulvérulent. *Pierres.*

Actinostoma, Achar. Croûte blanche, tartareuse ; apothécions globuleux, enfoncés, à ostiole pulvérulent, radié. *Rochers.*

Dufourii, DC. Croûte grise, limitée de noir ; apothécions coniques-tronqués, à demi enfoncés, à ostiole lentiforme. *Murs, pierres.*

Macrostoma, DC. Croûte fauve-olive, limitée de noir ; apothécions ramassés, enfoncés, à centre proéminent, à ostiole blanc. *Vieux murs, rochers calcaires.*

Rupestris, Schrad. Croûte étalée, blanche ; apothécions ramassés, globuleux, petits, blanc-sale, à ostiole ponctiforme. *Pierres, rochers calcaires.*

** *Espèces venant sur les écorces.*

Leucocephala, DC. Croûte blanc-bleuâtre, aréolée; apothécions presque bordés, blancs, à ostiole se dilatant. *Écorces*.

Nitida, Schrad. Croûte d'un blanc-olive, étalée, marquée de lignes obscures, verruqueuse; apothécions luisants, rayés, à ostiole déprimé. *Écorces*.

Olivacea, Pers. Croûte olivâtre, limitée, luisante; apothécions subhémisphériques, conoïdes, blancs, à pore blanc. *Écorces lisses*.

Cavata, Achar. Croûte cendrée; apothécions globuleux, à centre déprimé, puis presque bordés, à ostiole sensible. *Écorces*.

Alba, Schrad. Croûte blanche, puis cendrée, et s'évanouissant; apothécions luisants, épars, papillaires. *Écorces*.

Cinerea, Pers. Croûte blanchâtre, rayée; apothécions petits, ramassés, un peu confluents, presque sans ostiole. *Écorces lisses*.

Rhiponta, Achar. Croûte fuligineuse, tachée, ponctuée; apothécions très-petits, conoïdes, hémisphériques. *Écorces*.

Carpinea, Achar. Croûte fauve-noire, se fendillant; apothécious hémisphériques, à ostiole visible. *Écorces du charme, etc*.

Galactites, DC. Croûte blanche, étalée, lisse; apothécions très-petits, difformes, à ostiole très-petit. *Écorces lisses*.

+++ Apothécions sessiles, ponctiformes ou allongés sur un *thallus* crustacé, adhérent.

STIGMATIDIUM. *Thallus* crustacé; apothécions presque arrondis, agglomérés, puis irréguliers, confluents, ne s'ouvrant pas, sans bord.

Crassum, Duby. Croûte gris-olivâtre; apothécions d'abord arrondis, solitaires, très-petits, puis en ligne, confluents en étoile, épais, noirs. *Écorces lisses*.

OPEGRAPHA. *Thallus* crustacé; apothécions arrondis, oblongs, linéaires ou rameux, s'ouvrant en long, bordés des deux côtés.

* *Apothécions à disque effleuri.*

Scripta, Achar. Croûte blanc-cendré; apothécions linéaires, rapprochés, flexueux, simples ou rameux, à bords discolores, à disque se dilatant et effaçant les bords. *Écorces lisses*.

Sulcata, DC. Croûte blanche, granulée; apothécions épars, épais, allongés, étroits, simples ou rarement divariqués, à bords concolores, tuméfiés, canaliculés. *Écorces lisses*.

? *Lurida*, Duby. Croûte fauve-luride, pointillée finement; apothécions concolores, presque arrondis, difformes, gonflés, un peu lisses. *Pins*.

Cæsia, DC. Croûte blanche, lisse; apothécions concolores, oblongs-ovoïdes, bleus, enfoncés. *Écorces*.

Pruinosa, Duby. Croûte cendrée, épaisse; apothécions concolores, enfoncés, ramassés, polygones, difformes, blanc-pruineux, puis fauves. *Chéne.*

** *Apothécions noirs, non effleuris, plus ou moins allongés, rameux.*

Epipasta, Achar. Croûte blanc-cendré; apothécions les uns ponctiformes, les autres très-longs, grêles, presque rameux. *Écorces lisses.*

Rufescens, Pers. Croûte rousse; apothécions ovales, puis linéaires, flexueux, simples, rameux, en étoile, à disque canaliculé, aplati. *Écorces.*

Calcarea, Achar. Croûte blanche, pulvérulente; apothécions un peu allongés, droits, gonflés, en étoile. *Rochers, murs.*

Lithyrga, Achar. Croûte blanc-cendré ou nulle; apothécions ramassés, ovoïdes, droits et courbes, parfois confluents. *Rochers, murs.*

Atra, Pers. Croûte cendrée; apothécions presque linéaires, libres, flexueux, souvent en étoile, à disque à bords proéminents. *Écorces du cytise, etc.*

*** *Apothécions noirs, non effleuris, simples, courts ou oblongs.*

Herpetica, Achar. Croûte fauve, limitée de noir; apothécions petits, ramassés, enfoncés, oblongs, droits. *Écorces.*

Macularis, Achar. Croûte noirâtre ou nulle; apothécions petits, arrondis-elliptiques, rugueux, tuberculeux, se réunissant en groupes noirs, distincts ou indistincts. *Chéne, hêtre* (1).

Persoonii, Achar. Croûte blanche, lisse; apothécions arrondis, enfin oblongs, puis rugueux-flexueux, plissés, difformes, un peu confluents, à fente irrégulière. *Rochers, pierres.*

Notha, Pers. Croûte blanche ou cendrée, lépreuse; apothécions orbiculaires ou elliptiques, creux, parfois confluents, à bords fléchis, puis oblitérés. *Saules.*

Gregaria, Achar. Croûte fauve-cendrée, lisse; apothécions enfoncés, agrégés, maculiformes, les plus gros allongés, tous irréguliers, concaves, à bords élevés, plissés, persistants, rugueux. *Écorces.*

Hysteroides, Duf. Croûte cendré-blanc; apothécions ramassés, très-petits, presque parallèles, à peine fendus, un peu rugueux. *Bois pourri.*

Radiata, Pers. Croûte blanche ou cendrée; apothécions pressés, planiuscules, en étoile, ou palmés, rugueux. *Écorces.*

Verrucaroides, Achar. (*Var.* β *et* γ). Croûte blanchâtre, rayée; apothécions petits, ramassés, un peu ovoïdes-globuleux, à fente ovale ou arrondie. *Écorces.*

++++ Apothécions pédonculés, arrondis, placés sur un *thallus* pulvérulent.

---

(1) Fries fait de cette espèce son genre *dichæna*, qu'il place à la suite des *hysterium* dans les *hypoxylées.*

CALYCIUM. *Thallus* crustacé-pulvérulent, adhérent; apothécions en gobelet ou en chapeau.

I. **CALYCIOIS.** Apothécions en gobelet, à disque pulvérulent ou nul.

     * *Apothécions sessiles ou presque sessiles, à bord*
              mince (Acolium).

? *Sepincolum*, Duby. Croûte blanche, presque nulle; apothécions cendrés, effleuris, à bord entier, puis divisé. *Vieux treillages, vieilles planches.*

Sessile, DC. Croûte blanchâtre, inégale; apothécions noirs, pyriformes, glabres, devenant concaves, à bord infléchi. *Écorces, thallus de lichens.*

Tympanellum, Achar. Croûte cendrée, scabre; apothécions gros, cendrés, effleuris, à disque plane, à bord mince, glaucescent. *Cloisons, poutres.*

Tigillare. Achar. Croûte citrine, verruqueuse; apothécions noirs, à disque plane, à bord enflé. *Charpentes, écorces des conifères.*

Populneum, Brond. Croûte blanche, lisse; apothécions noirs, très-petits, ayant ordinairement un stipe court, concolore. *Peupliers.*

     ** *Apothécions stipités, à bord épais* (Phacotium).

Corynellum, Achar. Croûte jaune-ferrugineuse, presque nulle; apothécions noirs, lentiformes, à disque plane, à stipe cylindrique, noir, plus court. Sur le *lecanora hematomma*.

? *Claviculare*, Achar. Croûte cendrée, ridée; apothécions noir-cendré, turbinés, puis lentiformes; stipe cylindrique, un peu épais. *Saules, vieux bois.*

Cinereum, Pers. Croûte blanc-verdâtre; apothécions cendré-pulvérulent, petits, à disque noirâtre; stipe un peu long; fauve. *Écorces.*

Quercinum, Pers. Croûte cendrée; apothécions turbiné-infondibuliformes, cendré-fauve; disque un peu aplati; stipe filiforme, court. *Chêne.*

Trachelinum. Achar. Croûte blanche, lisse; apothécions roux-fauve, turbinés; disque grisâtre; stipe un peu épais, à base noire. *Écorces, bois.*

Sœpiculare, Achar. Croûte fauve-pâle, un peu plissée, écailleuse; apothécions lentiformes, à disque noir, à bord jaune en dessous; stipe brun. *Cloisons de sapin.*

Trabinellum, Achar. Croûte blanc-cendré; apothécions lentiformes, à disque noir-fauve, cendré-pruineux, à bord jaune-vert. *Saules.*

II. **CONYCYBE.** Apothécions sphériques, stipités, en forme de chapeau, à disque subéreux, pulvérulent.

Aciculare, Achar. Croûte jaune-vert, pulvérulente; apothécions fauves, hémisphériques; stipe droit, roide, fauve-pulvérulent. *Écorces.*

Furfuraceum, Pers. Jaune-verdâtre, pulvérulent; apothécions globuleux; stipe filiforme, allongé, jaune, puis fauve, pulvérulent. *Terre, racines.*

Cantharellum, Achar. Croûte blanche, pulvérulente; apothécions lentiformes, à disque incarnat, puis roux-blanc, pulvérulent; stipe filiforme, pâle, puis fauve. *Écorces, bois pourri.*

BÆOMYCES. *Thallus* crustacé, pulvérulent, adhérent; apothécions en tête globuleuse, sans bordure, stipitée, lisse.

Rufus, DC. Croûte cendré-verdâtre; apothécions roux, à stipe court, un peu comprimé. *Terre argileuse, grès, bois.*

Ericetorum, DC. Croûte blanche; apothécions roses; stipe très-court, cylindrique. *Terre argileuse.*

++++++ Apothécions pédonculés, arrondis, placés sur un *thallus* frutiqueux ou filamenteux.

ISIDIUM. *Thallus* formé de tiges courtes, rameuses, pressées, adhérentes entre elles; apothécions renfermés dans un sommet globuleux, qui est immarginé.

Coccodes, Achar. Croûte grise-jaune, formée de podétions cylindriques, papilliformes, très-ramassés; apothécions cendré-pruineux. *Écorces.*

Corallinum, Achar. Croûte blanc-cendré, formée de podétions très-courts, simples, ramassés; apothécions fauve-cendré. *Rochers.*

Phymatodes, Achar. Croûte jaune-soufre pâle, à podétions courts, comme enflés, cylindriques, simples ou rameux; apothécions jaune-fauve. *Écorces.*

Westringii, Achar. Croûte cendré-rougeâtre, à podétions presque globuleux, courts, simples ou rameux; apothécions fauves, puis noirâtres. *Rochers.*

Dactylinum, Achar. Croûte blanche, à podétions un peu longs, très-simples; apothécions rouges. *Terre.*

Melanochlorum, DC. Croûte vert-enfumé, à podétions un peu simples, cylindriques-obtus; apothécions blancs, pulvérulents. *Rochers.*

CENOMYCE. *Thallus* ramifié, fistuleux, à peine foliacé, quelquefois nul; apothécions orbiculaires, en tête, immarginés, portés sur un support ou podétion.

I. **COCCIFERÆ.** *Thallus* foliacé, à podétion simple, subulé ou en godet; apothécions rouges.

Baccilaris, Achar. *Thallus* petit, à folioles incisées; podétion cylindrique, simple, parfois un peu ventru. *Vieux arbres.*

Digitata, Achar. *Thallus* petit, à folioles crénelées, jaune-vert; podétions cylindriques, scyphifères; *scyphus* ou godets à bord entier, qui en porte d'autres digités. *Terre, troncs.*

Deformis, Achar. *Thallus* à folioles incisées-crénelées; podétions ventrus, pulvérulent-sulfuré, à *scyphus* crénelés-dentés, puis lacérés. *Terres stériles.*

11

Bellidiflora, Achar. *Thallus* à folioles incisées-crénelées; podétions ventrus-cylindriques, écailleux, à *scyphus* étroits, à bord prolifère. *Terre.*

Coccifera, Achar. *Thallus* à folioles arrondies, crénelées; podétions allongés, verruqueux; *scyphus* dilatés, à bord parfois foliacé-crispé; apothécions grands. *Terre.*

II. CESPITITIÆ. *Thallus* foliacé; podétions courts, cylindriques, divisés au sommet; apothécions ramassés, fauves.

Botrytis, Achar. *Thallus* à folioles crispées; podétions jaune-pâle, rugueux; apothécions incarnat. *Troncs pourris.*

Cariosa, Achar. *Thallus* petit, à folioles ascendantes; podétions grêles, stellés-rouges, granulés, dilatés, scyphuliformes; apothécions ramassés, fauve-noir. *Terres stériles.*

Streptilis, Achar. *Thallus* à folioles à divisions linéaires; podétions très-courts, turbinés-scyphuliformes, réguliers; apothécions noir-fauve, marginés. *Terre moussue.*

III. PYXIDATÆ. *Thallus* foliacé; podétions un peu allongés, scyphifères au sommet; apothécions bruns, noirs ou fauves.

Cervicornis, Achar. *Thallus* bleu-verdâtre, à laciniures étroites, blanches en dessous; podétions livides, puis noirs, courts; *scyphus* petits, réguliers, très-entiers; apothécions fauves-noirs. *Rochers, mousses.*

Alcicornis, Achar. *Thallus* vert-pâle, blanc en dessous, à laciniures bordées de fibrilles pointues, noires; podétions allongés, lisses; *scyphus* régulier, crénelé; apothécions roux. *Terre sablonneuse.*

Endiviæfolia, Achar. *Thallus* glauque-vert, blanc en dessous, à laciniures sans fibrilles; podétions scyphuliformes, lisses; *scyphus* incisés-irréguliers; apothécions petits, roussâtres. *Champs stériles.*

Verticillata, Achar. *Thallus* à laciniures crépues; podétions cylindriques, scyphifères; *scyphus* réguliers, en produisant d'autres de leur centre; apothécions bordés, fauves. *Terre, rochers.*

Pocillum, Achar. *Thallus* à laciniures épaisses, olivâtres, imbriquées, blanches en dessous; podétions turbinés, scyphuliformes; *scyphus* réguliers, d'abord entiers, puis prolifères, noir-fauve. *Terre.*

Pyxidata, Achar. *Thallus* à laciniures vert-gris, crénelées; podétions scyphuliformes, scabres; *scyphus* réguliers, à bord se développant, prolifères; apothécions fauves. *Terre, rochers.*

IV. CORNUTÆ. *Thallus* foliacé; podétions cylindriques, scyphifères, prolifères; apothécions agglomérés, brun-pâle.

Cornuta, Achar. *Thallus* petit, blanc dessous; podétions le plus souvent subulés, pulvérulents, stériles; quelques-uns à *scyphus* cylindriques, presque entiers; apothécions petits, fauves. *Terre des bois.*

V. SQUAMOSÆ. *Thallus* foliacé-écailleux ; podétions allongés, scyphifères ; apothécions terminaux, agrégés.

Delicata. Achar. *Thallus* délicat, à laciniures petites, granulées ; podétions courts, pâles, lacuneux, divisés ; apothécions en cime, agglomérés, fauves. *Écorces, troncs.*

Squamosa, Del. *Thallus* petit, à lobes crénelés ; podétions verruqueux, en faisceau ; *scyphus* irréguliers, percés, dentés-radiés, prolifères ; apothécions pâle-fauves. *Rameaux.*

VI. GRACILENTES. *Thallus* nul ; podétions allongés, très-simples, scyphifères ; apothécions fauves, placés sur les rayons du *scyphus*.

Gracilis, Del. Podétions subulés, fauves, les uns stériles, les autres scyphifères ; *scyphus* clos, à bord denticulé inégalement ou prolifère. *Terre.*

Gonorega, Achar. Podétions grêles, prolifères, rameux, vert-pâle, à base noirâtre, marquée de points blancs ; *scyphus* irréguliers, en crête, lacérés. *Terre.*

VII. FURCATÆ. *Thallus* nul ; podétions allongés, dichotomes, à divisions fourchues ; apothécions agrégés, globuleux, fauves.

Furcata, Achar. Podétions allongés, lisses, livides, dichotomes, imperforés aux aisselles, à rameaux sétacés, les fertiles portant des apothécions globuleux, fauves. *Terre, bruyères.*

Scabriuscula, Del. Podétions sétacés, groupés, scabres, pulvérulents, foliacés, fourchus et recourbés au sommet, à apothécions gros, irréguliers, fauves. *Bruyères, rochers.*

VIII. RANGIFERINÆ. *Thallus* nul ou presque nul ; podétions allongés, rameux ; apothécions à peu près globuleux, fauves, agrégés.

Turgida, Fries. *Thallus* presque foliacé, à laciniures pinnatifides ; podétions lisses, obconiques-cylindriques ; *scyphus* à peine visibles, percés, à bords rameux, prolifères ; apothécions carné-fauve. *Terre, lieux stériles.*

Pungens, Del. Podétions cendré-blanc, en touffe, poudreux, un peu roides, à aisselles imperforées, à rameaux souvent divergents, mucronés, fauves. *Terre, vieux murs.*

Rangiferina, Achar. Podétions trichotomes, très-rameux, cylindriques, allongés, scabriuscules, cendrés, à aisselles souvent perforées ; rameaux retombants ; apothécions des divisions fertiles agglomérés, dressés en cime, fauves. *Terre, vieux murs.*

Sylvatica, Floerk. Diffère de l'espèce précédente parce qu'il est moins rameux, qu'il a ses divisions relevées et très-blanches ; de plus, qu'il est presque imperforé aux aisselles. *Lieux arides, moussus.*

IX. UNCIALES. *Thallus* nul ; podétions allongés, dichotomes ; apothécions terminaux.

Uncialis, Achar. Podétions soufre-pâle, à aisselles perforées ; rameaux roides, ouverts au sommet, dressés, noirs ; apothécions carnés. *Terre de montagnes.*

X. RETIPORÆ. *Thallus* crustacé, uniforme ; podétions ventrus.

Papillaria, Achar. *Thallus* granulé, cendré-blanc ; podétions claviformes, blancs, à rameaux non divisés au sommet, obtus, imperforés aux aisselles ; apothécions roux. *Terre limoneuse.*

STEREOCAULON. *Thallus* solide, presque pierreux, court, rameux, serré, écailleux ; apothécions hémisphériques, sessiles, discolores, renfermant une substance similaire. — *Sorte de croûte épaisse.*

Condyloideum, Achar. *Thallus* foliacé, blanchâtre, à rameaux courts, difformes, onduleux, un peu lobés, granulés ; apothécions latéraux, dilatés-planes, rares, roux. *Terre.*

Paschale, Achar. *Thallus* cendré-bleu, fibrillaire, granulé, à rameaux très-divisés, ramassés, courts ; apothécions terminaux, très-nombreux, fauve-rouge ou noir-fauve. *Rochers.*

SPHÆROPHORUS. *Thallus* solide, rameux, arrondi, portant des apothécions globuleux, sessiles, terminaux et formés entièrement par lui, concolores, renfermant une substance dissimilaire. — *Sorte de croûte épaisse.*

Globiferus, DC. *Thallus* châtain-cendré, à rameaux allongés, fibrilleux, acuminés ; apothécions lisses. *Terre, pins.*

Fragilis, Pers. *Thallus* fauve, à rameaux raccourcis, obtus, fragiles ; apothécions un peu verruqueux. *Terre.*

CORNICULARIA. *Thallus* rameux, solide ; apothécions distincts, sessiles, scutelliformes, similaires, concolores.

* *Apothécions obliquement peltés ;* thallus *dur, rigide, fragile* (Cornicularia).

Muscicola, DC. *Thallus* dressé, noirâtre, un peu gélatineux, à rameaux souvent bifides au sommet ; apothécions bruns, bordés. *Terre.*

Aculeata, Achar. *Thallus* dressé, fauve, lacuneux-comprimé, à rameaux dentés-épineux, noirs au sommet ; apothécions châtains, à bord un peu denté. *Bruyères.*

Lanata, Achar. *Thallus* couché, noirâtre, lisse, à rameaux filiformes, mêlés, comme laineux, fourchus ; apothécions échancrés, granuleux autour. *Rochers.*

** *Apothécions sessiles, épais ;* thallus *mou, pendant* (Alectoria).

Jubata, DC. *Thallus* livide-noirâtre, très-rameux, couché, à rameaux filiformes, simples au sommet, comprimés et verruqueux-effleuris aux aisselles ; apothécions fauves. *Arbres, pins, etc.*

USNEA. *Thallus* rameux, mou, plein, traversé par une nerville, pourvu d'une écorce crustacée ; apothécions scutelliformes, peltés, similaires, concolores et bordés de cils rayonnants.

Barbata, Fries. *Thallus* arrondi, glauque, se rompant en anneaux; apothécions immarginés, à disque pâle. *Sapins, vieux arbres.*

┼┼┼┼┼┼ Apothécions sessiles ou pédoncules, arrondis, sur un *thallus* foliacé, appliqué ou adhérent seulement au centre.

RAMALINA. *Thallus* presque dressé, rameux-lacinié, semblable sur les deux faces, à écorce cartilagineuse; apothécions sessiles, scutelliformes, un peu peltés, discolores, similaires.

Farinacea, Achar. *Thallus* blanc-cendré, à rameaux linéaires, comprimés, pulvérulents, verruqueux; apothécions incarnat-jaunâtre, presque sans bord. *Écorces.*

Fastigiata, Achar. *Thallus* glauque, à rameaux comprimés, lacuneux, épaissis en haut, lisses, fastigiés; apothécions blanc-incarnat, à bord s'amincissant, réfléchi. *Écorces.*

Fraxinea, Achar. *Thallus* cendré-vert, à rameaux planes, réticulés-lacuneux, lisses, laciniés, à extrémités lancéolées, atténuées; apothécions planes, incarnat-pâle. *Arbres, rochers.*

Pollinaria, Achar. *Thallus* petit, blanchâtre, un peu lacuneux, à rameaux multifides, verruqueux-pulvérulents; apothécions se dilatant, incarnats, à bord élevé. *Rochers.*

PHYSCIA. *Thallus* rameux-lacinié, souvent cilié, dissemblable, glabre; apothécions scutelliformes, bordés par la croûte, libres.

* *Apothécions attachés en partie seulement, obliques;* thallus *foliacé, lacinié* (Cetraria.)

Glauca, DC. *Thallus* glauque, luisant, noirâtre en dessous, à bords incisés-lacérés, ascendants; apothécions bruns, élevés, à bord rugueux. *Écorces.*

Islandica, DC. *Thallus* olive, plus blanc en dessous, comprimé, à laciniures multifides, canaliculées, dentées-ciliées; apothécions concolores, à bord élevé, très-entier. *Terre.*

** *Apothécions podicillés;* thallus *fibrilleux en dedans, à bords ciliés* (Borrera).

Tenella, DC. *Thallus* blanc-cendré, concolore; laciniures linéaires pinnatifides, dilatées; apothécions noirs, à bord blanc, entier. *Arbres, rochers.*

Ciliaris, DC. *Thallus* verdâtre, blanc en dessous; laciniures linéaires, atténuées, canaliculées en dessous; apothécions terminaux, noir-fauve, à bord crénelé et fimbrié. *Écorces.*

Chrysophtalma, DC. *Thallus* orangé, concolore; laciniures linéaires, planiuscules; apothécions orangés, à bord fibrilloso-cilié. *Arbres.*

*** *Apothécions sessiles;* thallus *plane, à peine foliacé, filandreux en dedans* (Evernia).

Prunastri, DC. *Thallus* mou, rugoso-lacuneux, blanc-pâle;

11.

laciniures linéaires, dichotomes, plus blanches en dessous, souvent sorédifères; apothécions marginaux, roux, concaves, bordés. *Arbres*.

Furfuracea, DC. *Thallus* décombant, cendré-furfuracé, noirâtre en dessous; laciniures linéaires, dichotomes-rameuses; apothécions roux, à bord mince, presque entier. *Arbres*, *rochers*.

COLLEMA. *Thallus* foliacé, gélatineux, noirâtre; apothécions scutelliformes, concolores, ordinairement sessiles.

* Thallus dressé en buisson, rameux.

Subtile, Hoffm. *Thallus* petit, arrondi, à laciniures très-étroites, linéaires, aplaties, obtuses; apothécions centraux, fort petits, planiuscules, à bord mince, entier. *Terre bourbeuse*.

Fasciculare, Achar. *Thallus* orbiculaire, lobé-plissé, à plis du centre anastomosés; apothécions un peu podicillés, turbinés, fasciculés, roux-obscur. *Terre, troncs d'arbres*.

Synalissum, Achar. *Thallus* à lobes petits, graniformes, par petits groupes presque podicillés; apothécions petits, à bord entier, puis disparaissant, confluents et réunis en une sorte de tête élevée. *Rochers*.

** Thallus écailleux-lobé, en forme de croûte.

Tenuissimum, Achar. *Thallus* dense, imbriqué, granulé, à laciniures ramassées; apothécions épars, planes, à bord entier, flexueux. *Terre*.

*** Thallus foliacé, appliqué.

A. *Apothécions rouges.*

Crispum, Hoffm. *Thallus* arrondi, granuleux au centre, lobé à la périphérie, à lobes plissés, crénelés, arrondis; apothécions rouges, à bord un peu crénelé. *Terre, mousses*.

Lacerum, Achar. *Thallus* très-mince, réticulé-subrugueux, à lobes lacérés-ciliés; apothécions rouges, à bord gonflé, entier. *Mousse*.

Corniculatum, Hoffm. *Thallus* à lobes lacérés, épais, à divisions palmées-incisées, à extrémités linéaires, arrondies; apothécions rouge-fauve, à bord peu marqué. *Terre limoneuse*.

B. *Apothécions fauves.*

Furvum, Achar. *Thallus* rugueux, plissé, granuleux des deux côtés, à bords ondulés-crispés, très-entiers; apothécions épars, planes, noir-fauve. *Vieux troncs, rochers*.

Scotinum, Achar. *Thallus* orbiculaire, à lobes petits, plissés-crépus, sinués-incisés; apothécions épars, petits, à bord très-entier. *Terre, rochers, mousses*.

Jacobœifolium, DC. *Thallus* presque en étoile, à lobes lacérés-laciniés, à peu près tournés en spirale; apothécions planiuscules, à bord crénelé. *Terre, rochers*.

Turgidum, Achar. *Thallus* étalé, noir, presque monophylle, à lobes peu marqués, épais, verruciformes, rugueux; apothécions petits, aréolés, à bord gonflé, rugoso-granuleux. *Mousses, rochers*.

Cheilum, Achar. *Thallus* vert, orbiculaire, imbriqué, à lobes épais, arrondis, petits, crénelés; apothécions agrégés, à bord crénelé, s'effaçant. *Murs, rochers, terre.*

Microphyllum, Achar. *Thallus* exigu, à lobes épais, ramassés, imbriqués, incisés-crénelés; apothécions agglomérés, urcéolés, à bord entier, rétréci. *Vieilles écorces.*

Fragrans, Achar. *Thallus* odorant, imbriqué, à lobes courts, arrondis, nus, bordés, crénelés; apothécions épars, petits, concaves, à bord épais, inégal. *Troncs d'arbres.*

Plicatile, Achar. *Thallus* glauque-olive, imbriqué, à lobes épais, plissés en limaçon, entiers; apothécions urcéolés, épais, à bord entier. *Rochers, pierres humides.*

Nigrescens, Achar. *Thallus* presque monophylle, rugueux, orbiculaire, lisse en dessous, à lobes arrondis; apothécions convexes, roux, petits, ramassés, à bord très-entier. *Arbres, rochers.*

PANNARIA. *Thallus* plombé, adhérent au centre, à laciniures linéaires, à *tomentum* épais en dessous; apothécions sessiles, discolores, petits, planes, devenant convexes et globuleux.

Muscorum, Delise. *Thallus* livide-fauve, écailleux, à lobes lacérés, granulés sur les bords; apothécions petits, épais, roux-noirâtre, à bord entier, se dissipant. *Mousses.*

Conoplea, Delise. *Thallus* glauque-verdâtre, granuleux-pulvérulent, à bords crépus; apothécions enfoncés, rouges, à bord jaunâtre, entier. *Peuplier.*

Plumbea, Delise. *Thallus* plombé, plissé, rugueux-verruqueux au centre, lacinié autour; apothécions au milieu, difformes, fauves, parfois très-nombreux, à bord entier, s'évanouissant. *Troncs, rochers.*

Rubiginosa, Delise. *Thallus* livide, écailleux, granulé, lacinié autour; apothécions ramassés au centre, roux-fauve, à bord blanc, crénelés. *Troncs d'arbres.*

PARMELIA. *Thallus* à surfaces dissemblables, plane, appliqué, lobé; apothécions grands, d'abord urcéolés, sessiles, à rebord discolore.

* Apothécions jaunes.

Candelaris, Delise. *Thallus* jaune, écailleux-lobé, pulvérulent sur les bords; apothécions concolores, à bord entier, parfois crénelé. *Arbres.*

Parietina, Achar. *Thallus* très-jaune, à lobes crénelés-crispés, radiants, un peu fibrilleux, surtout en dessous; apothécions concolores, à bord entier, élevé, mince. *Murs, arbres.*

** Apothécions bleu-clair, effleuris.

Pityrea, Achar. *Thallus* gris-pulvérulent, plissé au centre, fibrilleux-noirâtre en dessous; apothécions à bord noir-fauve, gonflés, enflés. *Arbres.*

Farrea, Achar. *Thallus* cendré-vert, farineux, à bords

granulés, blanc dessous, avec des fibrilles noirâtres; apothécions marqués de quelques lignes, à bord enflé, infléchi. *Murs*.

Cæsia, Achar. *Thallus* en étoile, bleu-pulvérulent, à laciniures multifides, crénelées au pourtour; apothécions épars, à bord blanc, entier, infléchi. *Arbres, rochers, mousses*.

Stellaris, Achar. *Thallus* vert-cendré, rugueux, à laciniures linéaires, incisées, à fibrilles grises en dessous; apothécions à bord gonflé, cendré, puis crénelé. *Arbres*.

Aipolia, Achar. *Thallus* cendré ou bleuâtre, nu, à laciniures élargies au sommet, lobées, blanches en dessous, avec des fibrilles fauves; apothécions à bord blanc crénelé. *Arbres*.

Pulverulenta, Achar. *Thallus* vert-brun, bleuâtre, effleuri au centre, plissé, à laciniures pressées, multifides, noirâtres à l'extrémité, et tomenteuses en dessous; apothécions à bord flexueux. *Arbres, mousses*.

Venusta, Achar. *Thallus* grisâtre, glabre, à laciniures plissées, radiantes, noires et hispides en dessous; apothécions à bord fibrillaire. *Arbres*.

*** *Apothécions noirs*.

Ulothrix, Achar. *Thallus* cendré-glauque, à laciniures linéaires, un peu ciliées, multifides, noir-fibrilleux en dessous; apothécions à bord cendré, élevé, entier, ciliés en dessous. *Arbres*.

Cyclocelis, Achar. *Thallus* cendré-livide, à laciniures soudées, imbriquées, multifides, à bord légèrement pulvérulent, noir-fibrilleux en dessous; apothécions à bord cendré, entier. *Peuplier, etc*.

Muscigena, Achar. *Thallus* châtain-livide, presque squammeux, effleuri, à laciniures incisées-crénelées, bleuâtres au sommet, noires et drapées en dessous; apothécions à bord presque entier. *Mousses*.

**** *Apothécions fauves*.

Speciosa, Achar. *Thallus* cendré-blanc, à laciniures linéaires, rameuses, à bords pulvérulents, ciliés-crispés, noirâtres et fibrilleux en dessous; apothécions rares, à bord gonflé, rugueux-crénelé. *Arbres, mousses*.

Encausta, Achar. *Thallus* grisâtre, ponctué de noir, à laciniures étroites, élargies au sommet, nues et noires en dessous; apothécions à bord plus pâle, crénelé. *Rochers*.

Recurva, Achar. *Thallus* verdâtre, sorédifère, à laciniures très-étroites, convexes, noir-fibrilleux en dessous; apothécions à bord presque entier. *Grès*.

Aleurites, Achar. *Thallus* blanc-pulvérulent, rugueux, plissé, à laciniures distantes au pourtour, noir-fibrilleux en dessous; apothécions à bord devenant crénelé, subpulvérulent. *Rochers, arbres*.

Clementiana, Achar. *Thallus* verdâtre, granuleux-pulvérulent, à laciniures incisées, planes, noires, fibrilleuses et plissées en dessous; apothécions aplatis, à bord crénelé. *Arbres*.

Lanuginosa, Achar. *Thallus* jaunâtre-pulvérulent, à laciniures arrondies, finement crénelées, à laine noir-bleu en dessous; apothécions petits, à bord subentier, pulvérulent. *Terre, mousses.*

Physodes, Achar. *Thallus* blanc ou jaune-glauque, à laciniures sinuées, enflées à l'extrémité, parfois perforées, quelquefois noir-ponctué, nues ou fibrilleuses en dessous; apothécions à bord entier. *Arbres.*

Centrifuga, Achar. *Thallus* à zones centrifuges, blanc-vert, à laciniures linéaires, rugueuses, obtuses, blanches et à fibrilles fauves en dessous; apothécions au centre, à bord presque entier. *Rochers.*

Sinuosa, Achar. *Thallus* cendré-pâle, lisse, parfois ponctué de noir, à laciniures pinnatifides, élargies, noires et fibrilleuses en dessous; apothécions à bord très-entier. *Rochers.*

Conspersa, Achar. *Thallus* vert-glauque, à sorédies centrales, à laciniures sinuées-lobées, noirâtres et fibrilleuses en dessous; apothécions au centre, à bord très-entier. *Rochers.*

Olivacea, Achar. *Thallus* olivâtre, à rayons ponctués, à lobes arrondis, scabres, un peu fibrilleux en dessous; apothécions grands, à bord un peu crénelé. *Arbres, rochers.*

Omphalodes, Achar. *Thallus* fauve-noir, à laciniures linéaires, multifides, arrondies et tronquées au sommet, noires et fibrilleuses en dessous; apothécions à bord un peu crénelé, blanc. *Rochers.*

Saxatilis, Achar. *Thallus* cendré-glauque, scabriuscule, lacunoso-réticulé, à laciniures linéaires, noires et fibrilleuses en dessous; apothécions s'élargissant beaucoup, à bord mince, crénelé. *Rochers.*

Tiliacea, Achar. *Thallus* glauque-vert, effleuri, parfois à points noirs élevés, à laciniures à extrémité arrondie, crénelées, noirâtres et fibrillaires en dessous; apothécions concaves, épars, à bord très-entier. *Arbres, rochers.*

Caperata, Achar. *Thallus* jaune-vert, granuleux, rugueux, à lobes arrondis, plissés, entiers, noir et hispide en dessous; apothécions à bord infléchi, crénelé, puis pulvérulent. *Arbres, rochers.*

Acetabulum, Achar. *Thallus* verdâtre, finement rugueux, à lobes arrondis, plissés-flexueux, lâches, presque entiers; apothécions amples, concaves, à bord rugueux ou crénelé. *Arbres.*

Perlata, Achar. *Thallus* glauque, parfois sorédifère, crépuperlé sur les bords, à lobes arrondis, incisés, noirâtre et nu, ou un peu velu en dessous; apothécions en soucoupe, à bord mince, entier. *Arbres.*

STICTA. *Thallus* dissemblable, foliacé, lobé, tomenteux en dessous, où il y a des cyphelles ou des macules blanches, nues; apothécions bordés, discoïdes, discolores.

* *Espèces pourvues en dessous de macules* (Lobaria).

Herbacea, Achar. *Thallus* herbacé, à lobes arrondis, crénelés, marqués de taches blanches en dessous; apothécions nombreux, roux, à bord crénelé. *Pied des arbres.*

Pulmonacea, Achar. *Thallus* verdâtre, lacuneux-réticulé, bulleux, profondément lacinié, à verrues plombées, confluentes, à taches brunes en dessous; apothécions rares, roux, à bord entier, s'évanouissant. *Troncs.*

Scrobiculata, Achar. *Thallus* plombé-gris, très-large, lobé, scrobiculé, à bords crispés, pulvérulents, à sorédies perforées, fauves par place en dessous; apothécions épars, planes, à bord un peu crénelé. *Terre, mousses.*

** *Espèces pourvues en dessous de cyphelles blanches.*

Fuliginosa, Achar. *Thallus* fuligineux, à laciniures lobées, chargées de verrues noires, scabres, fauves en dessous; apothécions rares, épars, ferrugineux, à bord élevé, entier. *Arbres.*

Sylvatica; Achar. *Thallus* ample, olive, parsemé de points noirs, à lobes profonds, crénelés, ascendants, difformes, fauves en dessous; apothécions inconnus chez nous. Fétide. *Pied des arbres.*

PELTIGERA. *Thallus* dissemblable, membraneux, lobé, veiné ou tomenteux en dessous; apothécions aplatis, onguiculés ou bordés, faisant corps avec le *thallus*.

* *Apothécions marginés, placés au bord et à l'extrémité des lobes* (Peltidea).

A. *Apothécions dressés.*

Polydactyla, Hoffm. *Thallus* lisse, luisant, glabre, à lobes fertiles nombreux, sinués; apothécions arrondis, convexes, à bord entier. *Terre.*

Rufescens. Hoffm. *Thallus* épais, roide, subtomenteux, roussâtre, à lobes fertiles, rares, courts, crépus; apothécions oblongs, à bord entier. *Terre, rochers.*

Canina, Hoffm. *Thallus* mince, cendré-roux, scrobiculé, à *tomentum* qui s'évanouit, à lobes fertiles plus longs à veines fauves en-dessous; apothécions arrondis, à bord presque crénelé. *Terre des fossés.*

Aphtosa, Hoffm. *Thallus* jaune-vert, parsemé de verrues concolores, à lobes arrondis, amples, les fertiles rétrécis, à veines noires en-dessous; apothécions amples, à bord lacéré. *Terre, mousses.*

B. *Apothécions horizontaux.*

Horizontalis, Hoffm. *Thallus* glauque-roux, sublacuneux, glabre; lobes fertiles plus courts, à veines fauve-noirâtre en dessous; apothécions transversaux, ovales, à bord presque entier. *Bords des fossés.*

Venosa, Hoffm. *Thallus* petit, flabelliforme, cendré, à lobes arrondis, incisés, presque entiers, à veines noires en dessous, saillantes; apothécions arrondis, à bord entier. *Terres, rochers.*

** *Apothécions marginés, placés à la partie postérieure des lobes* (Nephroma).

Resupinata, DC. *Thallus* plombé-verdâtre, glabre, à lobes arrondis, sans veines, mais scabres en dessous; apothécions roux, orbiculaires, à bord lacéré. *Arbres, rochers.*

   *** *Apothécions immarginés, placés sur le milieu du thallus* (Solorina.)

Saccata, DC. *Thallus* cendré-vert, lobé-imbriqué, jaunâtre et fibrilleux en dessous, non veiné; apothécions creusés en sac, arrondis, noir-fauve. *Terre, rochers.*

LASALLIA. *Thallus* dissemblable, monophylle, lobé, attaché par un point central; apothécions sessiles, bordés, noirs, à disque papillaire.

Pustulata, Mérat. *Thallus* cendré-verdâtre, finement granulé, à pustules nombreuses, noires, parfois pédiculées, rameuses, lacuneuses; apothécions rares, petits, planes, bordés. *Rochers.*

UMBILICARIA. *Thallus* dissemblable, monophylle, lobé, attaché par un point central; apothécions sessiles, bordés-noirs, à disque gravé d'une ligne spirale.

   * *Espèces glabres des deux côtés, non ciliées sur les bords.*

Glabra, DC. *Thallus* gris-noir en dessus, lisse, et plus noir en dessous; apothécions grands (inconnu chez nous). *Rochers.*

Murina, DC. *Thallus* gris de souris en dessus, noir et finement ponctué en dessous; apothécions petits, à bord peu marqué. *Rochers.*

   ** *Espèces glabres des deux côtés, ciliées sur les bords.*

Polyrhizos, Mérat. *Thallus* noirâtre en dessus, noir et glabre en dessous; à cils rameux épineux sur les bords; apothécions rares. *Rochers.*

   *** *Espèces velues en dessous, non ciliées sur les bords.*

Pellita, DC. *Thallus* rouge-noirâtre en dessus, noir et couvert de poils noirs, serrés, en dessous; apothécions rares. *Rochers.*

ENDOCARPON. *Thallus* foliacé-pelté, adhérent; apothécions sphéroïdes, enfoncés, à peine saillants à leur maturité, à ostiole ponctiforme, renfermant un *nucleus* gélatineux.

Hedwigii, Achar. *Thallus* très-petit, anguleux, lobé, écailleux, verdâtre, noir en dessous; ostioles noirs. *Terre, rochers, murs.*

Miniatum, Achar. *Thallus* épais, assez grand, orbiculaire, jaune-cendré, fauve-rouge en dessous, granuleux et même sorédifère; ostioles fauves. *Rochers.*

PARTIE IIe DE LA CLASSE PREMIÈRE.

ACOTYLÉDONES FOLIÉS (Cryptogames).

FAMILLE HUITIÈME.

LES HÉPATIQUES.

Tribu 1. *HOMALOPHYLLEÆ.* Capsules closes ou perforées, indéhiscentes; fronde membraneuse, couchée.

CORSINIA. Fronde radiée, réticulée; capsules çà et là, indéhiscentes, enveloppées d'une coiffe membraneuse, placée dans un calice à 2-3 valves, finement épineux.

Marchantioïdes, Radd. Fronde à 2-5 lobes; involucre d'une seule foliole recouvrant les capsules, operculiforme, attachée par le côté. *Lieux humides.*

RICCIA. Capsule globuleuse, nichée dans la fronde, pourvue d'un tube court, à peine proéminent, perforé au sommet.

Natans, L. Fronde obcordée, ciliée en dessous. *Eaux stagnantes.*

Fluitans, L. Fronde dichotome, à découpures planes, linéaires. *Eaux vives, tranquilles.*

Cavernosa, Hoffm. Fronde radiante, à rayons dichotomes, criblée de pores irréguliers. *Terres grasses.*

Canaliculata, Hoffm. Fronde dichotome, à divisions linéaires, canaliculées en dessus, opaques. *Terre humide.*

Glauca, Hedw. Fronde radiante, à rayons dichotomes, planes, réticulés. *Lieux humides.*

Bifurca, Hoffm. Fronde radiante, à rayons dichotomes, canaliculés, concaves en dessous, imperceptiblement réticulés. *Lieux humides.*

Bischoffii, L. Fronde imbriquée, obovale-cordée, simple ou bilobée, glabre dessus, à bords entiers, discolores, parfois subciliés. *Autour des mares.*

SPHÆROCARPUS. Capsule globuleuse, renfermée dans un calice univalve, cylindrique-turbiné, perforé au sommet, contenant des séminules nombreuses.

Michelii, Bell. Fronde orbiculaire, ondulée, à groupes fructifères en dessus. *Lieux sablonneux.*

Tribu II. *JUNGERMANNEÆ.* Capsules s'ouvrant en plusieurs valves.

+ Capsules bivalves.

TARGIONIA. Fronde membraneuse; capsules globuleuses, entourées d'un calice s'ouvrant en 2 valves longitudinales.

Hypophylla. L. Fronde oblongue, purpurine en dessous, se renflant aux extrémités en un calice bivalve. *Terres humides.*

ANTHOCEROS. Fronde étalée, portant des capsules linéaires, bivalves, ayant à l'intérieur une ligne placentaire, engaînée à la base par une sorte de calice bivalve.

Lævis, L. Fronde lisse, plane, à bord ondulé. *Terre humide.*

Punctatus, L. Fronde ponctuée, sinuée, à bord crépu. *Terre humide.*

++ Capsules à 4-8 valves.

§ I. *Capsules agrégées.*

MARCHANTIA. Fronde étalée, portant des réceptacles communs, pédicellés, à plusieurs rayons, ayant chacun à la base une capsule qui s'ouvre en 4 valves ; organes mâles consistant en godets sessiles qui renferment un liquide dans des loges nombreuses.

Conica, L. Réceptacle femelle conique, à 5-7 lobes, à 5-7 capsules. *Lieux humides.*

Triandra, Scop. Réceptacle femelle presque arrondi, à 3 lobes, à 3 capsules. *Rochers humides.*

Hemisphærica, L. Réceptacle femelle hémisphérique, à 2-6 lobes obtus, à 2-6 capsules. *Terre, rochers humides.*

Polymorpha, L. Réceptacle femelle à 10-12 lobes linéaires, profonds, à 10-12 capsules. *Lieux humides, cours*, etc.

§ II. *Capsules solitaires.*

BLASIA. Fronde étalée, portant des capsules oblongues, uniloculaires, surmontées d'un tube linéaire couvert et évasé en coupe au sommet.

Pusilla, L. Fronde en rosette, nervée, à divisions dichotomes, crénelées ; capsules inclinées. *Lieux humides.*

JUNGERMANNIA. Capsules globuleuses, à 4 valves, s'ouvrant en étoile, à pédicelle allongé, partant d'une gaîne monophylle, porté par une fronde membraneuse ou dendroïde.

Section I. Espèces à fronde membraneuse, radicale, étalée.

* *Fronde pourvue de nervures.*

Furcata, L. Fronde à dichotomies linéaires, poilues en dessous ; capsules offrant des saillies, dont le pédicelle sort de dessous la fronde ; gaîne hispide, bifide. *Arbres.*

Epiphylla, L. Fronde oblongue, variable, poilue en dessous ; capsules dont le pédicelle est latéral et part de dessous la tige ; gaîne lisse, cylindrique. *Terre.*

*** *Fronde sans nervure.*

Multifida, L. Fronde rameuse, à divisions linéaires, charnues, comprimées ; capsule marginale ; gaîne finement tuberculeuse. *Terre humide.*

Pinguis, L. Fronde rameuse, à divisions gonflées en dessous ; capsules sortant de dessous le bord ; gaîne lisse. *Terre humide.*

12

Section II. Espèces à tige foliacée; feuilles stipulées.

* *Feuilles bifides, à segments inégaux, plissés.*

Tamarisci, L. Noirâtre. Tige rampante; stipules quadrangulaires, échancrées; gaîne lisse. *Arbres, rochers.*

Dilatata, L. Jaune-vert; tige rampante; stipules arrondies, échancrées; gaîne velue. *Terre.*

Serpyllifolia, Dickson. Vert-jaune; tige rampante; feuilles à lobe supérieur arrondi, enveloppant l'inférieur; stipules arrondies, bifides, aiguës; gaîne pentagone; capsules ne s'ouvrant qu'à moitié. *Lieux élevés.*

Tomentella, Erhr. Vert-sale; tige redressée; feuilles capillaires-multifides, à lobe supérieur bipartite; stipules quadrangulaires; gaîne velue. *Lieux humides.*

Ciliaris, L. Tige couchée; feuilles convexes, imbriquées, à lobes ovales, bipartites, ciliés; gaîne ovoïde. *Troncs putrides.*

Lævigata, Schr. Tige couchée; feuilles imbriquées, vernissées, à lobes dentés, comme épineux; stipules oblongues-carrées, spinuloso-dentées. *Terre.*

Platiphylla, L. Vert-pâle; tige couchée; feuilles imbriquées, à lobe inférieur ligulé, ainsi que les stipules; capsules latérales, à pédicelle très-court. *Arbres.*

** *Feuilles à 2-3 segments égaux.*

Trilobata, L. Tige rampante; feuilles ovales, distiques, à 3 dents obtuses; stipules quadrilatères; capsule à pédicelle hypophylle. *Rochers.*

Reptans, L. Tige rampante; feuilles quadrangulaires, à 3-4 dents aiguës; stipules carrées; capsule radicale, à gaîne plissée. *Bois pourri.*

Barbata, Schr. Tige couchée, simple; feuilles arrondies-carrées, à 3-4 divisions; stipules lancéolées, bifides-aiguës, à bord lacinié. *Terre.*

Bidentata, L. Tige rampante, rameuse; feuilles ovales, à sommet bidenté; stipules à 2-3 divisions laciniées. *Terre, troncs pourris.*

*** *Feuilles entières, rarement quelques-unes échancrées.*

Fissa, Scop. Tige rampante; feuilles ovales; stipules linéaires échancrées; gaîne velue, à orifice crénelé. *Parmi les sphagnum.*

Viticulosa, L. Tige couchée; feuilles ovales; stipules ovales, dentelées-laciniées; gaîne à orifice écailleux-foliacé. *Bois humides.*

Polyanthos, L. Tige couchée; feuilles arrondies-quadrangulaires; stipules oblongues, bifides; capsules nombreuses; gaîne bilobée, laciniée. *Arbres.*

Scalaris, Schr. Tige rampante; feuilles arrondies, concaves; stipules larges, subulées; capsules terminales; gaîne ovoïde, à orifice quadrangulaire. *Bois.*

Section III. Espèces à tige foliacée, sans stipules.

* *Feuilles distiques, bifides, à segments inégaux, plissés.*

Complanata, L. Tige rampante; feuilles à lobe supérieur plus grand, l'inférieur ovale; capsule terminale; gaîne oblongue, tronquée. *Troncs.*

Exsecta, Schm. Tige couchée; feuilles ayant des corpuscules rouges, à lobes contournés, l'inférieur plus grand, bidenté; capsules rares; gaîne obovoïde. *Marais.*

Albicans, L. Vert-pâle; tige dressée; feuilles à lobes contournés, dentés, l'inférieur plus grand, dolabriforme; gaîne cylindrique. *Lieux ombragés.*

Resupinata, L. Tige couchée; feuilles arrondies, à lobes très-entiers, presque égaux; capsules terminales; gaîne oblongue. *Rochers, terre.*

Undulata, L. Tige dressée, dichotome; feuilles arrondies, ondulées, à lobes très-entiers, plissés; capsules terminales; gaîne oblongue, courbe, comprimée. *Lieux élevés, marécageux.*

Umbrosa, Schr. Tige un peu dressée; feuilles à lobes plissés, dentés en scie, l'inférieur plus grand, ovale; gaîne oblongue, courbe, comprimée. *Bois, rochers.*

Nemorosa, L. Tige dressée, dichotome; feuilles à lobes plissés, dentés-ciliés, l'inférieur plus grand, obovale, le supérieur cordiforme, obtus. *Bois humides.*

** *Feuilles distiques, 3-4-fides, à segments égaux.*

Pusilla, DC. Tige rampante; feuilles subdécurrentes, carrées, obtuses, crénelées; capsules s'ouvrant en 4 lobes irréguliers, à pédicelle petit. *Terre humide.*

Incisa, Schr. Tige couchée, très-simple; feuilles bifides, ondulées, à segments inégaux; capsules terminales; gaîne ovoïde. *Terre.*

*** *Feuilles distiques, bifides, à segments égaux.*

Curvifolia, Dicks. Tige couchée, grise, rameuse; feuilles rougeâtres, arrondies, à segments courbes, acuminés; capsules sur les rameaux du centre. *Bois.*

Connivens, Dicks. Tige couchée; feuilles orbiculaires, échancrées en lune; capsule sur les rameaux du centre; gaîne oblongue. *Arbres, rochers.*

Byssacea, Roth. Tige couchée; feuilles quadrangulaires, obtusément bifides; capsules terminales; gaîne oblongue. *Bruyères.*

Bicuspidata, L. Tige couchée; feuilles presque quadrangulaires, éloignées, bifides; capsules terminales; gaîne oblongue, plissée. *Lieux humides.*

Excisa, Dicks. Tige couchée; feuilles un peu carrées, imbriquées, profondément échancrées; gaîne oblongue, plissée. *Terre humide.*

Inflata, Huds. Tige couchée; feuilles arrondies, concaves, bifides, aiguës; capsules terminales, obpyriformes. *Marais des bois.*

**** *Feuilles distiques, entières.*

Crenulata, Hook. Tige couchée, filiforme; feuilles rougeâtres, arrondies, bordées; capsules terminales; gaîne ovoïde. *Marécages.*

Sphagni, Dicks. Tige rampante, à jets gemmifères; feuilles orbiculaires; capsules terminales; gaîne oblongue. *Sphagnum.*

Lanceolata, L. Tige couchée; feuilles ovales-arrondies; capsules terminales, ovales; gaîne oblongue. *Rochers.*

Asplenioides, L. Tige ascendante; feuilles obovales-arrondies, ciliées-dentées; gaîne oblongue. *Bois.*

***** *Feuilles insérées sur plusieurs côtés.*

Trichophylla, L. Tige rampante; feuilles imbriquées, multifides, à divisions linéaires; capsules terminales; gaîne oblongue. *Montagnes.*

FAMILLE NEUVIÈME.

LES MOUSSES.

Voyez les caractères de cette famille, page 2.

SECTION PREMIÈRE.

Péristome nul.

+ *Opercule persistant.*

PHASCUM. Urne à péristome nul; opercule persistant; coiffe fendue, courte, fugace.

A. *Feuilles plus ou moins ovales.*

Bryoides, Dicks. Caulescent. Feuilles à nervure prolongée; pédicelle saillant, roide; urne elliptique. *Terre.*

Cuspidatum, Schrad. Caulescent. Feuilles à nervure prolongée, les supérieures conniventes; urne sessile. *Murs, sables.*

Muticum, Schrad. Subacaule. Feuilles dentées au sommet, mutiques, les supérieures enveloppant l'urne. *Allées des bois.*

Patens, Hedw. Caulescent. Feuilles étroites, étalées, sans nervure terminale; pédicelle caché; urne plus courte que les feuilles. *Sentiers humides.*

B. *Feuilles plus ou moins subulées.*

Axillare, Dicks. Caulescent. Feuilles lancéolées-subulées, étalées; urne elliptique, à pédicelle court, axillaire, se penchant. *Terre.*

Subulatum, L. Caulescent. Feuilles sétacées, roides, resserrées, les supérieures enveloppant et dépassant l'urne. *Allées des bois.*

Crispum, Hedw. Caulescent, rameux. Feuilles lancéolées-subulées, se crispant en desséchant, les supérieures enveloppant et dépassant l'urne. *Lieux arides.*

Alternifolium, Dicks. Caulescent; rameux, à rejets feuillés, grêles, non rampants; feuilles lancéolées-subulées, entières; les supérieures enveloppant l'urne. *Allées des bois.*

Serratum, Schrad. Caulescent, à rejets rampants, aphylles, rameux, confervoïdes; feuilles lancéolées, dentées. *Sables.*

++ *Opercule caduc.*

SPHAGNUM. Urne à orifice nu, à opercule caduc, sessile; coiffe fendue irrégulièrement.

* *Urnes ovoïdes.*

Cuspidatum, Ehrh. Feuilles lancéolées-subulées, pointues. *Marais.*

Acutifolium, Ehrh. Feuilles lancéolées, aiguës, conniventes au sommet. *Marais.*

** *Urnes sphériques.*

Squarrosum, Web. Feuilles oblongues-acuminées, recourbées; urne largement sphérique. *Marais.*

Obtusifolium, Ehrh. Feuilles ovales, obtuses; urne sphérique. *Marais.*

GYMNOSTOMUM. Urne à orifice nu, à opercule caduc, pédicellée; coiffe fendue.

** *Tige allongée, rameuse, en touffe.*

Æstivum, Hedw. Feuilles oblongues-lancéolées, courtes; urne oblongue, à opercule conique, subulée. *Rochers.*

Curvirostrum, Hedw. Feuilles lancéolées-subulées; urne ovoïde; opercule oblique, à saillie recourbée. *Rochers.*

* *Tige très-courte, simple.*

Fasciculare, Hedw. Feuilles oblongues, planiuscules, subserrées; urne pyriforme; opercule mamelonné. *Terre argileuse.*

Pyriforme, Hedw. Feuilles ovales-acuminées, concaves, serrées; urne obovoïde; opercule à bec très-court; coiffe enflée. *Fossés.*

Ovatum, Hedw. Feuilles pilifères; urne ovoïde; opercule à long bec. *Murs de terre, rochers,* etc.

Truncatulum, Hoffm. Feuilles obovales, planiuscules; urnes ovoïdes-turbinées; opercule à bec conique. *Murs, champs.*

Minutulum, Schw. Tige presque nulle; feuilles oblongues; urnes ovoïdes, tronquées. *Terre.*

Microstomum, Hedw. Tige petite; feuilles largement subulées, à bords crispés; opercule subulé, courbe. *Chemins.*

ANŒCTANGIUM. Urne terminale, cylindrique, ou ovoïde-turbinée, à orifice nu; opercule caduc; coiffe à base irrégulière, fendue.

Ciliatum, Hedw. Tige très-rameuse, noirâtre, feuille ovales, très-aiguës, les périchétiales ciliées; urne ovoïde subsessile; opercule plane. *Rochers.*

12.

SECTION DEUXIÈME.

Péristome simple (1).

+ *Coiffe mitréforme.*

DIPHYSCIUM. Urne terminale, ovoïde, à orifice crénelé, courtement pédicellée; péristome simple, composé d'une membrane conoïde, plissée.

Foliosum, Morb. Tige nulle; feuilles inférieures linéaires, obtuses, noirâtres, les périchétiales membraneuses; urne sessile. *Terre.*

BUXBAUMIA. Urne terminale, ovoïde, à bord crénelé, se prolongeant en membrane; péristome formé de cils nombreux; coiffe fendue.

Aphylla, L. Feuilles piliformes, réunies en faisceau; pédicelle gros; urne oblique, ventrue. *Terre.*

SPLACHNUM. Urne terminale, pyriforme, posée sur une grosse apophyse; péristome à 16 dents, à un sillon, réunies par paire ou en 4 paquets; coiffe entière.

Ampulaceum, L. Feuilles ovales-lancéolées, serrées; apophyse en bouteille renversée. *Marais tourbeux.*

TETRAPHIS. Urne terminale, cylindrique, à péristome simple, à 4 dents, striées longitudinalement; opercule conique, fugace, caduc; coiffe entière.

Pellucida, Hedw. Feuilles imbriquées, ovales-acuminées, les périchétiales lancéolées. *Lieux ombragés.*

ORTHOTRICHUM. Urne terminale; péristome simple (parfois double), à 8 ou 16 dents, rapprochées par paire; coiffe fendue.

* *Péristome simple.*

Anomalum, Hedw. Urne pédicellée, sillonnée en partie; péristome à 8 dents géminées. *Arbres, murs, rochers.*

** *Péristome double* (l'interne à 8-16 cils.)

A. *Urne saillante, à 8 cils.*

Crispum, Hedw. Feuilles lancéolées-subulées, crispées en séchant; urne en massue, à péristome double, l'externe à 8 dents réfléchies, l'interne à 8 cils. *Arbres.*

Hutchinsiæ, Engl.-Bot. Feuilles lancéolées, planes, roides; urne oblongue, à péristome externe à 16 dents, l'interne à 8 cils. *Rochers.*

B. *Urne renfermée dans les feuilles, à 16 cils.*

Lyellii, Musc. Brit. Feuilles linéaires, lancéolées, ondulées, très-acuminées; urne oblongue, sillonnée. *Arbres.*

Striatum, Hedw. Feuilles lancéolées, étalées, se crispant; urne ovoïde, lisse. *Arbres.*

---

(1) Sauf quelques *Orthotrichum*.

Diaphanum, Schrad. Feuilles lancéolées, terminées par une pointe blanche, diaphane ; urne un peu sillonnée ; cils caducs. *Troncs, murs.*

C. *Urne renfermée dans les feuilles, à 8 cils.*

Affine, Schrad. Feuilles recourbées, largement lancéolées ; urne profondément sillonnée. *Arbres, murs.*

GRIMMIA. Urne terminale ; péristome simple, à 16 dents, entières, distantes, pyramidales ; coiffe fendue.

Pédicelle droit, très court.

Apocarpa, Hedwig. Feuilles noirâtres, ovales-lancéolées, à bords réfléchis, les inférieures pilifères ; urne ovoïde-turbinée ; dents entières ; pédicelle caché. *Arbres, pierres.*

Crinita, Web. Feuilles ovales, concaves, les périchétiales longuement pilifères ; urne profondement striée. *Murs, rochers.*

Ovata, Web. Feuilles lancéolées, subulées, subserrulées, pilifères ; urne ovoïde ; pédicelle saillant. *Rochers.*

** *Pédicelle arqué, tortillé.*

Pulvinata, Engl. Bot. Feuilles elliptiques-étroites, pilifères, pâles ; urne oblongue, striée ; opercules longuement acuminé ; coiffe grande, persistante. *Murs, rochers au nord.*

TRICHOSTOMUM. Urne terminale ; péristome simple, à 16 dents subulées, fendues à la base, droites ; coiffe fendue.

* *Pédicelle arqué.*

Funale, Schw. Tige couchée, à rameaux fasciculés ; feuilles serrées ; urne ovoïde ; opercule obtus. *Rochers.*

Patens, Schw. Tige ascendante, à rameaux ouverts ; feuilles entières ; urne subovoïde ; opercule à bec. *Rochers.*

** *Pédicelle droit, allongé.*

Lanuginosum, Hedw. Tige couchée ; feuilles lancéolées-subulées, pilifères, serrées ; opercule à bec subulé. *Sables de montagne.*

Canescens, Hedw. Tige dressée ; feuilles lancéolées, blanchâtres, acuminées, subserrées ; péristome à dents très-longues. *Rochers, sables.*

Heterostichum, Hedw. Feuilles ovales-lancéolées, acuminées, subdentelées ; urne à dents courtes. *Pierres, rochers.*

Aciculare, Pal. Feuilles lancéolées, obtuses, serrulées à la pointe. *Pierres dans l'eau.*

CINCLITODUS. Urne terminale ; péristome simple, à 32 dents contournées en spirale, anastomosées à la base ; coiffe fendue.

Fontinaloides, Pal. Feuilles elliptiques-lancéolées, acuminées, les périchétiales enveloppant l'urne. Sur les *corps dans les eaux courantes.*

ENCALYPTA. Urne terminale ; péristome simple, à 16 dents étroites, dressées, entières ; coiffe grande, fendue.

Vulgaris, Hedw. Tige simple; feuilles obtuses; coiffe à base entière. *Rochers, murs.*

CAMPYLOPUS. Urne terminale; péristome simple, à 16 dents entières ou bifides; coiffe fendue, à base finement pectinée.

Flexuosus, Arnott. Tige simple; feuilles subulées, flexueuses, entières; pédicelle flexueux. *Terre, rochers, arbres.*

Pilifer, Brid. Tige fastigiée; feuilles roides, pilifères, entières; pédicelle recourbé. *Rochers.*

Penicillatus, Brid. Tige fastigiée; feuilles denticulées, sans poil. *Lieux secs.*

WEISSIA. Urne terminale; péristome simple, à 16 dents étroites, entières, imperforées; coiffe fendue. —*Feuilles crispées.*

* *Feuilles étroites.*

Verticillata, Schw. Tige allongée, rameuse; feuilles linéaires, redressées; urne lisse, ovoïde, rare. *Rochers.*

Curvirostra, Hedw. Tige simple; feuilles linéaires-subulées, roides, tortillées; urne lisse, ovoïde-cylindrique, courbe; opercule à bec recourbé. *Lieux sablonneux.*

Cirrhata, Hedw. Tige divisée au sommet; feuilles lancéolées, subulées, tortillées; urne ovoïde, lisse. *Arbres, toits.*

Controversa, Hedw. Tige très-simple, courte; feuilles linéaires-subulées, tortillées; urne ovoïde-elliptique, lisse. *Sable humide.*

** *Feuilles presque ovales.*

Starkeana, Hedw. Feuilles ovales, à nervure saillante; urne ovoïde; opercule conique. *Talus des fossés.*

Lanceolata, Brid. Feuilles ovales-lancéolées, à nervure saillante; urne ovoïde; opercule à bec oblique. *Murs, pierres.*

DICRANUM. Urne terminale, munie parfois d'une apophyse; péristome simple, à 16 dents bifides, distantes; coiffe fendue, à base entière.

Varium, Hedw. Feuilles hastées-lancéolées, entières ou à peine denticulées, nervées; urne ovoïde; opercule subulé. *Talus des fossés argileux.*

Heteromallum, Hedw. Tige courte; feuilles longuement subulées, courbées en croissant, presque entières, nervées; urne ovoïde, longuement subulée. *Bois.*

Scoparium, Hedw. Tige allongée; feuilles étroites, subulées, canaliculées, entières, tournées, unilatérales, nervées; pédicelles solitaires ou fasciculés; urne cylindrique, arquée; opercule à long bec. *Bois, bruyères.*

Undulatum, Turn. Tige allongée; feuilles lancéolées, denticulées à la pointe, ondulées en travers, nervées; urne cylindrique, penchée; opercule à long bec. *Troncs, terre.*

Glaucum, Hedw. Tiges fasciculées; feuilles glauques, ou-

vertes, ovales-lancéolées, entières, sans nervures; urne
ovoïde, penchée. *Murs, terre.*

FISSIDENS. Caractères du *Dicranum,* ayant de plus des fleurs
mâles gemmiformes, axillaires. — *Feuilles distiques.*

Taxifolium, Hedw. Feuilles ovales-lancéolées, entières, pilifères; pédicelle radical. *Les bois.*

Adianthoides, Swartz. Feuilles lancéolées, denticulées à la
pointe; pédicelle latéral. *Prés, bois.*

Bryoides, Hedw. Feuilles obovales, les supérieures lancéolées, un peu pilifères; pédicelle terminal. *Lieux ombragés.*

DIDYMODON. Urne terminale; péristome simple, à 16 dents
bifides; coiffe fendue, à base entière.
* Tige allongée, rameuse.
Purpureum, Hook. Feuilles lancéolées, purpurines, acuminées, carinées; urne cylindrique; opercule conique. *Toits,
murs, terre.*

Luridum, Hornsch. Feuilles ovales, aiguës, plissées latéralement en séchant; capsule oblongue, rare; opercule subulé.
Rochers.
** Tige courte, simple.
Pallidum, Arnott. Feuilles subulées, capillaires; capsule
cylindrique, à pédicelle très-long, à opercule conique. *Bois
humides.*

TORTULA. Urne terminale; péristome simple, à 32 dents
tortillées en spirales, adhérentes à la base; coiffe fendue, à
base entière.

Fallax, Swartz. Tige allongée; feuilles lancéolées, uniformes, mutiques, à nervure délicate, à bords réfléchis; urne
oblongue; opercule à long bec. *Lieux sablonneux.*

Gracilis, Hook. Tige très-petite; feuilles lancéolées-aiguës,
uniformes, mutiques, à nervure délicate, à bords recourbés;
urne ovoïde; opercule à bec court. *Les bois.*

Unguiculata, Hedw. Tige allongée; feuilles lancéolées, uniformes, obtuses, à nervure délicate, saillante; urne ovoïde, à
dents libres, à bec long. *Murs, lieux arides.*

Cuneifolia, Roth. Tige presque nulle; feuilles obovales-cunéiformes, uniformes, à nervure délicate, subsaillante; urne
oblongue, à dents libres, à bec court. *Terre.*

Subulata, Hedw. Feuilles étalées, uniformes, ovales-lancéolées, pointues, à nervure délicate; urne cylindrique, tortillée, à dents adhérentes en colonne jusqu'au milieu de leur
longueur; opercule subulé. *Murs, chemins.*

Ruralis, Swartz. Tige allongée; feuilles ovales-oblongues,
uniformes, à nervure délicate, terminées par un long poil
hispide, parfois lisse; urne cylindrique; opercule subulé. *Murs,
toits.*

Muralis, Hedw. Tige très-courte; feuilles uniformes, à nervure délicate, étalées, oblongues-étroites, pilifères; urne cy-

lindrique; opercule conique, acuminé; péristome à dents libres. *Murs, rochers.*

Chloronotos, Brid. Tige courte; feuilles ovales, transparentes, uniformes, à nervure délicate, longuement pilifères; urne oblongue; opercule à bec. *Murs au midi.*

Tortuosa, Schrader. Tige allongée; feuilles linéaires, subulées, ondulées-crispées, les périchétiales de la base subulées, engaînantes; capsule cylindrique; opercule à bec. *Forêts.*

Revoluta, Web. Tige courte; feuilles lancéolées, à bords roulés, parfois subpilifères, avec une nervure marquée; les périchétiales contournées fortement; urnes oblongues. *Rochers, vieux murs.*

Convoluta, Swartz. Tige très-courte; feuilles jaunâtres, oblongues-lancéolées, à bords planes; capsules oblongues, portées par un pédicelle engaîné. *Fossés, chemins.*

Enervis, Hook. Tige extrêmement courte; feuilles nombreuses, étroites, sans nervure; urne oblongue. *Murs, collines âpres.*

PTERIGYNANDRUM. Urne latérale; péristome simple, à 16 dents entières, distantes, aiguës, dressées; coiffe fendue.

Gracile, Hedw. Rameaux fasciculés, grêles; feuilles ovales, aiguës, à nervures obscures à la base; urne oblongue. *Arbres, rochers.*

LEUCODON. Urne latérale; péristome simple, à 32 dents étroites, rapprochées par paire à la base; coiffe fendue.

Sciuroides, Schw. Tige rampante; feuilles cordées, striées, acuminées; capsule oblongue, très-rare. *Troncs des arbres.*

SECTION TROISIÈME.

Péristome double.

+ *Urnes latérales.*

HYPNUM. Urne latérale, oblongue; péristome double; l'extérieur à 16 dents; l'intérieur à 16 segments opposés aux dents, entremêlés de cils.

* Feuilles tournées d'un seul côté.

A. *Feuilles sans nervure.*

Crista-castrensis, L. Feuilles ovales-lancéolées, arquées-falciformes, finement serrées, striées; urne ovoïde, courbée; opercule aigu, mucronulé. *Lieux tourbeux.*

Molluscum, Hedw. Feuilles cordiformes, arquées-falciformes, serrées, obscurément binervées; urnes oblongues, courbes; opercule conique-aigu. *Bois humides, tourbeux.*

Polyanthos, Schreb. Tige rampante; feuilles lancéolées-subulées, sans nervure; urne ovoïde, courbe; opercule conique. *Pied des arbres.*

Cupressiforme, L. Tige couchée; feuilles lancéolées, entières, sub-serrées au sommet, obscurément binervées à la base; urne cylindrique; opercule conique, mucronulé. *Arbres, rochers.*

Repens, Pollich. Tige rampante ; feuilles lancéolées, serrées ; urne cylindrique ; opercule obtus. *Pied des arbres.*

Scorpioides, L. Tige ascendante, à rameaux ailés, recourbés ; feuilles ovales, ventrues, obtuses, entières; urne rare, oblongue, recourbée ; opercule conique. *Marais des bois.*

Rugosum, Hedw. Tiges et rameaux redressés ; feuilles ovales-lancéolées, serrées, transversalement rugueuses, nervées jusqu'au milieu ; urnes inconnues chez nous. *Bois.*

B. *Feuilles pourvues d'une nervure.*

Aduncum, L. Tige dressée ; feuilles lancéolées-subulées, courbées-falciformes, entières ; urnes rares, oblongues ; opercule conique. *Marais des bois.*

Uncinatum, Hedw. Tige couchée ; feuilles lancéolées-subulées, serrées, striées, courbées-falciformes ; urnes cylindriques; opercule conique, mucronulé. *Arbres.*

Fluitans, L. Tige grêle, nageante ; feuilles lancéolées-subulées, finement serrées au sommet, courbées-falciformes ; urnes rares, oblongues. *Eaux.*

Palustre, L. Tige rampante ; feuilles jaunâtres, ovales, acuminées, concaves, entières, à extrémité recourbée ; urne oblongue ; opercule conique. *Bord des eaux.*

Commutatum, Hedw. Feuilles cordiformes, acuminées, serrées, courbes-falciformes, se crispant en séchant; urne ovoïde, courbée ; opercule aigu. *Marais.*

Filicinum, L. Feuilles larges, ovales, acuminées, serrées ; urne ovoïde, courbe ; opercule court, conique. *Prés, bois.*

Medium, Dicks. Tige rampante, grêle ; feuilles ovales, entières ; urne cylindrique ; opercule conique. *Arbres.*

** *Feuilles insérées de tous côtés, squarreuses.*

Triquetrum, L. Tige à rameaux grêles, recourbés; feuilles lancéolées, planes, disposées sur 3 côtés, imbriquées, binervées, serrées ; urne oblongue; opercule conique. *Bois, vergers.*

Brevirostrum, Erhr. Tige à rameaux grêles, recourbés ; feuilles cordées-ovales, très-ouvertes, binervées, à pointe aiguë, serrée ; urne ventrue ; opercule apiculé. *Bois secs.*

Squarrosum, L. Feuilles cordées-larges, squarreuses, binervées, sub-denticulées, à pointe acuminée, recourbée ; opercule conique, court. *Bois, prés.*

Stellatum, Schreber. Tige souvent couchée ; feuilles cordiformes, entières, jaune-brun, lâchement squarreuses, binervées; urne ovoïde; opercule conique, apiculé. *Marais.*

Loreum, L. Tige rampante ; feuilles lancéolées-squarreuses, serrées, concaves, striées, binervées; urne globuleuse; opercule apiculé. *Lieux secs, ombragés.*

Cordifolium, Hedw. Tige dressée ; feuilles cordiformes-ovales, obtuses, lâches, squarreuses; urne rare, oblongue, courbe; opercule conique. *Bords des marais.*

Cuspidatum, L. Feuilles entières, sans nervure, concaves, pointues, squarreuses, les supérieures imbriquées; urne oblongue, courbe ; opercule conique. *Fossés.*

*** Rejets arrondis ; feuilles dressées.

A. *Rejets vaguement rameux, rarement ailés ; feuilles presque ovales-lancéolées, dentées en scie ; urne penchée.*

Striatum, Schreb. Tige rampante ; feuilles cordiformes-acuminées, serrées, striées ; urne ovoïde ; pédicelle lisse ; opercule à bec oblique. *Bois, vergers.*

Megapolitanum, Bland. Tige déprimée ; feuilles cordiformes-ovales, imbriquées, distiques, sub-entières ; urne ovoïde-arquée ; opercule subulé. *Bois.*

Rusciforme, Weiss. Tige rampante, à base souvent dénudée ; feuilles ovales-larges, aiguës, serrées ou entières ; urne ovoïde ; opercule à bec oblique, aigu. *Bois humides.*

Populeum, Hedwig. Tige rampante ; feuilles lancéolées, serrées, acuminées, à bords réfléchis ; urne ovoïde ; pédicelle scabre ; opercule conique, aigu. *Rochers, peupliers, etc.*

Velutinum, L. Tige droite ; feuilles ovales, ou ovales-lancéolées, serrées, striées ; urne ovoïde ; pédicelles scabres ; opercule obtusiuscule. *Bois, prés.*

Rutabulum, L. Tige couchée ; feuilles ovales, étalées, acuminées, serrées au sommet ; urne ovoïde ; pédicelle scabre. *Terre, arbres.*

Piliferum, Schreb. Tige couchée ; feuilles ovales, terminées par un long poil blanc, serrées ; urne ovoïde, à opercule mucronulé. *Bois.*

Prælongum, L. Tige rampante ; feuilles ovales-cordiformes, lâches, serrées ; urne ovoïde ; opercule à bec. *Bois, troncs pourris.*

Abietinum, L. Feuilles cordiformes, aiguës sur les rameaux, sessiles, papillaires sur le dos ; urne cylindrique ; opercule conique.

B. *Rejets vaguement rameux, rarement ailés ; feuilles ovales-lancéolées, serrées ; urne redressée.*

Myosuroides, L. Tige rampante, à rameaux fasciculés ; feuilles lancéolées, acuminées, à bords réfléchis à la base ; urne ovoïde-cylindrique ; opercule à bec. *Arbres.*

Myurum, Brid. Tige rameuse, à rameaux fasciculés ; feuilles ovales-elliptiques, serrées au sommet ; urne ovoïde ; opercule à bec. *Arbres.*

C. *Rejets ailés, rameux ; feuilles cordiformes ou ovales-lancéolées ; urne le plus souvent penchée.*

Proliferum, L. Tige tripinnée, rougeâtre ; feuilles cordiformes, ovales sur les rameaux, papillaires sur le dos, serrées, striées ; urne ovoïde, à bec court. *Bois.*

Splendens, Hedwig. Tige tripinnée ; feuilles ovales, sub-denticulées, subitement acuminées, à bords recourbés ; opercule à long bec. *Bois.*

D. *Rejets vaguement rameux ; feuilles lancéolées, très-entières, striées.*

Nitens, Schreb. Tige dressée ; feuilles lancéolées-étroites, dorées, luisantes, acuminées, striées, subentières; urne ovoïde, arquée; pédicelle lisse. *Lieux tourbeux.*

Albicans, Neck. Tige ascendante, parfois un peu rampante: feuilles ovales-lancéolées, blanchâtres, acuminées, striées, entières; urne ovoïde; pédicelle lisse. *Sables arides.*

Lutescens, Huds. Tige couchée; feuilles lancéolées, étalées, acuminées, entières, striées, jaunâtres; urne ovoïde; opercule acuminé; pédicelle scabre. *Rochers, terres.*

Sericeum, L. Tige rampante, à rameaux ascendants, ramassés; feuilles lancéolées, acuminées, entières, striées; capsule ovoïde-cylindrique. *Troncs, pierres.*

E. *Rejets vaguement rameux; feuilles ovales-acuminées, presque toujours entières, sans stries; urne penchée.*

Serpens, L. Tige rampante, grêle; feuilles déliées, lancéolées, obtusiuscules, étalées, entières; urne cylindrique, arquée; opercule conique, à bec court. *Lieux ombragés, humides.*

Tenellum, Dicks. Tige rampante, à rameaux fasciculés; feuilles lancéolées-tubulées, entières; urne ovoïde; opercule à bec allongé. *Lieux humides.*

Plumosum, L. Tige rampante; feuilles ovales-lancéolées, acuminées, un peu dentées, dressées-ouvertes; urne ovoïde, à opercule conique. *Pierres.*

F. *Rejets vaguement rameux; feuilles ovales-acuminées, entières, striées; urne dressée.*

Subtile, Hoffm. Tige rampante, à rameaux filiformes; feuilles linéaires-lancéolées, écartées, aiguës; urne cylindrique; opercule aigu, conique. *Arbres.*

G. *Rejets confusément rameux et foliacés; feuilles imbriquées, elliptiques ou ovales, très-concaves, obtuses ou apiculées.*

Murale, Hedw. Tige rampante; feuilles ovales, mucronées, entières; urne ovoïde; opercule à bec arqué. *Murs, pierres.*

Illecebrum, Lam. Tige couchée; feuilles ovales, apiculées, imbriquées, pressées, serrées; urne ventrue, rare; opercule acuminé. *Bois, prés.*

Purum, L. Tige très-longue; feuilles luisantes, ovales, un peu mucronées, fortement imbriquées, entières; urne ovoïde; opercule conique. *Bois, prés.*

Stramineum, Dicks. Tige simple, dressée, grêle; feuilles ovales, obtuses, entières; urne oblongue; opercule conique. *Bruyères humides.*

H. *Rejets dressés, dénudés du bas; feuilles droites; tiges dendroïdes.*

Alopecurum, L. Tige simple, dressée, nue du bas; feuilles ovales-elliptiques, aiguës, serrées, à bords réfléchis; urne ovoïde, penchée. *Bois humides.*

Dendroides, L. Tige rampante, simple, nue du bas; feuilles ovales-lancéolées, striées, serrées à la pointe; urne rare, ovoïde-cylindrique, dressée. *Bois.*

**** Feuilles distiques (*Tiges planes, rampantes ou couchées*).

Undulatum, L. Tige couchée; feuilles ovales, aiguës, imbriquées, transversalement ondulées; urne oblongue, rare, arquée, sillonnée. *Bois humides.*

Riparium, L. Tige rameuse, étalée; feuilles ovales, acuminées, entières, lâches (subulées lorsque la plante croît dans l'eau); urne oblongue, penchée. *Lieux humides.*

Denticulatum, L. Tige courte, presque simple; feuilles ovales-lancéolées, acuminées, courtement binervées; urne oblongue-cylindrique; opercule conique. *Arbres, terre.*

Trichomanoides, Schreb. Tige couchée; feuilles larges, ovales, courbées en sabre, obtuses, mutiques; urne ovoïde. *Bois.*

Complanatum, L. Tige couchée; feuilles oblongues, apiculées, entières; urne ovoïde; pédicelles périchétiaux doubles des autres. *Arbres, rochers.*

HOOKERIA. Urnes latérales; péristome double, l'extérieur à 16 dents, l'intérieur membraneux, divisé en 16 fragments opposés aux dents; coiffe entière.

Lucens, Smith. Tige comprimée, ailée; feuilles ovales-larges, entières, obtuses, réticulées, imbriquées, parfois ciliées; urne ovoïde; opercule cuspidé. *Bois humides.*

FONTINALIS. Urne latérale, sessile; péristome double, l'extérieur à 16 dents élargies, l'intérieur à 16 cils en réseau.

Antipyretica, L. Tige submergée; feuilles sur 3 rangs, ovales-lancéolées, aiguës; urne ovoïde, rare, à la base des tiges, cachée; opercule conique. *Eaux courantes.*

Juliana, Savi. Tige filiforme; feuilles sur 2 rangs, lancéolées-linéaires, aiguës, étalées, lâches; urne très-rare, cachée. *Fontaines, puits.*

NECKERA. Urne latérale, pédicellée; péristome double, l'extérieur à 16 dents dressées, l'intérieur à 16 cils alternant avec elles; coiffe fendue.

Curtipendula, Hedw. Feuilles ovales, vert-doré, serrées; urne ovoïde, pendante; opercule conique. *Arbres.*

Viticulosa, Hedw. Feuilles ovales-lancéolées, obtuses, entières; urne cylindrique; opercule à bec. *Arbres, pierres.*

Crispa, Hedw. Feuilles oblongues, acuminées, rugueuses transversalement; urne ovoïde; opercule à bec oblique; subulé. *Terre, rochers.*

DALTONIA. Urne latérale, sessile; péristome double, l'extérieur à 16 dents, l'intérieur à 16 cils, naissant de leur partie latérale; coiffe entière.

Heteromalla, Hook. Feuilles imbriquées, largement ovales, aiguës; coiffe à base entière. *Arbres.*

Pennata, Arnott. Feuilles distiques, ovales-lancéolées, rugueuses transversalement; coiffe entière ou lacérée à la base. *Arbres.*

++ *Urnes terminales.*

BRYUM. Urne terminale, penchée, souvent pyriforme; péristome double, l'extérieur à 16 dents aiguës, l'intérieur membraneux à la base, plissé, déchiré en lanières entières ou perforées, alternes avec les dents; coiffe entière.

§ I. BRYASTRUM. Dents externes aiguës, presque égales ; urne lisse ; fleurs mâles gemmiformes. — *Tige feuillée, en groupe, le plus souvent dressée, à rameaux non rampants.*

* *Feuilles subulées.*

Crudum, Hedw. Tige courte ; feuilles lancéolées, roides planes, serrulées; urne pyriforme. *Montagnes humides.*

Natans, Schreb. Tige courte; feuilles lancéolées, acuminées, serrulées à la pointe; urne pyriforme; opercule conique. *Lieux gras.*

Carneum, L. Tige courte; feuilles lancéolées, réticulées. serrulées à la pointe; urne pyriforme; opercule convexe. *Lieux ombragés.*

Annotinum, Hedw. Tige assez courte, à bulbes axillaires ; feuilles lancéolées, acuminées, un peu serrulées à la pointe ; urne pyriforme; opercule mamelonné. *Bois humides.*

Cæspititium, L. Tige courte; feuilles ovales, acuminées, entières, à bords un peu recourbés; urne pyriforme; opercule plane. *Murs, toits.*

Ventricosum, Dicks. Feuilles oblongues, acuminées, serrulées, à bords recourbés; urne ovoïde. *Marais.*

Turbinatum, Swartz. Tiges courtes; feuilles ovales, acuminées, entières, à bords recourbés; urne pyriforme; opercule convexe. *Sables humides, marais.*

Capillare, L. Tiges courtes, gazonnantes; feuilles ovales, entières, pilifères, presque bordées, se contournant en se desséchant; urne oblongue; opercule convexe. *Arbres, lieux humides.*

Argenteum, L. Tiges très-courtes, rameuses, gazonnantes ; feuilles ovales, imbriquées, subitement acuminées, d'un blanc argenté ; urne pyriforme; opercule obtus. *Murs, terre.*

** *Feuilles sétacées.*

Pyriforme, Swartz. Tige très-simple, courte; feuilles subulées, flexueuses, serratulées, à nervure très-large; urne pyriforme. *Sables humides.*

§ II. MNIUM. Dents externes aiguës, égales aux internes; urne lisse; fleurs mâles discoïdes. —*Tiges toujours simples, allongées, dressées, presque dénudées du bas.*

* *Feuilles bordées d'une ligne presque calleuse.*

Punctatum, Schreb. Feuilles ovales-arrondies, très-obtuses, réticulées-ponctuées. *Prés ombragés.*

Cuspidatum, Schreb. Feuilles ovales-aiguës, réticulées, denticulées au sommet. *Lieux ombragés.*

Affine, Brid. Feuilles obovales, obtuses, serrées, ciliées, presque échancrées, lâchement réticulées, mucronées; pédicelles agrégés. *Bois marécageux.*

Ligulatum, Schreb. Feuilles linéaires, ondulées, réticulées denticulées, acuminées; pédicelles souvent agrégés. *Marécages.*

Marginatum, Dicks. Feuilles aiguës, réticulées, serrées, marginées, les inférieures ovales-lancéolées, les supérieures presque linéaires. *Lieux ombragés.*

Hornum, Schreb. Feuilles lancéolées, aiguës, réticulées, serrées dans toute leur longueur; opercule mucronulé. *Lieux humides, fossés.*

** *Feuilles non bordées.*

Roseum, Schreb. Feuilles étalées en rosette; obovales-spathulées, aiguës, serrées, ondulées. *Bois, bruyères humides.*

§ III. **STREPTOTHECA.** Dents externes aiguës, presque égales aux internes; urne sillonnée, inégale.

Palustre, Swartz. Feuilles lancéolées, serrées; urne ovoïde. *Bois humides, marécages.*

Androgynum, Hedw. Feuilles lancéolées, serratulées; urne cylindrique. *Idem.*

FUNARIA. Urne terminale, pyriforme, sillonnée; péristome double, l'extérieur à 16 dents tordues obliquement, l'intérieur à 16 dents horizontales, membraneuses; coiffe grande, tétragone, fendue.

Hygrometrica, Hedw. Feuilles ovales, concaves, apiculées, entières; pédicelles longs, hygrométriques; urnes très-obtuses, obliques. *Terre, rochers.*

BARTRAMIA. Urne terminale, sphérique, sillonnée; péristome double, l'externe à 16 dents, l'interne à 16 dents bifides, opposées; coiffe fendue.

Pomiformis, Turn. Feuilles subulées, étalées. *Bords des fossés.*

Fontana, Swartz. Feuilles ovales, imbriquées. *Fontaines, marais.*

POLYTRICHUM. Urne terminale; péristome double; l'extérieur à 32 ou 64 dents, l'intérieur composé de cils unis au sommet et formant une membrane horizontale; coiffe petite, fendue, quelquefois double.

* *Coiffe simple, à poils dirigés en haut.* (Oligotrichum).

Undulatum, Hedw. Feuilles lancéolées, ondulées, denticulées, à nervure ailée; urne cylindrique; opercule subulé. *Lieux ombragés.*

** *Coiffe double, l'extérieur poilu* (Polytrichum).

A. *Bords des feuilles planes, dentés en scie.*

Nanum, Hedw. Tige nulle; feuilles linéaires-lancéolées, obtuses; urne ronde, sans apophyse. *Lieux arides.*

Aloides, Hedw. Tiges courtes; feuilles linéaires-lancéolées, obtuses; urne cylindrique, sans apophyse. *Bruyères.*

Urnigerum, L. Tiges allongées; feuilles lancéolées, aiguës; urne cylindrique, sans apophyse. *Bois montueux.*

Commune, L. Polytrich. Tiges très-allongées; feuilles linéaires-subulées; urne ovoïde-quadrangulaire, pourvue d'une apophyse carrée. *Terre, fossés.*

B. *Bords des feuilles pourvus d'une membrane.*

Piliferum, Schreb. Feuilles lancéolées-subulées, entières, pilifères, à bords roulés; urne ovoïde, obtusément quadrangulaire. *Lieux arides.*

Juniperinum, Hedw. Feuilles lancéolées-subulées, acuminées, un peu serrées au sommet; urne ovoïde, obtusément quadrangulaire. *Bruyères.*

PLANTES MONOCOTYLÉDONES.

PARTIE PREMIÈRE.

LES MONOCOTYLÉDONES CRYPTOGAMES.

Tiges (dans les plantes ligneuses) à moelle dispersée sans rayons médullaires, ni écorce véritable; à fibres éparses; à fleurs non distinctes, à embryon monocotylédone; à feuilles ordinairement engaînantes, et alors à nervures simples, ou rameuses sur les lobes.

CLASSE DEUXIÈME.

TABLEAU DES FAMILLES DE LA CLASSE DEUXIÈME.

LYCOPODIACÉES. Terrestres; musciformes, à tige herbacée, à feuilles alternes, simples; fructifications axillaires, parfois réunies en épis; capsule indéhiscente, le plus ordinairement s'ouvrant en 2-4 valves, contenant une poussière sphérique, sans filaments.

MARSILÉACÉES. Aquatiques; à tiges herbacées, à feuilles simples ou composées, roulées en crosse; fructifications radicales, globuleuses, à une ou plusieurs loges, non déhiscentes, contenant des granules nombreux.

FOUGÈRES. Terrestres; à tiges herbacées ou ligneuses; à feuilles alternes, composées, se déroulant en crosse; fructifications agglomérées, hipophylles; capsule uniloculaire, parfois entourée d'un anneau élastique.

ÉQUISÉTACÉES. Terrestres; à rameaux et feuilles linéaires, verticillés, articulés; fructifications verticillées, terminales (en tête de clou), qui recouvrent des cornets membraneux renfermant des globules ovoïdes à 4 languettes.

CHARACÉES. Aquatiques; tiges et feuilles verticillées; fructifications femelles consistant en coques crustacées, uniloculaires, monospermes, ovoïdes, contournées en spirale, à 5 dents.

13.

FAMILLE DIXIÈME.

LES LYCOPODIACÉES.

Voyez les caractères de cette famille, page 149.

LYCOPODIUM. Fructifications mâles à coque bivalve, pleine de poudre ; les femelles 4 valves, à 1-4 semences arrondies, sphériques ou ovoïdes, libres.

Inundatum, L. Tige petite, rampante, bifurquée ; feuilles linéaires, entières ; fleurs en épi foliacé, sessile. *Bruyères inondées*. St-Leger. R.

Clavatum, L. Lycopode. Tige grande, rampante, rameuse ; feuilles éparses, étroites, denticulées, les supérieures terminées par un filament ; fleurs en 2-3 épis en massue, nus, pédonculés. *Coteaux couverts*. Meudon. R.

Complanatum, L. Tige moyenne, rampante, presque nue, bifurquée ; feuilles disposées sur 4 faces, adhérentes à la base, entières ; fleurs en épis géminés, nus, pédonculés. *Bois*. St-Leger. R.

FAMILLE ONZIÈME.

LES MARSILÉACÉES.

Voyez les caractères de cette famille, page 149.

PILULARIA. Capsule solitaire, pisiforme, globuleuse, sessile, coriace, à 4 valves, à 4 loges, à double tégument.

Globulifera, L. Pilulaire. Tige rampante, petite ; feuilles grêles, lisses, cylindriques-filiformes ; fructifications axillaires, radicales. *Bord des mares*. Fontainebleau. R.

Natans, Mérat. Tige très-longue, nageante. *Dans les eaux*. Sénart. R.

FAMILLE DOUZIÈME.

LES FOUGÈRES.

Voyez les caractères de cette famille, page 149 (1).

POLYPODIACEÆ. Capsule s'ouvrant transversalement et irrégulièrement, ceinte d'un anneau élastique longitudinal.

PTERIS. Capsules formant une ligne continue au rebord de la feuille, recouvertes d'un *indusium* formé par ce rebord.

---

(1) Pour bien voir les fructifications des fougères il faut les examiner dans leur premier état de développement.

Aquilina, L. Fougère. Pinnules linéaires-lancéolées, les inférieures pinnatifides. *Champs, bois.*

BLECHNUM. Capsules en lignes solitaires, continues, placées de chaque côté et parallèlement à la ligne médiane.

Spicans, Smith. Frondes fructifères, ailées, à pinnules linéaires; les stériles pinnatifides; fructifications simulant une sorte d'épi. *Bois.* Montmorency.

SCOLOPENDRIUM. Capsules disposées en lignes inégales, parallèles, transversales.

Officinale, Smith. Scolopendre. Feuilles cordiformes à la base, très-allongées, simples, entières, ondulées, à pétiole écailleux. *Murs, lieux sombres.*

ASPLENIUM. Capsules disposées en lignes droites, éparses, transversales-obliques, confuses et confluentes en vieillissant.

? *Septentrionale*, Hoffm. Stipes nus, trifides, à segments linéaires, laciniés au sommet. *Vieux murs, rochers.* Étampes. R.

Trichomanes, L. Feuilles longues, pinnées, à pinnules arrondies, crénelées, à base cordiforme. *Rochers humides.*

Ruta muraria, L. Rue de muraille. Feuilles petites, alternativement décomposées, à pinnules cunéiformes-rhomboïdes, trilobées-crénelées, entièrement couvertes par les fructifications en vieillissant. *Vieux murs, rochers.*

Adianthum nigrum, L. Capillaire noir. Feuilles tripinnées, à pinnules ovales-lancéolées, incisées-dentées en scie, confluentes au centre des folioles, noires. *Lieux ombragés, fossés.*

Lanceolatum, Smith. Feuilles longues, bipinnées, à pinnules ovales-lancéolées, à divisions obovales, à dents aiguës; fructifications confluentes, en points arrondis. *Rochers.* R.

ATHYRIUM. Capsules dispersées en groupes, ovoïdes-allongés, recouvertes d'un *indusium* réniforme, latéral.

Filix fœmina, Roth. Fougère femelle. Feuilles bipinnées, à pinnules lancéolées, serrées, à dents très-aiguës; fructifications étroites, distinctes. *Bois.*

Achrostichoideum, Bory. Diffère de la précédente par des pinnules plus étroites, et par les fructifications plus abondantes, confluentes. *Bois.*

ASPIDIUM. Capsules disposées en groupes arrondis, épars, recouverts d'un *indusium* attaché au pourtour et s'ouvrant par le centre.

Regium, Swartz. Frondes bipinnées, à pinnules obovales, lobées-pinnatifides, à laciniures linéaires, obtuses, presque entières. *Rochers, vieux murs.* R.

Fragile, Swartz. Feuilles bipinnées, tendres, à divisions ovales, obtuses, incisées, à laciniures aiguës, serrées-dentées. *Rochers, bois montueux.* R.

Montanum, Swartz. Frondes tripinnées, à folioles tripinnatifides, à laciniures presque courbées en faux, obtuses, dentées au sommet. *Bois de montagne.*

POLYSTICHUM. Capsules disposées en groupes arrondis, épars, recouverts d'un *indusium* (réniforme) fixé par le centre et s'ouvrant à la circonférence.

Lonchitis, Roth. Fronde pinnée, à pinnules lancéolées-falciformes, dentées-ciliées, *Bois.* St-Léger. R.

Aculeatum, Roth. Fronde bipinnée ; pinnules roides, dentées en scie, épineuses, à base décurrente. *Haies, buissons des bois.*

Filix-mas, DC. Fougère mâle. Fronde bipinnée ; pinnules oblongues, crénelées, obtuses, dentées en scie au sommet. *Bois, lieux stériles.*

Dilatatum, DC. Fronde bipinnée ; pinnules oblongues, incisées-pinnatifides, à segments mucronés, dentés en scie. *Bois humides.*

Callipteris, DC. Fronde subbipinnée ; pinnules cordiformes-oblongues, les inférieures pinnées, les supérieures pinnatifides, à divisions obtuses, serratulées. *Bois marécageux.* R.

Thelypteris, Roth. Fronde ailée ; pinnules pinnatifides, à segments ovales, aigus, entiers. *Bois montagneux.* St-Léger. R.

Oreopteris, DC. Fronde pinnée ; pinnules lancéolées, résino-so-glanduleuses, à segments lancéolés, obtus, entiers. *Bois montagneux.* Idem.

POLYPODIUM. Capsules en groupes arrondis, épars, nus.

* *Fructifications placées sur les nervures des feuilles.*
(Lastrea.)

Calcareum, Smith. Fronde ternée-bipinnée, dressée, un peu roide, courte, à laciniures obtuses, crénelées. *Pierres calcaires, bruyères.* Bougival. R.

Dryopteris, L. Fronde ternée-bipinnée, étalée, grande, à laciniures obtuses, crénelées. *Bois.* Sénart. R.

** *Fructifications placées à l'extrémité des nervures des feuilles.* (Polypodium.)

Vulgare, L. Polypode. Fronde simple, profondément pinnatifide, à lobes oblongs, crénelés, obtus. *Murs, toits, rochers, bois.*

CETERACH. Capsules nombreuses, éparses, nues, placées entre des écailles membraneuses ou filiformes.

Officinale, Bauh. Ceterach. Fronde pinnatifide, à laciniures alternes, épaisses, obtuses, couvertes entièrement par les fructifications. *Vieux murs, puits.*

OSMUNDACEÆ. Capsules destituées d'anneau élastique, vasculeuses-réticulées, transparentes, radiées ou striées au sommet, s'ouvrant longitudinalement.

OSMUNDA. Capsules nombreuses, agglomérées en grappes, globuleuses, pédicellées, uniloculaires, semi-bivalves.

Regalis, L. Osmonde. Feuilles bipinnées, vastes, à pinnules oblongues-lancéolées, obliques, denticulées, auriculées d'un côté, les fructifères en grappes. *Marécage des bois.* Montmorency.

OPHIOGLOSSEÆ. Capsules destituées d'un anneau élastique, à base adhérente, globuleuses, coriaces, opaques, semi-bi-valves.

BOTRYCHIUM. Capsules en épis rameux, sessiles, uniloculaires, s'ouvrant de la base au sommet.

Lunaria, Swartz. Lunaire. Tige courte, simple, garnie d'une seule feuille ailée, à pinnules arrondies en lune, entières, les fructifères en épis rameux. *Prés des bois.* Fontainebleau. R.

OPHIOGLOSSUM. Capsules en épi simple, presque distique, globuleuses, sessiles, uniloculaires, s'ouvrant transversalement.

Vulgatum, L. Langue de serpent. Tige grêle, simple, garnie d'une seule feuille amplexicaule, ovale, entière, sans nervure moyenne, la fructifère en épi filiforme. *Prés* et *berges humides des bois.* R.

FAMILLE TREIZIÈME.
LES ÉQUISÉTACÉES.

Voyez les caractères de cette famille, page 149.

EQUISETUM. Fructifications en chaton conique, formées d'écailles en bouclier, verticillées, à involucelle bivalve ; graines sphériques, nombreuses, nues, qui renferment dans leur duplicature 4 filaments polinifères, dilatés au sommet. —*Vivaces; aphylles; rameaux verticillés, articulés, à gaine cylindrique; épis ovoïdes.*

Hiemale, L. Tige scabre, nue; gaines de la tige à 18 dents et autant de stries. *Marécages des bois.* Mars. R.

Limosum, L. Tige lisse, un peu nue; gaines à 14 dents et autant de stries. *Lieux bourbeux.*

Palustre, L. Tige grêle, légèrement scabre, un peu nue ; gaines à 8 dents et autant de stries. *Bord des eaux.*

Sylvaticum, L. Tige lisse, nue, les stériles feuillées, à rameaux décomposés, cylindriques; gaines à 12 dents et autant de stries. *Montagnes des bois.* R.

Fluviatile, L. Tige lisse, grosse, nue, les stériles feuillées; gaines à 30 dents et autant de stries. *Rivage des marais.*

Arvense, L. Queue de cheval. Tige un peu scabre, nue, à rameaux tétragones, les stériles feuillées; gaines à 12 dents et autant de stries. *Terrains glaiseux.*

FAMILLE QUATORZIÈME.
LES CHARACÉES,

Voyez les caractères de cette famille, page 149.

CHARA. Fleurs axillaires, sans périgone; les mâles ? consistant en tubercules sessiles, orbiculaires, rouges, renfermant des filaments articulés ; les femelles en capsules uniloculaires, monospermes. — *Annuels ; fétides, aquatiques, tubuleux, à rameaux verticillés.*

       * *Espèces opaques, encroûtées, plus ou moins hispides, monoïques, à tube double* (Chara).

Vulgaris, L. Tige inerme, à rameaux nus du bas ; fruits quaternés. *Eaux dormantes.*

Tomentosa, L. Tige très-hispide, à rameaux grêles, longs ; fruits solitaires. *Eaux noirâtres.*

Hispida, L. Tige hispide, à rameaux courts, gros ; fruits solitaires. *Mares, bassins.*

    ** *Espèces transparentes, dioïques, à tube simple, lisses* (Nitella).

Flexilis, L. Tiges très-longues, flexibles, transparentes ; fruits agrégés, ovoïdes, plus longs que les bractées. *Eaux claires.*

Capillacea, Thuill. Tiges courtes, semi-transparentes, déliées ; fruits solitaires, ovoïdes, de la longueur des bractées. *Eaux courantes.*

Batrachosperma, Thuill. Tiges moyennes, demi-transparentes ; fruits quaternés, plus courts que les bractées. *Ruisseaux.*

Syncarpa, Thuill. Tiges courtes, demi-transparentes ; fruits ternés, dépourvus de bractées. *Eaux claires.*

Gracilis, Smith. Tiges très-petites, grêles, demi-transparentes ; fruits solitaires. *Mares d'eau claire.*

PARTIE DEUXIÈME.

LES MONOCOTYLÉDONES PHANÉROGAMES.

Plantes à sexes distincts, dont la fécondation est manifeste, se propageant par des graines qui lèvent avec un seul cotylédon, à tige dont la moelle est éparpillée, sans canal central, sans rayons médullaires, et dont les feuilles, toujours linéaires, ont des nervures simples, parallèles ; à fleurs le plus souvent monopérianthées.

CLASSE TROISIÈME.

MONOCOTYLÉDONES SQUAMMIFLORES.

TABLEAU DES FAMILLES DE LA CLASSE TROISIÈME.

GRAMINÉES. Périanthe double, formé d'écailles placées sur un ou deux rangs ; ordinairement trois étamines, à anthère échancrée aux deux extrémités ; deux styles ; une semence supère, nue. — *Feuilles linéaires, à gaine fendue.*

CYPÉRACÉES. Périanthe simple, formé d'une seule écaille; trois étamines à anthère échancrée seulement à la base; un style; une semence supère, nue. — *Feuilles linéaires, à gaine entière.*

FAMILLE QUINZIÈME.

LES GRAMINÉES.

Voyez les caractères de cette famille, page 154.

§ I. Épi à glume uniflore; fleurs sans arête ni soie.

PHLEUM. Glume à 2 valves tronquées, soudées, à 2 pointes à chaque, ciliées; bale à deux valves plus petites, dont la plus grande enveloppe l'autre.

Pratense, L. Racine fibreuse; tige dressée, coudée; épi linéaire. ♃ *Prés* (1).

Nodosum, L. Racine bulbeuse; tige presque couchée, noueuse; épi oblong. ♃ *Lieux secs.*

PHALARIS. Glume à 2 valves entières, libres; bale à 2 valves plus petites sans arête; 1 rudiment de fleurs pédicellé, à côté du style.

Canariensis, L. Alpiste. Épis ovoïdes, imbriqués; valves de la glume ventrues. ☉ *Cultivé.*

Phleoides, L. Panicule spiciforme; valves de la glume inégales, celles de la bale légèrement ciliées sur le dos. ♃ *Lieux arides.*

NARDUS. Glume nulle; bale à 2 valves, dont une très-acérée, nichée dans les anfractuosités de la tige.

Stricta, L. Feuilles capillaires, glauques; fleurs en épi filiforme, simples, tournées du même côté. ♃ *Lieux sablonneux.* St-Léger. R.

STURMIA. Glume libre, à 2 valves un peu tronquées, calleuses au sommet, égales; bale gonflée en godet, velue, à valves dont l'une bifide.

Verna, Pers. Tiges petites, simples; épi filiforme, un peu violet. ☉ *Bois et champs.* Avril.

TRAGUS. Glume à une seule valve, garnie d'aspérités crochues sur le dos; bale à 2 valves, dont la plus grande enveloppe l'autre.

Racemosus, Desfont. Feuilles ciliées; épi simple, à épillets subtriflores. ☉ *Lieux sablonneux.* Bois de Boulogne. R.

(1) Lorsque les plantes phanérogames fleurissent de mai à juillet, ce qui est le plus ordinaire, nous ne marquons pas le mois de la fleuraison. Les plantes de cette classe et de la suivante, les *Cypéracées*, ont les fleurs verdâtres, concolores au feuillage.

CYNODON. Glume à 2 valves inégales; bale à 2 valves persistantes; un rudiment de fleur pédicellé à côté de la fleur fertile.

Dactylon, Rich. Chiendent pied-de-poule. Tiges rampantes, noueuses; feuilles distiques; épis digités, à fleurs unilatérales. 2 *Lieux sablonneux, pied des murs.*

§ II. Épi à glume uniflore; fleurs pourvues d'une arête.

ALOPECURUS. Calice à 2 valves égales, ovales; bale à 2 valves soudées, l'une d'elles aristée à la base.—*Épis lâches.*

Agrestis, L. Tige simple, droite; épi glabre; arête très-longue. 2 *Lieux cultivés.*

Pratensis, L. Tige simple, droite; épi velu; arête longue. 2 *Prés.*

Geniculatus, L. Tige simple, coudée; épi oblong, velu au sommet; arête courte. *Lieux humides.*

Utriculata, Pers. Tige rameuse; feuille supérieure à gaîne ventrue; épi ovoïde; arête longue, divariquée. 2 *Lieux incultes.* R.

HORDEUM. Glume uniflore, 3 à 3 et parallèles sur chaque dent de l'axe, les deux latérales souvent mâles et pédonculées; la fleur complète: glume à 2 valves linéaires, pourvues d'une soie; bale à deux valves, l'extérieure plus grande, sétifère, l'intérieure obtuse.

" *Toutes les fleurs hermaphrodites* (Hordeum).

Vulgare, L. Orge. Épi disposé sur 6 rangs, dont 2 opposés proéminents, graines adhérentes à la valve aristée. ☉ *Cultivé.*

Hexastichon, L. Escourgeon. Épi renflé, disposé sur 6 rangs égaux. ☉ *Cultivé.*

" *Fleurs latérales mâles* (Zeocriton).

Distichon, L. Épi distique égal; soies montantes; graines adhérentes. ☉ *Cultivé.*

Zeocriton, L. Épi distique, plus large du bas; soies divariquées. ☉ *Cultivé.*

Murinum, L. Épi cylindrique; valves de la glume ciliées. ☉ *Pied des murs, chemins.*

Pratense, Schreb. Épi cylindrique-comprimé, à valves de la glume non ciliées. ☉ *Prés, haies.*

§ III. Épi à glume multiflore; fleurs sans arête ni soie.

CYNOSURUS. Glume à 2 valves; bale à 2 valves égales, l'une bifide, l'autre entière; une bractée laciniée à la base de chaque fleur.

Cristatus, L. Feuilles glabres; panicule spiciforme, unilatérale, à épillets sessiles, comprimés en crête. 2 *Prés secs.*

SETARIA. Involucre composé de soies simples placées à la base des glumes: celles-ci à une seule valve, très-petite, arrondie; bale à 2 valves obtuses, sillonnées.

Verticillata, Palis. Tige diffuse; gaîne des feuilles un peu velue, avec un paquet soyeux à l'ouverture; épi long, à fleurs verticillées, écartées. ☉ *Lieux cultivés.*

Ambigua, Mérat. Tige simple, dressée ; feuilles sans paquet soyeux à l'ouverture de la gaîne; fleurs en glomérules rougeâtres. ⊙ *Lieux cultivés*.

Viridis, Palis. Tige rameuse, étalée ; feuilles vertes, roulées, à gaîne glabre; fleurs serrées, en épi, vertes. ⊙ *Lieux sablonneux*.

Glauca, Palis. Tige rameuse; feuilles glauques, à gaîne glabre, dont l'ouverture est soyeuse; fleurs en épi ; involucre à soies rousses. ⊙ *Lieux cultivés*.

Italica, Palis. Millet. Tige grosse, haute, rameuse; feuilles larges; gaîne velue à l'entrée; épi très-gros, tombant, à axe laineux. ⊙ *Cultivé*.

DIGITARIA. Fleurs polygames; glume à 2 valves, dont l'axe est à peine visible, à 2 fleurs, dont l'une est neutre, à une seule valve ; la supérieure hermaphrodite, à bale à 2 valves égales, entières, aiguës.

Sanguinalis, Palis. Tige redressée; feuilles pubescentes, poilues; épis simples, unilatéraux, comprimés, digités ; glume glabre, purpurine. ⊙ *Lieux cultivés*.

Ambigua, Mérat. Tige étalée, couchée; feuilles glabres ; glume entièrement pubescente. ⊙ *Lieux cultivés, humides*.

§. IV. Épi à glume multiflore; fleurs pourvues d'une arête ou d'une soie.

ANTHOXANTHUM. Glume bivalve, triflore, dont les 2 latérales avortées, à arête petite, coudée; la fleur centrale hermaphrodite, à 2 valves égales, mutiques.

Odoratum, L. Flouve. Feuilles pubescentes; panicule spiciforme, ovoïde, odorante. ⁎ *Prés secs*.

SESLERIA. Glume à 2 valves acérées, biflore ; bale à 2 valves, dont une à 2 dents, et l'autre pourvue d'une petite soie.

Cœrulea, Ard. Épi ovoïde-allongé, bleuâtre, muni à la base d'une écaille scarieuse. ⁎ *Prés montueux*.

KOELERIA. Glume à 2 valves entières, à 3-4 fleurs; une des valves des bales à 2 pointes, l'autre plus grande, entière, portant une soie courte au-dessous du sommet enveloppant la première.

Cristata, Pers. Feuilles sétacées, courtes, pubescentes; fleurs en panicule spiciforme, à valves des bales ciliées sur la carène. ⁎ *Endroits sablonneux*.

ECHINOCHLOA. Glume à une valve; bale à 2 valves cilioso-hispides, dont l'une, plus grande, terminée par une soie, l'autre bidentée.

Crus-galli, Palisot. Panicule spiciforme, composée d'épillets alternes, unilatéraux, à axe glabre. ⊙ *Lieux cultivés*.

TRITICUM. Épillet solitaire sur chaque dent de l'axe; glume à 2 valves, multiflore; bale bivalve, l'une d'elles terminée par une soie.

14

* *Valves de la glume et l'extérieure de la bale tronquées, sétifères, l'interne entière* (Triticum).

Hibernum, L. Froment. Épi cylindrique, simple, imbriqué; épillets à 4 fleurs mutiques et glabres. ☉ *Cultivé.*

Turgidum, L. Blé barbu. Épi ovoïde, simple; fleurs velues, sétifères. ☉ *Cultivé.*

Compositum, L. Blé de miracle. Épi ovoïde, rameux; fleurs velues, sétifères. ☉ *Cultivé.*

Spelta, L. Épeautre. Épi distique, plane; fleurs glabres, à valves bordées, cartilagineuses, sétifères. ☉ *Cultivé.*

** *Valves de la glume et l'extérieure de la bale aiguës, sétifères, l'autre bifide* (Agropyron).

Caninum, L. Racine fibreuse; tige penchée; feuilles montantes; épi long, à épillets alternes; valve de la bale terminée par une soie très-longue. ⚇ *Haies, buissons.*

Repens, L. Chiendent. Racine rampante; tiges dressées, coudées; feuilles molles, divariquées; épi grêle, distique, à axe lisse. ⚇ *Lieux cultivés.*

Rigidum, DC. Racines rampantes; tiges dressées, roides; feuilles glauques, fermes; épi grêle, distique, à axe rude. ⚇ *Lieux arides.*

*** *Valves de la glume et l'extérieure de la bale entières, aiguës, l'autre plus longuement soyeuse* (Brachypodium).

Ramosum, Mérat. Tige rameuse; feuilles poilues sur la gaine, roulées, sans ligule; épillets de 10-12 fleurs glabres. ⚇ *Haies, bois.*

Pinnatum, Mœnch. Panicule spiciforme; épillets à 14-15 fleurs, éloignés, grêles, alternes, glabres, à soie courte, terminale. ⚇ *Buissons.*

Sylvaticum, Mœnch. Panicule spiciforme; épillets à 10-12 fleurs, rapprochés, alternes, pubescents, à valve externe de la bale ciliée, velue, à soie longue, terminale. ⚇ *Haies des bois.*

Nardus, DC. Tige filiforme; feuilles capillaires; épi linéaire; épillets unilatéraux, à 4-5 fleurs, à bale pubescente; soie droite et longue. ☉ *Endroits secs, pierreux.*

LOLIUM. Épillet solitaire sur chaque dent de l'axe; glume à une valve, multiflore; bale à 2 valves, l'interne bidentée, l'externe sétifère.

Perenne, L. Tige simple, menue, lisse; feuilles plissées; épi filiforme, comprimé; épillets glabres, de 6-10 fleurs mutiques. ⚇ *Lieux cultivés.*

Tenue, L. Tige simple, grêle, lisse; épi grêle, cylindrique; épillets à 3-5 fleurs mutiques. ⚇ *Endroits stériles.*

Multiflorum, L. Tige rameuse, lisse; feuilles non rudes; épi long, comprimé; épillets espacés, distiques, à 18-20 fleurs aplaties, sétacées. ⚇ *Lieux cultivés.*

Temulentum, L. Ivraie. Tiges grosses, roides, scabres; épi

long, comprimé ; épillets alternes, à 5-6 fleurs ventrues, sétacées. ⊙ *Moissons.*

Arvense, With. Tige scabriuscule ; fleurs sans arête. ⚯
Champs de lin.

SECALE. Épillet solitaire sur chaque dent de l'axe ; glume à
2 valves linéaires, à 3 fleurs, dont la supérieure stérile ; bale
à 2 valves, l'extérieure denticulée, à une soie, l'intérieure mutique, bidentée.

Cereale, L. Seigle. Épi aplati ; épillets serrés, imbriqués.
⊙ *Cultivé.*

ELYMUS. Épillets ternés sur chaque dent de l'axe, multiflores ; fleurs toutes hermaphrodites, à glume à 2 valves sétacées.

Europæus, L. Tige élevée ; feuilles planes ; épi cylindrique ;
valves des glumes striées. ♃ *Forêts.* R.

ÆGYLOPS. Épillets à 3 fleurs, dont les 2 latérales fertiles, et
l'intermédiaire stérile : glume à 2 valves cartilagineuses, larges,
à 3-4 barbes roides ; bale à 2 valves, dont l'extérieure se divise
au sommet en 2-3 soies.

Ovata, L. Épi gros, ovoïde ; 3 soies, dont la moyenne très-
longue. ⊙ *Bords des chemins.* Fontainebleau. R.

Triuncialis, L. Épi long, grêle ; 3 soies courtes. ♃ *Lieux
secs, arides.* Moret. R.

ANDROPOGON. Glume bivalve à 2 fleurs, dont l'une, hermaphrodite, sessile, est pourvue, sur l'une des valves, d'une
arête tortillée, caduque ; l'autre mâle, pédicellée, mutique.

Ischæmum, L. Épis digités, au nombre de 4-6-8, à fleurs
entourées de longues soies blanches. ♃ *Endroits secs, sablonneux.* Fontainebleau. R.

§ V. Panicule à glume uniflore ; fleurs sans arête.

CALAMAGROSTIS. Glume à 2 valves ; bale à 2 valves égales,
munies de poils à leur base ou sur leur dos, avec ou sans
arête dorsale.

Colorata, Sibth. Feuilles planes dans toute leur longueur ;
panicule rougeâtre ; bale mutique. ♃ *Bord des eaux.*

Épigeios, Roth. Feuilles larges à la base, roulées vers le
sommet ; panicule étroite, vert-foncé ; bale sétacée. ♃ *Prés,
bois couverts..*

MILIUM. Glume à 2 valves ovales (non calleuses au sommet),
mutiques ; bale à 2 valves.

Effusum, L. Tige élevée ; panicule étalée, lâche, pendante ;
valves de la glume glabres, celles de la bale entières. ♃ *Futaies.*

Vulgare, Mérat. Tige variable ; panicule filiforme ; valves
de la glume hispides ; l'une de celles de la bale à 3 dents au
sommet. ♃ *Prés, lieux cultivés.*

LEERSIA. Glume nulle ; une seule fleur à 2 valves fermées,
ciliées, dont l'une, plus grande, creusée en nacelle.

Oryzoides, Willd. Tiges à nœuds poilus; feuilles planes; panicule lâche, étalée, à valves de la bale hérissées de cils sur le dos. ♃ *Iles de la Marne*. R.

§ VI. Panicule à glume uniflore; fleurs pourvues d'une arête.

AGROSTIS. Glume à 2 valves; bale à 2 valves libres, ovales, glabres, dont l'une à arête genouillée, dorsale.

Canina, L. Feuilles rudes, à ligule déchirée; panicule rouge; bale à une seule valve; arête d'abord droite, puis tortillée. ☉ *Prés marécageux*. R.

Paradoxa, DC. Panicule lâche; bale verte, transparente, à barbe longue, caduque. ♃ *Bois*. Vincennes. R.

Spica-venti, L. Tige penchée; panicule très-longue, étalée, à verticilles se recouvrant. ☉ *Moissons*.

Interrupta, L. Tige droite; panicule très-longue, resserrée, à verticilles espacés. ☉ *Moissons*.

STIPA. Glume à 2 valves acérées, très-longues; bale à 2 valves cartilagineuses, dont l'extérieure terminée par une arête très-longue, articulée à la base.

Pennata, L. Arête garnie de soies excessivement longues, blanches, hygrométriques. ♃ *Lieux sablonneux*. Fontainebleau. R.

Capillata, L. Arête longue, glabre. ♃ *Lieux sablonneux*. Fontainebleau. R.

§. VII. Panicule à glume multiflore; fleurs pourvues d'une arête ou d'une soie.

AIRA. Glume bivalve, biflore; bale à deux valves, dont une porte une arête qui part de la base.

* *Fleurs ayant quelques soies courtes à la base.*

Cæspitosa, L. Tige élevée; feuilles radicales roulées, les supérieures planes; panicule longue, étalée; bale externe à arête courte, l'interne à 2 dents. ♃ *Taillis*.

Flexuosa, L. Feuilles capillaires; panicule étalée, lâche; pédoncules flexueux; bale externe à arête visible, l'interne à 2 dents. ♃ *Bois montueux, secs*.

Caryophyllea, L. Tige petite; feuilles capillaires; panicule étalée; fleurs à arête longue; glume scarieuse. ☉ *Bois*.

** *Fleurs sans soie à la base.*

Canescens, L. Tiges coudées, roides; feuilles capillaires, dures, glauque-blanchâtre, pointues; panicule subspiciforme; arête articulée, épaissie au sommet. ☉ *Lieux sablonneux, élevés*.

Præcox, L. Tige très-petite, filiforme; feuilles capillaires; panicule spiciforme, presque ovoïde; glume pubescente; arête filiforme, prenant un peu au-dessous du sommet. ☉ *Lieux sablonneux, frais*. Avril.

AVENA. Glume bivalve, contenant de 2 à 8 fleurs; bale à 2 valves pointues, dont l'extérieure porte, au-dessous du sommet, une arête genouillée, torse.

·*Fleurs nues* (Espèces cultivées).

Sativa, L. Avoine. Panicule étalée; épillets à 2 fleurs, pendants, renfermés dans la glume qui les dépasse. ⊙

Nuda, L. Glume plus courte que les 2 fleurs, dont les bales sont caduques; arêtes presque point tortillées. ⊙

Orientalis, Willd. Feuilles larges; panicule unilatérale, contractée; épillets à 2 fleurs, dont une mutique et l'autre à arête presque droite. ⊙

Brevis, Roth. Panicule étalée; glume à 2 fleurs courtes, grosses, glabres; arête longue, flexueuse. ♃

·· *Fleurs nues* (Espèces non cultivées).

Fragilis, L. Feuilles planes, velues; épillets de 4-6 fleurs, formant un long épi simple; valve externe de la bale bifide. ♃ *Prés.* Bondy. R.

Pratensis, L. Feuilles roulées en alène; panicule spiciforme; épillets ovales, aplatis, à 5-6 fleurs distiques, à arête divariquée. ♃. *Pâturages des bois.*

Bromoides, L. Feuilles subcapillaires; panicule spiciforme; glume à 7-8 fleurs, à arête divariquée. ♃ *Lieux arides.* R.

Flavescens, L. Feuilles pubescentes, molles; panicule contractée; épillets jaunâtres, soyeux, à 2-3 fleurs très-petites; valve externe de la bale bidentée, à arête longue et courbée. ♃ *Prés.*

Elatior, L. Racine rampante, simple; tige à nœuds glabres; panicule penchée; épillets de 2 fleurs glabres, dont une fertile à arête courte, l'autre stérile à arête longue. ♃ *Lieux cultivés.*

Bulbosa, Willd. Diffère de la précédente par des racines tuberculeuses et les nœuds de la tige pubescents. ♃ *Champs.*

*** *Fleurs pourvues de poils à la base* (Espèces non cultivées)·

Fatua, L. Épillets de 2 fleurs, pourvues à la base des bales de soies rousses, longues. ⊙ *Champs.*

Hirtula, Lag. Feuilles barbues; épillets de 2 fleurs, pourvues à la base des bales de soies blanches, longues. ⊙ *Lieux cultivés.*

Pubescens, L. Feuilles pubescentes, molles; épillets de 2-3 fleurs, pourvues à la base des bales de poils blancs, courts. ♃ *Près des bois sablonneux.*

HOLCUS. Glume bivalve, à 2-3 fleurs polygames, dont l'une hermaphrodite, le reste mâles: l'une des valves de la première pourvue d'une arête dorsale; l'autre fleur mutique.

Lanatus, L. Feuilles laineuses, molles; arête recourbée en hameçon, peu visible. ♃ *Prés.*

Mollis, L. Feuilles glabres, un peu rudes; arête droite, plus longue. ♃ *Prés.*

BROMUS. Glume bivalve, multiflore; bale à 2 valves inégales, échancrées, l'extérieure grande, concave, terminée par une arête droite partant de l'échancrure ou au-dessous, enveloppant l'autre valve plus petite et ciliée sur les bords.

14.

* *Épillets ovoïdes, le plus souvent pubescents.*

Mollis, L. Feuilles à limbe velu; panicule redressée, ramassée; épillets velus de 5-7 fleurs; arête un peu flexueuse. ♂ *Prés secs, chemins.*

Grossus, Desf. Feuilles à gaine velue; panicule étalée, inégale; épillets courts, gonflés, pubescents, à 6-10 fleurs. ⊙ *Lieux cultivés.*

** *Épillets ovoïdes, le plus souvent glabres.*

Secalinus, L. Feuilles glabres; panicule très-étalée; épillets gros, un peu planes, à 7-9 fleurs glabres; arête dressée. ⊙ *Moissons.*

Racemosus, L. Feuilles pubescentes; panicule régulière; épillets ovoïdes, élargis, comprimés, à 7-9 fleurs glabres. ♂ *Moissons.*

Squarrosus, L. Feuilles pubescentes; panicule lâche; épillets ovoïdes, à 9-10 fleurs glabres, à bales obtuses, imbriquées strictement; arêtes écartées-divariquées. ⊙ *Moissons.* R.

*** *Épillets linéaires.*

Erectus, Huds. Feuilles ciliées sur la marge de poils longs, rares. ♃ *Prés secs.*

Sterilis, L. Feuilles glabres; panicule étalée, inclinée; épillets distiques, planes, de 10 à 15 fleurs glabres. ⊙ *Lieux stériles.*

Tectorum, L. Feuilles pubescentes; panicule irrégulière, inclinée; épillets cylindriques, linéaires, à 5-6 fleurs pubescentes. ⊙ *Toits, murs.*

DACTYLIS. Glume comprimée, à 2 valves aiguës, carénées, multiflore; bale à valves inégales, carénées, dont l'une, entière, hispide, est courtement sétifère, l'autre à 2 dents.

Glomerata, L. Fleurs nombreuses, agglomérées, unilatérales. ♃ *Prés, chemins.*

FESTUCA. Glume à 2 valves inégales, aiguës, multiflore; bale à 2 valves, l'une dégénérant en une soie, l'autre plus petite, bidentée.

* *Feuilles planes, larges, vertes; 3 étamines.*

Arundinacea, Curt. Feuilles à gaine glabre; épillets courts, gros, à 4-6 fleurs, à arête courte, à pédicelles très-scabres. ♃ *Lieux herbeux, rivages.*

Elatior, L. Feuilles à gaine glabre; épillets ovoïdes, à 6-8 fleurs mutiques, à pédicelles lisses. ⊙ *Prés montueux.*

Aspera, Mérat. Tige très-haute; feuilles à gaine très-velue; épillets pubescents, à 8-10 fleurs, à arête aussi longue que la bale, à pédicelles rudes, longs, tombants. ♃ *Buissons.*

Gigantea, Willd. Tige très-haute; feuilles à gaine glabre; épillets petits, linéaires, glabres, de 4-6 fleurs, à arête plus longue que la bale; à pédicelles dressés, rudes. ♃ *Taillis.*

** *Feuilles capillaires, glauques; soie courte; 3 étamines.*

Ovina, L. Tige quadrangulaire au sommet; feuilles capillaires, glabres; épillets de 4 fleurs glabres. ♃ *Bois sablonneux.*

Glauca, Lam. Tige ronde; feuilles glabres, sétacées; épillets en panicule spiciforme, à 3-4 fleurs. ♃ *Lieux sablonneux.*

Duriuscula, L. Feuilles planes, courtes, étroites, pubescentes; épillets glabres, à 5-6 fleurs. ♃ *Lieux stériles.*

Rubra, L. Feuilles longues, planes, étroites, glabres; épillets de 5-7 fleurs glabres, rougeâtres. ♃ *Lieux stériles.*

Heterophylla, Lam. Feuilles glabres, les inférieures capillaires, longues, vertes; celles de la tige planes; épillets glabres, à 4 fleurs vertes, à soies assez longues. ♃ *Bois sablonneux.*

*** *Feuilles capillaires; soies plus longues que les fleurs; 3 étamines.*

Bromoides, L. Tiges feuillées jusqu'à la panicule; pédicelles renflés; valves calicinales très-inégales, l'une d'elles à peine visible. ⊙ *Lieux sablonneux.*

**** *Feuilles capillaires; soies plus longues que les fleurs; une seule étamine (*Vulpia*).*

Pseudo-myuros, S. Willm. Tige coudée, feuillée jusqu'à la panicule; épillets de 5-6 fleurs, à pédicelles non renflés; valves de la glume mutiques, inégales. ♃ *Lieux sablonneux.*

Sciuroides, Roth. Tiges dressées, dont les feuilles sont éloignées de la panicule; épillets de 5 fleurs à pédicelles non renflés; valves de la glume mutiques, inégales. ⊙ *Lieux sablonneux.*

§ VIII. Panicule à glume multiflore; fleurs sans arête.

POA. Glume à 2 valves, multiflore; valves de la bale dépourvues d'arête, souvent obtuses, l'une d'elles bidentée.

* *Épillets ordinairement de 2 fleurs.*

Cærulea. Mérat. Tige lisse, ayant un seul nœud près de la racine; feuilles très-longues, âpres sur les bords; épillets bleuâtres, à valves de la bale aiguës, entières. ♃ *Lieux humides.*

Airoides, Koël. Panicule étalée; épillets violets, à valves de la glume comme rongées, celles de la bale torses, à 3 stries, dentées-scarieuses au sommet. ♃ *Prés humides, fossés.*

Nemoralis, L. Tige débile; panicule grêle, pauciflore, un peu penchée; glume aiguë, entière. ♃ *Bois couverts.*

** *Épillets de 3 à 5 fleurs.*

Angustifolia, L. Tige ronde, lisse; feuilles étroites; panicule sans ligule filiforme; glume à 2-3 fleurs pubescentes. ♃ *Prairies.*

Pratensis, L. Tige ronde, lisse; feuilles planes, larges; panicule ovoïde, un peu compacte; glume à 3-4 fleurs glabres. ♃ *Gazons, prés.*

Trivialis, L. Tige ronde, rude au toucher; feuilles à ligule allongée; panicule étalée; pédicelles hispides; glume à 3 fleurs. ♃ *Prés, bois.*

Annua, L. Tige débile, comprimée; panicule étalée,

dont les pédicelles inférieurs s'ouvrent à angle droit, et même réfléchi; glume à 3-4 fleurs. ⊙ *Partout.*

Bulbosa, L. Racine bulbeuse; tige ronde; feuilles radicales élargies autour des renflements, puis sétacées; panicule ovoïde; épillets luisants, à 3-4 fleurs souvent vivipares, à glume hispide. ♃ *Murs, lieux stériles.*

Compressa, L. Racine fibreuse; tige coudée, noueuse; feuilles courtes, roides; panicule comprimée, unilatérale; épillets de 3-4 fleurs rougeâtres. ♃ *Lieux secs.*

Rigida, L. Tige coudée, diffuse; feuilles longues, étroites; panicule roide, unilatérale; épillets à 4-6 fleurs distiques, vertes; valve bidentée de la bale, ayant une petite arête. ♃ *Lieux sablonneux, secs.*

Capillata, Mérat. Tiges nombreuses, filiformes, presque nues; feuilles glauques, capillaires; panicule contractée; épillets de 4-5 fleurs, glabres, aiguës. ♃ *Endroits sablonneux.*

*** *Épillets de 6 à 8 fleurs.*

Loliacea, Koël. Tiges presque nues; panicule simple; épillets alternes, espacés, à bale glabre, scarieuse. ♃ *Prés humides.*

Aquatica, L. Tige gigantesque; panicule |vaste; épillets à bale pubescente, striée. ♃ *Bord des eaux.*

AIROPSIS. Glume à 2 valves concaves, biflore; bale à 2 valves mutiques, membraneuses.

Agrostidea, DC. Tiges radicantes, géniculées, rameuses; panicule étalée, lâche; fleurs glabres, luisantes. ♃ *Mares des bois*. Fontainebleau. R.

GLYCERIA. Glume à 2 valves inégales, courtes, multiflore; bale à 2 valves membraneuses, dont l'extérieure, rongée-dentée au sommet, enveloppe l'autre, plus petite, en nacelle, bifide.

Fluitans, Palis. Tiges flottantes; feuilles les enveloppant; panicule spiciforme; épillets de 8-10 fleurs, pédonculées, distiques, alternes, grisâtres. ♃ *Mares, fossés.*

TRIODIA. Glume à 2 valves concaves, entières, aiguës, plus longues que les bales; l'une de celles-ci plus petite, entière, l'autre à 3 dents courtes.

Decumbens, Palis. Tige inclinée; feuilles munies de poils rares; panicule spiciforme; épillets gros, violets, à houppe soyeuse à la base externe de chaque bale. ♃ *Prés secs.*

ARUNDO. Fleurs polygames, entourées d'une collerette de longs poils à l'extérieur; glume à 2 valves aiguës, multiflore; bale à 2 valves, dont l'une, plus grande, finit en une longue pointe.

Phragmites, L. Roseau à balai. Panicule étendue; glume à 3 fleurs soyeuses, fauves. ♃ *Étangs, fossés.*

Nigricans, Mérat. Panicule resserrée, longue; glume uniflore, très-aiguë, noirâtre. ♃ *Bois élevés, humides*. Yèrres. R.

MELICA. Glume à 2 valves scarieuses, renfermant 2 fleurs

complètes et le rudiment d'une troisième, pédonculée ; bale à 2 valves ventrues.

? Uniflora, Retz. Feuilles planes, lisses ; glume à une fleur grosse, courte, non ciliée. ♃ *Bois montueux.*

Ciliata, L. Feuilles roulées, scabres ; glume à 2 fleurs, dont une à une valve de la bale ciliée. ♃ *Collines pierreuses.* Meulan. R.

BRIZA. Glume à 2 valves ovales, orbiculaires, entières, doubles de celles des bales, multiflore ; valves des bales transversales, ventrues, cordiformes, en nacelle, scarieuses, imbriquées, très-obtuses.

Media, L. Panicule étalée ; épillets ovales, peu nombreux, à 5-7 fleurs violettes. ♂ *Prairies.*

Minor, L. Panicule étalée ; épillets triangulaires, peu nombreux, à 5-6 fleurs plus petites, violettes. ♂ *Pelouses.*

Virens, L. Panicule resserrée ; épillets triangulaires, très-nombreux, à 3-4 fleurs. ☉ *Moissons.*

PANICUM. Fleurs polygames ; glume à 2 valves inégales, biflore ; la supérieure hermaphrodite, à bale à 2 valves entières, mutiques ; l'inférieure unisexuelle ou neutre.

Miliaceum, L. Mil. Feuilles très-velues sur la gaine ; panicule très-rameuse, à épillets comme uniflores. ♂ *Cultivé.*

ZEA. Fleurs monoïques. Les mâles en épis rameux ; glume à 2 valves, égales, mutiques, biflore ; bale scarieuse, à 2 valves inégales, bidentées ? ; les femelles en épi simple ; glume à 2 valves obtuses, arrondies ; un style excessivement long, pendant, velu.

Mays, L. Maïs. Feuilles ciliées sur les bords ; épi femelle très-gros, compacte, ventru. ☉ *Cultivé.*

FAMILLE SEIZIÈME.

LES CYPÉRACÉES.

Voyez les caractères de cette famille, page 155.

§ I. Fleurs hermaphrodites.

CYPERUS. Fleurs à une seule écaille, en nacelle, imbriquées en épi distique ; une seule graine dépourvue de soie à la base ; toutes les écailles ayant des fleurs fertiles.

Longus, L. Souchet. Racines horizontales, très-longues ; tige très-élevée ; panicule ombelliforme ; épillets roux. ♃ *Prairies.* Gentilly. R.

Fuscus, L. Tige petite ; panicule terminale ; épillets noirâtres. ☉ *Marécages.*

Flavescens, L. Tige très-petite ; fleurs en tête terminale ; épillets jaunâtres. ☉ *Prés humides.*

SCHOENUS. Fleurs à une seule écaille, imbriquées de tous côtés, en tête pauciflore ; une seule graine ronde, dépourvue ou entourée de soies à la base, plus courtes que les écailles, à arêtes dirigées en bas ; écailles extérieures stériles.

* *Style caduc ; graines dépourvues de soies à la base* (Mariscus).

Mariscus, L. Tige arrondie, très-haute ; feuilles larges, garnies de dents très-aiguës ; panicule rameuse. ♃ *Marais.*

** *Style caduc ; graines entourées de soies à la base.* (Schœnus.)

Nigricans, L. Tiges fasciculées ; feuilles glauques, triangulaires, noirâtres à la base ; fleurs noirâtres, en une seule tête terminale. ♃ *Prés.* St-Gratien.

*** *Style persistant, dilaté à la base ; graines entourées de soies* (Rynchospora).

Fuscus, L. Tige arrondie ; feuilles sétacées, grêles ; fleurs rousses en 2 têtes ovoïdes. ☉ *Prairies humides.* St-Léger. R.

Albus, L. Tige triangulaire ; feuilles planes ; fleurs blanchâtres, disposées en 3-4 têtes, lâches. ☉ *Prairies humides.* St-Léger. R.

SCIRPUS. Fleurs à une seule écaille plane, imbriquées de tous côtés en épi arrondi ; une seule graine entourée ou dépourvue de soies hispides (à arêtes dirigées en bas), plus courtes que les écailles, qui sont toutes fertiles.

* *Un seul épi sur chaque tige qui est simple et non feuillée ; graines dilatées, entourées de soies à la base* (Eleocharis).

Palustris, L. Racines rampantes, longues, écailleuses ; épi ovoïde-lancéolé ; écailles aiguës ; style bifide. ♃ *Marais.*

Multicaulis, Smith. Racines fibreuses, courtes ; tiges nombreuses, faibles ; épi ovoïde ; écailles très-obtuses ; style trifide. ♃ *Marais.*

Baœtryon, L. Racine fibreuse ; tige petite, faible ; épi ne dépassant pas les deux premières écailles ; style trifide. ♃ *Marais tourbeux.* St-Léger.

Ovatus, Roth. Tiges nombreuses, faibles, peu élevées ; fleurs à 2 étamines, en épis sphériques ; écailles scarieuses, compactes. ☉ *Bord des mares.* Marcoussis. R.

Cæspitosus, L. Tiges nombreuses, fines, roides, glauques, petites, à gaine en languette foliacée ; épi petit, à 3-4 fleurs, enveloppé par la valve externe qui est caduque ; graine aplatie. ♃ *Lieux tourbeux.* St-Léger. R.

Acicularis, L. Tiges nombreuses, déliées, très-petites, gazonnantes ; épi ovoïde de 4-6 fleurs. ♃ *Bord des eaux.* Ville-d'Avray.

** *Plusieurs épis sur la même tige, ordinairement feuillée.*
A. *Graines non entourées de soies à la base* (Isolepis).

Fluitans, L. Tiges flasques, rameuses ; feuilles flottantes ; épis longuement pédonculés. ♃ *Étangs.* St-Léger. R.

Setaceus. L. Tiges nombreuses, sétacées ; feuilles filiformes ;

épis à l'extrémité des tiges, sessiles, ovoïdes, noirâtres; graines striées en long, brunes. ♃ *Bord des eaux.* R.

Supinus, L. Tige courbe; 3-4 épis ovoïdes, roux, sessiles sur le milieu; graines striées transversalement. ☉ *Lieux humides.* Chailly. R.

B. *Graines dilatées, entourées de soies à la base* (Scirpus).

Caricis, Willd. Tige triangulaire; épi terminal, comprimé, distique. ♃ *Prés humides.* St-Gratien. R.

Lacustris, L. Tige ronde, très-haute; feuilles nulles; 60-80 épillets ovoïdes subombellés. ♃. *Étangs.*

Maritimus, L. Tige triangulaire; feuilles larges, rudes sur les bords; 8-12 épillets ovoïdes, gros, roux; écailles à 3 pointes. ♃ *Étangs.*

Sylvaticus, L. Tige triangulaire; feuilles très-larges; épillets ovoïdes, nombreux, courts, noirâtres, très-serrés, disposés en 2 panicules sur chaque tige; écailles pointues. ♃ *Étangs*

ERIOPHORUM. Fleurs à une seule écaille plane, imbriquées en tête terminale; une seule graine triangulaire, entourée de filaments très-longs, nombreux, lisses; un style trifide.

* *Un seul épi sur la même tige.*

Vaginatum, L. Racines fibreuses; tige haute, feuillée; un seul épi ovoïde dépourvu de spathe. ♃. *Marais tourbeux.* R.

Capitatum, Hoffm. Racines traçantes; tige petite, presque nue; un seul épi globuleux muni d'une spathe. ♃ *Lieux tourbeux.* T. R.

** *Plusieurs épis sur la même tige.*

Latifolium, Hoppe. Feuilles planes, larges; pédoncules allongés, scabres, multiflores. ♃ *Marais.*

Angustifolium, Willd. Feuilles triangulaires; pédoncules courts, lisses, uniflores. ♃ *Marais.*

Gracile, Roth. Feuilles très-étroites; pédoncules courts, scabres; semences entourées de soies moins longues. ♃ *Marais.* St-Léger. R.

Vaillantii, Poit. Feuilles très-étroites; pédoncules court lisses; semences entourées de soies très-longues. ♃ *Marais.* St-Léger. R.

§ II. Fleurs monoïques.

CAREX. Fleurs ordinairement monoïques; les mâles le plus souvent imbriquées au-dessus des femelles, ou terminales ou séparées sur des épis particuliers; périanthe à une seule écaille plane; 3 étamines. Fleurs femelles : périanthe *idem*, ayant une urcéole enveloppant la graine qui est surmontée de 2 ou 3 styles. (*Fleurissant en mai et juin.*)

* *Un seul épi.*

Dioïca, L. Racines rampantes; épi dioïque; urcéoles dressées. ♃ *Marais tourbeux.* St-Léger. R.

Pulicaris, L. Racines fibreuses; épi monoïque; urcéoles écartées, tombantes. ♃ *Prés limoneux.*

** *Épis androgyns, rapprochés.*

Schœnoides, Host. Racines rampantes; tiges débiles; 5-6 épillets ovoïdes, interrompus; urcéoles bidentées; écailles très-aiguës. ♃ *Prés humides*. R.

Schreberi, Willd. Racines articulées, rampantes; tige triangulaire, à moitié nue; épillets alternes, rapprochés, presque en épi distique; urcéoles pointues, bifides. ♃ *Prés humides.*

Arenaria, L. Racines rampantes; tiges feuillées, triangulaires; feuilles scabres; épillets rapprochés, séparés par des bractées foliacées; urcéoles ailées, bifides. ♃ *Forêts*. Luciennes. R.

Disticha, Schreb. Racines rampantes; tige triangulaire, à moitié nue; 30-60 épillets rapprochés, distiques; urcéoles pointues, striées, bifides. ♃ *Marécages*.

Teretiuscula, Good. Tige striée, arrondie inférieurement, triangulaire supérieurement; 8-10 épillets agglomérés, en panicule serrée; urcéoles ventrues, raboteuses à la pointe. ♃ *Marais*. St-Léger. R.

Leporina, L. Racines rampantes; tige triangulaire, presque nue; épillets gros, ovoïdes, à peu près contigus, alternes, marqués de nervures pointues. ♃ *Endroits humides*.

*** *Épis androgyns, distants.*

Paniculata, L. Racines fasciculées; feuilles rudes; 25-30 épillets paniculés, à pédoncules alternes; écailles roussâtres; urcéoles bordées, à pointe denticulée. ♃ *Prés humides*.

Elongata, L. Racines rampantes; tige coupante; feuilles déliées au sommet; 6-12 épillets oblongs, presque contigus; urcéoles étalées, à pointe denticulée, du double plus longue que l'écaille. ♃ *Bois humides*. Bondy.

Vulpina, L. Racines touffues; tiges à 3 côtés aigus; feuilles larges, rudes; 8-12 épillets en panicule rameuse, ramassée, ayant une longue bractée, déliée à la base; urcéoles comprimées, coniques, divariquées. ♃ *Marécages*.

Muricata, L. Racine chevelue, velue; chaume nu; feuilles lisses; 8-10 épillets rapprochés, les supérieurs contigus; urcéoles divergentes, à 2 dents aiguës à la pointe. ♃ *Bois*, prés.

Divulsa, Good. Racine glabre; chaume nu, triangulaire; 5-7 épillets éloignés; urcéoles ramassées, glabres. ♃ *Bois humides*.

Stellulata, Good. Racines fibreuses; tige triangulaire; feuilles planes; 3-5 épillets alternes, distants, pauciflores; urcéoles divariquées en étoile, à pointe scabre et entière. ♃ *Prés humides*.

Loliacea, L. Tige nue, grêle; feuilles molles; 3-4 épillets subuniflores, distants; urcéoles enflées. ♃ *Prés humides*. Saint-Léger. R.

Canescens, L. Tiges lisses; feuilles étroites et légèrement rudes sur les bords; 4-7 épillets pâles, ovoïdes, obtus, multiflores, courts, les inférieurs éloignés; urcéoles ovoïdes, aiguës, entières. ♃ *Marécages ombragés*.

Remota, L. Tige tombante; feuilles *idem*; 5-8 épillets solitaires, les inférieurs très-écartés, pourvus d'une bractée très-longue, qui dépasse la tige; urcéoles presque bifides. ♃ *Lieux ombragés, humides.*

**** Plusieurs épis unisexuels.

A. Deux stigmates; urcéoles comprimées.

Cæspitosa, L. Tige triangulaire, lisse; feuilles étalées; épi mâle solitaire; 2-3 femelles contigus; urcéoles gonflées, avec un pore au sommet; écailles obtuses. ♃ *Bois humides.*

Stricta, Good. Tige triangulaire, rude au toucher; feuilles lacérées à la gaine, glauques, étroites; 2 ou plusieurs épis mâles, aigus; 2-3 femelles, celui du bas pédonculé courtement; écailles linéaires; urcéoles imbriquées sur 8 rangs, caduques, pâles, aplaties, surmontées d'une pointe. ♃ *Marais.*

Acuta, Good. Tige triangulaire, âpre, à sommet penché; feuilles à gaine non filamenteuse; 2-4 épis mâles, ferrugineux; 2-4 femelles allongés-penchés. ♃ *Ruisseaux.*

B. Trois stigmates; urcéoles glabres, triangulaires.
a. Un seul épi mâle.

C. *Flava*, L. Racines rampantes; tiges nombreuses, triangulaires, lisses; feuilles planes, rudes sur les bords; 1-3 épis femelles sessiles, globuleux; urcéoles ventrues, jaunâtres, tombantes, à long bec. ♃ *Marais ombragés.*

Pallescens, L. Racines fibreuses; tiges triangulaires, rudes; feuilles pubescentes; 2-3 épis femelles pédonculés, ovoïdes, obtus; urcéoles pâles, gonflées, sans pointe. ♃ *Bois humides.*

Extensa, Good. Racines fasciculées; tiges arrondies, cannelées, lisses, déjetées vers le sommet; feuilles planes, lisses; 3 épillets femelles, globuleux, ayant chacun une bractée dilatée à leur base, dépassant les feuilles; urcéoles globuleuses, bifides; style velu. ♃ *Marais.* St-Léger. R.

Pallidior, Degl. Tiges triangulaires, lisses; feuilles molles; 3 épis femelles vert-pâle, le plus éloigné longuement pédicellé; urcéoles ponctuées, étalées. ♃ *Bois.* Romainville. R.

Distans, L. Racines épaisses; chaume lisse; feuilles courtes, planes; 2-4 épis femelles très-éloignés, ovoïdes; urcéoles à bec bifide, hipidiuscule. ♃ *Ruisseaux.*

Biligularis, DC. Racines épaisses; tiges triangulaires, lisses, rudes au sommet; feuilles larges, à double ligule; 2-3 épillets femelles, cylindriques, très-longs, à écailles pointues, blondes, ainsi que les urcéoles. ♃ *Lieux herbeux.* St-Léger. R.

Fulva, Good. Tiges triangulaires, grêles, rudes au sommet; feuilles planes; un épi mâle oblong, subsessile, à écailles obtuses; 2-3 femelles sessiles, globuleux, à écailles courtes, roussâtres, ovales. ♃ *Près fangeux.* R.

Depauperata, Good. Tiges articulées, grêles; feuilles longuement vaginées, scabres; un épi mâle terminal, filiforme; 3-4 femelles pauciflores, portés sur de longs pédoncules, à écailles scarieuses; urcéoles lâches, ventrues, vertes. ♃ *Bois couverts.* Vincennes.

15

Panicca, L. Racines rampantes; tiges presque nues, faibles; feuilles glauques; un épi mâle, cylindrique; 1-3 femelles allongés, éloignés, à fleurs lâches, à écailles obtuses; urcéoles alternes, gonflées, tronquées, percées d'un pore. ♃ *Prés humides.*

Nitida, Host. Racines rampantes; tiges triangulaires, grêles, un peu rudes; feuilles planes; 2 épis femelles, globuleux; urcéoles globuleuses, très-luisantes, à bec allongé, entier. ♃ *Bois.* Fontainebleau. R.

Drymeja, L. Tige débile; feuilles planes, légèrement rudes; un épi mâle filiforme; 3-5 femelles grêles, penchés, l'inférieur très-longuement pédonculé, à écailles pointues, jaunâtres; urcéoles enflées, alternes, écartées, terminées par un long bec. ♃ *Bois humides.*

Maxima, Scop. Tiges robustes, triangulaires; feuilles très-larges, fermes, très-longues; épi mâle allongé, blanchâtre; 5-6 femelles très-longs, très-grêles, pédonculés, pendants, à écailles lancéolées, aiguës, denses; urcéoles un peu enflées, caduques, terminées par une pointe tronquée. ♃ *Bois humides.* Bondy. R.

Pseudo-Cyperus, L. Racine fibreuse; tiges à 3 angles aigus, scabres; feuilles très-larges, planes, rudes; épi mâle grêle; 3-4 femelles unilatéraux, penchés, jaune doré, à écailles sétacées; urcéoles à très-long bec, à 2 dents sétacées. ♃ *Fossés des bois.*

b. Plusieurs épis mâles.

Ampullacea, Good. Racines profondément rampantes; chaume à angles obtus, glabre, creux; feuilles longues, étroites, glauques; 2 épis mâles, pointus; 2 femelles longs, cylindriques, compactes; urcéoles très-enflées, rousses, à 2 dents divergentes. ♃ *Marais.* R.

Vesicaria, Good. Racines rampantes; chaume rude, à angles aigus; 2-3 épis mâles, linéaires; 2-3 femelles écartés, alternes, à écailles aiguës; urcéoles enflées, jaune-paillé. ♃ *Bois humides.*

Riparia, Curt. Racines rampantes; tiges fortes, grosses, à 3 angles aigus; feuilles glauques, planes, larges, longues; 2-3 épis mâles, gros, noirâtres; 3-4 femelles, longs, gros, écartés, pédonculés, à écailles longues, sétacées, dépassant les urcéoles qui sont fauves, allongées, gonflées du bas. ♃ *Bords des eaux.*

Paludosa, Good. Racines stolonifères; chaume triangulaire, flexueux, rude; feuilles âpres; 1-4 épis mâles; 3-4 femelles axillaires, roides, sessiles; urcéoles denses, roides, elliptiques, livides, à pointe courte. ♃ *Marais.*

Hordeistichos, Vill. Chaume flexueux, scabre, noueux; feuilles planes, denticulées; 2-3 épis mâles, grêles; 3-4 femelles très-distants des mâles, courts, gros, distiques; urcéoles convexes-planes, jaunes, ciliées-hispides sur le bec. ♃ *Marais* Bondy. R.

C. *Trois stigmates ; urcéoles velues , triangulaires.*

a. Un seul épi mâle.

Præcox, Jacq. Racines stolonifères ; tiges débiles, lisses , planes d'un côté ; feuilles gazonnantes, lisses, planes ; 2-3 épis femelles très-rapprochés, presque arrondis , gros ; urcéoles gonflées, pyriformes, pubescentes, à pointe courte, entière. ♃ *Bois secs, sablonneux.* Avril.

Tomentosa, L. Racines rampantes, tuniquées ; chaume nu , lisse, filiforme ; feuilles étroites, planes, un peu rudes ; 3-4 épis femelles rapprochés , oblongs, pauciflores ; urcéoles tomenteuses, globuleuses. ♃ *Lieux secs, bois.* St-Maur. R.

Ericetorum, Pollich. Racines rampantes ; chaume presque arrondi ; feuilles rudes sur les bords ; 2-3 épis femelles rapprochés, sessiles, l'inférieur éloigné ; écailles noirâtres , ovoïdes ; urcéoles gonflées , couvertes de laine. ♃ *Bois.* Fontaine-bleau. R.

Pilulifera, L. Racines fibreuses ; chaume presque nu , débile ; feuilles scabres ; 2-3 épis femelles rapprochés, globuleux, sessiles ; urcéoles globuleuses , velues. ♃ *Prés secs.*

Longifolia, Host. Racines fasciculées ; tiges élevées, lisses ; feuilles dépassant d'un tiers la tige, très-rudes ; 2-3 épis femelles rapprochés, ovoïdes ; urcéoles globuleuses, velues. ♃ *Prés des bois.* R.

Humilis, Leys. Racines presque rampantes, formant des souches épaisses, noirâtres ; tiges très-courtes, dressées ; feuilles plus longues que la tige, roulées, denticulées ; 2-3 épis femelles grêles, à grande bractée ; écailles rousses, scarieuses-blanchâtres ; urcéoles très-légèrement pubescentes. ♃ *Prés secs des bois.* Avril. Bois de Boulogne.

Digitata, L. Racine fibreuse ; chaume lisse, arrondi ; feuilles courtes, roides ; 2-3 épis femelles grêles, linéaires, pédonculés ; le supérieur dépassant le mâle ; urcéoles lâches, alternes, triangulaires. ♃ *Bois ombragés.* Marcoussis. R.

b. Plusieurs épis mâles.

Glauca, Scop. Feuilles étroites, planes, rudes ; 2 épis mâles terminaux, l'inférieur pédonculé ; 2-3 femelles pédonculés, cylindriques, pendants ; urcéoles turbinées, très-légèrement pubescentes. ♃ *Marais, bois humides.*

Filiformis, L. Feuilles longues, roulées, filiformes ; 2-3 épis mâles très-distants ; 1-2 femelles globuleux, à feuille florale, longue, sétacée, à longue pointe hispide ; urcéoles laineuses, ventrues. ♃ *Marais.* Bondy. R.

Hirta, L. Feuilles laineuses ; 1-3 épis mâles , inégaux, rapprochés, velus ; 2-3 femelles distants, pédonculés ; urcéoles laineuses, gonflées, à dents très-longues. ♃ *Bois humides, marais desséchés.*

CLASSE QUATRIÈME.

————◦◦———

MONOCOTYLÉDONES MONOPÉRIANTHÉES SUPÉROVARIÉES.

————

TABLEAU DES FAMILLES DE LA CLASSE QUATRIÈME.

§ I. *Périanthe herbacé, calicinal.*

TYPHACÉES. Fleurs monoïques, agglomérées en chatons unisexuels; périanthe à trois folioles; 3 étamines; fruit monosperme.

NAYADÉES. Fleurs monoïques ou hermaphrodites, solitaires; périanthe nul ou ayant d'une à quatre folioles; un ou plusieurs fruits uniloculaires.

JONCÉES. Fleurs hermaphrodites; périanthe à six divisions; six étamines; capsule trivalve, triloculaire ou trisperme.

§ II. *Périanthe coloré, pétaloïde.*

ASPARAGINÉES. Fleurs hermaphrodites ou unisexuelles; périanthe à 4, 6 ou 8 divisions; autant d'étamines; fruit bacciforme.

COLCHICACÉES. Fleurs hermaphrodites; périanthe à 6 divisions; 6 étamines; plusieurs ovaires, auxquels succèdent autant de capsules trivalves, triloculaires, soudées ou distinctes, dont les bords rentrants forment les cloisons et portent les semences.

LILIACÉES. Fleurs hermaphrodites; périanthe à 6 divisions; 6 étamines; ovaire unique; une capsule triloculaire, trivalve; cloison naissant du milieu des valves; sémences attachées à leur angle interne.

———

FAMILLE DIX-SEPTIÈME.

LES TYPHACÉES.

Voyez les caractères de cette famille, page 172.

TYPHA. Fleurs monoïques excessivement nombreuses, en chatons compactes, cylindriques; les mâles à 3 étamines entourées de soies; les femelles placées au-dessous, à ovaire surmonté d'un stigmate et entouré de soies. — *Feuilles à gaine fendue, glabre; tige simple, dressée, élevée.*

Latifolia, L. Minon. Feuilles larges, planes; chaton mâle touchant le femelle, noirâtre; stigmate élargi. ♃ *Mares, étangs, rivières.*

Media, DC. Feuilles étroites, canaliculées; chaton mâle, écarté du chaton femelle, noirâtre; stigmate élargi. *Idem.*

Angustifolia, L. Feuilles étroites, canaliculées; chatons écartés; stigmate linéaire. ♃ *Idem.*

SPARGANIUM. Fleurs monoïques, en chatons globuleux, sessiles; les mâles à écailles en nombre indéterminé, irrégulièrement disposées; 3 étamines; les femelles en dessous, moins nombreuses, à 3 écailles régulières; stigmate simple; fruit monosperme. — *Gaine des feuilles entière, auriculée.*

Ramosum, Huds. Tige haute, dressée; pédoncules rameux; stigmate linéaire. ♃ *Eaux.*

Simplex, Huds. Tige haute, dressée; pédoncules simples; stigmate allongé. ♃ *Eaux, mares, ruisseaux.* R.

Natans, L. Tige courte, tombante; pédoncules nuls; stigmate ovoïde. ♃ *Marais spongieux.*

FAMILLE DIX-HUITIÈME.

LES NAYADÉES.

Voyez les caractères de cette famille, page 172.

§ I. Fleurs monoïques.

NAJAS. Fleurs axillaires; les mâles solitaires, pédonculées; périanthe à 4 divisions; une étamine; les femelles solitaires, sans périanthe; un stigmate bi ou trifide; capsule monosperme. — *Fleurs herbacées.*

Marina, L. Tiges émergées; feuilles verticillées, linéaires-lancéolées, à dents épineuses; capsules ovoïdes. ⊙ *Rivières.*

Minor, All. Tiges submergées; feuilles opposées ou 3 à 3, linéaires, denticulées; capsules subulées. ⊙ *Rivières.*

ZANICHELLIA. Fleurs mâles solitaires, à périanthe nul; 1 étamine; les femelles réunies, à périanthe monophylle; à 4 graines comprimées, terminées en pointe allongée. — *Fleurs herbacées.*

Palustris, L. Tiges très-rameuses, longues, flottantes; feuilles capillaires, opposées, verticillées en haut, longues; graines presque semi-lunaires. ⊙ *Bassins, ruisseaux, fossés.*

LEMNA. Fleurs mâles hypophylles, solitaires, à périanthe

15.

monophylle; 2 étamines; les femelles à côté des mâles; 1 style; capsule uniloculaire, polysperme. — *Fleurs herbacées.*

Trisulca, L. Lentille d'eau. Tige très-rameuse, submergée; feuilles pétiolées, à 3 folioles lancéolées. ⊙ *Au fond des eaux courantes.* Fontainebleau. R.

Minor, L. Acaule. Feuilles ovales-arrondies, à 3 folloles planes, cohérentes, ayant chacune une racine simple, solitaire. ⊙ *Sur les mares.*

Gibba, L. Acaule. Feuilles plus allongées, à 3 folioles cohérentes, hémisphériques en dessous, ayant chacune une racine simple, solitaire. ⊙ *Sur les mares.*

Arrhiza, L. Acaule. Feuilles simples, petites ou à 2 folioles cohérentes, spongieuses en dessous, sans racine. ⊙ *Sur les mares.* R.

Polyrrhiza, L. Acaule. Feuilles grandes, simples, ou à 2-3 folioles cohérentes, planes, arrondies, à faisceau de racines sous chacune d'elles. ⊙ *Sur les mares.*

CALLITRICHE. Périanthe de 2 folioles; les mâles à une étamine; les femelles à 2 styles allongés; capsule tétragone, à 4 loges monospermes, non déhiscentes.

Aquatica, Smith. Tiges flottantes, tendres, émergées; feuilles opposées, variables; fleurs blanchâtres, petites, axillaire; fruits à 4 ailes, sessile ou légèrement pédonculé. ⊙ *Eaux tranquilles.*

§ II. Fleurs hermaphrodites.

POTAMOGETON. Périanthe de 4 folioles; 4 étamines; style 0; 4 stigmates; 4 capsules monospermes. — *Feuilles ordinairement alternes, surtout à la base; fleurs herbacées.*

* Feuilles ovales ou lancéolées.

Natans, L. Toutes les feuilles pétiolées, elliptiques, arrondies à la base, aiguës au sommet; fleurs en gros épi, à pédoncule court. ♃ *Eaux stagnantes.*

Heterophyllum, Willd. Feuilles inférieures sessiles, linéaires-lancéolées, les supérieures pétiolées, ovales-lancéolées; épi gros, à pédoncule court. ♃ *Mares des bois.* R.

Plantagineum, du Croz. Toutes les feuilles pétiolées; les inférieures lancéolées, les supérieures subcordées-ovales. ♃ *Ruisseaux.* Morfontaine. R.

Lucens, L. Toutes les feuilles très-longuement lancéolées, atténuées en pétiole à la base, aiguës; épi long. ♃ *Rivières, ruisseaux.*

Perfoliatum, L. Toutes les feuilles sessiles, amplexicaules, ovales-cordiformes, obtuses, entières; épis portés sur de longs pédoncules. ♃ *Rivières, étangs.*

Crispum, L. Toutes les feuilles écartées, lancéolées, amplexicaules, à bords ondulés-crépus, dentées au sommet; épis courts, pédonculés. ♃ *Ruisseaux.*

Oppositifolium, DC. Toutes les feuilles rapprochées, lancéolées, amplexicaules, opposées, denticulées sur toute leur longueur; fleurs en petite tête. ♃ *Ruisseaux, rivières.*

** *Feuilles linéaires ; épi grêle , interrompu.*

Compressum, L. Tiges comprimées ; feuilles linéaires , brusquement aiguës, sans glandes à la base. ♃ *Ruisseaux*, *marais.*

Obtusifolium, Mert. Tiges comprimées ; feuilles linéaires, très-obtuses, ayant deux glandes à la base. ♃ *Ruisseaux*, *Marais.* R.

Pectinatum, L. Tige arrondie ; feuilles linéaires , distiques, rétrécies-aiguës au sommet, sans glande à la base. ♃ *Rivières*, *Ruisseaux.*

FAMILLE DIX-NEUVIÈME.

LES JONCÉES.

Voyez les caractères de cette famille, page 172.

JUNCUS. Périanthe à 6 divisions scarieuses, dont 3 extérieures calicinales, avec des écailles à la base ; 3-6 étamines ; 1 style trifide ; capsules trifides, à 3 loges polyspermes. — *Feuilles rondes ; fleurs herbacées.*

* *Feuilles nulles ou radicales.*

Communis, Meyer. Tige lisse, verte partout, nue ; panicule latérale ; fleurs à 3 étamines. ♃ *Marécages.*

Glaucus, Willd. Tige striée, glauque, flexueuse du haut, pourpre à la base, nue ; panicule latérale, dressée ; fleurs à 6 étamines. ♃ *Fossés desséchés.*

Squarrosus, L. Feuilles radicales, subulées, roides ; panicule terminale. ♃ *Lieux humides.* Fontainebleau. R.

** *Tiges foliées ; feuilles sans nœuds.*

Bulbosus, L. Tige simple, comprimée à la base ; feuilles étroites, canaliculées ; fleurs en 2-3 panicules terminales, serrées ; calice obtus ; capsule globuleuse. ♃ *Chemins fangeux.*

Bufonius, L. Tige dichotome, très-rameuse, filiforme ; feuilles capillaires ; fleurs solitaires, ou géminées, très-nombreuses ; calice aigu, subfoliacé. ☉ *Allées des bois, lieux humides.*

Tenageia, L. F. Tige filiforme, paniculée, petite ; feuilles sétacées ; panicule dichotome ; fleurs solitaires, distantes, éparses ; calice non foliacé ; capsule globuleuse. ☉ *Lieux où l'eau a séjourné l'hiver.*

Pygmeus, Thuill. Tige grêle, très-petite, à peine rameuse ; feuilles comprimées, déliées ; fleurs en tête terminale, à 3 étamines ; capsule triangulaire. ☉ *Autour des étangs.* R.

*** *Tiges foliées ; feuilles noueuses.*

Subverticillatus, Willd. Tige couchée, radicante, tubéreuse; feuilles noueuses; fleurs sessiles à 3 étamines, réunies par 3-5, entourées d'une sorte d'involucre; capsule triangulaire. ♃ *Marécages*. R.

Acutiflorus, Erhr. Tige grosse, forte, dressée; feuilles noueuses, un peu comprimées; panicule terminale; calice à folioles lancéolées-pointues; capsule ovoïde-oblongue, incluse, fauve. ♃ *Fossés des bois*.

Lampocarpus, Smith. Tige dressée, plus basse; feuilles noueuses, un peu comprimées; panicule terminale; calice à folioles ovales-lancéolées, un peu obtuses; capsule ovoïde-triangulaire, saillante, luisante, noire. ♃ *Idem*.

Obtusiflorus, Erhr. Tige dressée; feuilles noueuses, un peu comprimées; panicule terminale, à pédoncules divariqués-réfléchis; calice à folioles elliptiques, obtuses; capsule ovoïde-triangulaire, saillante. ♃ *Chemins des bois* (1).

LUZULA. Périanthe à 6 divisions, dont 3 extérieures caliciales, avec des écailles à la base; 6 étamines; 1 style trifide; capsule à 3 valves, à une loge, à 3 graines. — *Feuilles planes; fleurs herbacées*.

* *Fleurs paniculées*.

Vernalis, DC. Tige grosse, glabre; feuilles très-larges; calice à divisions plus courtes que la capsule qui est obtuse. ♃ *Bois*. Avril.

Forsteri, DC. Tiges touffues, grêles, glabres; feuilles étroites; calice à divisions plus longues que la capsule qui est un peu pointue. ♃ *Bois*. Avril.

** *Fleurs en épis*.

Multiflora, Lejeune. Racine non rampante; tige élevée; épis dressés; calice à folioles plus courtes que la capsule. ♃ *Bois*. Mai.

Campestris, DC. Racine rampante; tige petite; épis globuleux, pédonculés, penchés; calice à folioles plus longues que la capsule. ♃ *Bois*, *champs secs*. Mai.

Congesta, Lejeune. Racine non rampante; tige élevée; épis globuleux, sessiles, rapprochés; calice à folioles plus longues que la capsule. ♃ *Bois marécageux*.

FAMILLE VINGTIÈME.

LES ASPARAGINÉES.

Voyez les caractères de cette famille, page 172.

ASPARAGUS. Périanthe à 6 divisions, dont 3 intérieures réfléchies au sommet; 6 étamines; un style; un stigmate; fruit bacciforme, à 3 loges, et chacune à 2 graines. — *Fleurs verdâtres*.

---

(1) Ces 4 dernières espèces formaient le *Juncus articulatus*, L.

Officinalis, L. Asperge. Feuilles capillaires, disposées par faisceaux. ♃ *Lieux sablonneux.*

PARIS. Périanthe à 8 divisions, dont 4 intérieures; 8 étamines; 4 pistils; fruits bacciformes, à 4 loges, chacune à 6-8 graines.

· *Quadrifolia*, L. Parisette. Tige très-simple, portant 4 feuilles ovales, disposées en croix; une seule fleur terminale, verdâtre. ♃ *Bois.*

CONVALLARIA. Périanthe globuleux à 6 divisions courtes; 6 étamines attachées à la base; 1 style; 1 stigmate; fruit bacciforme, globuleux, à 3 loges monospermes. — *Fleurs blanches.*

Majalis, L. Muguet. Hampe grêle; 2-3 feuilles ovales, plissées; fleurs écartées, penchées, unilatérales. ♃ *Bois.* Mai.

POLYGONATUM. Périanthe cylindrique, infondibuliforme, à 6 divisions peu profondes; 6 étamines attachées au sommet; 1 style; 1 stigmate; fruit globuleux, bacciforme, à 3 loges monospermes. — *Fleurs blanches.*

Vulgare, Dest. Sceau de Salomon. Tige arquée, anguleuse; feuilles ovales-lancéolées; pédoncules à 1-2 fleurs grosses; baie bleue. ♃ *Bois.*

Multiflorum, Desf. Tige arquée, presque arrondie; feuilles elliptiques; pédoncules à 2-3 fleurs petites; baie rougeâtre. ♃ *Bois.*

MAYANTHEMUM. Périanthe à 4 divisions, ouvertes en étoiles; 4 étamines; 1 style à 2 stigmates; fruit bacciforme, à 2 loges monospermes.

Bifolium, DC. Tige petite, garnie de 2 feuilles cordiformes; fleurs petites, en épi, blanches. ♃ *Bois.* Montmorency. R.

RUSCUS. Fleurs dioïques, portées par les feuilles. Les mâles : périanthe de 6 folioles; 3 étamines monadelphes; 1 style, 1 stigmate; les femelles : périanthe *idem;* 1 style; baie à 3 loges dispermes. — *Fleurs blanchâtres.*

Aculeatus, L. Petit houx. Sous-arbrisseau à feuilles ovales, coriaces, sessiles, toujours vertes, à pointe épineuse; baie rouge. ♄ *Bois.*

FAMILLE VINGT-UNIÈME.

LES COLCHICACÉES.

Voyez les caractères de cette famille, page 172.

· COLCHICUM. Périanthe à 6 divisions dont 3 internes, campanulé, porté sur un très-long tube; 6 étamines; 3 styles; capsules à 3 loges polyspermes.

Autumnale. L. Colchique. Feuilles lancéolées, entières, vernales; fleur rose, solitaire, radicale, automnale; capsule ventrue, à 3 lobes pointus. ♃ *Prés humides.* Octobre.

FAMILLE VINGT-DEUXIÈME.

LES LILIACÉES.

Voyez les caractères de cette famille, page 172.

+ Périanthe polypétale.

TULIPA. Périanthe de 6 pétales, caduc; 6 étamines; 1 stigmate trilobé, sessile; capsules à 3 valves, à 3 loges polyspermes; graines aplaties.

Sylvestris, L. Feuilles linéaires - lancéolées; fleur jaune, solitaire, grande. ♃ *Pelouses.* Mai. R.

SCILLA. Périanthe de 6 pétales, caduc; 6 étamines, à filament aplati; 1 style, 1 stigmate simple; capsules à 3 loges polyspermes; graines rondes.

* *Pédoncules sans bractées; pétales libres, ouverts.*

Bifolia, Jacq. Tige ayant 1-3 feuilles larges et longues comme elle; 3-8 fleurs bleues en corymbe. ♃ *Bois.* R.

Autumnalis, L. Tige nulle; 3-6 feuilles radicales, plus courtes que la hampe; fleurs bleues en épi. ♃ *Bois secs.* Septembre. R.

** *Pédoncule accompagné de 2 bractées colorées; pétales connivents à la base.*

Nutans, Smith. Hampe grêle; feuilles planes, molles; 3-6 fleurs bleues rapprochées, penchées, à divisions un peu roulées, rapprochées. ♃ *Bois.* Avril.

Patula, DC. Hampe forte; feuilles lancéolées linéaires; 12-15 fleurs bleues en épi interrompu; pétales écartés, non roulés. ♃ *Bois.* Avril. R.

PHALANGIUM. Périanthe de 6 pétales ouverts, persistants; 6 étamines glabres, filiformes; 1 style; 1 stigmate; capsule à 3 valves, à 3 loges; graines anguleuses. — *Racines fibreuses; fleurs blanches.*

Ramosum, Lam. Tige rameuse; feuilles longues, canaliculée; fleurs éparses; style dressé. ♃ *Bois.* Fontainebleau. R.

Liliago, Schreb. Tige simple; feuilles radicales, flexueuses; fleurs en épi, grosses; style incliné. ♃ *Bois.* Fontainebleau. R.

ORNITHOGALUM. Périanthe de 6 pétales dressés, persistants, discolores, dont 3 extérieurs; 6 étamines élargies; 1 style; 1 stigmate; capsule à 3 valves, à 3 loges; graines arrondies. — *Racines bulbeuses.*

Pyrenaicum, Jacq. Tige presque nue; feuilles radicales ca-
liculées, linéaires; fleurs blanc-jaunâtre, en épi. ♃ *Bois*,
rés.

Umbellatum, L. Dame d'onze heures. Hampe arrondie;
euilles radicales, longues, planes; fleurs presque en ombelle,
'un blanc rayé de vert. ♃ *Bois.* Avril.

++ Périanthe monopétale.

GAGEA. Périanthe caliciforme, à 6 divisions; 6 étamines
on dilatées; 1 stigmate simple; capsule à 3 valves, à 3 loges
olyspermes.

Villosa, Duby. Une seule feuille, velue; fleurs jaunes, ve-
ues, à rayons partant de différents points, accompagnés
'une bractée à leur base. ♃ *Champs, bois.* Grenelle. Mars. R.

MUSCARI. Périanthe ovoïde, persistant, ventru dans le
nilieu, à 6 dents au sommet; 6 étamines; 1 style; 1 stig-
nate; capsule à 3 loges bispermes.

Racemosum, Mill. Hampe courte; feuilles jonciformes;
leurs bleu-foncé, en épi court, ovoïde. ♃ *Lieux cultivés.*

Comosum, Mill. Tige un peu élevée; 2-3 feuilles planes,
arges; fleurs bleues, en longue grappe, celles du sommet
teriles. ♃ *Champs.*

ALLIUM. Périanthe persistant, à 6 divisions ouvertes, dont.
3 extérieures; 1 style persistant; 1 stigmate simple; capsule
à 3 loges.—*Fleurs en ombelle, simple, dans une spathe à 2 valves.*

* *Tiges feuillées; feuilles planes; ombelles bulbifères.*

Scorodoprasum, L. Feuilles planes, larges, crénelées;
leurs purpurines, penchées, nombreuses, à étamines alternativement simples et trifides. ♃ *Champs sablonneux.* Saint-
Maur. R.

Carinatum, L. Feuilles planes, étroites, carénées, finement crénelées; fleurs paillées, dressées, à étamines simples,
à spathe foliacée. ♃ *Bois sablonneux.*

** *Tiges feuillées; feuilles arrondies; ombelles ne partant que*
des capsules.

Sphærocephalon, L. Feuilles demi-cylindriques, fistuleuses; fleurs rougeâtres, en tête compacte, à pétales aigus,
à étamines alternativement simples et trifides. ♃ *Lieux sté-*
riles, sablonneux.

Flavum, L. Feuilles demi-cylindriques, striées, fistuleuses;
fleurs jaunes, en ombelle, à pétales obtus; toutes les étamines simples. ♃ *Murs.* Fontainebleau. R.

Pallens. L. Feuilles demi-cylindriques, longues, fistuleuses;
fleurs en ombelle, à pétales pâles, tronqués; toutes les étamines simples, courtes. ♃ *Allées des bois.*

*** *Tiges feuillées; feuilles arrondies; ombelles bulbifères.*

Vineale, L. 2-3 feuilles cylindriques, fistuleuses; fleurs
rougeâtres, en tête, peu nombreuses, entremêlées de bulbes
foliacés; étamines alternativement simples et trifides. ♃ *Lieux*
cultivés, vignes.

Parviflorum, L. 2-3 feuilles demi-cylindriques, fistuleuses, très-menues ; fleurs paillées, en ombelle ; toutes les étamines simples. 4 *Prés, vignes.*

**** *Tiges nues ; feuilles planes, radicales ; pas de bulbes.*

Molly, L. 2-3 feuilles sessiles, lancéolées ; 30-40 fleurs en ombelle, à pétales jaunes, aigus ; étamines simples. 4 *Prés, bois.* Staïn. R.

Ursinum, L. 2-3 feuilles longuement pétiolées ; 10-12 fleurs blanches, en ombelle ; étamines simples. 4 *Prés.* Montmorency. R.

CLASSE CINQUIÈME.

MONOCOTYLÉDONES MONOPÉRIANTHÉES INFÉROVARIÉES.

TABLEAU DES FAMILLES DE LA CLASSE CINQUIÈME.

+ *Fleurs hermaphrodites.*

NARCISSÉES. Périanthe pétaloïde, à 6 divisions régulières ; 6 étamines libres ; capsule triloculaire.

IRIDÉES. Périanthe pétaloïde, à 6 divisions irrégulières ; 3 étamines libres ; capsule triloculaire.

ORCHIDÉES. Périanthe pétaloïde, à 6 divisions irrégulières, dont l'inférieure est plus grande ; 1-2 étamines gynandres ; capsule uniloculaire.

++ *Fleurs unisexuelles.*

AROIDÉES. Fleurs monoïques, réunies sur un spadix, enveloppées par une spathe qui tient lieu de périanthe ; étamines variables, nombreuses ; capsule bacciforme.

TAMNÉES. Fleurs dioïques ; périanthe herbacé, calicinal, à divisions régulières ; 6 étamines libres ; capsule bacciforme.

FAMILLE VINGT-TROISIÈME.

LES NARCISSÉES.

Voyez les caractères de cette famille, page 180.

NARCISSUS. Périanthe de 6 pétales égaux ; nectaire infundibuliforme, situé à la gorge de la corolle ; 6 étamines ; 1 style à stigmate trifide; capsule ovoïde, infère, à 3 loges polyspermes.

Poeticus, L. Narcisse des poëtes. Scape comprimée; feuilles larges; fleur blanche; nectaire court, crénelé, entier, orangé. ♃ *Champs, vignes*. Versailles. R.

Incomparabilis, Mill. Scape arrondie; feuilles larges; fleur blanche; nectaire court, crénelé, à 6 lobes, orangé. ♃ *Bois*. Melun. R.

Pseudo-Narcissus, L. Porillon. Scape comprimée; feuilles planes; fleur jaune, penchée; nectaire long, plissé-crénelé, à 6 lobes, jaune-pâle. ♃ *Bois, prés*. Avril.

GALANTHUS. Périanthe de 3 pétales concaves; 3 nectaires pétaloïdes, moitié plus courts, obtus, échancrés; 6 étamines; 1 style à stigmate simple; capsule infère, à 3 valves, à 3 loges polyspermes.

Nivalis, L. Perce-neige. Hampe grêle; 2 feuilles planes; fleur unique, blanche, penchée; nectaire verdâtre. ♃ *Prés des bois*. Versailles. Mars. R.

FAMILLE. VINGT-QUATRIÈME.

LES IRIDÉES.

Voyez les caractères de cette famille, page 180.

IRIS. Corolle irrégulière à 6 divisions profondes, alternativement dressées et réfléchies; style court, à 3 stigmates pétaloïdes, souvent échancrés; capsule infère à 3 valves, à 3 loges polyspermes.

Germanica, L. Iris. Feuilles moins hautes que la tige, recourbées; plusieurs fleurs bleues, à divisions externes de la corolle barbues, obtuses. ♃ *Chaumes, toits*.

Pseudo-acorus. L. Glaïeul. Feuilles très-longues, embrassantes; plusieurs fleurs jaunâtres, à divisions externes nues, les intérieures canaliculées, petites. ♃ *Bord des eaux fangeuses*.

Fœtidissima, L. Iris gigot. Tige grêle, à un seul angle; feuilles très-pointues; plusieurs fleurs grisâtres, à divisions externes barbues, les intérieures très-évasées. ♃ *Bois couverts*. St-Maur. R.

FAMILLE VINGT-CINQUIÈME.

LES ORCHIDÉES.

Voyez les caractères de cette famille, page 180.

+ *Fleurs terminées par un éperon.*

ORCHIS. Périanthe à 6 divisions, dont 3 intérieures, l'inférieure de celles-ci présentant un *labellum* très-prononcé, et en dessous un éperon allongé.

§ 1. Racines composées de 2 tubercules entiers.

* *Divisions supérieures de la corolle libres.*

Bifolia, L. 2 feuilles radicales, ovales, grandes, obtuses; fleurs blanches. ♃ *Prés des bois, buissons humides.*

Pyramidalis, L. Feuilles lancéolées, aiguës; fleurs purpurines, en épi ovoïde, court, un peu pyramidal; *labellum* trifide, à divisions égales, presque entières; éperon délié, un peu courbe. ♃ *Prés secs.* Fontainebleau. R.

Mascula, L. Feuilles oblongues-lancéolées, souvent tachetées; fleurs purpurines ou blanches, en épi lâche; *labellum* à 3 lobes, dont celui du milieu plus long, très-échancré; éperon obtus, presque droit. ♃ *Pâturages.*

Laxiflora, Lam. Feuilles lancéolées-linéaires; fleurs purpurines, en épi allongé, très-lâche; *labellum* obcordé, bilobé, celui du milieu nul; éperon courbe, obtus, souvent bifide. ♃ *Prés humides.*

Palustris, Jacq. Feuilles sublinéaires; fleurs purpurines, en épi allongé; *labellum* à 3 lobes peu profonds, l'intermédiaire échancré; éperon court, obtus, entier. ♃ *Prés spongieux.*

Ustulata, L. Feuilles lancéolées-oblongues; fleurs noirâtres, en épi oblong, compacte; *labellum* trifide, à divisions linéaires, celle du milieu bifide; éperon très-court, obtus. ♃ *Prés.* Fontainebleau. R.

** *Divisions supérieures de la corolle conniventes.*

Morio, L. Salep. Feuilles linéaires; fleurs purpurines, en épi oblong, pauciflore; *labellum* très-large, à 4 lobes courts, obtus; éperon presque droit, obtus. ♃ *Prés, bois.* Avril.

Coriophora, L. Feuilles lancéolées-linéaires; fleurs rougeâtres, en épi ovoïde, oblong; *labellum* trifide, à lobe moyen plus long; éperon court, délié, crochu. ♃ *Prés humides.*

Galeata, Lam. Feuilles lancéolées-oblongues; fleurs purpurines, en épi court, globuleux; *labellum* subvelu, trifide; les 2 divisions latérales courtes, écartées, linéaires, la médiane allongée; éperon délié. ♃ *Gazons des bois.* Saint-Germain. R.

Militaris, L. Feuilles larges; fleurs rosées, en épi gros, oblong; *labellum* trifide; divisions latérales linéaires, la moyenne élargie; éperon courbe, obtus. ♃ *Bois taillis montueux.* Saint-Cloud.

§ II. Racines composées de 2 tubercules palmés.

* *Divisions supérieures de la corolle libres.*

Odoratissima, L. Feuilles linéaires; fleurs purpurines, en épi oblong, grêle; *labellum* à 3 lobes égaux, entiers; éperon délié, aigu. ♃ *Prés.* Fontainebleau. R.

Conopsea, L. Feuilles lancéolées; fleurs purpurines, en

épi allongé; *labellum* à 3 lobes presque égaux, le médian plus étroit; éperon très-long, très-délié: ♃ *Prés marécageux.*

** *Divisions supérieures de la corolle conniventes.*

Maialis, Reich. Tige fistuleuse; feuilles tachées, longues; fleurs purpurines ou blanches, en épi long, entremêlé de longues bractées, étroites; *labellum* subtrilobé, les lobes latéraux peu marqués, celui du milieu saillant; éperon conique. ♃ *Prés humides.*

Maculata, L. Feuilles lancéolées-linéaires, souvent tachées; fleurs rosées, tachées, en épi conique, compacte; *labellum* arrondi, un peu échancré avec une pointe; éperon court, obtus. ♃ *Bois, prés humides.*

§ III. Racines composées de tubercules fasciculés.

Abortiva, L. Feuilles avortées; épi très-long; fleurs distantes, rouillées; *labellum* ovale, entier, concave, pointu; éperon long, courbe; stigmate laineux. ♃ *Bois.* Fontainebleau. R.

SATYRIUM. Périanthe à 6 divisions, dont 3 intérieures; *labellum* très-prononcé; éperon court, gibbeux.

Viride, L. Racine palmée; fleurs verdâtres, à *labellum* trifide, à lobe moyen plus court, glabre. ♃ *Prés humides, bois.*

Hyrcinum, L. Satyre. Racine fasciculée; fleurs jaunâtres, à *labellum* trifide, le moyen démesurément long, velu. ♃ *Lieux secs, montueux.* St-Cloud. R.

++ *Fleurs sans éperon.*

OPHRYS. Périanthe à 6 divisions, dont 3 intérieures; *labellum* très-prononcé; éperon nul.

§ I. Racines composées de deux tubercules arrondis.

* *Labellum velu. — Fleurs rouillées.*

Myodes, Jacq. *Labellum* à 3 divisions, dont la médiane bifide, à lobes ovales. ♃ *Prés de collines.* St-Cloud.

Apifera, Huds. *Labellum* à 3 divisions, les latérales oblongues, la médiane obovale, trilobée, à lobe moyen subulé, en crochet. ♃ *Collines.*

Aranifera, Huds. *Labellum* trilobé, lobe moyen obovale, échancré. ♃ *Collines boisées.*

Arachnites, Wild. *Labellum* à 3 divisions, les 2 latérales très-petites, la moyenne très-large, arrondie, obtuse, crénelée. ♃ *Bois* (1).

** *Labellum glabre. — Fleurs verdâtres.*

Antropophora, L. *Labellum* allongé, pendant, à 3 divisions capillaires, celle du milieu bifide, à lobes très-déliés. ♃ *Collines.* Fontainebleau. R.

Loeselii, L. 2 feuilles ovales, radicales; 2-4 fleurs retournées; *labellum* entier, subdenticulé, recourbé. ♃ *Prés marécageux.* Crespi. R.

_____

(1) Les 4 espèces ci-dessus sont pour Linné l'*Ophrys insectifera.*

Paludosa, L. 2-3 feuilles presque radicales, alternes, spathulées, scabres à l'extrémité; 15-20 fleurs en épi filiforme; *labellum* ovale-lancéolé entier. ♃ *Marais tourbeux*. St-Léger. R.

Monorchis, L. Un seul bulbe radical; feuilles radicales, lancéolées; fleurs nombreuses, petites, en épi oblong; *labellum* subtrifide, à lobe moyen linéaire. ♃ *Prés et collines sèches*. Neuilly-sur-Marne. R.

§ II. Racines composées de tubercules rameux.

Ovata, L. 2 feuilles arrondies au milieu de la tige; fleurs verdâtres, en épi allongé, grêle, à *labellum* triple des autres divisions, linéaire, bifide. ♃ *Prés, bois ombragés.*

Æstivalis, Lam. Tige partant du milieu des feuilles: celles-ci linéaires; fleurs blanches, disposées en spirale sur l'axe de l'épi. ♃ *Prés spongieux.*

Spiralis, L. Tige partant à côté des feuilles: celles-ci lancéolées-ovales; fleurs blanches, disposées en spirale sur l'axe de l'épi. ♃ *Pelouses sèches.*

Nidus-avis, L. Nid d'oiseau. Racines fibreuses, entrelacées en nid d'oiseau; feuilles nulles sur une tige roussâtre; fleurs rousses, en épi gros, allongé. ♃ *Bois couverts.*

SERAPIAS. Périanthe à 6 divisions dont 3 intérieures; *labellum* égal aux autres, entier, concave; éperon nul. — *Racines fibreuses.*

* Fleurs en grappe, penchées.

Latifolia, L. Feuilles ovales-arrondies; épi très-long, grêle, à fleurs purpurines, sessiles, unilatérales, nombreuses. ♃ *Bois couverts.*

Microphylla, Hoff. Diffère du précédent par des proportions moindres dans toutes ses parties, surtout ses feuilles, et par ses fleurs noirâtres. ♃ *Montagnes arides*. Champagne. R.

Palustris, L. Feuilles ovales-lancéolées; les supérieures lancéolées, très-longues; fleurs verdâtres, pédonculées, peu nombreuses. ♃ *Prés marécageux.*

** Fleurs en épi, redressées.

Rubra, L. Feuilles ovales, les supérieures lancéolées; bractées lancéolées, plus longues que l'ovaire qui est pubescent; fleurs grandes, rouge-clair, à *labellum* aigu. ♃ *Bois couverts*. Fontainebleau. R.

Grandiflora, L. Feuilles nulles du bas, lancéolées du haut; bractées linéaires, plus courtes que l'ovaire qui est glabre; fleurs jaunâtres, grandes, à *labellum* obtus. ♃ *Coteaux des bois.*

Ensifolia, Swartz. Feuilles longues, lancéolées-linéaires; bractées nulles; fleurs petites, blanchâtres, à *labellum* pourpre, aigu. ♃ *Bois*. Fontainebleau. R.

FAMILLE VINGT-SIXIÈME.

LES AROIDÉES.

Voyez les caractères de cette famille, page 180.

ARUM. Spathe monophylle; fleurs monoïques; les *mâles* sur le milieu du spadix (nu au sommet, en massue); à périanthe nul; à étamines nombreuses; les *femelles* au-dessous, à périanthe nul; 1 stigmate barbu; fruit bacciforme, à une loge monosperme.

Maculatum, L. Pied de veau. Feuilles sagittées-cordiformes, tronquées obliquement des 2 côtés de la base; spadix moitié moins long que la spathe qui est blanche. ♃ *Coteaux frais des bois.* Avril.

FAMILLE VINGT-SEPTIÈME.

LES TAMNÉES.

Voyez les caractères de cette famille, page 180.

TAMNUS. Fleurs dioïques; les *mâles* en grappe : périanthe à 6 divisions; 6 étamines; les *femelles* : périanthe à 6 divisions; 3 styles; baie infère, à 3 loges monospermes.

Communis, L. Herbe aux femmes battues. Tige volubile; feuilles cordiformes-sagittées; fleurs verdâtres, les femelles pédonculées; baies sphériques. ♃ *Haies.*

CLASSE SIXIÈME.

MONOCOTYLÉDONES DIPÉRIANTHÉES INFEROVARIÉES.

FAMILLE VINGT-HUITIÈME.

LES HYDROCHARIDÉES (1).

Plantes aquatiques, à feuilles radicales, nageantes; à fleurs sur une hampe dans une spathe diphylle; calice et corolle à 3 divisions; un ovaire infère.

HYDROCHARIS. Fleurs dioïques; les *mâles* 3 dans une spathe diphylle; calice trifide; corolle de 3 pétales; 9 éta-

(1) Famille unique dans cette classe.

mines; les *femelles* solitaires, nues; calice et corolle *idem;* 6 styles à 2 stigmates; capsule infère à 6 loges monospermes.

Morsus-ranæ, L. Morène. Nageante, acaule, stolonifère; feuilles réniformes-orbiculaires, très-entières; fleurs blanches, les *mâles* en ombelle; les *femelles* à pétales arrondis; capsules globuleuses. ♃ *Ruisseaux, etangs, rivières.* Bercy.

CLASSE SEPTIÈME.

MONOCOTYLÉDONES DIPÉRIANTHÉES SUPEROVARIÉES.

FAMILLE VINGT-NEUVIÈME.

LES ALISMACÉES (1).

Plantes aquatiques; calice à 3 folioles; corolle de 3 pétales; 6-20 étamines; plusieurs ovaires supères; autant de styles.

§ I. *Fleurs verticillées.*

ALISMA. Calice triphylle; corolle de 3 pétales; 6 étamines; 6-30 styles; 6-30 capsules mono ou dispermes, ne s'ouvrant pas spontanément. — *Fleurs blanches.*

Plantago, L. Plantain d'eau. Feuilles ovales-cordiformes, pointues; fleurs en 4-8 verticilles écartés; capsules nombreuses, libres, très-obtuses, trigones. ♃ *Bord des eaux.*

Ranunculoïdes, L. Feuilles linéaires-lancéolées, aiguës; fleurs en 10-12 verticilles; capsules nombreuses, libres, ovoïdes, très-pointues. ♃ *Bord des marais.* St-Gratien. R.

Natans, L. Tige flottante; feuilles inférieures capillaires, les supérieures ovales, obtuses; fleurs opposées; 8-12 capsules ovoïdes, pointues. ♃ *Dans les mares.* St-Léger. R.

Damazonium, L. Étoile d'eau. Feuilles ovales-cordiformes, obtuses, à 3 nervures; 6 capsules subulées, soudées, écartées en étoile. ♃ *Bord des étangs.*

SAGITTARIA. Fleurs monoïques; les *mâles :* calice à 3 folioles; corolle de 3 pétales; 20 étamines; les *femelles :* calice et corolle *idem;* pistils nombreux, à style nul; capsules supères, nombreuses, monospermes, évalves.

Sagittifolia, L. Flèche d'eau. Feuilles triangulaires-sagittées; fleurs blanches, en panicule verticillée. ♃ *Bord des eaux.*

---

(1) Famille unique dans cette classe.

§ II. *Fleurs en ombelle simple.*

BUTOMUS. Calice de 3 folioles colorées; corolle de 3 pétales; 9 étamines; 6 styles; 6 capsules polyspermes, évalves.

Umbellatus, L. Jonc fleuri. Feuilles radicales, triangulaires, linéaires-aiguës; fleurs blanches, ayant à la base des pédoncules un involucre à 3 folioles. ♃ *Fossés aquatiques.*

§ III. *Fleurs en épi.*

TRIGLOCHIN. Calice de 3 folioles; corolle de 3 pétales; 6 étamines; 3-6 stigmates; 3-6 capsules monospermes, évalves.

Palustre, L. Tige grêle; feuilles capillaires, planes; fleurs verdâtres, en un long épi; 3 capsules linéaires, soudées. ♃ *Prés marécageux.* St-Gratien. R.

PLANTES DICOTYLÉDONES.

Plantes à sexes distincts, à fécondation manifeste; se propageant par des graines qui lèvent avec 2 cotylédones; produisant des tiges à canal médullaire central, entouré de zones ligneuses, concentriques; poussant des feuilles à nervures flexueuses, rameuses, anastomosées; à périanthe souvent double et polyphylle.

CLASSE HUITIÈME.

DICOTYLÉDONES MONOPÉRIANTHÉES INFEROVARIÉES.

TABLEAU DES FAMILLES DE LA CLASSE HUITIÈME.

ÉLÉAGNÉES. Périanthe monophylle, calicinal, portant les étamines; fruit uniloculaire, monosperme.

ARISTOLOCHIÉES. Périanthe monophylle, pétaloïde; étamines sur le pistil; fruit à 6-8 loges polyspermes.

FAMILLE TRENTIÈME.

LES ÉLÉAGNÉES.

Voyez les caractères de cette famille, page 187.

THESIUM. Périanthe à 4-5 lobes; 4-5 étamines; 1 style; capsule monosperme, infère, indéhiscente.

Linophyllum, L. Tiges dressées; feuilles linéaires, alternes;

fleurs herbacées, pédonculées, à périanthe à 5 divisions aiguës, courtes ; capsule globuleuse. ♃ *Coteaux arides.*
Boudy. R.

HIPPURIS. Périanthe squammiforme; 1 étamine; 1 style; fruit
uniloculaire, indéhiscent, infère, couronné par le calice.
Vulgaris, L. Pesse d'eau. Tige simple; feuilles linéaires, verticillées; fleurs blanches. ♃ *Bord des rivières*. Bercy. R.

FAMILLE TRENTE-UNIÈME.

LES ARISTOLOCHIÉES.

Voyez les caractères de cette famille, page 187.

ARISTOLOCHIA. Périanthe irrégulier, en cornet ; 6 étamines; 1 stigmate; capsule infère, à 6 loges polyspermes.
Clematitis, L. Aristoloche clematite. Tige anguleuse;
feuilles alternes, cordées-réniformes, glabres; 3-6 fleurs
jaunes, réunies; fruit gros, verdâtre. ♃ *Vignes, haies.*

ASARUM. Périanthe régulier, globuleux, à 3 dents; 12 étamines; 1 style; capsule infère, à 6-8 loges submonospermes.
Europæum, L. Cabaret. Tige nulle; 2 feuilles radicales, réniformes, très-obtuses, pubescentes; 1 fleur brune terminale;
capsule pisiforme. ♃ *Coteaux couverts.* St-Maur. Avril. R.

CLASSE NEUVIÈME.

DICOTYLÉDONES MONOPÉRIANTHÉES SUPEROVARIÉES.

TABLEAU DES FAMILLES DE LA CLASSE NEUVIÈME.

+ *Fleurs à périanthe monophylle.*

DAPHNÉES. Périanthe monophylle, pétaloïde, tubuleux, à
4-5 divisions: étamines en nombre double, insérées sur le tube;
fruit monosperme, nu.

ULMACÉES. Périanthe monophylle, à 4-5-6 dents ; 4-8 étamines, insérées sur la corolle; fruit monosperme, ailé.

SANGUISORBÉES. Périanthe monophylle, à 4-8 divisions ;
étamines variables ; 1-2 ovaires monostyles ; fruit monosperme,
enveloppé par le périanthe.

URTICÉES. Fleurs uni-sexuelles, le plus souvent réunies dans un réceptacle commun ; périanthe monophylle, à 3-5 lobes ; 4-5 étamines ; 1-4 styles ; fruit monosperme.

++ *Fleurs à périanthe polyphylle.*

POLYGONÉES. Périanthe non persistant, 'souvent poly-phylle, calicinal, à 4-6 divisions ; 6-8 étamines insérées au fond ; fruit monosperme, souvent enveloppé par le périanthe. — *Feuilles à gaine scarieuse.*

ATRIPLICÉES. Périanthe persistant, polyphylle, calicinal, à 5 folioles sans écailles à la base ; 1-5 étamines insérées au fond ; fruit monosperme nu ou enveloppé par le périanthe qui s'accroît ordinairement. — *Feuilles sans gaine.*

AMARANTACÉES. Périanthe polyphylle, pétaloïde, entouré d'écailles à la base ; 3-5 étamines insérées sous l'ovaire ; capsule uniloculaire, monosperme.

EUPHORBIACÉES. Périanthe polyphylle, pétaloïde ; ovaire pédiculé, à 2-3 styles ; capsule à 2-3 valves, à 2-3 loges.

FAMILLE TRENTE-DEUXIÈME.

LES DAPHNÉES.

Voyez les caractères de cette famille, page 188.

DAPHNE. Périanthe tubuleux, à 4 dents ; 8 étamines ; 1 style très-court, allant en diminuant au sommet ; baie à une loge monosperme.

Mezerum. L. Feuilles ovales, lancéolées, non persistantes, minces ; fleurs rouges, pubescentes en dehors. ♄ *Bois.*

Laureola, L. Feuilles lancéolées, persistantes, épaisses ; fleurs jaunes, glabres en dehors. ♄ *Bois.*

STELLERA. Perianthe tubuleux, à 4 dents ; 8 étamines ; 1 style capité ; fruit sec, monosperme, osseux, pointu.

Passerina, L. Feuilles étroites, sessiles, glabres ; fleurs axillaires, sessiles, velues ; fruit pyriforme. ⊙ *Champs.* R.

FAMILLE TRENTE-TROISIÈME.

LES ULMACÉES.

Voyez les caractères de cette famille, page 188.

ULMUS. Périanthe 4-5 fide ; 4-8 étamines ; 2 styles ; capsule plane, orbiculaire, membraneuse, monosperme.

Campestris, L. Orme. Feuilles ovales; fleurs verdâtres, sessiles, à 4-6 étamines; fruits glabres. ♄ *Cultivé.*

Effusa, Willd. Feuilles arrondies; fleurs verdâtres, inégalement pédonculées, à 8 étamines; fruits ciliés-velus. ♄ *Cultivé..*

CELTIS. Fleurs polygames; les *hermaphrodites* : périanthe 5-fide; 5 étamines; 2 styles; drupe globuleux, monosperme; les *mâles* : périanthe 6-fide; 6 étamines.

Australis, L. Micocoulier. Feuilles inégales, obliques, ovales, lancéolées, longuement pointues; fleurs blanchâtres, axillaires, solitaires. ♄ *Bois.* Melun. R.

FAMILLE TRENTE-QUATRIÈME.

LES SANGUISORBÉES.

Voyez les caractères de cette famille, page 188.

SANGUISORBA. Périanthe à 4 divisions colorées; 4 étamines; 2 ovaires; 2 styles à stigmate en pinceau; fruit monosperme, recouvert par le calice. — *Fleurs rouges.*

Officinalis, L. Feuilles ciliées, à 9-13 folioles cordiformes-allongées, crénelées; épi ovoïde. ♃ *Prés de montagne.* R.

POTERIUM. Fleurs monoïques ou polygames, en chaton; les *mâles* : périanthe à 4 divisions; 30-40 étamines; les *femelles* au-dessus : périanthe *idem;* 2 ovaires; 2 stigmates en pinceau; 2 fruits monospermes.

Sanguisorba, L. Pimprenelle. Feuilles ailées, à 9-13 folioles ovales-arrondies, incisées-dentées; fleurs pourpres, en épi globuleux. ♃ *Prés secs.*

APHANES. Périanthe tubuleux, à 8 divisions; 4 étamines; 2 ovaires; 2 styles; 2 fruits monospermes.

Arvensis, L. Feuilles palmées, à 3 lobes principaux, velues, ciliées; fleurs herbacées, axillaires, agglomérées. ☉ *Moissons.*

FAMILLE TRENTE-CINQUIÈME.

LES URTICÉES.

Voyez les caractères de cette famille, page 189.

+ Fleurs solitaires, en grappes ou en chaton; réceptacle sec.

A. *Feuilles opposées.*

URTICA. Fleurs monoïques ou dioïques; les *mâles* en longues grappes : périanthe à 4 divisions; 4 étamines; les *fe-*

melles en grappes ou en tête : périanthe à 2 folioles; 1 stigmate velu; fruit monosperme.— *Fleurs verdâtres.*

Urens, L. Ortie. Tige arrondie, glabre; feuilles ovales-elliptiques, incisées - dentées; fleurs monoïques, en grappe simple. ⊙ *Partout.*

Dioica, L. Tige tétragone, pubescente; feuilles cordiformes-lancéolées, à grosses dents; fleurs dioïques, en grappe rameuse. ♃ *Lieux incultes.*

Pilulifera, L. Tige arrondie, presque glabre; feuilles ovales-lancéolées; fleurs en chaton globuleux. ⊙ *Champs.* Saint-Germain. R.

HUMULUS. Fleurs dioïques; les *mâles* en grappe rameuse, axillaire : périanthe à 5 folioles; 5 étamines; les *femelles* axillaires : périanthe nul; fruits indéhiscents, en cône foliacé; 2 styles. — *Fleurs herbacées.*

Lupulus, L. Houblon. Tige volubile, hispide; feuilles cordiformes, entières ou trilobées. ♃ *Haies.*

CANNABIS. Fleurs dioïques; les *mâles* subverticillées, disposées en grappe : périanthe à 5 folioles; 5 étamines; les *femelles* en grappe : périanthe monophylle; fruit monosperme, à 2 coques; 2 styles.— *Fleurs herbacées.*

Sativa, L. Chanvre. Tige hispide; feuilles à 5-7 folioles digitées. ⊙ *Cultivé.*

B. *Feuilles alternes.*

PARIETARIA. Fleurs *polygames* réunies par 4-5 dans un involucre, dont une femelle, les autres *hermaphrodites;* celles-ci : périanthe à 4 folioles dont 2 très-petites; 4 étamines; 1 style; 1 fruit monosperme, indéhiscent; la *femelle : idem*, à l'exception des étamines. — *Fleurs herbacées.*

Officinalis, L. Pariétaire. Tige étalée, forte, rameuse, pubescente; feuilles ovales-oblongues, pubescentes. *Vieux murs, au nord.*

Judaica, L. Tige faible, petite: feuilles ovales, luisantes, à pétiole délié, presque glabres. ♃ *Vieux murs, au midi.*

+-+ Fleurs placées sur un réceptacle charnu; feuilles alternes.

MORUS. Fleurs monoïques; les *mâles* en chaton ovoïde : périanthe à 4 lobes; 4 étamines; les *femelles* en chatons arrondis : périanthe à 4 folioles; 2 stigmates; bales sur un réceptacle commun qui devient pulpeux. — *Fleurs herbacées.*

Nigra, L. Mûrier. Feuilles ovales-cordiformes, crénelées, parfois découpées; fruits gros, succulents, sucrés, noirâtres, réunis en chaton globuleux. ♄ *Cultivé.*

Alba, L. Feuilles ovales, à base plus échancrée, inégales, plus lisses; fruits petits, blancs ou rougeâtres, peu succulents, réunis en chaton globuleux. ♄ *Idem.*

FICUS. Réceptacle commun charnu, ombiliqué, creux à l'intérieur, contenant beaucoup de fleurs monoïques; les *mâles :* périanthe à 3 lobes ; 3 étamines ; les *femelles :* périanthe 5-fide ; 1 style à 2 stigmates ; 1 fruit monosperme, enchâssé dans la pulpe du réceptacle.

Carica, L. Figuier. Feuilles cordiformes-palmées, à suc blanc abondant ; réceptacle pyriforme, sucré. ♄ *Cultivé.*

FAMILLE TRENTE-SIXIÈME.

LES POLYGONÉES.

Voyez les caractères de cette famille, page 188.

POLYGONUM. Périanthe à 4-5 divisions ; 5-8 étamines ; 1 style à 2-3 stigmates ; fruit monosperme. — *Fleurs herbacées ou roses.*

* *Graines ovoïdes* (Persicaria).

Amphibium, L. Tige nageante ; feuilles pétiolées, ovales-lancéolées ; fleurs en épis courts. ⚥ *Dans l'eau ou au bord.*

Hydropiper, L. Curage. Tige couchée, redressée, noueuse ; feuilles lancéolées, non maculées, âcres, à gaîne tronquée, ciliée ; fleurs en épi filiforme. ⊙ *Bord des mares.*

Nodosum, Pers. Tige dressée, très-noueuse ; feuilles ovales-lancéolées, tachées ; à gaîne tronquée, sans cils ; fleurs en épi oblong. ⊙ *Fossés humides.*

Lapathifolium, L. Tige dressée, noueuse ; feuilles lancéolées-longues, cilioso-denticulées, non maculées, à gaîne très-grande, tronquée, sans cils ; fleurs en épi gros, obtus, court, à pédoncule rude. ⚥ *Lieux marécageux.*

** *Graines triangulaires ; feuilles lancéolées* (Polygonum).

Persicaria, L. Persicaire. Tige couchée, puis redressée, noueuse ; feuilles lancéolées, cilioso-denticulées, maculées, à gaîne tronquée, ciliée ; fleurs en épi ovoïde-oblong, à pédoncule lisse. ⊙ *Fossés humides.*

Minus, Willd. Tige rampante, grêle ; feuilles linéaires, ciliées, à gaîne ciliée ; fleurs en épi filiforme. ⊙ *Lieux sablonneux, humides.* Marcoussis. R.

Aviculare, L. Centinode. Tige couchée ; feuilles lancéolées, non ciliées ; à bractée déchirée ; 2-4 fleurs axillaires. ⚥ *Bords des chemins, des rues.*

Bistorta, L. Bistorte. Racines grosses, à plusieurs torsions ; tige dressée ; feuilles lancéolées, cilioso-denticulées ; un épi unique, terminal, ovoïde-oblong. ⚥ *Montagnes boisées.* Compiègne. R.

*** *Graines triangulaires ; feuilles cordiformes*
(Fagopyrum.)

Fagopyrum, L. Sarrasin. Tige dressée ; feuilles cordées-sagittées, à stipule tronquée, mutique ; fleurs en grappe terminale ; graines à bords entiers. ⊙ *Cultivé.*

Tataricum, L. Tige dressée ; feuilles cordées-sagittées, à stipule aiguë; fleurs en épis latéraux, axillaires; graine à bord lobé-denté. ⊙ *Cultivé.*

Convolvulus, L. Tige grimpante, anguleuse; feuilles cordiformes-sagittées; stipules aiguës; 3 divisions du calice plus grandes, non membraneuses. ⊙ *Champs.*

Dumetorum, L. Tige grimpante, arrondie; feuilles triangulaires-hastées; stipules obtuses; 3 divisions du calice plus grandes, membraneuses-ailées. ⊙ *Haies.*

RUMEX. Périanthe à 6 divisions, dont 3 intérieures plus grandes, et souvent granifères; 6 étamines; 3 styles à plusieurs stigmates; fruit monosperme, triangulaire. — *Fleurs herbacées.*

Divisions intérieures entières, granifères (Lapathum).

Patientia, L. Patience. Feuilles inférieures ovales, cordiformes, les supérieures lancéolées; valves intérieures subcordiformes, une seule granifère. ♃ *Lieux cultivés.* R.

Crispus, L. Feuilles lancéolées-linéaires, ondulées-déchiquetées; valves intérieures arrondies, portant toutes un grain globuleux. ♃ *Bord des chemins.*

Hydrolapathum, Huds. Tige très-haute; feuilles lancéolées, très-grandes; valves intérieures ovales-lancéolées, portant toutes un grain oblong. ♃ *Ruisseaux, étangs.*

Maximus, Schreb. Tige élevée, forte; feuilles d'en bas cordiformes; valves intérieures triangulaires, portant toutes un grain allongé. ♃ *Bord des eaux vives.* Gare. R.

Nemolapathum, L. F. Tige grêle, à rameaux filiformes; feuilles lancéolées, un peu ondulées-déchiquetées; valves intérieures étroites, obtuses, portant toutes un petit grain oblong. ♃ *Bois couverts, humides.*

Nemorosus, Schrad. Caractères du précédent, sauf qu'une seule des valves intérieures est chargée d'un grain globuleux. ♃ *Fossés des bois aquatiques.*

Sanguineus, L. Tige et feuilles d'un rouge sanguin; celles-ci cordiformes-lancéolées, marquées de grosses veines rouges; valves intérieures oblongues, portant toutes un petit grain. ♃ *Lieux cultivés.*

** *Divisions intérieures dentées, granifères.*

Purpureus, L. Feuilles cordiformes-lancéolées, veinées de rouge; valves internes réticulées, à dents courbes, portant toutes un petit grain oblong. ♃ *Lieux humides.*

Divaricatus, L. Tige diffuse, à rameaux divariqués; feuilles cordiformes, sinueuses échancrées sur les bords; valves intérieures triangulaires, portant toutes un gros grain verruqueux. ♃ *Bord des chemins.*

Obtusifolius, L. Tige simple; feuilles cordiformes-ovales, le plus souvent obtuses, subcrénelées parfois; valves intérieures cordiformes, larges, à une ou plusieurs dents, portant toutes un grain allongé. ♃ *Bords des chemins, des champs.*

Maritimus, L. Tige rameuse; feuilles linéaires, longues, entières; valves intérieures triangulaires, à dents très-longues,

17

sétacées, portant toutes un grain allongé. ♃ *Bord des rivières, des étangs.* St-Gratien. R.

Limosus, Thuill. Diffère de l'espèce précédente par les valves intérieures sublancéolées, à dents moins longues. ♃ *Idem.* R.

Palustris, Smith. Diffère du *maritimus* par ses feuilles lancéolées ; les valves intérieures ont les dents courtes du *limosus.* ♃ *Idem.*

*** *Divisions intérieures entières, sans graine.*

Scutatus, L. Feuilles cordiformes-hastées, obtuses ; fleurs hermaphrodites ; valves internes cordées-orbiculaires, sans grain. ♃ *Décombres, vieux murs.*

Acetosa, L. Oseille. Feuilles ovales-sagittées ; fleurs dioïques ; valves intérieures persistantes, nues. ♃ *Prés.*

Acetosella, L. Feuilles linéaires-sagittées ; fleurs dioïques ; valves intérieures caduques, nues. ♃ *Lieux sablonneux.*

FAMILLE TRENTE-SEPTIÈME.

LES ATRIPLICÉES.

Voyez les caractères de cette famille, page 189.

+ *Genres dont le périanthe s'accroit à la maturité des fleurs.*

ATRIPLEX. Fleurs polygames ; les *hermaphrodites :* périanthe diphylle avec 3 petites écailles extérieures à la base ; 5 étamines ; 2 styles ; 1 graine comprimée ; les *femelles :* périanthe diphylle, grandissant après la fleuraison ; 2 styles ; 1 graine comprimée. — *Fleurs herbacées.*

Hortensis, L. Bonne-dame. Feuilles cordiformes-hastées ; valves intérieures ovales, réticulées, entières. ⊙ *Cultivé.*

Latifolia, Wahlenb. Feuilles deltoïdes-hastées ; valves intérieures palmées-dentées. ⊙ *Lieux incultes.*

Patula, L. Feuilles lancéolées-hastées, les supérieures lancéolées-entières ; valves intérieures rhomboïdes-denticulées. ⊙ *Lieux incultes.*

SPINACIA. Fleurs dioïques ; les *mâles :* périanthe à 5 divisions ; 4 étamines ; les *femelles :* périanthe à 2-4 divisions ; 4 styles ; fruit monosperme, comprimé, renfermé dans les valves du périanthe qui s'endurcissent. — *Fleurs herbacées.*

Spinosa, Moench. Épinard. Feuilles lancéolées hastées ; fruits à valves soudées, à 2-4 cornes épineuses. ♂ *Cultivé.*

Inermis, Moench. Feuilles ovales-hastées ; fruits à valves soudées, sans cornes épineuses. ♂ *Cultivé.*

BLITUM. Périanthe 3-fide ; 1 étamine ; 2-3 styles ; fruit monosperme, recouvert par le périanthe qui devient bacciforme. — *Fleurs herbacées.*

Virgatum, L. Arroche fraise. Tige à rameaux allongés ;

feuilles triangulaires-allongées, sublaciniées ; périanthe à divisions obtuses. ☉ *Lieux cultivés.*

++ *Genres dont le périanthe ne prend pas d'accroissement*

BETA. Périanthe 5-fide ; 5 étamines ; styles nuls ; 2-3 stigmates ; fruit monosperme , recouvert par le périanthe. — *Fleurs herbacées.*

Vulgaris , L. Poirée. Racine très-grosse ; feuilles ovales, grandes , entières, plissées ; fleurs en panicule terminale, foliacée, ramassées 3-5 dans les aisselles des folioles. ♂ *Cultivé.*

CHENOPODIUM. Périanthe 5-phylle ; 5 étamines ; styles nuls ; 2-3 stigmates ; fruit monosperme , entouré par le périanthe. — *Fleurs herbacées.*

* *Feuilles dentées.*

Glaucum , L. Tige couchée ; feuilles ovales-elliptiques, glauques en dessous , sinuées-dentées ; fleurs en petite grappe courte. ☉ *Lieux frais.*

Urbicum , L. Tige dressée ; feuilles triangulaires , dentées, atténuées en pétiole ; fleurs en grappes serrées contre la tige. ☉ *Terres rapportées , immondices.*

Intermedium , Mertens. Diffère du précédent par ses feuilles farineuses en dessous, plus profondément dentées, et ses semences plus grosses. ☉ *Idem.*

Murale , L. Tige faible, rameuse ; feuilles ovales-rhomboïdes, luisantes, très-minces ; fleurs en grappe nue , rameuse. ☉ *Bas des murs , lieux ombragés.*

Hybridum , L. Tige ferme, rameuse ; feuilles cordées-subpalmées, terminées par une longue pointe ; fleurs en grappe nue, divariquées. ☉ *Lieux sablonneux , allées des bois.*

Rubrum , L. Tige dressée ou couchée, ferme ; feuilles épaisses , rhomboïdo-lancéolées, dentées-pinnatifides ; fleurs en grappe rougeâtre, dressée, foliacée. ☉ *Pied des murs , décombres.*

Viride, L. Tige dressée, rameuse ; feuilles vertes-écailleuses, rhomboïdes, un peu glauques en dessous, entières postérieurement , à grosses dents en devant ; fleurs en longues grappes tombantes, à pédoncule filiforme. ☉ *Lieux cultivés.*

Album , L. Tige très-simple ; feuilles ovales-rhomboïdales , unicolores-ternes ; fleurs en grappes courtes, ramassées, dressées, subspiciformes. ☉ *Jardins , lieux cultivés.*

** *Feuilles entières.*

Lanceolatum, Wild. Tige étalée, dressée ; feuilles lancéolées, très-pointues ; fleurs en grappes nombreuses, à glomérules espacés. ☉ *Lieux arides.*

Vulvaria , L. Vulvaire. Tige couchée ; feuilles rhomboïdes-ovales, très-glauques ; fleurs agglomérées en panicules axillaires. ☉ *Jardins, lieux cultivés.*

Polyspermum , L. Tige dressée , rameuse ; feuilles ovales ; fleurs en grappes feuillées, nombreuses, étalées. ☉ *Lieux cultivés.*

Bonus henricus, L. Feuilles triangulaires-sagittées; fleurs polygames, en grappe resserrée, compacte, non feuillée. ⊙ *Bord des chemins.*

POLYCNEMUM. Périanthe à 5 divisions; 3 étamines; un style bifide; fruit monosperme entouré par le périanthe qui se soude dessus.

Arvense, L. Tige étalée; feuilles sétacées, roides, glabres, très-aiguës; fleurs herbacées, axillaires, sessiles. ⊙ *Lieux sablonneux.* Pont de Sèvres. R.

CERATOPHYLLUM. Fleurs monoïques, les *mâles* solitaires, axillaires : périanthe à 8-10 divisions; 16-20 étamines; les *femelles* solitaires: périanthe *idem;* une noix monosperme, indéhiscente. — *Fleurs herbacées.*

Demersum, L. Tige nageante; feuilles verticillées, dichotomes, capillaires, dentées-épineuses; noix triangulaire, à 3 cornes. ♃ *Dans les eaux de mares.*

Submersum, L. Tige et feuilles *idem*; celles-ci non épineuses; noix ovoïde, sans cornes. ♃ *Idem.*

FAMILLE TRENTE-HUITIÈME.

LES AMARANTACÉES.

Voyez les caractères de cette famille, page 189.

AMARANTUS. Fleurs monoïques; les *mâles* : périanthe à 3-5 folioles sans écailles à la base; 3-5 étamines; les *femelles* : périanthe *idem;* 3 styles à stigmate simple; capsule uniloculaire, monosperme. *Fleurs herbacées.*

* *Périanthe à 3 folioles; 3 étamines* (Blitum).

Blitum, L. Tige couchée, diffuse; feuilles rhomboïdo-ovales, obtuses, souvent bifides; fleurs en grappe grêle; capsule se déchirant. ⊙ *Lieux cultivés, jardins.*

Prostratus, Balbis. Tige couchée, grêle; feuilles rhomboïdo-lancéolées', pointues; fleurs en grappes agglomérées; capsule se déchirant. ⊙ *Bas des murs.* Place du Louvre. R.

Sylvestris, Desf. Tige redressée, faible, glabre; feuilles rhomboïdo-ovales, un peu pointues; fleurs en petits paquets axillaires; capsules s'ouvrant en travers. ⊙ *Lieux cultivés, décombres.*

** *Périanthe à 5 folioles; 5 étamines* (Amarantus).

Retroflexus, L. Tige dressée, forte, pubescente; feuilles ovales; fleurs en grappes denses, formant un gros épi terminal; capsule s'ouvrant en travers. ⊙ *Lieux cultivés.*

FAMILLE TRENTE-NEUVIÈME.

LES EUPHORBIACÉES.

Voyez les caractères de cette famille, page 189.

+ Feuilles alternes.

EUPHORBIA. Fleurs monoïques, réunies dans un involucelle monophylle; les *mâles :* périanthe formé d'une écaille multifide, pétaloïde; 1 étamine; les *femelles* centrales : capsules pédicellées, à 3 coques monospermes; 3 styles bifurqués. — *Fleurs jaunes.*

* Capsules lisses, glabres.
A. *Écailles des fleurs mâles entières.*

Helioscopia, L. Réveil-matin. Tige presque simple; feuilles cunéiformes, élargies, arrondies au sommet; involucelle à folioles ovales-arrondies. ⊙ *Lieux cultivés.*

Gerardiana, Jacq. Tiges un peu ligneuses, dont plusieurs stériles; feuilles linéaires-lancéolées; involucelle à folioles réniformes. ⅔ *Lieux stériles, sablonneux.* St-Germain. R.

B. *Écailles des fleurs mâles échancrées en croissant.*

Esula, L. Tige un peu ligneuse, dont plusieurs stériles; feuilles ovales-lancéolées; involucelle à folioles cordiformes-arrondies. ⅔ *Lieux secs des bois.* Fontainebleau. R.

Cyparissias, L. Tige simple, rameuse du haut; feuilles linéaires, réfléchies, nombreuses; involucelle à folioles cordiformes; capsules un peu graveleuses. ⅔ *Lieux arides.*

Peplus, L. Tige dressée; feuilles éparses, obtuses, arrondies, atténuées en pétiole; involucelle à folioles cordiformes. ⊙ *Lieux cultivés.*

Exigua, L. Tige diffuse; feuilles linéaires, pointues, obtuses ou bifides; involucelle à folioles lancéolées ⊙ *Endroits cultivés.*

Sylvatica, L. Tige frutescente, très-simple, velue; feuilles obovales-lancéolées, velues; involucelle à folioles arrondies, perfoliées. ⅔ *Bois.*

Lathyris, L. Tige simple, grosse; feuilles opposées, sur 4 rangs, lancéolées; involucelle à folioles ovales, aiguës. ⊙ *Lieux cultivés.* R.

** Capsules tuberculeuses, glabres.

Segetalis, L. Feuilles linéaires-lancéolées, entières, aiguës; involucelle à folioles réniformes; capsules ponctuées, rudes. ⅔ *Moissons.* Melun. R.

Palustris, L. Feuilles lancéolées, denticulées, glabres; involucelle à folioles ovales; capsules verruqueuses. ⅔ *Marais des bois.*

Verrucosa, L. Feuilles ovales-lancéolées, denticulées, pubescentes; involucelle à folioles ovales; capsules chargées de protubérances épineuses. ⅔ *Coteaux arides.* Valvins. R.

17.

Purpurata, Thuill. Tige simple, un peu velue; feuilles oblongues, entières, obtuses; involucelle à folioles largement
ovales, courtes, aiguës; capsules tuberculeuses. ♃ *Bord des
bois.* St-Germain. R.

Platiphylla, L. Tige rameuse; feuilles lancéolées, denticulées, pubescentes; involucelle cordiforme-arrondie. ☉ *Lieux
cultivés.*

*** *Capsules tuberculeuses, velues.*

Dulcis, L. Tige simple, velue; feuilles ovales-lancéolées,
pubescentes, denticulées; involucelle à folioles presque arrondies, denticulées; capsules tuberculeuses-hérissées. ♃ *Bois
ombragés.*

++ Feuilles opposées.

MERCURIALIS. Fleurs dioïques; les *mâles* en grappes allongées: périanthe à 2 folioles; 9-15 étamines; les *femelles* géminées ou en petites grappes axillaires: périanthe à 3 folioles;
2 styles; capsule à 2 loges monospermes. — *Fleurs herbacées.*

Annua, L. Foirole. Tige rameuse, glabre; feuilles ovales-lancéolées, velues, à dents obtuses, allongées. ☉ *Lieux cultivés.*

Perennis, L. Tige simple, velue; feuilles ovales-allongées,
ciliées, à dents courtes. ♃ *Bois ombragés.* Avril.

BUXUS. Fleurs monoïques; les *mâles* sessiles, axillaires, agglomérées: périanthe à 4 parties; 4 étamines; les *femelles* au-
dessus: périanthe *idem*; 3 styles à stigmates obtus; capsules à
3 pointes, à 3 loges bispermes. — *Fleurs herbacées.*

Sempervirens, L. Buis. Arbrisseau à feuilles persistantes, ovales, très-entières, échancrées au sommet; capsules à cornes
divergentes. ♄ *Bois.*

CLASSE DIXIÈME.

DICOTYLÉDONES DIPÉRIANTHÉES MONOPÉTALÉES SUPEROVARIÉES.

TABLEAU DES FAMILLES DE LA CLASSE DIXIÈME.

+ Corolle régulière.
* *Moins de 5 étamines.*

JASMINÉES. Corolle tubulée, à 4-5 divisions; 2 étamines; un
style; une capsule s'ouvrant au sommet, ou une baie biloculaire.

PLANTAGINÉES. Corolle tubulée, à 4 divisions scarieuses;
4 étamines; 1 style; une capsule s'ouvrant en travers.

** 5 *étamines.*

APOCYNÉES. Corolle à 5 lobes obliques; 5 étamines; 1-2 styles; fruit formé de 2 follicules; graines aigrettées ou nues.

GENTIANÉES. Corolle à 4-5 lobes droits; 5 étamines alternes avec les lobes de la corolle; un style; capsule à 1 loge ou 2 formées par le bord rentrant et séminifère des valves.

PRIMULACÉES. Corolle à 5 lobes droits; 5 étamines opposées aux lobes de la corolle; un style; 1 capsule uniloculaire, à semences placées sur un placenta central.

CONVOLVULACÉES. Corolle à 5 lobes droits; 5 étamines; 1 style; capsule trivalve, triloculaire.

SOLANÉES. Corolle à 5 lobes droits; 5 étamines; 1 style; capsule biloculaire, bivalve, ou une baie.

BORAGINÉES. Corolle à 5 lobes droits; 5 étamines, 1 style; 4 fruits nus au fond du calice persistant.

*** *Plus de 5 étamines.*

ÉRICINÉES. Calice persistant; corolle insérée sur le calice; 8-10 étamines à anthère bicorne à la base; capsule à 3 loges et plus, polysperme, à placenta central.

++ Corolle irrégulière.

* *Corolle non labiée.*

GLOBULARIÉES. Corolle irrégulière, à 5 lobes; 4 étamines; 1 style; 1 stigmate; 1 fruit monosperme — *fleurs réunies en tête, dans un involucre polyphylle.*

VERBÉNACÉES. Corolle irrégulière, à 4-5 lobes; 4 étamines didynames; 2-4 fruits osseux, nus.

SCROPHULARIÉES. Corolle irrégulière, à 5 lobes; 2-5 étamines ordinairement didynames; 1 style; 1 capsule biloculaire, polysperme.

** *Corolle labiée.*

UTRICULARIÉES. Corolle irrégulière, labiée, éperonnée inférieurement; 2 étamines; 1 style; capsule uniloculaire, polysperme.

OROBANCHÉES. Corolle irrégulière, labiée; 4 étamines didynames; 1 style; capsule bivalve, uniloculaire, polysperme (*plantes parasites*).

PÉDICULARIÉES. Corolle irrégulière, labiée, parfois éperonnée; 4 étamines didynames; 1 style; capsule bivalve, biloculaire, polysperme.

SALVIÉES. Corolle irrégulière, labiée; 4 étamines didynames (quelquefois 2); 1 style; 4 fruits nus.

FAMILLE QUARANTIÈME.

LES JASMINÉES.

Voyez les caractères de cette famille, page 198.

LIGUSTRUM. Calice très-petit, à 5 dents ; corolle à tube court, à 4 divisions ; 2 étamines ; 1 style ; baie biloculaire, à 4 graines.

Vulgare, L. Troëne. Feuilles ovales-lancéolées ; fleurs blanches, en grappes resserrées ; baie noire ♄ *Haies, bois.*

SYRINGA. Calice tubuleux , petit , à 4 dents ; corolle en tube , à 4 divisions ; capsule ovale, comprimée, à 2 valves, à 2 loges bispermes.

Vulgaris, L. Lilas. Feuilles cordiformes ; fleurs lilas, en thyrse. ♄ *Cultivé.*

ORNUS. Calice à 4 parties ; corolle à 4 pétales linéaires ; 2 étamines à anthère pédicellée ; 1 pistil ; capsule ailée, à base monosperme.

Europæa, Pers. Frêne à fleurs. Feuilles ailées, à folioles ovales , dentées en scie ; fleurs en panicule. ♄ *Bois.* Melun. R.

FRAXINUS. Fleurs polygames ; les *hermaphrodites* : calice et corolle nuls ; 2 étamines, à anthère sessile ; 1 pistil ; capsule ailée, à base monosperme ; les *femelles idem* , à l'exception des étamines.

Excelsior, L. Frêne. Feuilles ailées, à folioles lancéolées , dentées en scie ; fleurs herbacées, apétales. ♄ *Bois frais.*

FAMILLE QUARANTE-UNIÈME.

LES PLANTAGINÉES.

Voyez les caractères de cette famille, page 198.

PLANTAGO. Calice à 4 divisions ; calice 4-fide, à limbe réfléchi ; 4 étamines ; 1 style : pyxide à 2-4 loges.—*Fleurs blanches.*
     * *Tige simple , nue* (Plantago).

Major, L. Plantain. Feuilles ovales , glabres , à 7 nervures ; un long épi linéaire ; capsule à 4 loges monospermes. ♃ *Lieux cultivés.*

Media , L. Feuilles ovales , pubescentes, à 5 nervures ; épi ovoïde-allongé ; capsule à 2 loges monospermes. ♃ *Endroits secs.*

Lanceolata , L. Feuilles lancéolées-allongées , pubescentes , à 3-5 nervures ; épi ovoïde ; capsule à 2 loges monospermes. ♃ *Prés secs.*

** Tige rameuse, feuillée (Psyllium).

Arenaria, Waldst. Herbe aux puces. Tige très-rameuse ; feuilles linéaires, hérissées de poils visqueux ; fleurs en tête ; capsule à 2 loges monospermes. ⊙ *Lieux sablonneux.*

Coronopus. L. Corne de cerf. Tige rameuse, aphylle ; feuilles pinnatifides, glabres ; épi grêle ; capsule à 4 loges monospermes. ⊙ *Lieux pierreux.*

LITTORELLA. Fleurs monoïques ; les *mâles* pédonculées, solitaires : calice à 3 folioles ; corolle *idem ;* 4 étamines ; les *femelles* sessiles, radicales : calice de 3 folioles ; corolle monopétale à 4 divisions ; 1 style ; capsule monosperme, indéhiscente.

Lacustris, L. Tige nulle ; feuilles filiformes-subulées ; pédoncules uniflores. ♃ *Marécages.* St-Gratien. R.

FAMILLE QUARANTE-DEUXIÈME.

LES APOCYNÉES.

Voyez les caractères de cette famille, page 199.

ASCLEPIAS. Calice à 5 dents ; corolle à 5 lobes obliques ; ovaire entouré de 5 appendices charnus ; 5 étamines ; 1 style ; 1 stigmate ; 2 follicules oblongs ; graines laineuses.

Vincetoxicum, L. Dompte-venin. Tige simple ; feuilles ovales-lancéolées, entières, subpubescentes ; corolle verdâtre, glabre. ♃ *Bois secs, rochers.*

VINCA. Calice à 5 parties ; corolle à 5 lobes obliques et tronqués, à orifice muni d'un rebord pentagone ; 5 étamines ; 1 style ; 1 stigmate ; 2 follicules oblongs ; graines nues.

Minor, L. Pervenche. Tige grêle, couchée ; feuilles ovales-lancéolées, glabres ; calice à divisions courtes. ♃ *Haies des bois.* R.

FAMILLE QUARANTE-TROISIÈME.

LES GENTIANÉES.

Voyez les caractères de cette famille, page 199.

GENTIANA. Calice à 4-5 lobes ; corolle à 4-5 divisions ; 4-5 étamines ; style bifide ; capsule à 2 valves, à une loge polysperme.

Pneumonanthe, L. Tige simple ; feuilles linéaires ou lancéolées; fleurs bleues, axillaires, grandes, en cloche, nues. ♃ *Prés humides*. St-Gratien. R.

Cruciata, L. Tige simple; feuilles ovales-lancéolées, disposées en croix; fleurs jaunes, en verticilles rapprochés; corolle tubulée, à 4 divisions nues. ♃ *Pâturages humides et montueux*. Fontainebleau. R.

Amarella, L. Tige rameuse; feuilles cordiformes-allongées, à 3 nervures; fleurs terminales et axillaires, à 5 divisions, barbues à la gorge. ⊙ *Pelouses des bois*. St-Germain. R.

ERYTHRÆA. Calice pentagone, prismatique, 5-fide; corolle tubuleuse, à 5 divisions; 5 étamines; 1 style; 2 stigmates; capsule linéaire, à 2 valves rentrantes, à une loge polysperme.

Centaurium, Pers. Petite centaurée. Tige tétragone, élevée, dichotome; feuilles ovales-oblongues, à 3 nervures; fleurs nombreuses, roses. ⊙ *Bois*.

Ramosissima, Pers. Tige tétragone, très-rameuse, petite; feuilles ovales-oblongues, à 3 nervures; fleurs très-nombreuses, roses. ⊙ *Bord des mares desséchées*.

Intermedia, Mérat. Tige assez élevée, tétragone, dichotome; fleurs roses, rares, grêles, à calice allongé. ⊙ *Prés*. R.

Luteola, Pers. Tige ronde, très-petite, rameuse; feuilles linéaires; fleurs jaunâtres, pédonculées, uniflores, à corolle presque fermée. ⊙ *Bord des mares*. St-Léger. R.

EXACUM. Calice globuleux, à 4 dents; corolle tubuleuse, à 4 lobes; 1 style; 1 stigmate; capsule à 3 valves, à une loge polysperme.

Filiforme, Willd. Tige très-simple, filiforme; feuilles linéaires; fleurs jaunes, à pédoncule uniflore. ⊙ *Lieux où l'eau a séjourné l'hiver*. Meudon. ·

CHLORA. Calice de 8 feuilles; corolle à 8 divisions; 8 étamines; 1 style; 1 stigmate 4-fide, capsule à 2 valves, à une loge polysperme.

Perfoliata, L. Tige un peu dichotome; feuilles perfoliées, ovales-oblongues, épaisses, glauques; fleur orange. ⊙ *Bois élevés*.

MENYANTHES. Calice à 5 lobes; corolle en entonnoir, à 5 divisions barbues intérieurement; 5 étamines; 1 style; 1 stigmate; capsule uniloculaire, à plusieurs graines nues.

Trifoliata, L. Trèfle d'eau. Feuilles radicales, à 3 folioles ovales; fleurs blanches, en panicule. ♃ *Étangs*. Ville-d'Avray. R.

VILLARSIA. Calice à 5 lobes; corolle en roue, à 5 divisions ciliées sur les bords; 1 stigmate, capsule uniloculaire, à plusieurs graines membraneuses.

Nymphoides, Vent. Feuilles cordiformes-arrondies, entières, flottantes; fleurs jaunes, en ombelle simple. ♃ *Étangs, rivières*.

FAMILLE QUARANTE-QUATRIÈME.

LES PRIMULACÉES.

Voyez les caractères de cette famille, page 199.

PRIMULA. Calice persistant, tubuleux, 5-fide ; corolle tubuleuse à 5 lobes, à orifice libre ; 5 étamines ; 1 style ; 1 stigmate; capsule uniloculaire, s'ouvrant en 10 dents. — *Fleurs jaune pâle.*

Veris, L. Primeverre. Hampe multiflore. ♃ *Bois, prés.* Avril.

Acaulis, Jacq. Hampe nulle ; pédoncule radical, ordinairement uniflore. ♃ *Idem.*

HOTTONIA. Calice à 5 parties ; corolle en soucoupe, 5-fide ; 5 étamines ; 1 style ; 1 stigmate ; capsule globuleuse, indéhiscente?

Palustris, L. Volant d'eau. Feuilles verticillées, pinnées, à folioles capillaires ; fleurs rosées, en verticilles. ♃ *Mares.* Bondy. R.

LYSIMACHIA. Calice à 5 divisions profondes ; corolle à 5 divisions ; 5 étamines ; 1 style ; 1 stigmate ; capsule à 5 valves. — *Fleurs jaunes.*

Vulgaris, L. Corneille. Tige dressée, pubescente ; feuilles parfois verticillées, ovales; pédoncules multiflores. ♃ *Lieux humides, ombragés.*

Nummularia, L. Herbe aux écus. Tige rampante, glabre ; feuilles orbiculaires ; pédoncules uniflores. ♃ *Lieux aquatiques.*

Nemorum, L. Tige couchée, glabre ; feuilles ovales ; pédoncules uniflores, filiformes. ☉ *Prairies humides des bois.* Montmorency. R.

SAMOLUS. Calice à 5 lobes ; corolle en soucoupe, à 5 divisions écailleuses à la gorge ; 5 étamines ; 1 style ; 1 stigmate ; capsule à 5 valves.

Valerandi, L. Mouron d'eau. Tige dressée, glabre ; feuilles ovales, entières, obtuses ; fleurs blanches, en grappe, à pédoncule coudé. ♂ *Bord des mares.*

ANAGALLIS. Calice à 5 lobes ; corolle en roue, à 5 divisions ; 5 étamines à filament velu ; 1 style ; 1 stigmate simple ; pyxide.

Arvensis, L. Mouron rouge. Tige carrée, redressée ; feuilles ovales-lancéolées, embrassantes; fleurs rouges ou bleues. ☉ *Lieux cultivés.*

Tenella, L. Tige arrondie, rampante, filiforme ; feuilles ovales-arrondies, pédonculées ; fleurs rose pâle. ♃ *Prairies spongieuses.* Montmorency. R.

CENTUNCULUS. Calice 4-fide; corolle 4-fide; 4 étamines; 1 style; 1 stigmate; pyxide.

Minimus, L. Tige très-petite, dressée, rameuse; feuilles alternes, ovales, obtuses; fleurs blanches, axillaires, parfois agglomérées. ⊙ *Allées sablonneuses, fraiches, des bois*. Ville-d'Avray. R.

FAMILLE QUARANTE-CINQUIÈME.

LES CONVOLVULACÉES.

Voyez les caractères de cette famille, page 199.

CONVOLVULUS. Calice à 5 divisions; corolle plissée, à limbe entier; 5 étamines; 1 style; 1 stigmate; capsule à 3 loges bispermes. — *Plantes grimpantes; feuilles sagittées; fleurs blanches.*

Arvensis, L. Liseron. Pédoncule long, avec 2 bractées au milieu; calice nu; stigmate filiforme. ♃ *Champs.*

Sepium, L. Pédoncule court, sans bractées au milieu; calice accompagné de 2 larges bractées; stigmate obtus. ♃ *Haies.*

CUSCUTA. Calice à 4-5 divisions; corolle *idem*; 4-5 étamines, ayant une écaille à la base de chaque; 2 styles; pyxide à 2 loges. — *Feuilles nulles; fleurs rougeâtres comme toute la plante.*

Epithymum, L. Calice et corolle à divisions obtuses; styles non saillants. ⊙ *Arbrisseaux, plantes ligneuses.*

Europæa, L. Cuscute. Calice et corolle à divisions aiguës; styles saillants. ⊙ *Herbes des prairies.*

FAMILLE QUARANTE-SIXIÈME.

LES SOLANÉES.

Voyez les caractères de cette famille, page 199.

SOLANUM. Calice à 5 divisions; corolle en roue, à 5 divisions; 5 étamines à anthères conniventes; baie à 2 loges. — *Fleurs blanches.*

Dulcamara, L. Douce-amère. Tige frutescente, grimpante; feuilles ovales-lancéolées, parfois cordiformes ou lobées; fleurs en groupe. ♄ *Haies.*

Tuberosum, L. Pomme de terre. Racine produisant de gros tubercules; feuilles inégalement ailées, décurrentes; fleurs en corymbe. ♃ *Cultivé.*

Nigrum, L. Morelle. Tige et feuilles glabres; celles-ci ova-

SOLANÉES. — *Solanum.* 205

les-anguleuses, à grosses dents; fleurs en ombelle simple; baies ordinairement noires. ⊙ *Lieux cultivés, pied des murs.*

Villosum, Lam. Tiges et feuilles velues; celles-ci ovales-anguleuses, à grosses dents; baies jaunes. ⊙ *Champs.*

PHYSALIS. Calice à 5 lobes, se renflant en vessie pendant la maturité; corolle en roue; 5 étamines, à anthères conniventes; 1 style; baie à 2 loges.

Alkekengi, L. Coqueret. Feuilles glabres, irrégulières-ovales, plissées, entières; fleurs blanches, solitaires; calice et baie rouges. ⊙ *Vignes, lieux cultivés.*

LYCIUM. Calice court, à 2 lèvres parfois bifides; corolle en entonnoir; 5 étamines à filament barbu; 1 style; 1 stigmate; baie à 2 loges polyspermes. — *Fleurs violet pâle.*

Europaeum, L. Jasminoïde. Rameaux arrondis; feuilles ovales; baie rouge-gris. ♃ *Haies des jardins.*

Barbarum. L. Rameaux subanguleux, tombants; feuilles lancéolées; baie noirâtre. ♃ *Haies champêtres.*

DATURA. Calice tubuleux, anguleux, caduc, 5-fide; corolle infondibuliforme, à 5 divisions plissées; 5 étamines; 1 style; 1 stigmate bilamellé; capsule épineuse, à 4 valves, presque à 4 loges, polysperme.

Stramonium, L. Pomme épineuse. Feuilles ovales, sinuées-anguleuses; fleurs blanches, axillaires, grandes. ⊙ *Lieux sablonneux, bord des routes.* Fontainebleau. R.

HYOSCIAMUS. Calice grand, en cloche, à 5 lobes aigus; corolle à 5 divisions inégales; 5 étamines; 1 style; 1 stigmate; capsule operculée, à 2 loges.

Niger, L. Jusquiame. Feuilles sinuées-pinnatifides; fleurs grisâtres, sessiles, paniculées; dents des calices épineuses. ♂ *Lieux caillouteux, chemins.*

FAMILLE QUARANTE-SEPTIÈME.
LES BORAGINÉES.

Voyez les caractères de cette famille, page 199.

+ Gorge de la corolle fermée par cinq écailles.

BORAGO. Calice 5-fide; corolle en roue, à 5 lobes planes; 5 étamines; 1 style; 1 stigmate; fruits ridés, non comprimés.

Officinalis, L. Bourrache. Tige rameuse, très-hispide; feuilles larges-ovales; fleurs bleu-clair, en panicule, à pédoncules penchés. ♂ *Lieux cultivés.* R.

ANCHUSA. Calice à 5 divisions; corolle en entonnoir, à tube droit, à 5 lobes entiers, obtus; 5 étamines; 1 style; 1 stigmate échancré; fruits ovoïdes, tronqués.

18

Italica, Retz. Buglosse. Tige simple; feuilles lancéolées, embrassantes, ciliées; fleurs bleues, en grappes unilatérales; calice à divisions linéaires. ♃ *Lieux cultivés*. Charenton. R.

LYCOPSIS. Caractères du genre précédent, sauf le tube de la corolle qui est arqué.

Arvensis, L. Petite buglosse. Feuilles ondulées, tuberculées-hispides, les radicales longues, linéaires, les caulinaires lancéolées; fleurs bleues, petites, en épi. ☉ *Champs*.

MYOSOTIS Calice à 5 dents; corolle hippocratériforme, à 5 divisions échancrées; 5 étamines; 1 style; 1 stigmate simple; fruits lisses. — *Fleurs bleues*.

* *Espèces à pédoncules courts.*

Collina, Ehrh. Tige rameuse, diffuse, étalée, hispide du bas; toutes les feuilles ovales. ☉ *Bois montueux*.

Stricta, Link. Tige rameuse, à rameaux dressés, resserrés; feuilles radicales spathulées, les caulinaires dressées. ☉ *Bois arides*.

Versicolor, Roth. Tige simple; feuilles inférieures ovales, les supérieures lancéolées-linéaires; fleurs versicolores. ☉ *Bois*.

** *Espèces à pédoncules longs.*

Arvensis, Willd. Tige dressée, diffuse, velue, roulée au sommet; feuilles lancéolées-aiguës. ♂ *Champs*.

Palustris, Ehrh. Tige radicante, couchée, subglabre; feuilles ovales-oblongues. ♃ *Prés humides*, *bord des eaux*.

Sylvatica, Ehrh. Tige subradicante, dressée, grêle; feuilles ovales-oblongues, aiguës, glabre. ♃ *Bois*.

SYMPHYTUM. Calice 5-fide; corolle en cloche, tubuleuse à la base, à 5 lobes courts; 5 étamines; 1 pistil; 1 stigmate; fruits lisses.

Officinale, L. Grande consoude. Tige ailée; feuilles grandes, lancéolées-spathulées, décurrentes; fleurs blanches-rosées, peu nombreuses, en grappe. ♃ *Prés humides*.

ASPERUGO. Calice à 5 lobes inégaux, dentés; corolle à tube court, à limbe 5-fide; 5 étamines; 1 style; 1 stigmate; fruits raboteux, recouverts par le calice comprimé qui s'accroît après la fleuraison et qui est alors comme à deux lames.

Procumbens, L. Rapette. Tiges couchées, longues; feuilles ovales-lancéolées, sessiles; fleurs bleues, sessiles, axillaires, très-petites. ☉ *Chemins*.

CYNOGLOSSUM. Calice à 5 divisions; corolle en entonnoir, à 5 lobes courts; 5 étamines; 1 style; 1 stigmate; fruits épineux, aplatis.

Officinale, L. Grande consoude. Tige branchue, lisse; feuilles lancéolées, molles, blanchâtres-pubescentes, pointues, les supérieures embrassantes; fleurs en long épi; calice à folioles entières. ♂ *Lieux incultes*, *caillouteux*.

Lappula, Scop. Tige simple, rude; feuilles lancéolées, obtuses, velues; fleurs rouges ou blanches, en épi foliacé. ☉ *Lieux incultes*, *bord des chemins*.

++ Gorge de la corolle nue.

HELIOTROPIUM. Calice tubuleux, à 5 dents; corolle hippo-cratériforme, à 5 lobes entremêlés de 5 petites dents; 5 étamines incluses; 1 style; 1 stigmate en bouclier; fruits pubescents-hispides.

Europæum, L. Héliotrope. Tige velue-blanchâtre, ainsi que les feuilles qui sont ovales-anguleuses, ridées; fleurs blanches, unilatérales, en épis. ⊙ *Lieux cultivés, sablonneux.*

ECHIUM. Calice à 5 divisions; corolle un peu irrégulière, à 5 lobes inégaux; 5 étamines; 1 style; 1 stigmate bifide, très-velu; fruits raboteux.

Vulgare, L. Vipérine. Tige hérissée, tachetée de points noirs; feuilles linéaires; fleurs rougeâtres, en épis composés de plus petits recourbés. ♃ *Chemins.*

LITHOSPERMUM. Calice à 5 divisions; corolle infondibuli-forme, à 5 lobes, à tube nu et grêle; 5 étamines; 1 style nu; stigmate bifurqué; fruits osseux, luisants.

Officinale, L. Gremil. Tige simple, dressée; feuilles longues, linéaires-lancéolées, scabres; corolle blanche, à peine plus longue que le calice; fruits luisants. ♃ *Bord des chemins.*

Purpuro-cœruleum, L. Tige diffuse, couchée; feuilles lancéolées, scabres; corolle bleue, beaucoup plus grande que le calice; fruits très-luisants. ♃ *Coteaux montueux.* Champagne. R.

Arvense, L. Tige branchue, dressée; feuilles linéaires, molles; corolle blanche, dépassant à peine le calice; fruits ridés-rugueux. ⊙ *Champs.*

PULMONARIA. Calice à 5 angles, à 5 divisions; corolle infondibuliforme, à 5 divisions, à tube cylindrique; 5 étamines; 1 style; 1 stigmate échancré; fruits pubescents.

Vulgaris, Mérat. Pulmonaire. Feuilles ovales-lancéolées, surtout en haut, rétrécies en pétioles; fleurs bleu-rougeâtre, en corymbe court. ♃ *Bois sablonneux.*

FAMILLE QUARANTE-HUITIÈME.

LES ÉRICINÉES.

Voyez les caractères de cette famille, page 199.

ERICA. Calice de 4 folioles; corolle à 4 divisions; 8 étamines; 1 style; 1 stigmate; anthères bicornes; capsule à 4 loges, à 4 valves.

* *Corolle à 4 divisions profondes.*

Vulgaris, L. Bruyère. Feuilles imbriquées sur 4 rangs; fleurs rouges ayant un double calice; étamines incluses; stigmate renflé, saillant. ♄ *Bois secs.*

Scoparia, L. Feuilles alternes, 3 à 3; fleurs verdâtres, à calice simple, globuleuses; étamines incluses; stigmate en bouclier, saillant. ♄ *Plaines arides des bois.* St.-Léger. R.

Vagans, Smith. Feuilles verticillées par 4-5; fleurs roses, à calice simple, ovoïdes; étamines et style saillants, ce dernier subfiliforme. ♄ *Bois montueux.* St.-Léger. R.

** *Corolle à 4 dents.*

Cinerea, L. Feuilles fasciculées; fleurs purpurines, à calice simple, globuleuses; étamines incluses; stigmate un peu saillant, globuleux. ♄ *Bois secs, élevés.*

Tetralix, L. Feuilles verticillées 4 à 4, lancéolées-ciliées, glanduleuses; fleurs purpurines, à calice simple, en tête, penchées; étamines incluses; style un peu saillant, globuleux. ♄ *Bois tourbeux.* St.-Léger. R.

Ciliaris, L. Feuilles verticillées par 3, subovales, ciliées-glanduleuses; fleurs purpurines, à calice simple, terminales; étamines incluses; style saillant, en massue. ♄ *Bois montueux.* St.-Léger. R.

PYROLA. Calice 5-fide; corolle à 5 divisions profondes; 10 étamines; 1 style; 1 stigmate; capsules à 5 valves, s'ouvrant par les angles, à 5 loges polyspermes.

Rotundifolia, L. Pyrole. Feuilles rondes; 12-15 fleurs blanches, en grappe terminale; corolle très-ouverte; style très-saillant, recourbé en trompe. ♃ *Bois.*

Chlorantha, Swartz. Feuilles arrondies, plus larges transversalement; 3-5 fleurs verdâtres, peu ouvertes; style allongé, un peu courbe. ♃ *Idem.*

Minor, L. Feuilles ovales-arrondies; 5-6 fleurs roses, fermées; style dressé, court. ♃ *Idem.*

FAMILLE QUARANTE-NEUVIÈME.
LES GLOBULARIÉES.

Voyez les caractères de cette famille, page 199.

GLOBULARIA. Calice monophylle, tubulé, à 5 divisions; corolle monopétale, à 5 lobes inégaux; 4 étamines égales; 1 style; fruit monosperme.

Vulgaris, L. Globulaire. Feuilles arrondies, pétiolées; les caulinaires ovales-lancéolées, sessiles; fleurs bleues en une seule tête globuleuse, entremêlées de paillettes. ♃ *Pelouses montueuses des bois.* Saint-Germain. R.

FAMILLE CINQUANTIÈME.
LES VERBÉNACÉES.

Voyez les caractères de cette famille, page 199.

VERBENA. Calice persistant, à 5 dents, dont une tronquée;

corolle infondibuliforme, courbée, à 5 divisions un peu irrégulières ; 4 étamines ; I style ; I stigmate ; 4 graines nues.

Officinalis, L. Verveine. Feuilles ovales-cunéiformes, celles du haut pinnatifides ; fleurs d'un violet tendre, en longue grappe simple, filiforme. ⊙ *Bord des chemins.*

FAMILLE CINQUANTE-UNIÈME.

LES SCROPHULARIÉES.

Voyez les caractères de cette famille, page 199.

+ Cinq étamines fertiles.

VERBASCUM. Calice 5-fide ; corolle à 5 lobes, en roue, un peu inégaux ; 5 étamines ; I style ; I capsule à 2 valves, à 2 loges. — *Fleurs jaunes.*

Thapsus, L. Bouillon blanc. Feuilles entières, décurrentes, drapées des deux côtés, les supérieures embrassantes ; fleurs en épi ; au moins 2 étamines à filament glabre. ♃ *Bord des chemins.*

Phlomoides, L. Feuilles non décurrentes, pubescentes, ovales-lancéolées, dentées ou crénelées ; fleurs en épi simple, terminal, interrompu ; toutes les étamines à filament pourvu de poils jaunes. ♂ *Bois secs.*

Nigrum, L. Feuilles non décurrentes, pubescentes, oblongues, crénelées ; fleurs en panicule ; toutes les étamines à filaments pourvus de poils purpurins. ♂ *Lieux stériles.*

Lychnitis, L. Feuilles non décurrentes, pubescentes, ovales, obtuses, crénelées ; fleurs en épi rameux ; toutes les étamines à filament pourvu de poils jaunes. ♂ *Lieux secs et découverts des bois.*

Pulverulentum, Smith. Tige cylindrique ; toutes les feuilles non décurrentes, pubescentes, embrassantes, cordiformes ; fleurs en panicule ; toutes les étamines à filament pourvu de poils blancs. ♂ *Bois secs, chemins.*

Floccosum, Waldst. Tige anguleuse ; feuilles non décurrentes, pubescentes, les radicales ovales, celles du sommet cordiformes ; fleurs en panicule ; toutes les étamines à filament pourvu de poils blancs. ♂ *Idem.*

Blattaria, L. Herbe aux mites. Feuilles non décurrentes, glabres ; fleurs solitaires, à pédoncule gros, court ; toutes les étamines à filament revêtu de poils purpurins. ♂ *Bord des eaux desséchées.*

Blattarioides, Lam. Feuilles non décurrentes, pubescentes ; fleurs partant 2-3 du même point, à pédoncule grêle, allongé ; 3 étamines à filament pourvu de poils purpurins, les 2 autres glabres. ♂ *Idem.*

+ + Quatre étamines didynames.
A. *Feuilles opposées.*

SCROPHULARIA. Calice court, à 5 lobes arrondis ; corolle

à tube globuleux, à 5 divisions; 4 étamines; 1 style; 1 stigmate; capsule globuleuse à 2 valves, à 2 loges. — *Fleurs noirâtres.*

Nodosa, L. Tige glabre; feuilles glabres, cordiformes, à dents simples; fleurs en longues grappes. ♃ *Lieux couverts, buissons.*

Aquatica, L. Herbe du siége. Tige paniculée; feuilles glabres, ovales-cordiformes, crénelées; fleurs en panicule courte. ♃ *Autour des étangs.*

B. *Feuilles alternes.*

DIGITALIS. Calice à 5 parties inégales; corolle ventrue, à 4 lobes obliques, inégaux; 4 étamines; 1 style; 1 stigmate; capsule ovoïde, à 2 valves, à 2 loges.

Purpurea, L. Digitale. Feuilles ovales, velues, pétiolées; fleurs rouges. ♂ *Les bois.*

Lutea, L. Feuilles lancéolées, glabres, sessiles; fleurs jaunes. ♃ *Collines boisées.* Bougival. R.

LIMOSELLA. Calice 5-fide, irrégulier; corolle campanulée, à 5 divisions presque égales; 4 étamines; 1 style; 1 stigmate; capsule bivalve, ovoïde, inférieurement à 2 loges.

Aquatica, L. Limoselle. Tige petite, à jets rampants; feuilles ovales-allongées; fleurs blanches, solitaires, à pédoncule radical. ☉ *Bord des mares.*

+++ Deux étamines.

VERONICA. Calice à 4-5 divisions; corolle à 4 divisions, un peu irrégulière; 2 étamines; 1 style décliné; capsule comprimée, échancrée. — *Fleurs bleues.*

* *Pédoncule axillaire, multiflore.*

Beccabunga, L. Tige rampante; feuilles ovales-arrondies, glabres, dentées en scie. ♃ *Ruisseaux.*

Anagallis, L. Tige dressée, fistuleuse, forte; feuilles sessiles, lancéolées, glabres, dentées en scie. ♃ *Ruisseaux.*

Scutellata, L. Tige dressée, grêle; feuilles sessiles, linéaires, glabres ou velues, entières. ♃ *Bord des marais.*

Montana, L. Tige rampante, débile; feuilles pétiolées, ovales-arrondies, dentées profondément et obtusément. ♃ *Bois de montagne.* La Selle. R.

Teucrium, L. Tige couchée à la base, velue, ligneuse; feuilles inférieures ovales, les supérieures pinnatifides. ♃ *Coteaux, bois.*

Chamædrys, L. Tige dressée, ligneuse, ayant 2 rangées de poils opposés alternativement; feuilles ovales-cordiformes, à dents obtuses, *bois.* ♃ *Buissons, bois.*

Officinalis, L. Tige couchée, radicante, pubescente; feuilles ovales, finement dentées. ♃ *Lieux sablonneux.*

** *Fleurs en épi.*

Spuria, L. Feuilles lancéolées, très-pointues, glabres, verticillées par 3, à dents de scie, aiguës. ♃ *Bois.* Fontainebleau. R.

Spicata, L. Feuilles ovales, un peu obtuses, velues, crénelées, opposées. ♃ *Bois sablonneux.*

*** *Pédoncule uniflore, axillaire.*

Serpillyfolia, L. Tige simple; feuilles ovales-arrondies, obtuses, denticulées, pubescentes. ♃ *Pelouses, bois.*

Arvensis, Tige simple, dressée; feuilles sessiles, les inférieures ovales-cordiformes, les supérieures lancéolées; fleurs subsessiles. ⊙ *Champs arides.*

Agrestis, L. Tige rameuse, étalée; feuilles pétiolées, ovales-lobées, toutes semblables; fleurs pédonculées. ⊙ *Lieux cultivés.* Avril-Octobre.

Hederefolia, L. Tige diffuse; feuilles cordiformes, à 5 lobes entiers; calice à divisions ovales-cordiformes; capsule ventrue à 4 semences très-grosses. ⊙ *Lieux pierreux, cultivés.*

Filiformis, Tenore. Tige diffuse; feuilles ovales-cordiformes, laciniées-dentées; calice à divisions lancéolées; capsule obcordée, à 4-6 graines petites. ⊙ *Prairies artificielles.* Saint-Cyr. R.

Triphyllos. L. Tige diffuse; feuilles inférieures cordiformes, les supérieures à 3-5 lobes profonds, étroits; calice à divisions ovales-lancéolées, se développant beaucoup à la maturité du fruit. ⊙ *Champs, moissons.*

Ocymifolia, Thuill. Tige diffuse; feuilles inférieures cordiformes-incisées, les supérieures subpinnatifides; calice à divisions ovales; égales. ⊙ *Lieux cultivés.* Avril.

Acinifolia, L. Tige dressée, petite, un peu rameuse du haut; feuilles inférieures ovales-arrondies, crénelées, les supérieures lancéolées, entières; calice à divisions ovales, égales. ⊙ *Gazons des bois.*

Verna, L. Tige dressée, simple, petite; feuilles inférieures ovales-dentée, les moyennes pinnatifides, les supérieures linéaires, entières; calice à divisions linéaires. ⊙ *Lieux sablonneux des bois.* Avril. Romainville. R.

GRATIOLA. Calice à 5 divisions, avec 2 bractées à la base; corolle tubuleuse, à 5 lobes inégaux; 4 étamines, dont les 2 inférieures stériles; capsule ovoïde, à 2 valves, à 2 loges.

Officinalis, L. Gratiole. Feuilles amplexicaules, ovales-lancéolées, dentées en scie; fleurs blanchâtres, axillaires, à pédoncule filiforme. ♃ *Bord des eaux.* Ville-d'Avray. R.

FAMILLE CINQUANTE-DEUXIÈME.

LES UTRICULARIÉES.

Voyez les caractères de cette famille, page 199.

UTRICULARIA. Calice à 2 folioles; corolle à 2 lèvres, la supérieure droite, l'inférieure bosselée, éperonnée à la base; style bifide; capsule globuleuse, à une loge polysperme. — *Fleurs jaunes.*

Vulgaris, L. Feuilles décomposées, à folioles sétacées, mêlées d'utricules; hampe à fleurs dont l'éperon conique, subulé, est de la longueur de la corolle; stigmate hispide. ♃ *Les mares.*

Intermedia, Hayne. Feuilles *idem;* utricules plus petites; hampe à fleurs, dont l'éperon conique, obtus, est plus court que la corolle; stigmate nu. *Mêmes lieux.*

PINGUICULA. Calice à 5 divisions; corolle à 2 lèvres, la supérieure à 2 lobes, l'inférieure à 3, prolongée en éperon; style à 2 stigmates, dont 1 plus large enroule les deux étamines; capsule uniloculaire, indéhiscente, polysperme.

Vulgaris, L. Grassète. Feuilles ovales, entières, grasses; hampe uniflore; fleur pâle. ⊙ *Prés gras.* Montmorency. R.

FAMILLE CINQUANTE-TROISIÈME.

LES OROBANCHÉES (I).

Voyez les caractères de cette famille, page 199.

OROBANCHE. Calice nul ou à 4-5 divisions; corolle à 2 lèvres, la supérieure courte, entière, l'inférieure à 3 divisions; 4 étamines pubescentes; 1 style persistant; capsule ovoïde, allongée, uniloculaire à 2 valves, polysperme.

    * Calice nul ; corolle à quatre divisions.

  A. *Corolle accompagnée de bractées latérales entières.*

Epithymum, DC. Tige arrondie, simple; fleurs peu nombreuses, grosses, courtes; étamines à filet velu; style glabre. ♃ *Serpollet*, etc.

Minor, Smith. Tige simple, arrondie; fleurs en épi lâche, nombreuses, petites, allongées, courtes; étamines à filet glabre; style glabre. ♃ *Luzerne, cistes, graminées.*

Hederæ helicis, Vauch. Tige un peu rameuse, arrondie; fleurs en très-long épi; étamines à filet glabre; style glabre. ♃ *Lierre en arbre.*

  B. *Corolle accompagnée de bractées latérales bifides.*

Major, L. Tige simple, haute, grosse, très-anguleuse; fleurs en très-long épi, grosses, courtes; étamines à filet glabre, ainsi que le style. ♃ *Genêts.*

Elatior, Smith. Tige simple, élevée, arrondie; fleurs en long épi; corolle longue, courbe; étamines à filet glabre; style pubescent, bifide. ♃ *Aubépine.*

(I) Dans cette famille, toutes les plantes sont parasites; elles ont des écailles en place de feuilles, et les fleurs, à peu près concolores à celles-ci, sont en général de couleur rouillée.

Vulgaris, Lam. Tige simple, arrondie, violette; fleurs peu nombreuses, allongées, courbes; étamines à filet glabre; style légèrement velu. ♃ *Caille-lait, aubépine, rosiers.*

Eryngii, Mérat. Tige simple, grande; fleurs en épi allongé, presque distiques, nombreuses, à divisions crépues; étamines à filet glabre ainsi que le pistil. ♃ *Panicaut.*

** Calice à 4 divisions; toutes les bractées entières; corolle à 5 divisions.

Lævis, L. Tige simple, glabre, anguleuse; fleurs en épi allongé, à tube étroit, allongé; étamines à filet glabre; style velu. ♃ *Mille-feuille, armoise.*

Comosa, Wallr. Tige rameuse, glabre, grosse, arrondie; fleurs en long épi, grandes, courbes; étamines et style glabres. ♃ *Plantes fort diverses.*

Ramosa, L. Tige rameuse, pubescente; fleurs petites, en épi peu serré, tubuleuses, resserrées au milieu; étamines et style glabres. ♃ *Chanvre.*

LATHRAEA. Calice campanulé, 4-fide; corolle à deux lèvres, la supérieure en casque, l'inférieure trifide, réfléchie; 4 étamines didynames; 1 style; 1 stigmate; capsule uniloculaire, polysperme.

Squammaria, L. Tige écailleuse, simple, glabre; fleurs en épi penché. ♃ *Pied des arbres.* R.

MONOTROPA. Calice nul; corolle de 8-10 pétales, dont 4-5 extérieurs, excavés à la base; capsule à 4-5 valves, à 4-5 loges polyspermes.

Hypopithys, L. Tige succulente, jaunâtre, ordinairement simple; fleurs ramassées, unilatérales, penchées. ♃ *Pied des arbres.* R.

FAMILLE CINQUANTE-QUATRIÈME.

LES PÉDICULARIÉES.

Voyez les caractères de cette famille, page 199.

+ Feuilles alternes; calice à 5 divisions.

LINARIA. Calice à 5 lobes; corolle à 2 lèvres, la supérieure à 2 lobes réfléchis, l'inférieure à 3, avec un palais proéminant et éperonné; 4 étamines didynames, avec le rudiment d'une cinquième; capsule à 2 loges se déchirant au sommet.

* Feuilles larges, anguleuses, pétiolées.

Cymbalaria, Desf. Tige rampante, glabre; toutes les feuilles à base cordiforme, à 5-7 lobes, arrondis; fleurs violettes, éparses, solitaires, à éperon court, obtus. ♃ *Murs.*

Elatine, Desf. Tige couchée, velue; feuilles inférieures ovales-arrondies, les supérieures hastées, alternes ; fleurs jaunes, solitaires, à éperon long, aigu, droit. ⊙ *Lieux cultivés.*

Spuria, Desf. Velvote. Tige couchée, velue ; toutes les feuilles arrondies, entières ; fleurs jaunâtres, solitaires, à éperon aigu, recourbé. ⊙ *Lieux cultivés.*

** *Feuilles étroites, non anguleuses, sessiles ; éperon aigu.*

A. *Fleurs nombreuses, disposées en long épi.*

Vulgaris, Desf. Linaire. Tige glabre ; toutes les feuilles linéaires-lancéolées, éparses ; fleurs jaunes, en épis terminaux, à calice glabre, à éperon droit. ♃ *Lieux pierreux.*

Purpurea, Desf. Tige glabre ; feuilles linéaires-lancéolées, éparses dans le haut, verticillées dans le bas ; fleurs purpurines, en épis terminaux, à calice glabre, à éperon un peu courbe. ♃ *Chemins montueux.* Champagne. R.

Arvensis, Desf. Tige velue-visqueuse du haut ; feuilles linéaires, éparses du haut, verticillées du bas ; fleurs violettes, en épis terminaux, à calice velu-visqueux, à éperon courbe. ⊙ *Champs.*

B. *Fleurs peu nombreuses, presque en tête.*

Simplex, Desf. Tige dressée, très-simple, glabre ; feuilles linéaires, verticillées du bas, alternes du haut ; 3-4 fleurs jaunes, petites, en tête, à éperon droit. ⊙ *Lieux cultivés.* Champagne. R.

Thuillieri, Mérat. Tige dressée, rameuse, glabre, pubescente du haut ; feuilles linéaires, verticillées du bas, alternes en haut ; 2-4 fleurs jaunes en tête ou distantes, grandes, à éperon droit. ⊙ *Moissons.*

Pelisseriana, Desf. Tige dressée, un peu rameuse, glabre, ayant des jets stériles à la base ; feuilles de la base ovales, ternées, celles de la tige linéaires, verticillées par 4 ; fleurs violettes, en tête, à éperon droit. ⊙ *Lieux herbeux.*

Supina, Desf. Tige couchée, glabre ; feuilles linéaires, verticillées en bas, éparses en haut ; fleurs jaunes, en tête ou en épi court, à éperon fin, droit. ⊙ *Lieux sablonneux.*

*** *Feuilles étroites, non anguleuses, sessiles ; éperon court et obtus.*

Repens, Desf. Tige rampante du bas, redressée, rameuse, glabre ; feuilles linéaires, verticillées du bas, éparses du haut ; fleurs blanchâtres, en grappes allongées. ♃ *Champs arides.*

Minor, Desf. Tige dressée, rameuse, velue-visqueuse ; feuilles inférieures ovales, opposées, les supérieurs lancéolées, alternes ; fleurs purpurines en longues grappes feuillées. ⊙ *Lieux sablonneux.*

ANTIRRHINUM. Caractères des LINARIA, à l'exception de l'éperon, remplacé par une bosse, et de la capsule qui s'ouvre par des trous ou pores.

Majus, L. Mufle de veau. Tige rameuse ; feuilles ovales-lancéolées ; fleurs jaunes ou rouges, en épi ; calice à divisions arrondies ; capsule glabre. ♂ *Vieux murs.*

Orontium, L. Tête de mort. Tige simple ; feuilles lancéolées-

néaires; fleurs purpurines, axillaires, solitaires; calice à
ivisions linéaires; capsule velue. ⊙ *Moissons.*

PEDICULARIS. Calice ventru, à 5 divisions; corolle tubu-
:use, à 2 lèvres, la supérieure comprimée en casque recourbé,
inférieure à 3 lobes; 4 étamines didynames; 1 style; capsule
omprimée, à 2 loges. — *Fleurs rougeâtres.*

Palustris, L. Pédiculaire. Tige simple, grande; calice hispi-
iuscule, comme à 2 lèvres, oblong, allant à moitié de la co-
olle. ⊙ *Marécages des bois.*

Sylvatica, L. Tige très-rameuse, petite; calice glabre, à 5
)bes, allant au tiers de la corolle. ⊙ *Allées fraîches des bois.*

+++ Feuilles opposées; calice à 2-4 divisions.

RHINANTHUS. Calice comprimé, membraneux, gonflé, à
divisions arrondies; corolle à 2 lèvres, la supérieure en cas-
ue, l'inférieure à 3 lobes; 4 étamines didynames; capsule
omprimée, à 2 loges; semences bordées. — *Fleurs jaunes.*

Crista-galli, L. Tige branchue, tachée, glabre; feuilles lan-
éolées, serrées, glabres; calice glabre; pistil violet. ⊙ *Prés.*

Minor, Erhr. Tige simple, non tachée, glabre; feuilles den-
:es-incisées; calice glabre; pistil jaune. ⊙ *Prés secs.*

Hirsuta, Lam. Tige branchue, rarement tachée; pubescente,
:uilles lancéolées, dentées, subpubescentes; calice velu; pis-
il jaune-violet. ⊙ *Prés humides.*

MELAMPYRUM. Calice tubuleux, à 4 divisions sétacées; co-
olle à 2 lèvres, la supérieure en casque, l'inférieure à 3 lobes
gaux; 4 étamines didynames; 1 style; 1 stigmate; capsule à
loges monospermes.

Cristatum, L. Fleurs jaunes, en épi compacte, quadrangu-
aire. ⊙ *Bois.*

Arvense, L. Blé de vache. Fleurs rouges, ouvertes, en épi ar-
ondi; dents du calice ovales, égales. ⊙ *Moissons.*

Pratense, L. Fleurs jaunes, fermées, en grappe; dents du
alice sétacées, inégales. ⊙ *Bois, prés élevés.*

EUPHRASIA. Calice cylindrique, à 4 lobes; corolle à 2 lèvres,
a supérieure en casque, l'inférieure à 3 lobes; 4 étamines di-
ynames; 1 style; 1 stigmate; capsule ovoïde, à 2 loges po-
yspermes.

Officinalis, L. Euphraise. Tige rameuse, lisse; feuilles
vales, obtuses, ridées, à dents profondes; fleurs blan-
hâtres, axillaires; étamines non saillantes. ⊙ *Pelouses.*

Lutea, L. Tige simple; feuilles linéaires, un peu dentées;
leurs jaunes, en épis foliacés; étamines saillantes. ⊙ *Forêts.*
:ompiègne. R.

Odontites, L. Tige rameuse, élevée; feuilles linéaires-lan-
éolées, serrées; fleurs rougeâtres, en épis unilatéraux, folia-
:és; étamines saillantes. ♃ *Bord des chemins, lieux incultes.*

FAMILLE CINQUANTE-CINQUIÈME.

LES SALVIÉES.

Voyez les caractères de cette famille, page 199.

+ Genres à deux étamines.

SALVIA. Calice en cloche; corolle tubulée, à 2 lèvres, la supérieure en faucille, à 3 dents, l'inférieure à 2 lobes; étamines à filament fourchu; 1 style.

Pratensis, L. Sauge des prés. Tige simple; feuilles glabres, ovales-cordiformes, les caulinaires sessiles; fleurs bleues ou rose, en verticilles nus, à lèvre supérieure comprimée. ♃ *Prés.*

Sclarea, L. Sclarée. Tige rameuse; feuilles velues, cordiformes, les supérieures sessiles; fleurs bleuâtres, en verticilles accompagnés de bractées roses, à corolle triple du calice; à lèvre supérieure non comprimée. ♃ *Lieux arides, très-chauds.* Echarcon. R.

Verbenaca, L. Tige simple; feuilles velues, ovales, les supérieures sessiles; fleurs en verticilles nus, à corolle dépassant à peine le calice, à lèvre supérieure non comprimée. ♂ *Prés secs, montueux.* R.

LYCOPUS. Calice tubuleux, à 5 divisions entières, aiguës; corolle tubuleuse, 4-fide, presque régulière, une des divisions plus grande.

Europæus, L. Chanvre aquatique. Feuilles ovales-pinnatifides, les supérieures dentées; fleurs blanches en verticilles serrés. ♃ *Prairies marécageuses.*

++ Genres à 4 étamines, à corolle unilabiée.

AJUGA. Calice à 5 divisions presque égales; corolle tubuleuse à 2 lèvres, la supérieure courte, bidentée, l'inférieure à 3 lobes, le moyen grand, obcordé; étamines plus longues que la lèvre supérieure.

Pyramidalis, L. Tige tétragone sans rejets rampants, simple; feuilles ovales, les radicales plus grandes; fleurs bleues à bractées colorées. ♂ *Bois secs, découverts.*

Reptans, L. Tige tétragone, à rejets rampants, simples; toutes les feuilles égales, ovales; fleurs bleues, rouges ou blanches, à bractées non colorées. ♃ *Prés des bois.*

Chamæpithys, Schreb. Tige arrondie; feuilles inférieures ovales, les supérieures à 3 divisions linéaires; fleurs jaunes. ⊙ *Moissons, champs sableux.*

TEUCRIUM. Calice à 5 dents; corolle à 2 lèvres, la supérieure presque nulle, fendue, l'inférieure à 3 lobes, celui du milieu plus grand; étamines saillantes.

* *Fleurs rouges.*

Chamædrys, L. Petit chêne. Tige redressée; feuilles ovales,

cunéiformes-atténuées en pétiole, vertes en dessus, dures;
1-3 fleurs axillaires. ♃ *Bois secs.*

Scordium, L. Tige redressée; feuilles ovales, dentées en
scie, sessiles, blanchâtres, molles; fleurs géminées, axillaires.
♃ *Lieux humides.* St-Gratien. ℞.

Botlurys, L. Tige dressée, très-rameuse; feuilles multifides;
3-4 fleurs axillaires. ☉ *Champs, bois.*

** *Fleurs jaunes.*

Scorodonia, L. Sauge des bois. Tige dressée; feuilles cordiformes, crénelées; fleurs en longues grappes, unilatérales. ♃
Bois.

Montanum, L. Tige couchée, un peu ligueuse; feuilles linéaires-lancéolées, entières; fleurs en tête. ♃ *Montagnes
arides, friches.* Fontainebleau. ℞.

+++ Genres à 4 étamines, à corolle labiée.

A. *Calice à 5 divisions.*

HYSSOPUS. Calice à 5 dents, strié; corolle à 2 lèvres, la supérieure courte, échancrée, l'inférieure à 3 lobes, dont celui
du milieu crénelé; étamines dressées, distantes.

Officinalis, L. Hyssope. Tige dressée; feuilles linéaires, entières; fleurs bleues ou rougeâtres, en épis unilatéraux. ♄
Montagnes. Mantes. ℞.

NEPETA. Calice à 5 dents, ouvertes; corolle à tube allongé,
recourbé, à 2 lèvres, la supérieure échanchrée, droite, l'inférieure à 3 lobes, celui du milieu concave, crénelé; étamines
rapprochées.

Cataria, L. Herbe au chat. Feuilles cordiformes, pétiolées,
à grosses dents; fleurs à verticilles pédicellés. ♃ *Haies,
bois.* ℞.

GALEOPSIS. Calice à 5 dents épineuses; corolle à orifice
dilaté, ayant 2 dents latérales, à 2 lèvres, la supérieure en
voûte, crénelée, l'inférieure trilobée; étamines à anthères
poilues.

Ladanum, L. Tige pubescente, à entrenœuds non renflés;
feuilles lancéolées, très-allongées, un peu dentées; corolle
rouge, double ou triple du calice. ☉ *Moissons.*

Ochroleuca, Lam. Tige pubescente, à entrenœuds non
renflés; feuilles ovales, à dents de scie aiguës; corolle jaune,
4 fois plus grande que le calice ☉ *Moissons.*

Tetrahit, L. Ortie morte. Tige hispide, à entrenœuds renflés; feuilles ovales, crénelées; corolle rouge ou blanche, à
peine plus grande que le calice. ☉ *Bois, fossés.*

GALEOBDOLON. Diffère du genre précédent par la lèvre supérieure qui est en casque, très-grande, l'inférieure à 3 lobes
pointus.

Luteum, Huds. Feuilles ovales-cordiformes, à dents irrégulières, celles du bas arrondies; 5-6 fleurs jaunes, en verticilles. ♃ *Bois ombragés.*

19

MENTHA. Calice à 5 dents; corolle à 4 divisions égales, la plus grande un peu échancrée; étamines distantes. — *Fleurs rosées.*

Sylvestris, L. Feuilles velues, ovales-lancéolées, planes, inégalement dentées en scie, sessiles; épis ovoïdes; étamines saillantes. ♃ *Près humides.*

Rotundifolia, L. Menthastre. Feuilles velues, ovales-arrondies, crépues-crénelées, amplexicaules; fleurs en épis terminaux, divariqués, allongés; étamines saillantes. ♃ *Lieux marécageux.*

Viridis, L. Feuilles glabres, ovales-lancéolées, sessiles, vertes; fleurs en épis allongés; étamines saillantes. ♃ *Lieux cultivés, prairies artificielles.*

Aquatica, L. Feuilles velues, ovales, arrondies à la base, pétiolées, serrées; fleurs en tête; étamines saillantes. ♃ *Bord des eaux.*

Gentilis, L. Tige dressée, glabre; feuilles ovales, serrées, finissant en pétiole; fleurs en verticilles; calice glabre; étamines non saillantes. ♃ *Fossés des bois.* R.

Sativa, L. Baume. Tige dressée, velue; feuilles ovales, serrées, finissant en pétiole; fleurs en verticilles; calice velu; étamines saillantes. ♃ *Fossés des bois.*

Arvensis, L. Tige couchée, velue; feuilles ovales-arrondies, dentées; fleurs en verticilles; calice velu; étamines saillantes. ♃ *Jachères.*

Pulegium, L. Pouliot. Tige rampante, pubescente; feuilles ovales, presque entières, obtuses; fleurs en verticilles; calice pubescent, à gorge poilue, à lobe supérieur entier; étamines saillantes. ♃ *Bord des rivières.*

GLECOMA. Calice à 5 dents, strié; corolle à tube dilaté, à 2 lèvres, la supérieure bifide, l'inférieure à 3 lobes; anthères conniventes 2 à 2, en forme de croix.

Hederacea, L. Lierre terrestre. Tige rampante; feuilles réniformes, crénelées; fleurs rouges, axillaires. ♃ *Lieux couverts, frais.*

LAMIUM. Calice à 5 dents aristées; corolle à tube dilaté, à gorge enflée, à une dent de chaque côté, à 2 lèvres, la supérieure entière et voûtée, l'inférieure à 2 lobes; anthères hérissées de poils en dehors.

Album, L. Ortie blanche. Tige dressée, pubescente; feuilles cordiformes, aiguës, pétiolées, glabres; 10-20 fleurs blanches en verticilles. ♃ *Haies, pied des murs.*

Purpureum, L. Tige couchée; feuilles cordiformes, obtuses, pétiolées, pubescentes, crénelées-sublobées; 8-10 fleurs purpurines, presque en tête. ☉ *Lieux cultivés.*

Incisum. Willd. Diffère de l'espèce précédente par ses feuilles profondément incisées et subpalmées. ♃ *Idem.*

Amplexicaule, L. Tige un peu couchée; feuilles arrondies, lobées-crénelées, pétiolées, les supérieures souvent amplexicaules, colorées, glabres en dessus; 10-12 fleurs purpurines, en verticilles. ♃ *Lieux cultivés.*

BETONICA. Calice à 5 dents égales; corolle tubulée, courbe, à 2 lèvres, la supérieure dressée, un peu plane, entière, l'inférieure à 3 lobes, le moyen plus large. — *Fleurs rouges.*

Officinalis, L. Bétoine. Feuilles cordiformes-lancéolées; bractées presque glabres; calice glabre; lobe moyen de la lèvre inférieure échancré. ♃ *Bois sablonneux.*

Stricta, Aiton. Feuilles cordiformes-arrondies; bractées ciliées; calice velu; lobe moyen de la lèvre inférieure crénelé. ♃ *Idem.*

STACHYS. Calice anguleux, à 5 dents inégales, sétacées; corolle tubuleuse, à 2 lèvres, la supérieure concave, l'inférieure à 3 divisions dont les deux latérales réfléchies, celle du milieu grande, échancrée; étamines se déjetant après la fécondation.
* *Fleurs d'un blanc jaunâtre.*

Annua, L. Feuilles ovales-lancéolées, glabres; 5-6 fleurs en verticilles. ⊙ *Moissons, lieux cultivés.*

Recta, L. Crapaudine. Tige d'abord couchée, ligneuse; feuilles ovales-allongées, velues, courtement pétiolées; 5-6 fleurs en verticilles. ♃ *Lieux arides, collines.*
** *Fleurs rouges.*

Arvensis, L. Tige velue; feuilles ovales-cordiformes, très-obtuses, glabres; 5-6 fleurs en verticilles dépassant à peine le calice. ⊙ *Champs.*

Palustris, L. Tige hispide; feuilles cordiformes-lancéolées, linéaires, aiguës, pubescentes; 5-6 fleurs en verticilles, dépassant à peine le calice. ♃ *Lieux aquatiques.*

Sylvatica, L. Tige velue-rude; feuilles cordiformes-ovales; larges, velues; 5-6 fleurs en verticilles, foliacées, doubles du calice. ♃ *Bois couverts.*

Germanica, L. Tige blanche-laineuse; feuilles *idem*, cordiformes-ovales-allongées; 10-12 fleurs en verticilles, dépassant un peu le calice. ⊙ *Bord des chemins.*

BALLOTA. Calice pentagone, à 5 divisions, strié, évasé; corolle tubuleuse, à 2 lèvres, la supérieure concave, l'inférieure à 3 lobes.

Nigra, L. Marrube noir. Feuilles ovales-arrondies, crénelées, d'un vert-noir; fleurs rougeâtres, en grappes latérales; calice à lobes obtus-tronqués, avec une pointe. ♃ *Haies.*

MARRUBIUM. Calice cylindrique, strié, à 5-10 dents; corolle à 2 lèvres, la supérieure étroite, linéaire, bifide, l'inférieure à 3 lobes, dont celui du milieu grand, échancré.

Vulgare, L. Marrube. Feuilles ovales-arrondies, cotonneuses, crépues; fleurs blanches, en verticilles serrés; calice à 10 dents épineuses, recourbées en crochet. ♃ *Haies, chemins.*

LEONURUS. Calice cylindrique, à 5 angles, à 5 dents acuminées; corolle tubuleuse, à 2 lèvres, la supérieure entière, concave, l'inférieure réfléchie, à 3 divisions égales.

Cardiaca, L. Agripaume. Feuilles palmées-laciniées; fleurs rouges ou blanches. ♃ *Lieux pierreux des bois.* R.

Marrubiastrum, L. Feuilles ovales, à grosses dents inégales; fleurs blanchâtres. ☉ *Endroits cultivés.* Vincennes. R.

ORIGANUM. Calice petit, à 5 dents ovales; corolle à tube comprimé, à 2 lèvres, la supérieure échancrée, l'inférieure à 3 lobes presque égaux.

Vulgare, L. Origan. Feuilles ovales-arrondies, entières; fleurs rosées, en panicule formée de têtes tétragones, à bractées colorées. ♃ *Bois secs.*

B. *Calice à 2 lèvres, dentées ou entières.*

THYMUS. Calice droit, court, campanulé, à gorge poilue, à 2 lèvres, la supérieure à 3 divisions larges, l'inférieure à 2 sétacées; corolle à 2 lèvres.

Serpyllum, L. Serpolet. Tiges rampantes; feuilles ovales, obtuses, glabres, entières, ciliées sur le pétiole; fleurs rosées. ♃ *Bois, pelouses sèches.*

ACYNOS. Calice tors, strié, tubulé, gibbeux à la base, à gorge poilue, à 2 lèvres, la supérieure à 3 divisions sétacées, l'inférieure à 2 semblables; corolle à 2 lèvres.

Vulgaris, Pers. Tige couchée; feuilles ovales, aiguës, dentées; fleurs rosées. ☉ *Fossés des bois.*

CLINOPODIUM. Calice tors, strié, tubulé, à 2 lèvres, la supérieure à 3 divisions sétacées, l'inférieure à 2 semblables, non gibbeux à la base, à gorge non poilue; corolle à 2 lèvres, la supérieure dressée, échancrée, l'inférieure à 3 lobes, celui du milieu grand, échancré.

Vulgare, L. Pied de lit. Feuilles ovales-subcordiformes, dentées; fleurs rosées, en tête, entourée d'un involucre sétacé-hispide. ♃ *Bois élevés, secs.* Septembre.

MELISSA. Calice droit, subtubuleux, évasé, à gorge poilue, à 2 lèvres, la supérieure à 3 divisions pointues, l'inférieure à 2 *idem;* corolle à 2 lèvres.

Officinalis, L. Mélisse. Tige dressée, glabre; feuilles ovales, subglabres, crénelées; fleurs rosées, en grappe simple; calice à divisions de la lèvre supérieure élargies. ♃ *Haies.* R.

Calamintha, L. Calament. Tige dressée, pubescente; feuilles ovales, pubescentes, grandes, à grosses dents; fleurs rosées, en panicule dichotome; calice ayant les divisions des 2 lèvres égales. ♃ *Bois élevés.* Septembre.

Nepeta, L. Tige couchée à la base, velue; feuilles ovales, velues-blanchâtres, petites, à dents à peine marquées; fleurs rosées, en panicule dichotome; calice ayant les divisions des 2 lèvres égales. ♃ *Bois secs.* Septembre.

MELITTIS. Calice vaste, campanulé, à 2 lèvres, la supérieure aiguë, entière, l'inférieure bifide, plus courte; corolle bilabiée; anthères en croix.

Melissophyllum, L. Mélisse des bois. Feuilles grandes, ovales, crénelées; fleurs rosées, 2 à 2, axillaires. ♃ *Bois.*

BRUNELLA. Calice à 2 lèvres, la supérieure grande, presque tronquée, à 3 dents; l'inférieure à 2 lobes; corolle à tube cylindrique, à 2 lèvres, la supérieure voûtée, l'inférieure à 3 lobes; étamines à filament bifurqué.

* Feuilles entières.

Vulgaris, L. Brunelle. Tige couchée à la base; feuilles ovales, atténuées en un court pétiole; corolle bleue ou blanche, double du calice. ♃ *Prés, gazons frais.*

Grandiflora, Jacq. Tige couchée à la base; feuilles ovales, portées sur de longs pétioles; corolle bleue, pourpre ou blanche, triple du calice, enflée. ♃ *Montagnes, pelouses.*

Longifolia, Pers. Tige dressée; feuilles linéaires, longues; corolle rouge, presque triple du calice, non enflée. ♃ *Bois,* Marcoussis. R.

** Feuilles pinnatifides.

Laciniata, L. Tige couchée à la base; feuilles inférieures, ovales, les supérieures profondément pinnatifides; corolle rouge, double du calice, non enflée. ♃ *Coteaux secs.*

Pinnatifida, Pers. Tige couchée à la base; feuilles inférieures subpinnatifides; corolle rouge, triple du calice, enflée. ♃ *Lieux secs.*

SCUTELLARIA. Calice très-court, à 2 lèvres entières, arrondies, la supérieure éperonnée, se renversant et bouchant son tube; corolle courbe, à 2 lèvres. — *Fleurs rouge-bleuâtre.*

Galericulata, L. Toque. Tige dressée, simple, élevée; toutes les feuilles cordiformes-lancéolées, à dents obtuses. ♃ *Fossés aquatiques.*

Minor, L. Tige presque couchée, rameuse, petite; feuilles cordiformes, les supérieures ovales, presque entières. ♃ *Mares desséchées.*

CLASSE ONZIÈME.

DICOTYLÉDONES DIPÉRIANTHÉES MONOPÉTALÉES INFER-OVARIÉES.

—

TABLEAU DES FAMILLES DE LA CLASSE ONZIÈME.

+ Fleurs isolées.

A. *Une capsule.*

LOBÉLIACÉES. Calice à 5 dents; corolle tubulée, un peu irrégulière, à 5 lanières linéaires; 5 étamines à anthères réunies; un ovaire infère; 1 style; 1 stigmate bilobé; capsule à 2-3 loges. —*Feuilles alternes.*

19.

CAMPANULÉES. Calice à 5 divisions; corolle campanulée, régulière, à 5 lobes ovales ou lancéolés; 5 étamines à anthères ordinairement séparées; ovaire semi-infère, adhérent au calice; 1 style; 1 stigmate à 2-3 divisions; capsule à 2-3 loges. — *Feuilles alternes.*

VALÉRIANÉES. Calice à plus de 5 dents, roulées en dedans avant la fleuraison; corolle tubuleuse, à 5 lobes un peu inégaux; 1-5 étamines; 1 style à 1-3 stigmates; capsule infère, indéhiscente, couronnée par le calice. — *Feuilles opposées.*

B. *Un fruit mou.*

VACCINIÉES. Calice monophylle, à 4 divisions; corolle à 4 divisions; 8 étamines insérées sur le calice, à anthère bicorne; 1 style; 1 baie infère, ombiliquée. — *Feuilles alternes, sans vrilles.*

CUCURBITACÉES. Fleurs monoïques; calice à 5 divisions; corolle à 5 lobes; 3-5 étamines à anthère latérale, adhérentes; un fruit charnu, infère. — *Feuilles alternes, à vrilles latérales.*

CAPRIFOLIÉES. Calice à 5 divisions; corolle à 5 lobes; 5 étamines libres (du filet et des anthères); 1 style; 3 stigmates parfois sessiles; une baie polysperme, infère. — *Feuilles opposées.*

RUBIACÉES. Calice à 4-5 divisions; corolle *idem*; 4-5 étamines; 1 style; fruit didyme. — *Feuilles verticillées.*

++ *Fleurs réunies dans un involucre et sur un réceptacle commun.*

DIPSACÉES. Fleurs agrégées; calice double, monophylle; corolle tubuleuse; 4 étamines à anthères libres; 1 style; capsule monosperme, indéhiscente, infère, couronnée par le calice persistant. — *Feuilles opposées, non lactescentes.*

SEMI-FLOSCULEUSES. (Chicoracées.) Fleurs réunies, entourées d'un involucre ou calice commun formé d'un ou plusieurs rangs de folioles, dépourvues de calice particulier; corolle tubuleuse, en languette latérale (demi-fleuron); 5 étamines à anthères réunies, à travers lesquelles passe le style, à stigmate bifurqué; graines infères avec ou sans aigrette, portées sur un réceptacle nu ou couvert de soies ou de paillettes. — *Feuilles alternes, lactescentes, non épineuses.*

FLOSCULEUSES. (Carduacées.) Caractères de la famille précédente, à l'exception des fleurs qui sont toutes à 5 petites dents égales (fleurons). — *Feuilles alternes, non lactescentes, ordinairement épineuses.*

RADIÉES. (Astérées.) Caractères réunis des deux familles précédentes, c'est-à-dire, fleurs à fleurons dans le disque, et demi-fleurons, souvent stériles, à la circonférence. — *Feuilles alternes, non lactescentes, non épineuses.*

FAMILLE CINQUANTE-SIXIÈME.

LES LOBÉLIACÉES.

Voyez les caractères de cette famille, page 221.

LOBELIA. Les caractères de la famille.

Urens, L. Feuilles spathulées, ovales, inégalement dentées ; fleurs bleues, terminales, en épi lâche. ☉ *Prés tourbeux, sablonneux.* St-Léger. R.

FAMILLE CINQUANTE-SEPTIÈME.

LES CAMPANULACÉES.

Voyez les caractères de cette famille, page 222.

+ *Anthères connées.*

JASIONE. Involucre commun à 12-18 folioles placées sur 2-3 rangs ; calice coloré à 5 divisions déliées ; corolle de 5 pétales, régulière ; 5 étamines à anthères légèrement cohérentes à la base ; 1 style très-saillant ; 1 stigmate simple, en massue ; capsule infère, à 2 valves, à 2 loges polyspermes.

Montana, L. Feuilles linéaires-lancéolées, ondulées ; fleurs bleues, en tête. ☉ *Endroits sablonneux.*

++ *Anthères distinctes.*

CAMPANULA. Calice à 5 divisions ; corolle en cloche, à 5 divisions courtes ; 5 étamines à filament élargi à la base ; stigmate 3-5-fide ; capsule à 10 stries, semi-ovoïde, à 3-5 loges polyspermes, s'ouvrant par des pores ou déchirures. — *Fleurs bleu-clair.*

* *Feuilles radicales cordiformes ou réniformes.*

Trachelium, L. Tige grande, dressée, anguleuse, hérissée ; feuilles cordiformes, hispides, pétiolées, à grosses dents ; pédoncules trifides. ♃ *Bois.*

Hederacea, L. Tige grêle, diffuse, étalée, glabre ; toutes les feuilles réniformes, lobées-crénelées, glabres ; fleurs grêles, solitaires sur de longs pédoncules. ☉ *Prés tourbeux.* St-Léger. R.

Rotundifolia, L. Tige grêle, diffuse, redressée, glabre ; feuilles radicales réniformes-arrondies, crénelées, glabres ; les caulinaires linéaires, entières. ♃ *Haies, buissons.*

** *Feuilles radicales ovales, les caulinaires linéaires.*

Persicifolia, L. Tige grande, simple, glabre ; feuilles glabres, les radicales ovales, les caulinaires linéaires, à dents éloignées ; fleurs peu nombreuses, à calice grandissant après leur épanouissement. ♃ *Taillis.*

Rapunculus, L. Raiponce. Tige moyenne, souvent rameuse, pubescente-hispide, ainsi que les feuilles; celles de la racine ovales, obtuses, ondulées, les supérieures linéaires-lancéolées; fleurs nombreuses, en panicule. ♃ *Prés, bois.*

*** *Toutes les feuilles lancéolées.*

Rapunculoides, L. Tige simple, assez élevée, glabre, à angles rudes; feuilles ovales-lancéolées, sessiles, dentées irrégulièrement; fleurs presque sessiles, penchées, isolées le long de la tige. ♃ *Lieux arides.*

Glomerata, L. Tige courte, cylindrique, velue; feuilles ovales-lancéolées, les radicales longuement pétiolées, finement dentées; fleurs en tête. ♃ *Lieux montueux, secs.*

PRISMATOCARPUS. Calice à 5 divisions; corolle en roue, à 5 lobes; 5 étamines; 1 style à stigmate trilobé; capsule prismatique, allongée, à 2-3 loges, s'ouvrant au sommet par un pore. — *Fleurs bleues.*

Speculum. Lhér. Miroir de Vénus. Divisions du calice sétacées; corolle évasée; capsule accompagnée de 2 bractées linéaires. ☉ *Moissons.*

Hybridus, Lhér. Divisions du calice ovales; corolle presque avortée; capsule accompagnée de 2 bractées ovales. ☉ *Lieux sablonneux.*

PHYTEUMA. Calice à 5 divisions; corolle à tube court, divisé en 5 lobes linéaires; 5 étamines à filament élargi à la base; 1 style; 1 stigmate 2-3-fide; capsule ovoïde, à 2-3 loges polyspermes.

Orbicularis, L. Fleurs bleues, en tête sphérique; capsules à 3 loges. ♃ *Collines herbeuses.* Fontainebleau. R.

Spicata, L. Fleurs jaunes ou blanches, en épi allongé; capsule à 2 loges. ♃ *Prés montueux des bois.* Montmorency. R.

FAMILLE CINQUANTE-HUITIÈME.

LES VALÉRIANÉES.

Voyez les caractères de cette famille, page 222.

VALERIANA. Calice petit, à dents plumeuses, persistantes, d'abord roulées en dedans; corolle à 5 divisions, un peu irrégulière, gibbeuse à la base; 3 étamines; 1 style; fruit monosperme, couronné par le calice. — *Fleurs purpurines.*

Officinalis, L. Valériane. Tige haute, poilue; toutes les feuilles ailées; fleurs hermaphrodites, en panicule. ♃ *Bois élevés, humides.*

Dioica, L. Tige peu élevée, glabre; feuilles inférieures, ovales-arrondies, entières, les supérieures pinnatifides; fleurs dioïques, en tête. ♃ *Marais des bois.*

CENTRANTHUS. Diffère du *Valeriana* parce qu'il n'a qu'une étamine et qu'il y a un éperon à la base du tube de la corolle, qui est filiforme.

Ruber, DC. Valériane rouge. Tige fistuleuse, très-glabre ; toutes les feuilles ovales, entières, sessiles ; fleurs abondantes, rouges, en panicule terminale. ⚇ *Vieux murs.*

VALERIANELLA. Diffère des *Valeriana* en ce que le calice a les dents nues, que les lobes de la corolle sont réguliers, qu'elle n'a ni gibbosité ni éperon, et que ses fruits, qui ont 3 loges, dont 2 avortent souvent, sont parfois nus. — *Tiges plusieurs fois dichotomes ; feuilles linéaires-lancéolées ; fleurs blanchâtres, en corymbe, avec une collerette de bractées multifides.*

* Fruits glabres.

Olitoria, Moench. Mâche. Fruit aplati, partagé en deux moitiés inégales par deux sillons rapprochés. ☉ *Lieux cultivés.*

Auricula, DC. Fruit ovoïde, à 3 loges, dont les 2 latérales plus développées, terminé par une pointe obtuse. ☉ *Moissons.*

Dentata, DC. Fruit pyriforme, avec une languette creuse, aiguë, qui s'éraille de manière à imiter des dents ☉.

Carinata, Lois. Fruit oblong ; une des deux moitiés plus petite que l'autre qui la reçoit et est creusée en nacelle. ☉ *Champs, moissons.*

** Fruits velus.

Pubescens, Mérat. Fruit pyriforme, pubescent, terminé par une pointe très-aiguë, entière. ☉ *Moissons.* R.

Eriocarpa, Desv. Fruit ovoïde, garni de poils roides, terminé par un prolongement en cornet évasé, à 3-4 dents, dont une seule bien visible. ☉ *Lieux cultivés.* R.

Coronata, DC. Fruit ovoïde, velu, terminé par 8-10 dents droites, très-ouvertes ☉ *Lieux cultivés.* Chantilly. R.

Vesicaria, Moench. Fruit vésiculeux, velu, sans dents au sommet. ☉ *Moissons.* Beauvais. R.

FAMILLE CINQUANTE-NEUVIÈME.

LES VACCINIÉES.

Voyez les caractères de cette famille, page 222.

VACCINIUM. Calice à 4 dents ; corolle globuleuse, à 5 divisions ; 10 étamines ; 1 style ; baie globuleuse, ombiliquée en dessus, à 4 loges polyspermes. — *Fleurs blanches rosées.*

Myrtillus, L. Airelle. Tige subailée ; feuilles non persistantes, ovales, denticulées ; fleurs solitaires, pendantes. ♄ *Bruyères montueuses.* Montmorency. R.

Vitis Idæa, L. Tige nue ; feuilles persistantes, ovales, entières ; fleurs en grappe. ♄ *Bois montueux, humides.* Compiègne. R.

OXYCOCCUS. Calice à 4 divisions courtes, obtuses ; corolle de 4 pétales allongés, réfléchis ; 8 étamines ; 1 style ; 1 baie à 4 loges polyspermes.

Palustris, Pers. Canneberge. Tiges filiformes, couchées; feuilles petites, ovales-subcordiformes, entières, à bords roulés; fleurs roses, sur de longs pédoncules; baie rouge. ♃ *Bords des marais tourbeux*. St-Léger. R.

FAMILLE SOIXANTIÈME.

LES CUCURBITACÉES.

Voyez les caractères de cette famille, page 222.

BRYONIA. Fleurs monoïques; les *mâles* solitaires: calice à 5 dents aiguës; corolle à 5 divisions; 5 étamines, 4 réunies 2 à 2 par les filaments, la 5e libre; les *femelles* solitaires: calice et corolle *idem*; 1 style à 3 stigmates pénicillés; fruit petit, charnu, globuleux, à une loge polysperme.

Dioica, Jacq. Bryone. Tige grimpante; feuilles palmées; fleurs blanchâtres; baie arrondie, petite. ♃ *Haies*.

FAMILLE SOIXANTE ET UNIÈME.

LES CAPRIFOLIÉES.

Voyez les caractères de cette famille, page 222.

LONICERA. Calice à 5 dents; corolle tubuleuse, 5-fide, irrégulière; 5 étamines; 1 style simple; baie à 3 loges polyspermes.

Periclymenum, L. Chèvre-feuille des bois. Tige volubile; feuilles ovales, glabres, embrassantes, connées au sommet; fleurs roses, agglomérées. ♄ *Bois*.

XYLOSTEUM. Calice à 5 dents; corolle en entonnoir, 5-fide, régulière; 5 étamines; 1 style simple; baie à 1 loge polysperme.

Vulgare, Rich. Tige dressée; feuilles ovales, pubescentes, sessiles; fleurs blanchâtres, 2 à 2, à ovaires adhérents. ♄ *Bois*.

SAMBUCUS. Calice 5-fide; corolle en roue, 5-fide; 5 étamines; style 0; 3 stigmates; baie à 1 loge, à 3 semences ridées. —*Fleurs blanches*.

Nigra, L. Sureau. Tige arborescente; folioles ovales-oblongues; stipules nulles; fleurs à pédoncules partant du même point. ♄ *Haies*.

Ebulus. L. Hièble. Tige herbacée; folioles lancéolées-allongées; stipules foliacées; fleurs à pédoncules partant de points différents. ♃ *Bord des chemins*.

VIBURNUM. Calice à 5 lobes courts; corolle en cloche, 5-fide; 5 étamines; style nul; 3 stigmates; 1 baie monosperme. — *Fleurs blanches.*

Lautana. L. Bourdaine. Feuilles ovales, denticulées, pubescentes; pétiole non glanduleux; fleurs en cyme, toutes égales. ♄ *Taillis.*

Opulus, L. Obier. Feuilles trifoliées, dentées-déchiquetées, glabres, à pétiole glanduleux; fleurs en cyme, celles de la circonférence plus grandes, stériles. ♄ *Bois.*

FAMILLE SOIXANTE-DEUXIÈME.

LES RUBIACÉES.

Voyez les caractères de cette famille, page 222.

+ Corolle campanulée.

RUBIA. Calice à 4 dents; corolle 4-fide; 4 étamines; 1 style bifide; 2 fruits bacciformes, accolés, nus.

Tinctorum, L. Garance. Verticilles de 6-8 feuilles, annuelles, ovales-lancéolées; fleurs blanches, en panicule décomposée. ♃ *Haies. Cultivée.*

Lucida, L. Verticilles de 4-5 feuilles, pérennes, ovales-elliptiques; fleurs blanches, en panicule courte. ♃*Buissons de montagnes.* Champagne. R.

VALANTIA. Fleurs polygames; les *hermaphrodites :* calice presque entier; corolle à 4 lobes planes; 4 étamines; 1 style; 1 stigmate bifide; 1 fruit bacciforme, nu; les *mâles*, semblables, à l'exception du pistil et du fruit.

Cruciata, L. Croisette velue. Tige velue; feuilles verticillées par 4, obtuses, entières; fleurs jaune-pâle, en grappe, à pédoncules laineux. ♃ *Buissons des bois.*

GALIUM. Calice à 4 dents; corolle en roue, 4-fide; 4 étamines; 1 style bifide; 2 fruits capsuliformes accolés, couronnés par le calice.

* Fruits glabres, non tuberculeux; fleurs jaunes.

Verum, L. Caille-lait jaune. 8-12 feuilles verticillées, linéaires, glabres, roulées, très-aiguës. ♃ *Bois, champs, pelouses.*

** Fruits glabres, non tuberculeux; fleurs blanches.
A. Tiges non pubescentes, hispides.

Uliginosum, L. Tige dressée; 6 feuilles verticillées, linéaires-lancéolées, obtuses, un peu crochues sur les bords. ♃ *Lieux fangeux.* (Noircit en séchant.)

Spinulosum, Mérat. Tige couchée; 6-8 feuilles verticillées, lancéolées, très-aiguës, hispides-crochues sur les bords; pédicelles simples. ♃ *Lieux humides.* (Reste vert en séchant.)

Palustre, L. Tige couchée; 4 feuilles verticillées, ovales, obtuses, sans crochets sur les bords. ♃ *Autour des mares.* (Noircit en séchant.)

Anglicum, Smith. Tige couchée; 6-8 feuilles verticillées, linéaires-lancéolées, à crochets sur les bords; pédicelles bi-ou trifurqués ☉ *Lieux secs.*

Divaricatum, Lam. Tige dressée, divariquée du haut; 5-7 feuilles verticillées, linéaires, à crochets sur les bords; pédoncules allongés, écartés. ☉ *Fossés secs des bois.* R.

   B. *Tiges non pubescentes, non hispides.*

Læve, Thuill. Tige couchée; 8 feuilles verticillées, linéaires, aiguës, à crochets sur les bords. ♃ *Coteaux.*

Erectum, Huds. Tige dressée, un peu renflée aux articulations; 8 feuilles verticillées, ovales, obtuses, terminées par une pointe. ♃ *Taillis touffus.*

   C. *Tiges pubescentes, non hispides.*

Mollugo, L. Caille-lait blanc. Tige renflée aux articulations, rameuse; 8 feuilles verticillées, ovales-oblongues, sans crochets sur les bords, pubescentes. ♃ *Prés, bois.*

Boccone, All. Tige simple; 6-7 feuilles verticillées, linéaires, pubescentes, à crochets sur les bords. ♃ *Coteaux, haies, lieux secs.*

  *** *Fruits tuberculeux, glabres; fleurs blanches.*

Spurium, L. Tige à articulations non gonflées, glabres; 6 feuilles verticillées, lancéolées, glabres, à crochets sur les bords; panicule à 3 divisions principales, à fruits nombreux, gros. ☉ *Lieux cultivés.*

Tricorne, With. Diffère du précédent par des pédoncules simples, trifides au sommet, à 3 fruits ☉ *Moissons.*

Intermedium, Mérat. Tige à articulations gonflées, velues; 6-8 feuilles verticillées, subpubescentes, linéaires-lancéolées; panicule à pédoncules trifurqués, à fruits petits. ☉ *Moissons.*

Saccharatum, All. Se distingue des 2 espèces précédentes par ses pédoncules simples, à 4-5 rayons égaux, portant autant de fruits gros, comme mamelonnés. ☉ *Moissons.* R.

  **** *Fruits hispides; fleurs blanches.*

Aparine, L. Gratteron. Tige accrochante; articulations gonflées, velues; 6-8 feuilles verticillées, lancéolées, à petits crochets sur les bords. ☉ *Haies, lieux cultivés.*

Vaillantii, DC. Se distingue du précédent par sa tige non accrochante et ses fruits moitié plus petits. ☉ *Moissons.*

Parisiense, L. Tige délicate, non gonflée aux articulations; 6-8 feuilles verticillées, aiguës, sans crochets sur les bords; fruits très-petits. ☉ *Moissons.* R.

   ++ Corolle en entonnoir.

ASPERULA. Calice à 4 dents; corolle 4-fide; 4 étamines; 1 style; 1 stigmate; 2 fruits bacciformes, nus, réunis, monospermes. — *Fleurs blanches.*

Arvensis, L. Tige rameuse ; feuilles verticillées par 6, linéaires-lancéolées, entières, obtuses ; fleurs en tête. ⊙ *Blés.*

Odorata, L. Tige simple ; feuilles verticillées par 8, lancéolées-ovales, denticulées, aiguës ; fleurs en corymbe. ♃ *Bois touffus.* Avril.

Cynanchica, L. Herbe à l'esquinancie. Tige rameuse ; feuilles linéaires, verticillées par 4 en bas, opposées en haut ; fleurs en panicule ; corolle à 4 divisons. ♃ *Bois secs, collines arides.*

Tinctoria, L. Tige très-rameuse ; feuilles linéaires, verticillées par 6, les supérieures par 4 ; fleurs en panicule ; corolle à 3 divisions. ♃ *Collines, friches.* R.

SHERARDIA. Calice à 4 dents ; corolle 4-fide ; 4 étamines ; 1 style ; 2 stigmates ; 2 fruits capsuliformes, couronnés par le calice, qui s'accroît après la fleuraison.

Arvensis, L. Tige courte, rameuse, hispide ; feuilles verticillées par 4-6, ovales-lancéolées ; fleurs terminales. ⊙ *Moissons.*

FAMILLE SOIXANTE-TROISIÈME.

LES DIPSACÉES.

Voyez les caractères de cette famille, page 222.

DIPSACUS. Calice commun à plusieurs folioles sur un seul rang ; fleurs sur un réceptacle garni de paillettes foliacées, chacune ayant un calice double, carré ; une corolle tubuleuse à 5 lobes ; 4 étamines ; 1 style ; 1 stigmate simple ; une capsule monosperme, couronnée par le calice extérieur. — *Fleurs grisâtres.*

Pilosus, L. Verge à pasteur. Feuilles pétiolées, velues ; paillettes florales droites. ♂ *Fossés des bois* Montmorency. R.

Fullonum, Wild. Chardon à bonnetier. Feuilles connées, glabres ; paillettes florales courbées en crochet. *Cultivé.*

Sylvestris, Wild. Feuilles connées, glabres ; paillettes florales droites. ♂ *Bord des chemins.*

SCABIOSA. Calice commun à plusieurs rangs de folioles ; fleurs réunies sur un réceptacle garni de soies, ayant chacune : un calice double ; une corolle à 4-5 lobes ; 4 étamines ; 1 style ; 1 stigmate en tête ; une capsule comprimée ou ovoïde. — *Fleurs grisâtres.*

Arvensis, L. Involucre double, à folioles ovales ; corolle 4-fide ; feuilles radicales, entières, parfois un peu dentées, les caulinaires pinnatifides. ♃ *Prés, champs.*

Sylvatica, L. Scabieuse. Involucre double, à folioles ovales ; corolle 4-fide ; toutes les feuilles ovales, dentées. ♃ *Bois.* Compiègne. R.

Succisa, L. Involucre imbriqué, à folioles ovales; corolle 4-fide; feuilles radicales ovales-lancéolées, les supérieures lancéolées-linéaires. ♃ *Prés des bois.*

Columbaria, L. Involucre simple, à folioles linéaires; corolle 5-fide; nœuds de la tige pourpres; feuilles radicales ovales, dentées ou crénelées, les caulinaires pinnatifides. ♃ *Lieux secs.*

Suaveolens, Desf. Involucre simple, à folioles linéaires; corolle 5-fide; nœuds de la tige verts; feuilles radicales lancéolées, entières, les supérieures pinnatifides, à segments linéaires. ♃ *Bois en colline.* Fontainebleau. R.

FAMILLE SOIXANTE-QUATRIÈME.

LES SEMIFLOSCULEUSES (I).

Voyez les caractères de cette famille, page 222.

+ Réceptacle nu; graines sans aigrette.

LAPSANA. Calice simple, persistant, avec des écailles à la base, à folioles creusées en gouttière; réceptacle nu; toutes les corolles en languette; graines lisses; aigrette nulle.

Communis, L. Lampsane. Feuilles glabres, roncinées, à lobe terminal palmé, très-grand. ☉ *Lieux cultivés.*

++ Réceptacle nu; graines aigrettées.
A. *Aigrette simple.*
ς. Aigrette sessile.

PRENANTHES. Calice double, cylindrique; toutes les corolles en languette; réceptacle nu; graines lisses; aigrette simple, sessile.

Muralis, L. Feuilles glabres, glauques en dessous, roncinées, à lobe terminal grand, subpalmé. ☉ *Lieux arides.*

Hieracifolia, Wild. Feuilles poilues-glanduleuses, oblongues-sinuées, les caulinaires subhastées. ☉ *Bord des chemins.*

SONCHUS. Calice ventru à la base, imbriqué; toutes les corolles en languette; réceptacle nu; graines finement tuberculeuses, comprimées à leur maturité; aigrette simple, sessile.

Oleraceus, L. Laitron. Tige glabre; feuilles ovales, entières ou pinnatifides, ciliées-épineuses; calice glabre. ☉ *Lieux cultivés.*

Arvensis, L. Tige hispide du bas; feuilles cordiformes-roncinées, non ciliées-épineuses; calice hispide. ♃ *Champs.*

Palustris, L. Tige glabre; feuilles auriculées-roncinées, non ciliées-épineuses; calice hispide. ♃ *Marécages.*

---

(1) Toutes les fleurs sont jaunes dans cette famille, sauf les 2 plantes où nous avons indiqué une autre couleur.

HIERACIUM. Calice ovoïde, imbriqué, à folioles pressées; réceptacle nu; toutes les corolles en languette; graines lisses; aigrette simple, sessile.

Pilosella, L. Oreille de souris. Hampe uniflore, à rejèts rampants. ♃ *Lieux arides.*

Auricula, L. Hampe multiflore, à rejets rampants. ♃ *Lieux humides.* St-Léger. R.

Umbellatum, L. Tige sans rejets; toutes les feuilles sessiles, linéaires-lancéolées, dentées; fleurs en ombelle simple; calice glabre. ♃ *Bois.*

Sabaudum, L. Tige sans rejets; toutes les feuilles sessiles, ovales-oblongues, amplexicaules, dentées à la base; fleurs en corymbe; calice glabre. ♃ *Bois.*

Sylvaticum, Gouan. Tige sans rejets, feuillée; toutes les feuilles ovales, dentées; les inférieures pétiolées; calice hispide. ♃ *Bois.*

Murorum, L. Tige sans rejets, nue; feuilles ovales, sessiles, profondément dentées, les radicales cordiformes, pétiolées; calice velu. ♃ *Lieux secs, murs.*

CREPIS. Calice ovoïde, double, l'extérieur à folioles lâches; toutes les corolles en languette; réceptacle nu; graines cannelées, oblongues, lisses ou tuberbuleuses; aigrette simple, sessile.

* Graines lisses.

Virens, L. Tige droite, lisse; feuilles roncinées-lancéolées, glabres; fleurs grosses, à pédoncule pubescent. ⊙ *Prés.*

Stricta, DC. Tige droite, lisse, nue; feuilles entières, étroites, glabres; fleurs grosses, à pédoncule glabre. ⊙ *Moissons.*

Diffusa, DC. Tige presque couchée, diffuse, lisse; feuilles glabres, les radicales pinnatifides, les supérieures sagittées; fleurs petites, à pédoncule glabre. ⊙ *Pelouses, bord des chemins.*

Biennis, L. Tige dressée, sillonnée, hispide; feuilles hispides, roncinées, les supérieures entières. ♂ *Prés gras.*

** Graines tuberculeuses.

Tectorum, L. Tige dressée, poilue, grisâtre; feuilles velues, les inférieures pinnatifides, les supérieures entières; fleurs grosses. ⊙ *Murs, lieux secs.*

BARKHAUSIA. Calice oblong, renflé, double, dont l'extérieur lâche; réceptacle nu; corolles en languette; graines allongées, ciliées-tuberculeuses, atténuées en un long pédicule; aigrette simple, sessile.

Taraxacifolia, DC. Tige purpurine, glabre du haut, parfois hispide du bas; feuilles le plus souvent roncinées; calice farineux, à pédoncule qui ne se renfle pas. ⊙ *Prés, lieux sablonneux.*

Fœtida, DC. Tige verte, velue; feuilles simples ou roncinées, fétides; calice velu-glanduleux, à pédoncule se renflant. ⊙ *Bord des chemins.*

§ II. Aigrette stipitée.

LACTUCA. Calice imbriqué, cylindrique, à folioles membraneuses sur les bords; toutes les corolles en languette; graines comprimées; aigrette simple, stipitée.

Sativa, L. Laitue. Tige glabre; feuilles sans épines, les inférieures ovales-arrondies, entières. ⊙ *Cultivée.*

Perennis, L. Tige glabre; feuilles sans épines, pinnatifides, à segments linéaires. ♃ *Moissons, champs.*

Virosa, L. Laitue vireuse. Tige aiguillonnée; feuilles ovales, dentées-ciliées. ♂ *Décombres.*

Scariola, L. Tige glabre ou aiguillonnée; feuilles oblongues, pinnatifides-roncinées, denticulées-ciliées. ♂ *Haies, chemins.*

Saligna, L. Tige glabre; feuilles pinnatifides, à segments terminés par une épine, à lobe terminal très-allongé, linéaire. ⊙ *Moissons, jachères, vignes.*

CHONDRILLA. Calice simple, cylindrique, écailleux à la base; toutes les corolles en languette; réce·tacle nu; graines presque épineuses au sommet; aigrette stipitée, simple.

Juncea, L. Tige épineuse, presque nue; feuilles roncinées, les caulinaires linéaires. ♃ *Lieux sablonneux.*

TARAXACUM. Calice double; toutes les corolles en languette; réceptacle ponctué; graines épineuses; aigrette simple, pédicellée.

Dens leonis, Lam. Pissenlit. Feuilles radicales, plus ou moins roncinées; calice extérieur réfléchi. ♃ *Fossés, prés.*

B. *Aigrette plumeuse.*

§ I. Aigrette sessile.

LEONTODON. Calice imbriqué; réceptacle ponctué; toutes les corolles en languette; graines finement tuberculeuses; aigrette sessile, plumeuse.

* *Toutes les semences à aigrette complète* (Apargia).

Hastile, L. Hampe uniflore. ♃ *Endroits secs.*

Autumnale, L. Tige rameuse, multiflore. ♃ *Prés, lieux humides.*

** *Semences du bord à aigrette incomplète* (Thrincia).

Major, Mérat. Hampe hispidiuscule, à poils fermes; feuilles roncinées, à poils roides, simples; calice hispide. ⊙ *Bois frais.*

Hirtum, L. Hampe faible, presque glabre; feuilles roncinées, à poils mous; calice glabre. ⊙ *Lieux secs.*

Saxatile, Thuill. Hampe glabre; feuilles roncinées, à poils courts, fermes, stellés. ♃ *Lieux pierreux.*

PICRIS. Calice double, l'extérieur court; toutes les corolles en languette; réceptacle nu; graines tuberculeuses, striées transversalement; aigrette plumeuse, sessile.

Hieracioides, L. Feuilles lancéolées, sinuées-dentées, longues, atténuées en pétiole: pédoncules écailleux, multiflores. ♃ *Bord des chemins, murs.*

SCORZONNERA. Calice imbriqué; réceptacle nu; toutes les corolles en languette; graines finement tuberculeuses; aigrette plumeuse, sessile.

Humilis, L. Racine nue; tige simple, uniflore; feuilles linéaires-lancéolées, entières; pédoncule velu. ♃ *Prés des bois.*

Graminifolia, L. Racine entourée de fibrilles en forme de bourre; tige simple, glabre, uniflore; feuilles linéaires, marquées de côtes; pédoncule glabre. ♃ *Landes des forêts.* Fontainebleau. R.

Hispanica, L. Scorsonère. Tige rameuse, glabre, multiflore; feuilles ovales-lancéolées, subulées; pédoncule velu. ♃ *Cultivé.*

PODOSPERMUM. Calice imbriqué; toutes les corolles en languette; réceptacle tuberculeux; graines anguleuses, lisses; aigrette plumeuse, sessile.

Laciniatum, DC. Tige glabre; feuilles pinnatifides, à segment terminal, ovale-lancéolé; calice à folioles cornues. ♂ *Lieux secs, glaiseux.*

Muricatum, Trev. Diffère du *Laciniatum* par sa tige plus petite, velue, et les folioles du calice sans corne. ♂ *Idem.*

§ II. Aigrette stipitée.

TRAGOPOGON. Calice simple; toutes les corolles en languette; réceptacle nu; graines marquées de côtes tuberculeuses; aigrette plumeuse, stipitée.

Pratense, L. Barbe de bouc. Feuilles tortillées, longues; pédoncule non renflé; calice à 8 folioles de la longueur des fleurs. ♂ *Prés herbeux.*

Majus, Roth. Feuilles non tortillées, courtes; pédoncule renflé; calice à 10-12 folioles plus longues que les fleurs. ♂ *Prés montueux.*

Porrifolium. L. Salsifis. Feuilles non tortillées, courtes; pédoncule non renflé. calice de 8 folioles doubles des fleurs, qui sont violettes. ♂ *Prés élevés, secs.*

HELMINTIA. Calice double, à folioles extérieures fort larges; toutes les corolles en languette; réceptacle nu; graines striées en travers; aigrette plumeuse, stipitée.

Echioides, Gaertn. Tige très-hispide; feuilles ovales, amplexicaules, entières. ☉ *Champs en friche.*

+++ Réceptacle velu ou garni de paillettes.

A. *Aigrette plumeuse, stipitée.*

HYPOCHÆRIS. Calice imbriqué; réceptacle paléacé; toutes les corolles en languette; graines tuberculeuses-denticulées; aigrette plumeuse, stipitée.

Maculata, L. Feuilles ovales, maculées, à grandes dents; tige uniflore. ♃ *Bois tourbeux.*

Radicata, L. Feuilles roncinées, hispides; tige uniflore. ♃ *Prairies, allées des bois.*

20.

Glabra, L. Feuilles roncinées, glabres; tige multiflore. ☉ *Bois sablonneux.*

B. *Aigrette nulle.*

CICHORIUM. Calice double, l'intérieur à folioles soudées à la base, l'extérieur à 5 libres, plus courtes, presque osseuses; réceptacle subpaléacé; toutes les corolles en languette; aigrette nulle; semence denticulée au sommet.

Intybus, L. Chicorée sauvage. Feuilles roncinées; fleurs bleu-ciel, géminées, sessiles. ♃ *Bord des chemins.* Septembre.

FAMILLE SOIXANTE-CINQUIÈME.

LES FLOSCULEUSES.

Voyez les caractères de cette famille, page 222.

+ Réceptacle velu ou paléacé.

A. *Aigrette simple, sessile.*

CARDUUS. Calice imbriqué, ventru, à folioles épineuses; réceptacle velu; toutes les corolles à 5 dents égales; graines comprimées, ovoïdes, lisses; aigrette simple, sessile. — *Fleurs rouges.*

* *Fleurs solitaires.*

Nutans, L. Tige ailée, épineuse; feuilles pinnatifides; fleur pédonculée, penchée. ♂ *Chemins.*

Acanthoides, L. Tige ailée, épineuse; feuilles pinnatifides; fleur sessile, dressée. ☉ *Lieux secs.*

Marianus, L. Chardon Marie. Tige non ailée, non épineuse; feuilles sinuées-épineuses, maculées de blanc, sessiles, amplexicaules; fleur pédonculée, dressée. ☉ *Bord des chemins.*

** *Fleurs agglomérées.*

Crispus, L. Tige ailée, glabre; feuilles sinuées, crépues; fleurs rapprochées; calice à folioles étroites. ☉ *Chemins, haies.*

Tenuiflorus, Smith. Tige ailée, cotonneuse; feuilles pinnatifides-sinuées, arachnoïdes; fleurs agglomérées; calice à folioles ovales. ☉ *Chemins, lieux arides.*

SERRATULA. Calice imbriqué, cylindrique, non épineux; réceptacle paléacé; toutes les corolles à 5 dents égales; graines comprimées, ovoïdes, lisses; aigrette sessile, simple. — *Fleurs rouges.*

Tinctoria, L. Feuilles lyrées-pinnatifides, à lobe terminal, ovale, grand. ♃ *Bois humides.*

ARCTIUM. Calice globuleux, à folioles nombreuses, linéaires, recourbées en crochet; réceptacle paléacé; toutes les corolles à 5 dents égales; graines allongées; aigrette courte, simple, sessile. — *Fleurs rouges.*

Lappa, L. Bardane. Feuilles ovales, pubescentes; calice glabre. ♂ *Chemins.*

Grandiflora, Desf. Feuilles cordiformes-arrondies, glauques-pubescentes en dessous; fleurs très-grosses; calice glabre. ⊙ *Terres labourées, décombres.*

Tomentosum, Schk. Feuilles cordiformes-ovales, pubescentes, unicolores; calice arachnoïde. ⊙ *Bord des chemins, fossés.*

CENTAUREA. Calice imbriqué; réceptacle à soies roides; corolles à 5 dents, celles de la circonférence stériles et plus développées; graines lisses, ovoïdes, à ombilic latéral; aigrette simple, sessile.

* *Calice à folioles inermes, scarieuses, entières, se déchirant.* — Fleurs rouges.

Jacea, L. Feuilles lancéolées, entières, les radicales sinuées-dentées; calice scarieux, à écailles d'abord entières, se déchirant au sommet. ⅞ *Champs.*

** *Calice à folioles inermes, ciliées; fleurons du limbe égaux.* — Fleurs rougeâtres.

Nigra, L. Feuilles lancéolées, les radicales lyrées; calice à folioles dressées, ciliées, noirâtres, se déchirant au sommet. ⅞ *Bois secs.*

Nigrescens, Willd. Diffère du précédent parce que toutes les feuilles sont lobées-pinnatifides, et que les folioles extérieures du calice se déchirent seules; les fleurs stériles sont plus longues. ⅞ *Idem.*

Scabiosa, L. Feuilles ailées, à folioles étroites-allongées; 2-6 fleurs terminales, grosses; calice à folioles larges, noires, à cils jaunes. ⅞ *Champs secs et élevés.*

*** *Calice à folioles inermes, ciliées; fleurons de la circonférence inégaux, multifides.* — Fleurs bleues.

Cyanus, L. Bluet. Feuilles linéaires, entières, sessiles; toutes les écailles du calice ovales. ⊙ *Moissons.*

**** *Calice à folioles épineuses, ciliées d'épines.*

Lanata, DC. Tige laineuse; feuilles inférieures, subpinnatifides, les supérieures lancéolées-dentées; calice à folioles extérieures grandes, subpinnatifides; fleurs jaunes. ⊙ *Bord des chemins.*

Solstitialis, L. Tige ailée; feuilles pinnatifides, à lobe terminal anguleux, les supérieures linéaires; calice à folioles terminées par 5 épines, simples, la médiane fort longue; fleurs jaunes. ⊙ *Chemins.*

Calcitrapa, L. Chardon étoilé. Tige prolifère; feuilles pinnatifides, à segments étroits, les supérieures dentées; calice allongé, à folioles portant une épine rameuse; fleurs purpurines. ⊙ *Chemins.*

Myacantha, DC. Feuilles lancéolées, dentées, ou un peu lobées à la base; calice à folioles recourbées, à 5-6 épines simples, ciliées-ailées; fleurs purpurines. ⊙ *Chemins.* Cachan. R.

B. *Aigrette sessile, plumeuse.*

CIRSIUM. Calice ventru, imbriqué, à folioles épineuses; réceptacle velu; toutes les corolles à 5 dents égales; graines oblongues, lisses; aigrette sessile, plumeuse. — *Fleurs rouges.*

Palustre, Scop. Feuilles décurrentes, linéaires, sinuées, très-épineuses; fleurs agglomérées; folioles du calice ovales, courtes. ⊙ *Prés marécageux.*

Lanceolatum, Scop. Feuilles décurrentes, allongées, à lobes lancéolés, très-aigus, divariqués; fleurs agglomérées; folioles du calice étroites, longues. ♂ *Chemins, champs incultes.*

Eriophorum, Scop. Tige multiflore, velue; feuilles embrassantes, non décurrentes, à laciniures bifides; fleurs terminales, solitaires. ♃ *Chemins, fossés.*

Anglicum, Lobel. Tige uniflore, tomenteuse; feuilles non décurrentes, lancéolées, presque entières. ♂ *Prés humides, collines mouillées.*

Oleraceum, All. Tige multiflore, glabre; feuilles non décurrentes, ovales, pinnatifides; fleurs jaunâtres, entourées de bractées foliacées ovales. ♃ *Marécages des bois.*

Arvense, Lam. Tige multiflore, glabre; feuilles non décurrentes, pinnatifides, crépues; fleurs agglomérées, sans bractées. ♃ *Jachères, moissons.*

Acaule, All. Tige nulle; une fleur radicale. ♃ *Coteaux secs.*

CARLINA. Calice imbriqué, à folioles intérieures colorées, les extérieures incisées-épineuses; réceptacle paléacé; toutes les corolles à 5 dents égales; graines oblongues, pubescentes; aigrette sessile, plumeuse, rameuse. — *Fleurs jaunes.*

Vulgaris, L. Carline. Tige paniculée, multiflore; feuilles lancéolées, embrassantes, sinuées-dentées. ♂ *Lieux pierreux.*

C. *Aigrette nulle.*

MICROPUS. Calice simple, à folioles lâches; réceptacle proéminent, subulé, paléacé seulement à la circonférence; toutes les corolles à 5 dents égales; graines sans aigrette.

Erectus, L. Plante petite, blanche, à feuilles linéaires, entières, les inférieures obovales; fleurs blanchâtres. ⊙ *Champs secs.* Fontainebleau. R.

++ Réceptacle nu.

A. *Aigrette simple, sessile.*

ONOPORDUM. Calice ventru, imbriqué, à folioles terminées par une épine; réceptacle nu, alvéolaire; toutes les corolles à 5 dents égales; graines lisses, tétragones; aigrette simple, sessile. — *Fleurs purpurines.*

Acanthium, L. Chardon aux ânes. Tige très-forte, très-haute; feuilles décurrentes, blanchâtres-cotonneuses, sinuées-dentées. ♂ *Chemins.*

CONYZA. Calice imbriqué, ovoïde, à folioles extérieures réfléchies; réceptacle nu; corolle du centre à 5 dents égales, celles de la circonférence à 3; graines hispidiuscules; aigrette simple, sessile.

Squarrosa, L. Conyze. Feuilles ovales, aiguës, denticulées; fleurs jaunes, en corymbe. ♂ *Bois secs.*

CHRYSOCOMA. Calice hémisphérique, imbriqué; réceptacle nu; toutes les corolles à 5 dents; style à peine plus long que les fleurs; graines velues; aigrette simple, sessile. — *Fleurs jaunes.*

Linosyris, L. Feuilles nombreuses, éparses, linéaires, entières. ♃ *Montagnes arides.* Fontainebleau. R.

EUPATORIUM. Calice cylindrique, imbriqué, presque simple; réceptacle nu; corolles peu nombreuses, à 5 dents égales; style très-long; graines cannelées, lisses; aigrette simple, sessile.

Cannabinum, L. Eupatoire. Feuilles digitées, à 3 folioles subpédonculées, dentées en scie; fleurs rouges, très-nombreuses, petites, en corymbe. ♃ *Prés humides.*

PÉTASITES. Calice simple; réceptacle nu; corolles à 5 dents égales; graines planes, glabres; aigrette simple, sessile.

Vulgaris, Desf. Pétasite. Feuilles cordées-réniformes; fleurs en thyrse ovoïde. ♃ *Prés humides.*

GNAPHALIUM. Calice presque simple; folioles intérieures subscarieuses; réceptacle plane, nu; toutes les corolles à 4-5 dents égales, celles du bord souvent stériles, parfois nulles; aigrette sessile, simple.

* *Calice entièrement scarieux.*

Luteo-album, L. Tige simple; feuilles entières, linéaires-lancéolées, les radicales ovales; fleurs jaunâtres, en corymbe non foliacé. ⊙ *Lieux humides, bord des étangs.*

Rectum, Smith. Tige très-simple; toutes les feuilles entières, linéaires-lancéolées; fleurs blanches, en long épi foliacé. ♃ *Bord des bois montueux.*

Uliginosum, L. Tige rameuse; feuilles entières, linéaires-lancéolées; fleurs jaunâtres, en petites têtes foliacées, nombreuses. ⊙ *Lieux où l'eau a séjourné l'hiver.*

** *Calice à folioles laineuses, au moins les extérieures.*

Dioicum, L. Pied de chat. Tige simple, dressée; feuilles radicales spathulées, les supérieures linéaires; 3-5 fleurs purpurines ou blanches, grosses, en corymbe terminal, dioïques. ♃ *Pelouses élevées.* Montmorency. R.

Germanicum, Lam. Tige dichotome, redressée; feuilles lancéolées-spathulées; 12-15 petites fleurs en tête compacte; calice à folioles aiguës, sétacées. ⊙ *Champs.*

Gallicum, Lam. Tige dressée, rameuse du haut; feuilles sétacées-capillaires; 4-5 fleurs jaunâtres, en tête axillaire, petites, tronquées; calice à folioles allongées, aiguës. ⊙ *Champs sablonneux.*

Montanum, Willd. Tige dressée, rameuse; feuilles lancéolées-linéaires; 12-15 fleurs jaunâtres, cotonneuses, en têtes rondes, axillaires et terminales, non foliées. ⊙ *Endroits sablonneux.*

Minimum, Smith. Tige grêle, presque simple; feuilles linéaires, aiguës, dressées; 3-4 fleurs, très-petites, jaunâtres, presque glabres, en têtes coniques, axillaires et terminales, non foliées. ⊙ *Jachères.*

B. *Aigrette nulle.*

TANACETUM. Calice hémisphérique, un peu imbriqué; réceptacle nu; corolle du centre à 5 dents, celles de la circonférence, femelles, à 3 dents souvent nulles; graines anguleuses, bordées en haut, sans aigrette.

Vulgare, L. Tanaisie. Feuilles bipinnatifides, à segments linéaires, écartés, incisés, glabres; fleurs jaunes, en corymbe. ♃ *Berge des rivières.*

ARTEMISIA. Calice imbriqué, à folioles conniventes; réceptacle nu; corolle du centre à 5 dents, celles du bord presque entières; graines sans aigrette.

Vulgaris, L. Armoise. Tige herbacée, dressée; feuilles pinnatifides, cotonneuses, blanches en dessous. ♃ *Fossés, lieux cultivés.*

Campestris, L. Tige frutescente, bombée à la base; feuilles à 4-5 découpures linéaires, unicolores. ♄ *Plaines sablonneuses.*

ECHINOPS. Calice commun composé de folioles linéaires, rameuses, réfléchies; fleurs particulières à calice imbriqué; corolle à 5 dents égales; graines velues, surmontées d'une sorte de cupule. — *Fleurs réunies en tête sphérique.*

Sphærocephalus, L. Boulette. Feuilles pinnatifides, dentées-épineuses, cotonneuses en dessous. ♂ *Haies des bois.* Montmorency. R.

XANTHIUM. Fleurs monoïques; les *mâles* réunies sur un réceptacle pédonculé, muni de paillettes, ayant un calice commun polyphylle; périanthe tubuleux, à 5 dents; 5 étamines à filets monadelphes, à anthères libres; les *femelles* entourant les mâles et les dépassant, solitaires, composées d'une Iodicule épineuse; bicorne, à 2 loges, sans corolle, qui entoure une graine dure; 2 styles sortant par les cornes correspondantes. — *Fleurs verdâtres.*

Strumarium, L. Lampourde. Tige branchue, non épineuse; feuilles cordiformes, trilobées. ⊙ *Fossés, terres rapportées.* Septembre.

Spinosum, L. Tige branchue, chargée d'épines trifides; feuilles lancéolées, subtrilobées. ⊙ *Rues des villages.* Juvisi. R.

FAMILLE SOIXANTE-SIXIÈME.

LES RADIÉES (I).

Voyez les caractères de cette famille, page 222.

+ Réceptacle nu ; graine sans aigrette.

BELLIS. Calice simple, hémisphérique, à folioles courtes, égales ; réceptacle conique, nu ; fleurs radiées ; graines comprimées, velues, sans aigrette.

Perennis, L. Paquerette. Hampe à une fleur rosée ; feuilles obovales. ⊙ *Gazons.* Mars.

MATRICARIA. Calice plane, imbriqué, à folioles scarieuses ; réceptacle ovoïde, nu ; fleurs radiées ; graines fines, ovoïdes-oblongues, striées, sans rebord ni aigrette.

Chamomilla, L. Camomille. Feuilles tripinnées, à folioles capillaires, cylindriques, glabres. ⊙ *Champs, lieux cultivés.*

PYRETHRUM. Calice plane, imbriqué, à folioles scarieuses ; réceptacle ovoïde, nu ; fleurs radiées ; graines fines, anguleuses, bordées au sommet, sans aigrette.

Inodorum, Smith. Feuilles tripinnées, à folioles capillaires planes, glabres ; calice glabre ; graines couronnées par une membrane entière. ⊙ *Lieux cultivés.*

Parthenium, Smith. Matricaire. Feuilles bipinnées, à folioles pinnatifides, à segments lancéolés, velus ; calice velu ; graines couronnées par une membrane à 2-3 denticules. ♂ *Bord des rivières.*

Corymbosum, Willd. Feuilles ailées, à folioles lancéolées, glabres ; calice glabre ; graine couronnée par une membrane à 5 dents. ♃ *Bois montueux.* R.

CHRYSANTHEMUM. Calice hémisphérique, à folioles imbriquées, scarieuses au sommet ; réceptacle plane, nu ; fleurs radiées ; graines oblongues, sans rebord ni aigrette.

Leucanthemum, L. Marguerite. Feuilles amplexicaules, les inférieures oblongues, dentées-crénelées ; graines oblongues. ♃ *Prés.*

Segetum, L. Feuilles amplexicaules, les inférieures subpinnatifides, à lobes trifides ; graines courtes-tronquées ; fleurs jaunes. ⊙ *Moissons.*

CALENDULA. Calice simple ; réceptacle nu ; corolles radiées ; graines dissemblables, celles de la circonférence membraneuses, les intérieures capsulaires, toutes sans aigrette.

---

(1) Toutes les Radiées ont le disque jaune chez nous ; la plupart ont les rayons blancs ; nous préviendrons lorsqu'ils seront différents.

Arvensis, L. Souci de vignes. Tige velue, subvisqueuse ; feuilles ovales-lancéolées ; graines épineuses ; fleurs jaunes. ☉ *Vignes.*

++ Réceptacle nu ; graines aigrettées.

DORONICUM. Calice à folioles égales, sur 2-3 rangs ; réceptacle nu ; fleurs radiées ; graines cannelées, velues, celles du centre à aigrette simple, sessile, celles de la circonférence sans aigrette.

Plantagineum. L. Doronic. Feuilles radicales subcordiformes, dentées, pétiolées, les caulinaires spathulées, sessiles ; une seule fleur jaune terminale. ♃ *Taillis.* Meudon. R.

INULA. Calice imbriqué ; réceptacle nu ; fleurs radiées, à 10-12 rayons au moins ; anthères à 2 cornes ; aigrette simple, sessile. — *Fleurs jaunes.*

* *Graines glabres, sans appendice.*

Salicina, L. Tige dressée, glabre, multiflore ; feuilles embrassantes, lancéolées, à denticules acérés, glabres ; calice à folioles larges, dressées. ♃ *Prairies humides.*

Squarrosa, L. Tige dressée, glabre, uniflore ; feuilles ovales, à denticules fins, glabres ; calice à folioles ovales, recourbées au sommet. ♃ *Montagnes arides.* Fontainebleau. R.

Hirta, L. Tige dressée, velue, subuniflore ; feuilles lancéolées, poilues, ciliées sur les bords ; calice à folioles longues. ♃ *Collines sèches.* St.-Maur. R.

** *Graines hispides, appendiculées.*

Pulicaria, L. Tige multiflore, couchée, laineuse ; feuilles oblongues, onduleuses, entières, velues ; calice à folioles courtes. ☉ *Fossés humides.*

Britannica, L. Tige multiflore, dressée, laineuse ; feuilles lancéolées, denticulées, velues ; calice à folioles linéaires, allongées. ♃ *Bord des eaux.*

Dysenterica, L. Tige multiflore, dressée, velue ; feuilles cordiformes-oblongues, subdenticulées, onduleuses, velues ; calice à folioles très-étroites. ♃ *Fossés, ruisseaux.*

CORVISARTIA. Diffère du genre *Inula* par le calice à folioles extérieures larges, trapézoïdes ; les rayons très-nombreux, et les anthères inappendiculées.

Helenium, Mérat. Aunée. Feuilles radicales très-grandes, oblongues, les caulinaires subcordiformes, embrassantes ; fleurs jaunes, terminales, grosses, en panicule corymbiforme. ♃ *Prairies des bois.* R.

ERIGERON. Calice imbriqué ; réceptacle nu ; fleurs radiées, à rayons très-nombreux, linéaires ; graines hispidiuscules, oblongues ; aigrette sessile, simple.

Canadense, L. Tige paniculée, hispide ; feuilles linéaires-lancéolées, dentées-incisées-ciliées ; fleurs petites, en panicule. ☉ *Lieux stériles.*

Acre, L. Tige rameuse, velue ; feuilles oblongues-lancéoées, entières; fleurs peu nombreuses, purpurines, grosses, subpaniculées. ♃ *Pelouses sèches.*

SOLIDAGO. Calice imbriqué; réceptacle nu; fleurs radiées, à 5-6 rayons; graines pubescentes; aigrette simple, sessile. — *Fleurs jaunes.*

Graveolens, Lam. Feuilles lancéolées - linéaires, entières, longues; fleurs paniculées, à calice scabriuscule. ♃ *Lieux caillouteux.*

Virga aurea, L. Verge d'or. Feuilles ovales-subspatulées, larges, finissant en pétiole, dentées; fleurs en long épi, à calice glabre. ♃ *Bois.*

CINERARIA. Calice simple, turbiné, à folioles nombreuses, égales; réceptacle nu; fleurs radiées, à 12-15 rayons; aigrette simple, sessile.

Campestris, Retz. Feuilles radicales ovales, entières, rétrécies en pétiole; fleurs en ombelle simple, terminale, à graines velues. ♃ *Bois humides.* Montmorency. R.

SENECIO. Calice caliculé, cylindrique, à folioles sphacélées; réceptacle nu; fleurs radiées, à 12-20 rayons; graines cannelées; aigrette simple, sessile. — *Fleurs jaunes.*
  * *Feuilles pinnatifides; fleurs à rayons planes.*
     A. *Graines hispidiuscules.*
Vulgaris, L. Séneçon. Fleurs sans rayons. ⊙ *Lieux cultivés.*
Jacobœa, L. Jacobée. Tige glabre; feuilles pinnatifides, glabres; calice glabre. ♃ *Prés.*
Erucifolius, L. Tige velue; feuilles pinnatifides, velues; fleurs moitié plus petites, à calice velu, pédonculé-squammeux. ♃ *Prés des bois, de montagnes.*
     B. *Graines glabres.*
Aquaticus, Huds. Feuilles lyrées, glabres, à lobe terminal grand, les radicales presque entières; pédoncules renflés au sommet, glabres. ♃ *Bord des eaux, prés humides.*
Adonidifolius, L. Feuilles tripinnées, glabres, à folioles linéaires, trifides à l'extrémité; fleurs rouges. ♃ *Prés des bois secs.* Bois de Boulogne. R.
    ** *Feuilles simples; fleurs à rayons planes.*
Paludosus, L. Tige très-simple; feuilles lancéolées, très-longues, dentées en scie, velues en dessous. ♃ *Bord des eaux.*
   *** *Feuilles pinnatifides; fleurs à rayons roulés.*
Sylvaticus, L. Tige paniculée, glabre; feuilles glabres, pinnatifides, à segments linéaires; graines hispidiuscules. ⊙ *Bois sablonneux.*
Viscosus, L. Tige étalée, pubescente, visqueuse; feuilles pinnatifides, à segments anguleux, velues, visqueuses; graines glabres. ⊙ *Lieux rocailleux.*

TUSSILAGO. Calice simple, ovoïde, à folioles peu nombreuses, écailleux à la base; réceptacle nu; fleurs radiées, à rayons très-nombreux, linéaires; graines cannelées, glabres; aigrette simple, sessile.

2 I

Farfara, L. Tussilage. Hampe uniflore ; feuilles subcordées, lobées-anguleuses, cotonneuses en dessous. ♃ *Terres argileuses, montueuses.* Avril.

+++ Réceptacle paléacé ; graines sans aigrette, ni arête.

ANTHEMIS. Calice imbriqué, hémisphérique, à folioles scarieuses ; réceptacle paléacé, convexe ; fleurs radiées à 15-20 rayons ; aigrette nulle.

* *Graines lisses.*

Mixta, L. Feuilles linéaires-pinnatifides ; graines ovoïdes, lisses, obtuses ; paillettes entières, de la longueur des fleurons. ⊙ *Lieux humides, cultivés.*

Nobilis, L. Camomille romaine. Feuilles bipinnées ; graines ovoïdes, obtuses, lisses ; paillettes lacérées, plus courtes que les fleurs. ♃ *Pelouses des collines.*

Arvensis. L. Feuilles tripinnées ; graines tétragones, creuses en dessus, lisses ; paillettes subulées dépassant les fleurs. ⊙

Cotula, L. Maroute. Feuilles tripinnées, allongées ; graines ovoïdes, obtuses, tuberculeuses ; paillettes subulées, plus courtes que les fleurs. ⊙ *Lieux cultivés, frais.*

ACHILLEA. Calice imbriqué, à folioles ovoïdes ; réceptacle paléacé ; fleurs radiées, à 5-10 rayons arrondis ; graines comprimées, glabres ; aigrette nulle.

Millefolium, L. Mille-feuille. Tige rameuse ; feuilles bipinnées. ♃ *Chemins.*

Ptarmica, L. Herbe à éternuer. Tige simple ; feuilles linéaires, finement dentées en scie. ♃ *Prés humides.*

BIDENS. Calice double, à folioles presque égales ; réceptacle paléacé ; fleurs radiées (mais à rayons manquant ordinairement dans nos espèces) ; graines quadrangulaires, surmontées de 2-5 arêtes hispides, persistantes. — *Fleurs jaunes.*

Tripartita, L. Chanvre aquatique. Feuilles pinnatifides, à 3-5 folioles ; fleurs dressées ; graines à 2 arêtes. ♃ *Lieux aquatiques.*

Cernua. L. Feuilles lancéolées, amplexicaules ; fleurs penchées ; graines à 4 arêtes. ⊙ *Idem.*

CLASSE DOUZIÈME.

DICOTYLÉDONES DIPÉRIANTHÉES POLYPÉTALÉES INFER-OVARIÉES.

TABLEAU DES FAMILLES DE LA CLASSE DOUZIÈME.

+ *Fruit sec.*

OMBELLIFÈRES. Herbes. Fleurs disposées en ombelle ;

alice entier ou à 5 dents ; 5 pétales insérés sur le pistil; 5 étamines ; 2 styles; 2 semences infères, d'abord adhérentes. —
Feuilles alternes, composées (1).

ONAGRÉES. Herbes. Fleurs solitaires ; calice à 2-4 divisions;
corolle à 2-4 pétales; 2-4-8 étamines ; 1 style à stigmate bifide u 4 fide; capsule à 1-2-4 loges, renfermant une ou plusieurs
semences. — *Feuilles alternes ou opposées, simples.*

SAXIFRAGÉES. Herbes. Calice à 4-5 divisions ; 5 pétales ; 5-10
étamines ; 2-3 styles ; 2-3 stigmates; 1 capsule semi-infère,
fourchue, à une loge polysperme, à 2-3 valves. — *Feuilles alternes, simples.*

++ *Fruit mou.*

GROSSULARIÉES. Arbrisseaux. Calice à 4-5 divisions ; corolle
de 4-5 pétales; 4-5 étamines; 1 style simple ou bifurqué ;
fruit mou; baie ou drupe, polysperme. — *Feuilles alternes
ou opposées.*

LORANTHÉES. Herbes parasites. Calice entier ; corolle à
4-5 pétales; 4-5 étamines à anthère sessile: 1 style ; 1 baie infère, monosperme. — *Feuilles nulles.*

POMACÉES. Arbres ou arbrisseaux. Calice à 5 divisions ; corolle de 5 pétales; une vingtaine d'étamines insérées sur le
calice; 1-5 pistils; 1 fruit infère, charnu, à 2-5 loges mono-
ou polyspermes. — *Feuilles alternes.*

FAMILLE SOIXANTE-SEPTIÈME.

LES OMBELLIFÈRES.

Voyez les caractères de cette famille, page 242.

+ Graines glabres, nues, lisses.

A. *Graines allongées, linéaires.*

CHÆROPHYLLUM. Calice entier; pétales échancrés, un peu
inégaux ; 5 étamines ; fruit allongé, strié ou à côtes; involucre 0; 1 involucelle. — *Fleurs blanches.*

Sylvestre, L. Cerfeuil sauvage. Tige glabre; feuilles bipinnées, à folioles lancéolées-pinnatifides; ombelles terminales,
pédonculées, dressées. ♃ *Haies.*

Temulum, L. Tige hispide, renflée aux articulations, maculée; feuilles bipinnées, à folioles oblongues; ombelles pédonculées, terminales, penchées. ♃ *Haies, buissons.*

(1) Sauf dans le genre *Buplevrum.*

B. *Graines plus ou moins oblongues ou arrondies.*

§ I. Pas d'involucre, ni d'involucelle.

ÆGOPODIUM. Calice entier; pétales entiers, inégaux : fruit ovoïde-oblong, à 3-5 côtes. — *Fleurs blanches.*

Podagraria, L. Herbe aux goutteux. Pédoncules trichotomes, à folioles ovales-cordiformes, les supérieurs ternés. ♃ *Haies, parcs.*

PIMPINELLA. Calice entier; pétales entiers, presque égaux ; fruit ovoïde-oblong, strié; stigmates globuleux. — *Fleurs blanches.*

Saxifraga, L. Feuilles ailées, à folioles arrondies, incisées ou lobées, les caulinaires à folioles linéaires. ♃ *Prés de montagne.*

Magna, L. Boucage. Feuilles ailées, à folioles ovales, oblongues; celles de la tige à foliole terminale trilobée. ♃ *Bois humides.*

Dissecta, Retz. Diffère du *Magna* par ses folioles pinnatifides, à segments arqués. ♃ *Prés humides.*

TRINIA. Fleurs dioïques, les *femelles* : calice entier; pétales entiers, égaux; fruit presque sphérique, à petites côtes; stigmates globuleux, très-petits; les *mâles* semblables, à ovaire avorté. — *Fleurs blanches.*

Vulgaris, DC. Tige plusieurs fois dichotome; feuilles tripinnées, à pétiole membraneux, à folioles linéaires; ombelles latérales sessiles, nombreuses. ♃ *Bois élevés.*

FOENICULUM. Calice entier; pétales entiers; fruit oblong, strié. — *Fleurs jaunes.*

Vulgare. Gaertn. Fenouil. Feuilles décomposées, à folioles capillaires, longues; fruit ovoïde. ♃ *Décombres, murs.*

CARUM. Calice entier; pétales égaux, échancrés; fruits ovoïdes-comprimés, oblongs, ayant de légers sillons. — *Fleurs blanches.*

Carvi, L. Carvi. Racine grosse; feuilles bipinnées, à folioles ovales-oblongues; parfois quelques traces d'involucre et d'involucelle. ♂ *Prés.*

§ II. Un involucre; pas d'involucelle.

LASERPITIUM. Calice presque entier; pétales échancrés, presque égaux; fruit ovoïde, oblong, à 4 ailes membraneuses. — *Fleurs blanches.*

Asperum, Crantz. Feuilles à pétiole membraneux, trifurqué, à folioles ovales, rudes en dessous. ♃ *Bois couverts, élevés.* Juvisi. R.

Silaifolium, Jacq. Feuilles bi ou tripinnatifides, à folioles lisses, linéaires. *Bois de Vincennes.* R.

HYDROCOTYLE. Ombelle simple; calice entier; pétales entiers, égaux ; graines comprimées, à côtes.

Vulgaris, L. Écuelle d'eau. Tiges rampantes; feuilles peltées, arrondies-lobées; pédoncules radicaux. ⊙ *Marécages.*

§ III. Pas d'involucre; un involucelle.

BUPLEVRUM. Calice 5-fide; pétales égaux, entiers; fruit ovoïde, bossu, strié; involucre à 2-3 folioles ou nul; involucelle de 5 folioles larges. — *Fleurs jaunes; feuilles simples.*

Rotundifolium, L. Tige dressée; feuilles ovales, perfoliées; semences lisses. ☉ *Moissons.*

Falcatum, L. Tige dressée; feuilles radicales ovales, pétiolées, les caulinaires sessiles, lancéolées-linéaires; semences lisses. ☉ *Lieux pierreux, buissons.*

Tenuissimum, L. Tige couchée; feuilles linéaires, les supérieures sétacées; semences verruqueuses. ☉ *Jachères, pelouses sèches.* Point du jour. R.

OENANTHE. Calice à 5 dents persistantes; pétales inégaux; fruits ovoïdes-oblongs, striés, se serrant en faisceaux à leur maturité. — *Fleurs blanches.*

Phellandrium, Lam. Tige grosse, creuse; toutes les feuilles bi ou tripinnées, à folioles laciniées, ovales; ombelles latérales, à long pédoncule. ☉

Crocata, L. Tige pleine d'un suc jaune; toutes les feuilles bipinnées, à folioles cunéiformes, incisées, trifides; ombelles terminales. ☉ *Marais.* Alet. R.

Fistulosa, L. Tige stolonifère, fistuleuse; feuilles ailées, les radicales à folioles trifides, courtes, cunéiformes, les caulinaires à folioles lancéolées; ombelles terminales. ☉ *Marais.*

Peucedanifolia, Poll. Toutes les feuilles bi ou tripinnées, à folioles linéaires. ☉ *Prés humides.*

Pimpinelloides. L. Feuilles radicales bipinnées, à folioles ovales-cunéiformes, les caulinaires pinnées, à folioles linéaires. ☉ *Prés humides.*

Approximata, Mérat. Diffère du précédent par les folioles des feuilles radicales qui sont entières, et par l'involucre nul. ☉ *Prés.* Marcoussis. R.

Lachenalii, Gmel. Feuilles radicales pinnées, à folioles ovales, entières, trilobées, les caulinaires à folioles linéaires. ☉ *Prés humides.* St-Gratien. R.

SESELI. Calice entier; pétales égaux; fruit petit, ovoïde, strié. — *Fleurs blanches.*

Montanum, L. Tige glabre, verte; pétiole des feuilles radicales simple, entier; celui des feuilles caulinaires échancré; feuilles bipinnées, à folioles linéaires; graines lisses entre les stries. ☉ *Montagnes arides.*

Glaucum, L. Diffère du *Montanum* parce que tous ses pétioles sont simples et entiers. ☉ *Bois.*

Peucedanifolium, Mérat. Tige glabre, verte; pétioles longs, échancrés; feuilles tripinnées, à folioles arrondies-linéaires, longues, divariquées; graines chagrinées entre les stries. ♃ *Montagnes.* Fontainebleau. R.

AETHUSA. Calice entier; pétales égaux, entiers; étami-

21.

nes; 2 styles; fruit ovoïde, strié; involucelle unilatéral. — *Fleurs blanches.*

Cynapium, L. Petite ciguë. Feuilles bi ou tripinnatifides, à découpures incisées, cunéiformes-ovales. ⊙ *Jardins, lieux cultivés.*

CORIANDRUM. Calice à 5 dents inégales; pétale extérieur plus grand, les autres fendus ou roulés; fruit sphérique. — *Fleurs blanches.*

Sativum, L. Coriandre. Feuilles radicales simples, cunéiformes-lobées, les caulinaires bipinnatifides. ⊙ *Vignes, lieux cultivés.* Belleville. R.

CICUTA. Calice entier; pétales entiers, presque égaux; fruit arrondi, didyme, sillonné. — *Fleurs blanches.*

Virosa, L. Ciguë vireuse. Tige fistuleuse; feuilles grandes, bipinnées, à folioles étroites, allongées, ternées, dentées en scie. ⚥ *Bord des eaux.* Crespi. R.

SELINUM. Calice entier ou à 5 dents; pétales égaux, entiers; fruit ovoïde, comprimé, sillonné. — *Fleurs blanches.*

Carvifolia, L. Tige subailée; feuilles tripinnées, à découpures ovales; involucre nul; involucelle à 6-8 folioles linéaires. ⚥ *Prés tourbeux.*

Chabraei, Jacq. Tige striée; feuilles ailées, à laciniures linéaires, celles du sommet avortées; involucre nul; involucelle à 2-3 folioles sétacées. ⚥ *Prés des bois, murs.*

Sylvestre, L. Tige lisse, lactescente; feuilles bipinnées, à folioles 3-5 fides, cunéiformes; involucre nul; involucelle à 4-5 folioles courtes, lancéolées. ⚥ *Prés des bois.*

Oreoselinum, Crantz. Tige lisse, rameuse; feuilles tripinnées, à folioles 3-fides, éloignées, divariquées, à pétiole réfléchi; involucre à folioles linéaires; involucelle à 12-15 folioles *idem.* ⚥ *Bois, collines.* Chatou. R.

Cervaria, Crantz. Persil de montagne. Tige striée, simple; feuilles subpinnées, à découpures lobées, larges, ovales-lancéolées, les caulinaires avortées; un involucre à folioles linéaires; involucelle à 6-8 folioles. ⚥ *Lieux pierreux.* Fontainebleau. R.

§ IV. Un involucre et un involucelle.

SIUM. Calice presque entier; pétales entiers, égaux; fruit globuleux, ovoïde ou oblong, glabre, strié. — *Fleurs blanches.*

* Feuilles simplement ailées.

Latifolium, L. Berle. Tige dressée; toutes les feuilles à folioles ovales, dentées; ombelles terminales, à involucelle ovale-lancéolé. ⚥ *Mares, ruisseaux.*

Incisum, Pers. Tige dressée; feuilles inférieures ovales-oblongues, dentées-incisées, les supérieures à folioles laciniées; ombelles pédonculées, opposées aux feuilles, à involucelle linéaire. ⚥ *Fossés, ruisseaux.*

Nodiflorum, L. Tige couchée ou radicante; feuilles à folioles ovales, dentées; ombelles sessiles, opposées aux feuilles. ♃ *Ruisseaux.*

Repens, L. Tige rampante; feuilles à folioles arrondies, lobées-dentées; ombelles pédonculées, axillaires. ♃ *Marécages.*

Segetum, Lam. Tige dressée; feuilles à folioles ovales, incisées-dentées, celles de la base à folioles lobées; ombelles pédonculées, terminales, nombreuses et très-maigres. ☉ *Moissons.* Montmorency. R.

** *Feuilles plusieurs fois ailées.*

Verticillatum, Lam. Tige dressée; feuilles à folioles verticillées, très-fines. ♃ *Prés tourbeux.* St-Léger. R.

Inundatum, Lam. Tige couchée, rampante, flottante; feuilles inondées décomposées, à folioles capillaires; les aériennes à folioles arrondies. ♃ *Mares.* St-Léger. R.

FALCARIA. Calice à 5 dents; pétales entiers, plus grands dans les fleurs stériles; fruit ovoïde-allongé, strié finement. — *Fleurs blanches.*

Rivini, Host. Feuilles radicales à 3 divisions ailées, à folioles linéaires, à dents de scie aiguës. ♃ *Moissons.*

PEUCEDANUM. Calice à 5 dents; pétales égaux, entiers; fruit ovoïde, légèrement comprimé, aminci vers les bords, strié.

Parisiense, DC. Presque toutes les feuilles radicales, trichotomes, à segments capillaires, allongés, divariqués; involucre à 6-8 folioles déliées; fleurs blanches. ♃ *Allées des bois élevés.*

Silaüs, L. Feuilles bi ou trichotomes, à segments linéaires, courts, écartés; celles de la tige à folioles pinnatifides, entières dans celles du haut; involucre nul ou à 1 foliole ovale; fleurs jaunâtres. ♃ *Prés bas.*

BUNIUM. Calice entier; pétales entiers, égaux; fruit ovoïde-oblong, strié. — *Fleurs blanches.*

Bulbocastanum, L. Terre noix. Racine bulbeuse; feuilles bi ou tripinnées, à découpures capillaires. ♃ *Moissons.*

AMMI. Calice entier; pétales échancrés, inégaux; fruit petit, ovoïde, strié; involucre à folioles trifides. — *Fleurs blanches.*

Majus, L. Ammi. Feuilles bipinnées, à folioles, lancéolées, dentées en scie, les supérieures à folioles linéaires, un peu pinnatifides. ☉ *Moissons, lieux cultivés.*

C. *Graines elliptiques, très-aplaties.*

ANETHUM. Calice entier; pétales entiers, égaux; fruit ovale, comprimé, membraneux autour, à 3 stries; pas d'involucre ni d'involucelle. — *Fleurs jaunes.*

Graveolens, L. Aneth. Tige simple, glabre; feuilles décomposées, à folioles capillaires. ☉ *Moissons.* R.

HERACLEUM. Calice entier ; pétales échancrés, inégaux ; fruit elliptique, très-aplati, strié, un peu échancré ; involucre 0 ; I involucelle. — *Fleurs blanches.*

Sphondylium, L. Tige rude, haute ; feuilles amples, ailées, à folioles pinnatifides-lobées, pubescentes en dessous. ♃ *Prés humides.*

PASTINACA. Calice entier ; pétales entiers, presque égaux ; fruit elliptique, très-aplati, ailé sur les bords, à 3 nervures sur le dos ; involucre et involucelle nuls. — *Fleurs jaunes.*

Sativa, L. Panais. Tige glabre ; feuilles ailées, à folioles ovales, lobées-incisées. ♂ *Champs.*

SMYRNIUM. Calice entier ; pétales entiers, presque égaux ; fruit elliptique, didyme, comprimé, à 3 nervures sur les côtes, sillonné en dedans ; involucre et involucelle nuls. — *Fleurs jaunes.*

Olusatrum, L. Maceron. Tige glabre ; feuilles à folioles arrondies-cunéiformes, les inférieures trichotomes, les supérieures dentées, échancrées-lobées. ♀ *Lieux cultivés.* R.

IMPERATORIA. Calice entier ; pétales entiers, presque égaux ; fruits aplatis, à peu près elliptiques, avec deux ailes de chaque côté, et 3 petites côtes sur chaque face ; involucre 0 ; I involucelle. — *Fleurs blanches.*

Sylvestris, Lam. Tige haute, forte, glabre ; feuilles bipinnées, trifurquées, à folioles ovales, dentées en scie ; ombelle à rayons très-nombreux, à involucelle délié. ♃ *Ruisseaux des bois.*

++ Graines tuberculeuses, velues, hispides ou écailleuses.

CONIUM. Calice entier ; pétales inégaux, entiers ; fruit globuleux, à côtes tuberculeuses ; I involucre et I involucelle.

Maculatum, L. Ciguë. Tige maculée ; feuilles bipinnées, à folioles pinnatifides ; involucre réfléchi ; fruits raboteux. ♃ *Décombres.*

ATHAMANTA. Calice entier ; pétales égaux, échancrés ; fruit oblong, strié, velu ; I involucre et I involucelle. — *Fleurs blanches.*

Libanotis, L. Feuilles bipinnées, radicales, à folioles incisées-laciniées ; ombelles serrées. ♃ *Collines crayeuses.* Compiègne. R.

SANICULA. Calice 5-fide ; pétales entiers, égaux ; fruit ovoïde-arrondi, hérissé de pointes dures ; I involucre et I involucelle. — *Fleurs blanches.*

Europæa, L. Sanicle. Tige nue ; feuilles radicales, à 5 lobes cunéiformes, dentés, incisés ou trifides ; ombelle à ombellules en tête. ♃ *Bois ombragés, buissons.*

SCANDIX. Calice entier ; pétales échancrés, inégaux ; styles persistants ; fruit très-allongé, hispide ; involucre nul ; I involucelle. — *Fleurs blanches.*

Pecten, L. Peigne de Vénus. Feuilles tripinnatifides, à découpures menues, pinnatifides ; involucelle à 5-6 folioles, parfois ailées. ⊙ *Moissons.*

DAUCUS. Calice 5-fide; pétales entiers, inégaux; fruit oblong, hérissé de poils roides; involucre pinnatifide; 1 involucelle ordinairement simple. — *Fleurs blanches.*

Carotta, L. Carotte. Tige hispide; feuilles bi ou tripinnées, velues, à folioles lancéolées, pointues, à pétiole élargi, entier. ♂ *Prés secs.*

CAUCALIS. Calice 5-fide; pétales échancrés; fruit oblong, hérissé de poils roides; ordinairement 1 involucre et 1 involucelle.

* *Un des pétales des fleurs extérieures très-grand, bifide.*
(Orlaya.)

Grandiflora, L. Tige glabre; feuilles bi ou tripinnées, à folioles linéaires; corolle blanche, grande. ☉ *Moissons.*

Latifolia, L. Tige velue-hispide; feuilles pinnatifides, à laciniures allongées; corolle purpurine, petite. ☉ *Moissons.*

** *Tous les pétales égaux* (Caucalis).

Daucoides, L. Tige lisse; feuilles tripinnées, glabres, à dernières divisions ovales, obtuses. ☉ *Moissons* (1).

Arvensis, Willd. Tige basse, divariquée, très-rameuse, rude; feuilles ailées, à folioles pinnatifides; ombelle à long pédoncule.; involucre nul ou à 1 foliole. ☉ *Jachères.*

Anthriscus, Willd. Tige haute, dressée, rude; feuilles ailées, à folioles pinnatifides, la terminale très-allongée, pinnatifide; ombelle à long pédoncule; involucre à 4-5 folioles. ☉ *Haies, buissons.*

Nodiflora, Lam. Tige couchée, rude; feuilles bipinnées, à folioles linéaires-lancéolées, hispides; ombelles latérales, sessiles sur les nœuds de la tige; involucre à 4-5 folioles. ☉ *Chemins, fossés.*

Scandicina, Flora danica. Tige dressée, glabre; feuilles tripinnées, à folioles ovales, velues; ombelles latérales, pédonculées; involucre nul. ☉ *Décombres, lieux secs.*

TORDYLIUM. Calice 5-fide; pétales bilobés et plus grands extérieurement; fruit orbiculaire, tuberculeux, à rebord calleux; involucre et involucelle à plusieurs folioles.

Maximum, L. Tige hispide, simple, élevée; feuilles ailées; fleurs blanches. ☉ *Chemins, lieux montueux.* Essone. R.

ERYNGIUM. Calice de 5 folioles sétacées, persistantes; pétales égaux; pistils persistants; fruit ovoïde-oblong, écailleux.

Campestre, L. Panicaut. Tige très-rameuse, glabre; feuilles coriaces, composées, à folioles décurrentes, incisées, très-épineuses; ombelle en tête ovoïde; fleurs blanches. ♃ *Chemins, lieux arides.*

(1) Cette espèce et les suivantes ont les fleurs blanches.

FAMILLE SOIXANTE-HUITIÈME.

LES ONAGRÉES.

Voyez les caractères de cette famille, page 243.

+ Feuilles alternes.

ŒNOTHERA. Calice à 4 divisions; corolle de 4 pétales; 8 étamines; 1 style; capsule linéaire infère, à 4 valves, à 4 loges polyspermes.

Biennis, L. Onagre. Feuilles ovales-lancéolées, rétrécies en pétiole, à longues dents; fleurs jaunes, en épi. ♂ *Bois, lieux pierreux.* Aulnai. R.

EPILOBIUM. Calice à 4 divisions; corolle de 4 pétales; 8 étamines; 1 style; 1 stigmate; capsule linéaire, à 4 valves, à 4 loges polyspermes, à graines poilues. — *Fleurs roses.*

* Stigmate quadrifide.

A. *Fleurs irrégulières; pétales entiers; étamines inclinées.*

Angustifolium, L. Tige rameuse; feuilles linéaires, denticulées; fleur à bractée au milieu du pédoncule. ♃ *Étangs des bois.* R.

Spicatum, Lam. Laurier St-Antoine. Tige simple; feuilles lancéolées, entières; fleur à bractée à la base du pédoncule. ♃ *Bois montueux, humides.*

B. *Fleurs régulières; pétales échancrés; étamines dressées.*

Hirsutum, Willd. Tige rameuse, velue; feuilles opposées du bas, ovales-lancéolées, pubescentes sur les 2 faces; fleurs grandes. ♃ *Lieux humides.*

Intermedium, Mérat. Tige rameuse, velue; feuilles alternes, lancéolées-étroites, pubescentes, à dents écartées; fleurs petites. ♃ *Idem.*

Molle, Lam. Tige simple, pubescente; feuilles opposées du bas, lancéolées-linéaires, molles, à denticules rouges et glanduleux; fleurs petites. ♃ *Étangs.*

Montanum, L. Tige simple, glabre; feuilles opposées ou ternées, inégalement dentées; fleurs grandes. ♃ *Bois élevés.*

** Stigmate entier, en massue.

Tetragonum, L. Tige tétragone, dressée, glabre, rameuse; feuilles linéaires-lancéolées; fleurs petites, régulières, à pétales échancrés. ♃ *Lieux couverts, humides.*

Palustre, L. Tige ronde, presque couchée, glabre, simple; feuilles linéaires, entières; fleurs moyennes, régulières, à pétales échancrés. ♃ *Marais tourbeux.*

TRAPA. Calice 4-fide; corolle de 4 pétales; 4 étamines; 1 style; noix dure, infère, coriace, uniloculaire, monosperme, à 2-4 cornes épineuses. — *Fleurs blanches.*

Natans, L. Châtaigne d'eau. Tige flottante; feuilles submergées, ailées, à folioles capillaires, les flottantes rhomboïdales, larges, dentées. ♃ *Étangs*, *bassins*. Versailles. R.

++ Feuilles opposées.

ISNARDIA. Calice campanulé, 4-fide; corolle 0; 4 étamines; 1 style; capsule infère, à 4 loges polyspermes.
Palustris, L. Tige rampante; feuilles ovales-arrondies, entières; fleurs herbacées, sessiles, axillaires, solitaires. ♃ *Bord des étangs*.

CIRCÆA. Calice bifide, caduc; corolle de 2 pétales; 2 étamines; 1 style; capsule pyriforme, infère, à 2 valves, à 2 loges monospermes.
Lutetiana, L. Magicienne. Tige velue; feuilles ovales, ciliées, denticulées; fleurs rosées, en longues grappes, à calice réfléchi; capsules hispides. ♃ *Coteaux boisés*, *montueux*, *découverts*.

MYRIOPHYLLUM. Fleurs monoïques; les *mâles* en épi verticillé; calice à 3 divisions; corolle de 2-4 pétales caducs; 8 étamines; les *femelles* sur le même épi; calice *idem*; corolle nulle; ovaire adhérent; 4 stigmates sessiles; capsules à 4 loges monospermes. — *Fleurs blanchâtres*.
Verticillatum, L. Volant d'eau. Feuilles verticillées par 4-5, ailées-pectinées, à découpures capillaires; fleurs verticillées par 5-6, accompagnées de bractées foliacées à la base. ♃ *Mares*.
Alterniflorum, DC. Feuilles semblables; fleurs alternes, accompagnées de bractées foliacées à la base. ♃ *Idem*.
Spicatum, L. Feuilles semblables; fleurs verticillées par 4-5, en épi interrompu, ayant des écailles à la base ♃ *Idem*.

FAMILLE SOIXANTE-NEUVIÈME.

LES SAXIFRAGÉES.

Voyez les caractères de cette famille, page 243.

SAXIFRAGA. Calice 5-fide; 5 pétales; 10 étamines; 2 styles; capsule semi-infère, à 2 valves, à 2 loges polyspermes.—*Fleurs blanches*.
Granulata, L. Racine granuleuse; feuilles subréniformes-lobées, velues; fleurs grandes. ♃
Tridactylites, L. Racine simple; feuilles piloso-glanduleuses, ovales, les supérieures trifides; fleurs petites. ☉

CHRYSOSPLENIUM. Calice 4-5 fide, adhérent à l'ovaire, coloré; corolle 0; 8-10 étamines; 2 styles; capsule à 2 valves, à 1 loge polysperme. — *Fleurs jaune-doré*.
Alternifolium, L. Feuilles alternes, arrondies - rénifor-

mes , à grandes crénelures. ⚥ *Rochers humides.* Compiègne. R.

Oppositifolium, L. Saxifrage dorée. Feuilles opposées, arrondies-cunéiformes, à dents sinueuses. ⚥ *Idem.* Senlis. R.

ADOXA. Calice 4-5-fide, écailleux à la base; corolle nulle; 8-10 étamines; 4-5 styles; baie infère, adhérente à 4-5 loges monospermes.

Moschatellina, L. Moschatelline. Deux feuilles radicales, bifurquées, à folioles ternées, lobées; fleurs verdâtres, en tête. ⚥

FAMILLE SOIXANTE-DIXIÈME.

LES GROSSULARIÉES.

Voyez les caractères de cette famille, page 243.

+ Feuilles alternes.

RIBES. Calice 5-fide, coloré; corolle de 5 pétales alternes avec les divisions du calice; 5 étamines; 1 style bifide; baie infère, uniloculaire, polysperme, ombiliquée. — *Fleurs herbacées.*

* Espèces sans aiguillons.

Rubrum, L. Groseillier rouge. Feuilles pubescentes en dessous; pétiole cilié; baie rouge, glabre. ♄ *Cultivé.*

Nigrum, L. Cassis. Feuilles glabres des 2 côtés; pétiole velu, non cilié; baie noire, d'abord velue. ♄ *Cultivé.*

** Espèces aiguillonnées.

Grossularia, L. Groseillier à maquereau. Aiguillons isolés sur la tige; feuilles à long pétiole; baie rougeâtre-velue. ♄ *Cultivé.*

Uva crispa, L. Aiguillons 3 à 3 sur la tige; feuilles à pétiole court; baie verte, glabre. ♄ *Haies.*

HEDERA. Calice à 5 dents; 5 pétales oblongs; 5 étamines; 1 style simple; baie infère, à 5 loges monospermes. — *Fleurs herbacées.*

Helix, L. Lierre. Arbrisseau grimpant; feuilles coriaces, épaisses, ovales-lobées; fleurs en ombelle simple; baie noire. ♂ *Vieux murs, pied des arbres.*

++ Feuilles opposées.

CORNUS. Calice 4-fide, caduc; 4 pétales; 4 étamines; 1 stigmate; drupe ovoïde à noyau, à 2 loges monospermes. — *Fleurs blanches.*

Mas, L. Cornouiller. Fleurs enveloppées dans une collerette; pédoncules simples; fruit ovoïde, gros, comestible. ♄ *Bois, haies.*

Sanguinea, L. Fleurs sans collerette ; pédoncules rameux ; fruits arrondis, petits, noirs. ♄ *Idem.*

FAMILLE SOIXANTE-ONZIÈME.

LES LORANTHÉES.

Voyez les caractères de cette famille, page 243.

VISCUM. Fleurs dioïques ; les *mâles* en paquets axillaires, sessiles ; calice entier ; 4 pétales caliciformes ; 4 anthères sans filets ; les *femelles idem* : 1 style court à 5 stigmates ; 1 baie monosperme, infère. — *Fleurs verdâtres.*

Album, L. Gui. Tige dichotome, articulée, très-rameuse ; feuilles obovales, opposées, charnues, entières ; baie blanche. ♃ *Parasite sur les vieux arbres.*

FAMILLE SOIXANTE-DOUZIÈME.

LES POMACÉES.

Voyez les caractères de cette famille, page 243.

MALUS. Calice à 5 dents ; 5 pétales ; étamines icosandres ; 5 styles ; pomme globuleuse, glabre, à 5 loges dispermes. — *Fleurs roses.*

Communis, Lam. Pommier. Feuilles subcordiformes, velues en dessous. ♄ *Cultivé ; bois.*

Acerba, Mérat. Pommier à cidre. Feuilles ovales-lancéolées, glabre des 2 côtés. ♄ *Idem.*

PYRUS. Calice à 5 dents ; 5 pétales ; étamines icosandres ; 5 styles distincts à la base ; pomme pyriforme, glabre, à 5 loges dispermes.

Communis, L. Poirier. Feuilles ovales-oblongues, glabres, à denticules allongées ; fleurs blanches, en ombelle simple. ♄ *Bois ; cultivé.*

Amygdaliformis, Vill. Feuilles ovales-oblongues, velues en dessous ; fleurs blanches, en corymbe. ♄ *Bois.* St-Léger. R.

CYDONIA. Calice à 5 divisions dentées ; 5 pétales ; étamines icosandres ; 5 styles réunis à la base ; pomme globuleuse, velue, à 5 loges polyspermes, visqueuses. — *Fleurs rosées.*

Vulgaris, Mérat. Coignassier. Feuilles ovales-arrondies, très-entières, velues, blanches en desssous. ♄ *Cultivé.*

SORBUS. Calice à 5 dents ; 5 pétales ; étamines icosandres ; 3 styles ; pomme à 3 loges dispermes.

22

Domestica, L. Sorbier. Feuilles ailées, pubescentes en dessous; fruits pyriformes. ♄ *Forêts ; cultivé.*

Aucuparia, L. Sorbier des oiseaux. Feuilles ailées, glabres en dessous; fruits ovoïdes ♄ *Bois.* St-Léger. R.

CRATÆGUS. Calice à 5 dents; 5 pétales; étamines icosandres; 2-5 styles; pomme à 2 loges dispermes. — *Fleurs blanches.*

Torminalis, L. Alizier. Feuilles cordiformes, à 7 lobes. ♄ *Bois.* Fontainebleau. R.

Aria, L. Allouchier. Feuilles ovales-oblongues, velues et blanches en dessous. ♄ *Bois.* St-Léger, R.

Latifolia, Lam. Alizier de Fontainebleau. Feuilles ovales-arrondies, sublobées, velues et blanches en dessous. ♄ *Bois.* Fontainebleau. R.

Amelanchier, L. Feuilles rondes, glabres; 5 styles. ♄ *Bois.* Fontainebleau. R.

MESPILUS. Calice à 5 dents; 5 pétales; étamines icosandres; 5 styles; pomme globuleuse, à 5 loges mono ou dispermes. — *Fleurs blanches.*

Germanica, L. Néflier. Feuilles ovales, pubescentes en dessous, entières; fleurs solitaires, sessiles. ♄ *Bois.* St-Léger. R.

Oxyacantha, Gaertn. Aubépine. Feuilles cunéiformes, obovales-lobées, incisées, glabres; fleurs en corymbe. ♄ *Haies, bois.*

CLASSE TREIZIÈME.

DICOTYLÉDONES DIPÉRIANTHÉES POLYPÉTALÉES SUPEROVARIÉES.

TABLEAU DES FAMILLES DE LA CLASSE TREIZIÈME.

+*Corolle régulière ; étamines au-dessous de vingt.*

A. 4-5 Étamines.

STATICÉES. Fleurs disposées en tête; calice tubuleux, à 5 dents; 5 pétales onguiculés, marcescents; 5 étamines; 5 styles ou 5 stigmates; capsule I-sperme, indéhiscente. — *Tige herbacée; feuilles alternes, sans stipule.*

. PARONYCHIÉES. Fleurs réunies en paquets axillaires : calice de 5 folioles ou à 5 lobes profonds; 5 pétales squammiformes, linéaires; 5 étamines; 2 styles, ou 1 style bifide; capsule I-sperme, indéhiscente. — *Tige herbacée; feuilles alternes ou opposées, stipulacées.*

VITICÉES. Calice presque entier ; 4-5 pétales ; étamines *idem* ; 1 style ; 1 baie à 1 ou plusieurs loges. — *Tige ligneuse, volubile ; feuilles alternes, avec des vrilles opposées.*

RHAMNÉES. Calice à 4-5 dents ; 4-5 étamines ; 4-5 pétales ; 1 ou plusieurs styles ; 1 baie ombiliquée à plusieurs loges, à 1-2 semences, ou une capsule à 3 loges. — *Tige ligneuse, non volubile ; feuilles alternes ou opposées, sans vrilles.*

B. 6 étamines.

BERBÉRIDÉES. Calice à 6 folioles égales ; pétales *idem* ; 6 étamines ; style simple ou nul ; baie uniloculaire, polysperme. — *Tige ligneuse ; feuilles alternes.*

CRUCIFÈRES. Calice de 4 folioles inégales, caduques ; 4 pétales ; 6 étamines, dont 2 plus courtes ; 1 style ; capsule à 2 valves, divisée en 2 par une cloison, parfois à une seule loge et à valves soudées. — *Tige herbacée ; feuilles alternes.*

C. Ordinairement plus de 6 étamines libres.

RUTACÉES. Calice à 4-5 divisions ; 4-5 pétales ; 8-10 étamines ; 1 style simple ; capsule à 4-5 lobes, à 4-5 loges polyspermes. — *Tige herbacée, feuilles alternes.*

ACÉRINÉES. Calice à 5 dents ; 5 pétales ; 8-10 étamines ; 1 style à 2 stigmates ; 2 capsules comprimées, soudées à la base, terminées en aile. — *Tige arborescente ; feuilles opposées.*

HIPPOCASTANÉES. Calice à 5 dents ; 5 pétales ; 7 étamines ; 1 style simple ; capsule à 3 loges, enveloppée d'un brou. — *Tige arborescente ; feuilles opposées.*

DIANTHÉES. Calice tubuleux ou court, à 4-5 divisions persistantes ; 5 pétales onguiculés ; 3-5-10 étamines ; 2-5 styles ; autant de stigmates ; capsule à 1 ou plusieurs loges polyspermes. — *Tige herbacée, articulée ; feuilles opposées.*

LINÉES. Calice à 4-5 folioles ; 4-5 pétales ; 8-10 étamines ; 3-5 styles ; autant de stigmates ; 8-10 capsules réunies, monospermes. — *Tige herbacée, non articulée ; feuilles alternes.*

CAPPARIDEÉS. Calice à 4-6 divisions ; 4-5 pétales ; 5-12 étamines ; ovaire simple, à demi infère ; 1 style ou nul ; capsule univalve, à une loge polysperme. — *Tige herbacée ; feuilles alternes.*

CRASSULÉES. Calice à 3-5 divisions ; 3-5 pétales ; étamines en nombre double ; capsule *idem*, uniloculaire, polysperme, à 2 valves ; autant de styles simples. — *Tige herbacée ; feuilles alternes ou opposées, charnues.*

LYTHRÉES. Calice tubuleux, persistant, à 12 dents ; 4-6 pétales ; étamines en nombre égal ou double ; 1 style ; 1 stigmate ; capsule à 2 loges polyspermes. — *Tige herbacée ; feuilles alternes ou opposées, minces.*

PORTULACÉES. Calice à 2-3 divisions ; 5 pétales (ou point); 3-12 étamines ; 1-2 styles ; capsule à 1 ou plusieurs loges monospermes. — *Tige herbacée ; feuilles alternes ou opposées, épaisses.*

D. Plus de six étamines, réunies au moins par la base.

GÉRANIÉES. Calice à 5 folioles, persistant ; 5 pétales ; 5-10 étamines réunies par les filaments à la base, ou en faisceaux ; 1 style à 5 stigmates ; 5 capsules monospermes, réunies, prolongées en 1 longue arête, qui se séparent à leur maturité. — *Tige herbacée ; feuilles opposées.*

OXALIDÉES. Calice à 5 folioles, persistant ; 5 pétales ; 10 étamines adhérentes par les filets ; 1 style à 5 stigmates ; 1 capsule à 5 loges polyspermes, à 5 valves. — *Tige herbacée ; feuilles alternes.*

++ *Corolle régulière ; vingt étamines ou plus.*

A. Étamines icosandres.

ROSACÉES. Calice à 5-10 divisions ; 4-5 pétales ; étamines icosandres ; fruits nombreux insérés sur le calice, indéhiscents, ou baies surmontées d'un style. — *Tige arborescente, ligneuse ou herbacée ; feuilles alternes.*

SPIRÉACÉES. Calice à 5 divisions ; 5 pétales ; étamines icosandres ; plusieurs capsules, à 2 valves, uniloculaires, polyspermes, surmontées chacune d'un style simple. — *Tige ligneuse ; feuilles alternes.*

AMYGDALÉES. Calice caduc, à 5 divisions ; 5 pétales ; étamines icosandres ; 1 style ; 1 drupe charnu. — *Tige arborescente ; feuilles alternes.*

B. Étamines polyandres.

RENONCULACÉES. Calice à 4-5 folioles ou nul ; 4-5 pétales ou plus ; étamines polyandres ; fruits nombreux, indéhiscents, monospermes, surmontés chacun d'un style. — *Tige herbacée ; feuilles alternes ou opposées.*

HELLÉBORACÉES. Calice à 5 folioles ou nul ; 1-12 pétales, souvent éperonnés ; étamines polyandres ; plusieurs capsules uniloculaires, polyspermes. — *Tige herbacée ; feuilles alternes ou opposées.*

PAPAVÉRACÉES. Calice à 2-4-5 folioles, caduc ; 5 pétales ; étamines polyandres ; 1 stigmate sessile ; capsule ou silique uniloculaire, polysperme. — *Tige herbacée ; feuilles alternes ou radicales.*

CISTÉES. Calice de 5 folioles persistantes ; 5 pétales ; étamines polyandres ; style ou stigmate simple ; capsule à une ou plusieurs loges polyspermes. — *Tige ligneuse ; feuilles opposées.*

TILIACÉES. Calice à 5 divisions , caduc ; 5 pétales ; étamines polyandres; 1 style à stigmate à 5 lobes; capsule à 5 loges monospermes, dont 4 avortent souvent — *Tige arborescente; feuilles alternes.*

C. Étamines soudées par les filets.

MALVACÉES. Calice souvent double, l'intérieur à 5 divisions ou folioles; 5 pétales parfois adhérents à la base; étamines nombreuses, monadelphes; plusieurs fruits monospermes, indéhiscents, surmontés chacun d'un style simple, ou une capsule à plusieurs loges polyspermes, à plusieurs valves. — *Tige herbacée; feuilles alternes.*

HYPÉRICÉES. Calice à 4-5 divisions; 4-5 pétales; étamines nombreuses, polyadelphes; 1 style; 1 stigmate; capsule à 3 loges, ou 1 baie à 1 loge. — *Tige herbacée; feuilles opposées.*

+++ *Corolle irrégulière.*

VIOLÉES. Calice à 2-5 divisions persistantes; 5 pétales inégaux, le supérieur éperonné; 5 étamines syngenèses; 1 style simple; capsule à 1 loge polysperme. — *Tige herbacée; feuilles alternes, simples.*

POLYGALÉES. Calice à 5 folioles dont 2 plus grandes; corolle tubulée, à 2 lèvres, la supérieure bilobée, l'inférieure concave, bifide, souvent barbue; 1 style; 1 stigmate; 1 capsule obcordée, à 2 loges monospermes. — *Tige herbacée; feuilles alternes, simples.*

FUMARIÉES. Calice de 2 folioles, caduc; 4 pétales irréguliers, l'un d'eux éperonné; 4-6 étamines; 1 style; 1 stigmate; 1 capsule monosperme, indéhiscente, ou une silique à 2 valves, à 2 loges polyspermes. — *Tige herbacée; feuilles alternes, composées.*

LÉGUMINEUSES. Calice à 5 dents; 4-5 pétales irréguliers; 10 étamines, libres, ou en 2 faisceaux; 1 style; 1 stigmate simple; 1 gousse à 2 valves, à 1 ou plusieurs graines, ou à plusieurs étranglements monospermes. — *Tige ligneuse ou herbacée; feuilles alternes, stipulées.*

FAMILLE SOIXANTE-TREIZIÈME.

LES STATICÉES.

Voyez les caractères de cette famille, page 254.

STATICE. Caractères de la famille. — *Fleurs rosées.*
Armeria. L. Scape faible; feuilles linéaires sans nervures; bractées ovales, obtuses. ♃ *Gazons sablonneux.* Aulnai. R.
Plantaginea, All. Scape roide; feuilles lancéolées-linéaires, à 3-5 nervures; bractées allongées, pointues. ♃ *Lieux secs, montueux, sablonneux.*

FAMILLE SOIXANTE-QUATORZIÈME.

LES PARONYCHIÉES.

Voyez les caractères de cette famille, page 254.

+ *Feuilles opposées.*

PARONYCHIA. Calice de 5 folioles acérées, en capuchon ; 5 pétales filiformes, alternes avec les 5 étamines ; 1 style bifide, à 2 stigmates ; capsule indéhiscente, monosperme.

Verticillata, Lam. Tige couchée ; feuilles arrondies, entières ; fleurs blanchâtres, en verticilles. ♃ *Sables tourbeux.* St-Léger. R.

HERNIARIA. Calice à 5 divisions profondes, larges, épaisses, obtuses ; 5 pétales filiformes, alternes avec les 5 étamines ; 2 styles ; 2 stigmates ; capsule indéhiscente, monosperme. — *Fleurs herbacées.*

Glabra, L. Herniaire. Feuilles à surfaces glabres. ♃ *Sables.*
Hirsuta, L. Feuilles à surfaces ciliées-hispides. ♃ *Idem.*

SCLERANTHUS. Calice ovoïde, resserré en bas ; à 5 divisions ; pétales nuls ; 10 étamines ; 2 styles ; 2 stigmates ; fruit indéhiscent, 1-sperme.

Annuus, L. Tige diffuse, à articulations velues-écailleuses ; feuilles déliées, longues ; fleurs herbacées, en grappes latérales. ☉ *Moissons, champs.*

++ *Feuilles alternes.*

CORRIGIOLA. Calice de 5 folioles ; 5 pétales ; 5 étamines ; 1 style ; une capsule ou noix arrondie, 3-angulaire, monosperme, indéhiscente.

Littoralis, L. Tige étalée, allongée, rameuse ; feuilles linéaires, entières, glabres ; fleurs agglomérées, blanches. ☉ *Lieux sablonneux, humides.* St-Léger. R.

FAMILLE SOIXANTE-QUINZIÈME.

LES VITICÉES.

Voyez les caractères de cette famille, page 255.

VITIS. Calice à 5 dents ; 5 pétales adhérents au sommet ; 5 étamines ; 1 style ; 1 stigmate ; baie à une loge polysperme.

Vinifera, L. Vigne. Feuilles lobées-sinuées, opposées aux vrilles ; fleurs herbacées, en grappes. ♄ *Cultivé.*

AMPELOPSIS. Calice à 5 dents ; 5 pétales libres ; 5 étamines ; 1 style ; 1 stigmate ; baie à 2 loges à une ou plusieurs graines.

Quinquefolia, Mich. Vigne vierge. Feuilles digitées ; fleurs herbacées, en corymbe dichotome. ♄ *Cultivé.*

FAMILLE SOIXANTE-SEIZIÈME.

LES RHAMNÉES.

Voyez les caractères de cette famille, page 255.

+ *Genres à fleurs portant une baie.*

RHAMNUS. Calice en globe, à 4-5 divisions ; 4-5 pétales squammiformes, opposés aux 4-5 étamines ; 1 style à 2-4 stigmates baie à 2-4 loges monospermes.

Catharticus, L. Nerprun. Tronc épineux ; feuilles ovales, dentées ; fleurs dioïques, à 4 parties. ♄ *Haies.*

Frangula, L. Bourdaine. Tronc non épineux ; feuilles ovales, entières ; fleurs hermaphrodites, à 5 parties. ♄ *Bois.*

ILEX. Calice à 4 dents très-petites ; 4 pétales concaves, alternes avec les 4 étamines ; style 0 ; 4 stigmates ; baie à 4 loges, à 4 semences osseuses.

Aquifolium, L. Houx. Feuilles ovales, alternes, persistantes, glabres, luisantes, dentées-épineuses. ♄ *Futaies.*

++ *Genre à fleurs portant une capsule.*

EVONYMUS. Calice à 4-5 divisions ; 4-5 pétales alternes avec les 4-5 étamines ; 1 style ; 1 stigmate ; capsule à 5 angles, à 4-5 loges monospermes, à 4-5 valves.

Europæus, L. Fusain. Feuilles opposées, lancéolées, denticulées ; 3-4 fleurs en ombelle simple. ♄ *Bois, haies.*

FAMILLE SOIXANTE-DIX-SEPTIÈME.

LES BERBÉRIDÉES.

Voyez les caractères de cette famille, page 255.

BERBERIS. Caractères de la famille.

Vulgaris, L. Épine-vinette. Feuilles par bouquet, obovales, cilioso-dentées ; fleurs jaunes, en grappe pendante. ♄ *Buissons.*

FAMILLE SOIXANTE-DIX-HUITIÈME.

LES CRUCIFÈRES.

Voyez les caractères de cette famille, page 255.

+ Siliqueuses.

A. *Siliques arrondies ou cylindriques.*

§ I. *Siliques indéhiscentes.*

RAPHANISTRUM. Calice de 4 folioles ; 4 pétales ; silique indéhiscente, à 1 seule loge, à 5-6 étranglements monospermes, terminée par une longue pointe.

Arvense, Mérat. Ravenelle. Feuilles lyrées ; silique moniliforme, cannelée sur les étranglements. ☉ *Moissons.*

§ II. *Siliques déhiscentes.*

BRASSICA. Calice de 4 folioles adhérentes et bosselées à la base ; 4 pétales ; silique à 2 loges polyspermes, à cloison prolongée au delà des valves. — *Feuilles lisses ; fleurs jaunes.*

Oleracea, L. Chou. Tige glabre ; feuilles radicales très-grandes, arrondies, sinuées, entières, glauques, glabres, les caulinaires embrassantes ; siliques courtes, renflées. ♂ *Cultivé.*

Rapa, L. Rave. Tige hispide du bas ; feuilles lyrées, hispidiuscules, les caulinaires entières, embrassantes ; silique un peu comprimée, redressée, à pédoncule hispide. ♂ *Lieux sablonneux.*

Napus, L. Navet. Tige glabre ; feuilles lyrées, glabres, les caulinaires entières, embrassantes ; siliques un peu comprimées, écartées, à pédoncule glabre. ♂ *Lieux cultivés*

Cheiranthos, Vill. Tige hérissée ; feuilles lyrées, hispides, les caulinaires pinnatifides, à lobes linéaires ; siliques bossues, sessiles. ♃ *Lieux sablonneux.*

SINAPIS. Calice de 4 folioles libres ; 4 pétales ; silique cylindrique, à 2 loges polyspermes, à cloison prolongée au delà des valves. — *Feuilles scabres ; fleurs jaunes.*

* *Siliques non velues.*

Nigra, L. Moutarde. Siliques serrées contre la tige, glabres, à bec gros, anguleux. ☉ *Moissons.*

Arvensis, L. Siliques écartées de la tige, un peu hispides, à bec élargi, ventru. ☉ *Moissons.*

** *Siliques velues.*

Villosa, Mérat. Siliques serrées contre la tige, velues, longues, linéaires, à bec fin, glabre. ☉ *Moissons.*

Alba, L. Siliques écartées de la tige, hispides, courtes, gibbeuses, à bec court, glabre. ☉ *Moissons.*

SISYMBRIUM. Calice de 4 folioles ; 4 pétales ; silique à 2 loges polyspermes, cylindrique, non terminée en languette. — *Fleurs ordinairement jaunes.*

⋆ *Siliques courtes.*

Nasturtium. L. Cresson. Tiges rampantes; feuilles ailées, à folioles arrondies-subcordiformes, un peu anguleuses; siliques courtes, arquées; fleurs blanches. ♃ *Ruisseaux.*

Amphibium, L. Tige grosse, couchée; feuilles ordinairement entières, lancéolées, sessiles, souvent dentées; siliques ovoïdes, un peu courbes. ♃ *Dans l'eau et sur ses bords où les feuilles se découpent.*

Palustre, Willd. Tige dressée; feuilles pinnatifides, glabres, amplexicaules, ciliées à la base; siliques courtes, renflées, courbes. ♃ *Sables où l'eau a séjourné.*

Sylvestre, L. Tige dressée; feuilles pinnées, glabres, à folioles ovales, dentées-anguleuses; siliques courtes, linéaires, droites. ♃ *Idem.*

⋆⋆ *Siliques allongées.*

a. *Tige nue.*

Vimineum, L. Tige simple, nue, tombante, glabre; feuilles glabres, roncinées, à lobe obtus; fleurs terminales, petites, peu nombreuses. ⊙ *Lieux cultivés.* Colombe. R.

Murale, L. Tige simple, nue, dressée, poilue; feuilles glabres, oblancéolées, dentées-anguleuses; fleurs terminales, grandes, peu nombreuses. ⊙ *Lieux caillouteux.*

b. *Tige feuillée.*

Tenuifolium, L. Roquette. Tige rameuse, glabre; feuilles pinnatifides, à découpures étroites, confluentes; siliques longues, grêles. ♃ *Lieux secs, sablonneux.*

Officinale, Scop. Vélar. Tige rameuse, pubescente, à rameaux divariqués; feuilles roncinées, à segments dentés; siliques serrées contre la tige, velues, linéaires. ⊙ *Bord des chemins.*

Arenosum, L. Tige dressée, hispide, blanchâtre ainsi que toute la plante; feuilles radicales lyrées, les supérieures plus entières; calice et siliques glabres. ⊙ *Bord des vignes.* Argenteuil. R.

⊦ *Supinum*, L. Tige couchée, un peu velue; feuilles pinnatifides, glabres, à lobes écartés, étroits; siliques pubescentes; fleurs blanchâtres. ⊙ *Bord sablonneux des eaux.*

Columnæ, Jacq. Tige dressée, pubescente; feuilles pinnatifides, pubescentes, à pinnule terminale grande, hastée, dentée; siliques très-longues, un peu poilues. ⊙ *Lieux cultivés, secs et pierreux.*

Obtusangulum, DC. Tige dressée, à poils courts; feuilles profondément pinnatifides, glabres, à découpures ovales, à angles arrondis, obtus; siliques glabres. ♃ *Murs, lieux stériles.*

Irio, L. Tige dressée, rameuse, glabre; feuilles glabres, roncinées, à découpures aiguës; siliques nombreuses, dressées, grêles. ⊙ *Décombres, lieux incultes.*

Sophia, L. Tige dressée, rameuse, pubescente; feuilles

tripinnées, nombreuses, pubescentes, à découpures petites; siliques grêles, glabres. ☉ *Lieux incultes.*

HESPERIS. Calice de 4 folioles linéaires, dont les 2 extérieures bossues à la base; 4 pétales; silique cylindrique à graines nues. — *Fleurs blanches.*

Matronalis, L. Julienne. Feuilles ovales-lancéolées, denticulées, atténuées en pétiole. ♃ *Bois.*

Alliaria, L. Alliaire. Feuilles cordiformes, larges, courtes, à dents profondes. ♂ *Buissons.*

CHEIRANTHUS. Calice de 4 folioles, dont 2 bossues à la base; 4 pétales; silique cylindrique, terminée par le stigmate biloculaire, à graines membraneuses. — *Fleurs jaunes.*

Cheiri, L. Giroflée jaune. Tige herbacée; feuilles denticulées; fleurs grandes. ♂ *Murs du nord.* Avril.

Fruticosus, L. Tige ligneuse; feuilles entières; fleurs petites. ♃ *Murs du midi.*

B. *Siliques quadrangulaires.*

ERYSIMUM. Calice de 4 folioles; 4 pétales; silique tétragone, dressée, polysperme. — *Fleurs jaunes.*

* *Feuilles composées, très-glabres.*

Barbarea, L. Herbe Ste-Barbe. Tige simple; feuilles lyrées, glabres, dentées-anguleuses, la terminale très-grande; siliques grêles, glabres. ♃ *Bord des eaux.*

Præcox, Smith. Tige rameuse; feuilles lyrées, à folioles non dentées; siliques grêles, glabres. ♂ *Bord des ruisseaux.* Bondy. R. Avril.

** *Feuilles simples, à poils trifides, courts.*

Murale, Desf. Tige simple, à poils courts, couchés; feuilles sessiles, lancéolées, denticulées; fleurs grandes; siliques pubescentes, étalées. ♂ *Vignes, lieux pierreux.*

Cheiranthoides, L. Tige simple, à poils courts, couchés, rares; feuilles atténuées en pétiole, lancéolées, subentières; fleurs petites; siliques parallèles à la tige, à pointe entière. ☉ *Lieux sablonneux, cultivés.*

Hieracifolium, L. Tige rameuse, glabre; feuilles linéaires, dentées; fleurs grandes; siliques presque à pointe bilobée, appliquées sur la tige. ♂ *Lieux secs, sablonneux.*

C. *Siliques comprimées, linéaires.*

ARABIS. Calice de 4 folioles; 4 pétales; silique pédonculée, linéaire, comprimée, très-longue. — *Fleurs blanches.*

Perfoliata, Lam. Feuilles glabres, celles de la base légèrement pinnatifides, les caulinaires embrassantes, entières; siliques serrées contre la tige. ♂ *Bois sablonneux.*

Thaliana, L. Toutes les feuilles petites, obovales, hispides, dentées, les caulinaires dentées, ciliées; siliques écartées de la tige. ☉ *Bois sablonneux.* Avril.

Turrita, L. Feuilles grandes, pubescentes, lancéolées, dentées, pétiolées, les caulinaires spathulées-amplexicaules, auriculées ; siliques rapprochées de la tige. ♃ *Buissons mon-tueux.*

Sagittata, DC. Feuilles ovales-cunéiformes , plus petites , dentées-crénelées , velues-hispides , les caulinaires oblongues, auriculées ; siliques serrées contre la tige. ♃ *Bois secs.*

CARDAMINE. Calice de 4 folioles ; 4 pétales onguiculés ; si-lique sessile, linéaire , comprimée, à valves qui se roulent vers la base. — *Fleurs blanches.*

Pratensis, L. Cresson élégant. Tige sans jets stériles , glabre; feuilles pinnées, les radicales à folioles arrondies ; stigmate globuleux. ♃ *Prés humides.*

Amara, L. Tige poussant des jets stériles, glabre ; feuilles pinnées, les radicales à folioles ovales ; stigmate filiforme. ♃ *Lieux humides.* St-Léger. R.

Hirsuta, L. Tige velue , petite : feuilles ailées, les radicales à folioles arrondies-anguleuses ; fleurs à 4 étamines. ⊙ *Lieux humides.* St-Léger. R.

Impatiens, L. Tige élevée , glabre ; feuilles pinnées, minces, les radicales à folioles pinnatifides ; fleurs souvent apétales. ♂ *Bois humides.* R.

DENTARIA. Calice de 4 folioles conniventes ; 4 pétales ; sili-que comprimée, à cloison fongueuse plus longue que les valves qui se roulent vers le sommet. — *Fleurs blanches.*

Bulbifera, L. Feuilles inférieures ailées, à aisselles bulbi-fères. ♃ *Bois.* Compiègne. R.

++ S i l i c u l e u s e s.

A. *Silicule biloculaire.*

§ I. *Loges polyspermes.*

ALYSSUM. Calice de 4 folioles caduques ; 4 pétales ; éta-mines souvent dentées; silicule orbiculaire, comprimée, ve-lue, bordée, surmontée par le style. — *Fleurs jaunes.*

Calycinum, L. Tige herbacée ; feuilles linéaires-lancéolées silicule échancrée; calice persistant. ⊙ *Lieux sablonneux.*

Campestre, L. Tige herbacée ; feuilles lancéolées-ovales ; sili-cule entière ; calice caduc. ⊙ *Chemins.*

Montanum, L. Tige ligneuse, couchée ; feuilles inférieures arrondies ; silicule bombée , un peu échancrée , à style très-long ; calice caduc. ♃ *Montagnes sèches.* Fontaine-bleau. R.

Spinosum , L. Tige suffrutescente , dressée, épineuse ; feuilles lancéolées ; silicules elliptiques. ♄ *Collines.* Éper-non. R.

DRABA. Calice de 4 folioles ; 4 pétales ; style court ; silicule entière , elliptique, comprimée, sans rebord ; semences dis-posées sur plusieurs séries. — *Fleurs blanches.*

Verna, L. Tige nue; feuilles radicales, ovales-cordiformes, sessiles, dentées ; calice lâche ; pétales échancrés. ⊙ *Lieux sablonneux.* Mars.

Muralis, L. Tige feuillée ; feuilles ovales-cunéiformes, atté-

nuées en pétiole, dentées; calice dressé; pétales entiers. ⊙
Lieux secs, murs. Versailles. R.

CAMELINA. Calice de 4 folioles; 4 pétales; style long, persistant; silicule globuleuse, à pointe marquée.
Sativa, Crantz. Cameline. Feuilles sessiles, hastées, entières;
silicules obovoïdes; fleurs blanches. ⊙ *Cultivé.*
Dentata, Pers. Feuilles amplexicaules, linéaires, dentées-
pinnatifides; silicules obovoïdes; fleurs jaunâtres. ⊙ *Moissons.*
Palaiseau. R.

COCHLEARIA. Calice de 4 folioles; 4 pétales; style court;
silicule globuleuse, entière, sans pointe. — *Fleurs blanches.*
Armoracia, L. Raifort. Feuilles glabres, radicales, ovales-oblongues, pétiolées, crénelées-rongées, celles de la tige pinnatifides. ⊙ *Chemins.* Belleville. R.

HUTCHINSIA. Calice de 4 folioles; 4 pétales; silicule oblongue, un peu turgescente, comprimée, entière, non bordée, à
2 loges dont la cloison est dans le petit diamètre. — *Fleurs
blanches.*
Petræa, Aiton. Tige dressée; feuilles profondément pinnatifides, à folioles entières; pétales échancrés; silicule à 2-3
graines dans chaque loge. ⊙ *Endroits rocailleux.* Fontainebleau. R.
Procumbens, Desv. Tige couchée; feuilles semi-pinnati-
fides; silicule à 4-6 graines dans chaque loge. ⊙ *Lieux sablonneux.* Fontainebleau. R.

THLASPI. Calice de 4 folioles; 4 pétales égaux; silicule
comprimée, ovale ou 3-angulaire, échancrée. — *Fleurs blanches.*
Arvense, L. Monnoyère. Feuilles oblongues, glabres, sinuées-dentées; silicules arrondies, bordées d'une large membrane. ⊙ *Lieux cultivés.*
Perfoliatum, L. Feuilles glabres, denticulées, les radicales
ovales, les caulinaires sagittées; silicules ovales, petites, non
bordées. ⊙ *Prairies caillouteuses.*
Bursa pastoris, L. Bourse à pasteur. Feuilles velues, les radicales pinnatifides; silicule triangulaire, obcordée. ⊙ *Jardins; lieux cultivés.*

GUEPINIA. Calice de 4 folioles; 4 pétales; filet des étamines
appendiculé à la base; silicule comprimée, échancrée. —
Fleurs blanches.
Nudicaulis, Bast. Tige très-rameuse, presque nue; feuilles
pinnatifides; pétales inégaux. ⊙ *Lieux stériles.* Avril.
Lepidium, Desv. Tige simple, nue; feuilles pinnatifides;
pétales égaux. ⊙ *Lieux sablonneux.*

§ 11. *Loges monospermes.*

IBERIS. Calice de 4 folioles; 4 pétales, dont 2 plus grands;
silicule à 2 valves carénées, échancrées. — *Fleurs blanches.*

Amara, L. Feuilles subpinnatifides, obtuses, glabres; fleurs en ombelle; silicule à 2 cornes. ⊙ *Moissons.* ¢

LEPIDIUM. Calice de 4 folioles ; 4 pétales égaux ; silicule ovale, comprimée, à valves en carène; graine pendante.— *Fleurs blanches.*

* *Silicule entière.*

Latifolium, L. Passerage. Feuilles ovales, grandes, denti-culées, finissant en pétiole; silicule pubescente, plane. ⚥ *Iles de la Seine, de la Marne.* R.

Draba, Roth. Feuilles ovales-lancéolées, embrassantes, subhastées, subdentées; silicule glabre, bombée. ⚥ *Champs.* Montreuil. R.

Iberis, L. Feuilles linéaires, entières, les inférieures un peu dentées; silicules ovales, glabres; fleurs à 2 étamines. ⚥ *Che-mins.* St-Mandé. R.

** *Silicule échancrée.*

Ruderale, L. Tige glabre; feuilles radicales bipinnatifides, les supérieures linéaires, entières; fleurs à 2 étamines, apé-tales. ⊙ *Endroits pierreux.* Fontainebleau. R.

Sativum, L. Cresson alénois. Tige glabre; feuilles inférieu-res bipinnatifides, les supérieures entières; silicules planes, arrondies, glabres, entourées d'une membrane. ⊙ *Cultivé.*

Campestre, Mérat. Tige pubescente ; feuilles roncinées, pubescentes-blanchâtres, les caulinaires sagittées, lancéolées; silicules bombées, entourées d'une membrane. ⊙ *Lieux secs.*

CORONOPUS. Calice de 4 folioles; 4 pétales; silicule orbi-culaire, comprimée, indéhiscente, tuberculeuse-épineuse.

Vulgaris, Desf. Tige couchée, rameuse; feuilles bipinna-tifides; silicules réniformes, glabres. ⊙ *Grèves.*

NESLIA. Calice de 4 folioles; 4 pétales; silicule globuleuse, indéhiscente, un peu bordée, chagrinée-ponctuée.

Paniculata, Desv. Tige paniculée; feuilles lancéolées, en-tières, glabres, hastées à la base, les radicales dentées, ve-lues. ⊙ *Moissons.*

B. *Silicule uniloculaire, monosperme.*

MYAGRUM. Calice de 4 folioles; 4 pétales; silicule indéhis-cente, obcordée, dilatée au sommet, pointue, lisse.— *Fleurs jaunes.*

Perfoliatum, L. Tige glabre; feuilles obcordiformes-sagit-tées, glabres, entières. ⊙ *Moissons.* R.

CALEPINA. Calice de 4 folioles; 4 pétales, les extérieurs un peu plus grands; silicule globuleuse, ridée, déprimée, indé-hiscente, à pointe mousse; semences pendantes. — *Fleurs blanches.*

Corvini, Desv. Tige étalée, glabre; feuilles radicales lyrées-roncinées, les caulinaires lancéolées-sagittées. ⊙ *Champs.* Chaumont. R.

ISATIS. Calice de 4 folioles; 4 pétales; silicule oblongue, subéreuse, comprimée, à bord dilaté.

Tinctoria, L. Pastel. Tige dressée; feuilles lancéolées-sagittées, glauques, les inférieures un peu crénelées; fleurs jaunes, paniculées; siliques pendantes, obtuses. ♂ *Lieux cultivés.* Point du jour. R.

FAMILLE SOIXANTE-DIX-NEUVIÈME.

LES RUTACÉES.

Voyez les caractères de cette famille, page 255.

RUTA. Calice à 4-5 divisions; 4-5 pétales; 8-10 étamines; 1 style; capsule à 4-5 lobes, à 4-5 loges polyspermes. — *Fleurs verdâtres.*

Sylvestris, Mill. Rue. Feuilles bipinnées, à folioles linéaires; pétales entiers. ♃ *Carrières.* Gouvieux. R.

FAMILLE QUATRE-VINGTIÈME.

LES ACÉRINÉES.

Voyez les caractères de cette famille, page 255.

ACER. Calice 5-fide; 5 pétales; 8-9 étamines; 1 style; 2 stigmates; 2 capsules uniloculaires, réunies, surmontées chacune d'une aile, à 1-2 graines. — *Fleurs verdâtres.*

Campestre, L. Érale. Feuilles à 3 lobes obtus; étamines saillantes; fruit à ailes très-écartées. ♄ *Bois, haies.*

Platanoïdes, L. Plane. Feuilles à 5 lobes; étamines saillantes; fruit à ailes écartées en ligne droite. ♄ *Parcs, avenues.*

Opulifolium, Villars. Feuilles cordiformes, à 3-5 lobes arrondis, à pétiole non canaliculé; étamines non saillantes; fruit à ailes parallèles. ♄ *Bois.*

Pseudo-platanus, L. Sycomore. Feuilles à 5 lobes profonds, à pétiole canaliculé; étamines non saillantes; fruits écartés à angle droit. ♄ *Prés.*

FAMILLE QUATRE-VINGT ET UNIÈME.

LES HIPPOCASTANÉES.

Voyez les caractères de cette famille, page 255.

ÆSCULUS. Mêmes caractères que ceux de la famille.

Hippocastanum, L. Marronnier d'Inde. Feuilles digitées, à 5-7 folioles ovales-renversées; fleurs rosées, à pétales lanugineux. ♄ *Cultivé.*

FAMILLE QUATRE-VINGT-DEUXIÈME.

LES DIANTHÉES.

Voyez les caractères de cette famille, page 255.

+ Calice tubuleux; 10 étamines; 2-5 styles.

A. *Capsule à une loge.*

DIANTHUS. Calice cylindrique à 5 dents, ayant 2-4 écailles à la base; 5 pétales à onglet; 10 étamines; 2 styles; capsule subcylindrique, à 5 valves, à 1 loge polysperme.

* *Fleurs réunies en tête.*

Carthusianorum, L. OEillet des chartreux. Feuilles glabres, linéaires, entières; écailles calicinales arrondies, plus courtes que le calice, terminées par une longue pointe; fleurs pourpre foncé. ♃ *Bois sablonneux.*

Prolifer, L. Feuilles glabres, longues, étroites, finement denticulées; écailles calicinales larges, très-obtuses, sans pointe, plus longues que le calice; fleurs rougeâtres. ♃ *Lieux arides.*

Armeria, L. Feuilles pubescentes, linéaires-lancéolées; écailles calicinales lancéolées, aiguës; fleurs rougeâtres. ♃ *Lieux secs.*

** *Fleurs isolées.*

Caryophyllus. L. OEillet des jardins. Tige glabre; feuilles linéaires-lancéolées; 4 écailles calicinales larges, courtes, se terminant en pointe; pétales denticulés, rougeâtres. ♃ *Murailles.* Poissy. R.

Deltoides, L. Tige pubescente; feuilles linéaires, aiguës, courtes; 2 écailles calicinales ovales-pointues; pétales dentés, rougeâtres. ♃ *Allées des bois.*

GYPSOPHILA. Calice tubuleux, nu, à 5 lobes; 5 pétales un peu échancrés; 10 étamines; 2 styles; capsule globuleuse, à 4-5 valves, à 1 loge polysperme. — *Fleurs rougeâtres.*

Saxifraga, L. Feuilles linéaires, déliées; calice muni à la base de 4 bractées ovales. ♃ *Rochers.*

Muralis, L. Feuilles linéaires, déliées; calice sans bractées à la base. ☉ *Lieux sablonneux, cultivés.*

Vaccaria, Smith. Feuilles lancéolées, grandes, embrassantes; calice sans bractées à la base. ☉ *Moissons.*

SAPONARIA. Calice cylindrique, nu, un peu vésiculeux, à 5 dents; 5 pétales à onglet, à limbe entier; 10 étamines; 2 styles; capsule allongée, à 4 valves, à 1 loge polysperme.

Officinalis, L. Saponaire. Feuilles ovales-lancéolées, entières, marquées de 3 nervures, glabres; fleurs rosées, en panicule. ⚇ *Chemins, fossés.*

᠀ CUCUBALUS. Calice campanulé, enflé, à 5 dents; corolle de 5 pétales linéaires, bifides, à onglet; 10 étamines; 3 styles; fruit bacciforme, uniloculaire, indéhiscent, polysperme. — *Fleurs blanches*

Baccifer, L. Tige presque volubile; feuilles ovales; fruits globuleux, noirs. ⚇ *Lieux cultivés.*

AGROSTEMMA. Calice tubuleux, à 5 divisions très-longues, foliacées; 5 pétales onguiculés, sans écailles, à limbe échancré; 10 étamines; 5 styles; capsule à 5 valves, à 1 loge polysperme.

Githago, L. Nielle des blés. Tige et feuilles velues; celles-ci linéaires; fleurs hermaphrodites, roses; pétales à peine échancrés. ☉ *Moissons.*

Flos-cuculi, Mérat. Fleur du coucou. Feuilles lancéolées, glabres; fleurs hermaphrodites, à pétales roses, laciniées. ⚇ *Prés humides.*

Dioica, Mérat. Compagnon. Feuilles ovales, pubescentes; fleurs dioïques, à pétales blancs, bifides. ⚇ *Haies, chemins.*

Sylvestris, Mérat. Diffère du précédent par une pubescence plus marquée, ses capsules plus grêles et ses fleurs rouges. ⚇ *Idem.* R.

B. *Capsule à 3-5 loges.*

SILENE. Calice tubuleux, à 5 dents; 5 pétales, onguiculés, bifides, parfois appendiculés; 10 étamines; 3 styles; capsule à 3 valves bifides, à 3 loges polyspermes.

* *Fleurs dioïques* (Cucubalus).

Inflata, Smith. Behen blanc. Tige glabre; fleurs blanches, en panicule penchée, peu nombreuses, grandes; calice vésiculeux, réticulé. ⚇ *Prés.*

Otites, Smith. Tige velue-visqueuse; fleurs verdâtres, en verticilles, nombreuses, petites; calice non vésiculeux. ⚇ *Lieux arides.*

** *Fleurs hermaphrodites; 3 styles* (Silene).

Nutans, L. Tige nue; feuilles lancéolées; fleurs jaunâtres, en panicule penchée. ⚇ *Bois secs.*

Conica, L. Tige feuillée; feuilles linéaires; fleurs rougeâtres, en panicule redressée; capsule grosse, conique. ⚇ *Lieux sablonneux.*

Gallica, L. Tige feuillée; feuilles lancéolées-linéaires; fleurs blanches, en épi. ☉ *Moissons.*

LYCHNIS. Calice tubuleux, à 5 dents; 5 pétales échancrés, à onglet étroit; 10 étamines; 5 styles; capsule à 5 loges polyspermes. — *Fleurs rouges.*

Viscaria, L. Tige visqueuse; feuilles linéaires; fleurs paniculées, à calice scarieux. ⚇ *Bois arides.*

+ + Calice non tubuleux; 10 étamines; 3-5 styles; capsule à 1 loge.

SPERGULA. Calice à 5 divisions obtuses; 5 pétales entiers ; 5-10 étamines; 5 styles; capsule à 5 valves, à une loge polysperme. — *Fleurs blanches.*

Arvensis, L. Spargoute. Feuilles linéaires, verticillées, stipulées ; 10 étamines; graines nues. ⊙ *Lieux sablonneux.*

Pentandru, L. Feuilles linéaires, verticillées, stipulées ; 5 étamines; graines bordées d'une membrane. ⊙ *Idem.*

Nodosa, L. Feuilles opposées, non stipulées, linéaires, avec des rudiments de pousses axillaires ; fleurs à courts pédoncules dressés. ♃ *Lieux sablonneux*, *humides.* St-Léger. R.

Subulata, Swartz. Feuilles opposées, non stipulées, subulées, sans rudiments axillaires ; fleurs sur de longs pédoncules penchés. ⊙ *Champs sablonneux.* St-Léger. R.

CERASTIUM. Calice à 5 divisions; 5 pétales bifides; 5-10 étamines; 5 styles; capsule à 1 loge polysperme, univalve, à 10 dents. *Fleurs blanches.*

* *Pétales égaux au calice ou plus courts.*

Vulgatum, L. Tige velue, non visqueuse, étalée, diffuse ; feuilles lancéolées-oblongues, vertes ; pétales de la longueur du calice. ♃ *Chemins.*

Brachypetalum, Pers. Tige velue, non visqueuse, dressée, dichotome ; feuilles ovales-lancéolées, grisâtres ; pétales moitié plus courts que le calice. ⊙ *Lieux secs.*

Viscosum, L. Tige velue, visqueuse ; feuilles ovales, vert-pâle ; fleurs à 10 étamines, à pétales de la longueur du calice, portées par des pédoncules plus courts qu'elles. ⊙ *Lieux arides.*

Glutinosum, Fries. Tige velue, visqueuse ; feuilles ovales-spathulées, vert intense; fleurs à 5-10 étamines, à pétales de la longueur du calice, portées par des pédoncules plus longs qu'elles. ⊙ *Idem.*

Semi-decandrum, L. Tige velue, visqueuse; feuilles ovales, les terminales scarieuses; fleurs à 5 étamines, à pétales de la longueur du calice, qui est très-scarieux, portées par des pédoncules plus longs qu'elles. ⊙ *Murs*, *chemins.* Avril.

** *Pétales plus longs que le calice.*

Litigiosum, Desl. Tige velue, visqueuse, simple, dressée ; feuilles oblongues, grisâtres; fleurs à 5 étamines, à pédoncules trois fois plus longs qu'elles. ⊙ *Allées sablonneuses.*

Repens, L. Tige velue, visqueuse, rameuse, étalée ; feuilles lancéolées, subciliées; fleurs à 10 étamines, à pédoncules bractéifères, partant du même point. ♃ *Chemins.*

Aquaticum, L. Tige velue, visqueuse, rameuse, couchée ; feuilles cordées-ovales, glabres, glauques; fleurs à 10 étamines, à pétales profondément bifides. ♃ *Fossés aquatiques.*

Tomentosum, L. Oreille de souris. Tige velue, non visqueuse, rameuse, rampante ; feuilles linéaires-lancéolées, cotonneuses-

23.

blanchâtres ; fleurs à 10 étamines, portées par des pédoncules rameux. ♃ *Lieux sablonneux*. Bagatelle. R.

ARENARIA. Calice à 5 divisions; 5 pétales entiers; 10 étamines; 2 styles; capsule à une loge polysperme, à 3 valves entières ou bifides. — *Fleurs blanches.*

* *Nœuds des tiges sans stipules ; feuilles sétacées; capsule à 3 valves entières ; étamine à filet simple* (Arenaria).

Tenuifolia, L. Tige diffuse, glabre; feuilles sétacées ; calice à divisions étroites, plus long que la corolle. ☉ *Murs.*

Viscidula, Th. Tige dressée, visqueuse, feuilles sétacées ; calice à divisions étroites, plus long que la corolle. ☉ *Allées des bois.*

Saxatilis, L. Tige couchée, pubescente ; feuilles sétacées, un peu ciliées à la base; calice à divisions ovales, plus court que la corolle. ♃ *Rochers*. Fontainebleau. R.

** *Nœuds de la tige à stipules scarieuses ; feuilles sétacées ; capsule à 3 valves entières ; étamines à filet dilaté* (Buda).

Rubra, L. Graines nues; fleurs rouges. ☉ *Sables.*

Media, L. Graines bordées d'une membrane; fleurs rouges. ☉ *Idem.*

*** *Nœuds des tiges sans stipules ; feuilles ovales ou sétacées; capsule à 3 valves bifides* (Alsinanthus).

Serpyllifolia, L. Tige couchée, étalée; feuilles petites, ovales-arrondies, entières, ciliées ; fleurs à pédoncules courts ; calice à divisions aiguës, plus long que la corolle. ☉ *Murs.*

Trinervia, L. Tige couchée, très-rameuse; feuilles ovales-larges, entières, ciliées, à 3-5 nervures; fleurs à pédoncules très-longs; calice à divisions aiguës, plus long que la corolle. ☉ *Bois couverts.*

Triflora, L. Tige dressée, dichotome; feuilles sétacées; pédoncule à 3 fleurs; calice plus court que la corolle. ♃ *Lieux sablonneux*, secs. St-Maur. R.

STELLARIA. Calice à 5 divisions; 5 pétales bifides; 10 étamines; 3-5 styles; capsule à 6 valves à 1 loge polysperme. — *Fleurs blanches.*

* *Pétales plus longs que le calice.*

Nemorum, L. Feuilles entières, les radicales cordiformes, pétiolées, les caulinaires ovales, sessiles; fleurs à pédoncules réfléchis. ♃ *Lieux couverts.*

Holostea, L. Feuilles lancéolées-étroites, denticulées-ciliées; fleurs à pédoncules dressés. ♃ *Buissons, taillis.*

Glauca, Smith. Feuilles linéaires, longues, entières; fleurs à pédoncules redressés. ♃ *Prés tourbeux.*

** *Pétales égaux ou plus courts que le calice.*

Media, Smith. Mouron des oiseaux. Feuilles ovales, entières. ☉ *Lieux cultivés.*

Graminea, L. Feuilles linéaires, entières; pédoncules nus, droits. ♃ *Taillis.*

Aquatica, Pollich. Feuilles elliptiques-lancéolées, entières ; pédoncules à 2 écailles, coudés. ⚄ *Lieux tourbeux.*

+++ Calice non tubuleux ; 3-5 étamines ; 3 styles ; capsule à I loge.

ALSINE. Calice à 5 divisions ; 5 pétales entiers ; 5 étamines ; 3 styles ; capsule uniloculaire, polysperme, à 3 valves. —*Fleurs blanches.*
Segetalis, L. Tige dressée, dichotome ; feuilles filiformes ; stipules lacérées. ⊙ *Moissons.*

HOLOSTEUM. Calice à 5 divisions ; pétales dentés ; 5 étamines ; 3 styles ; capsule uniloculaire, polysperme, à 6 valves.
Umbellatum, L. Tige dressée, un peu visqueuse ; feuilles lancéolées ; fleurs blanches, en ombelle simple, à pédoncules réfléchis. ⊙ *Murs, lieux stériles.* Avril.

SAGINA. Calice à 4 folioles ; 4 pétales ou 0 ; 4 étamines ; 4 styles ; capsule à 4 valves entières ou bifides, à I loge polysperme.
Procumbens, L. Tige couchée ; feuilles linéaires ; capsules à 4 valves entières ; fleurs herbacées. ⊙ *Pied des murs, lieux sombres, humides.*
Erecta, L. Tige dressée ; feuilles lancéolées ; capsule à 4 valves bifides ; fleurs blanches. ⊙ *Lieux argileux, stériles.*

++++ Calice non tubuleux ; 3-8 étamines ; 4 styles ; capsule à 4 loges.

ELATINE. 3-4 sépales ; 3-4 pétales ; 4-6-8 étamines ; 4 styles ; capsule à 4 valves, à 4 loges polyspermes. — *Fleurs blanches.*
Hydropiper, L. Feuilles opposées inférieurement, alternes supérieurement ; calice et corolle à 4 parties ; 8 étamines. ⊙ *Bord des mares.* Fontainebleau. R.
Hexandra, DC. Toutes les feuilles opposées ; calice et corolle à 3 parties ; 6 étamines. ⊙ *Marais.* St-Léger. R.
Alsinastrum, L. Feuilles verticillées ; calice et corolle à 4 parties ; 8 étamines. ⊙ *Marais.* Bondy. R.

FAMILLE QUATRE-VINGT-TROISIÈME.

LES LINÉES.

Voyez les caractères de cette famille, page 255.

LINUM. Calice de 5 folioles persistantes ; 5 pétales ; 10 étamines dont 5 fertiles ; 5 styles ; 10 capsules à I loge monosperme, univalves, déhiscentes, d'abord réunies.
Usitatissimum, L. Lin. Feuilles lancéolées, éparses, lisses ;

calice à folioles ovales, avec une pointe; corolle bleue, triple du calice. ⊙ *Cultivé.*

Alpinum, L. (Var. *Montanum*). Feuilles linéaires-subulées, éparses, lisses; calice à folioles ovales-arrondies, sans pointe; corolle bleue, triple du calice. ♃ *Roches.* Mennecy. R.

Gallicum, L. Feuilles linéaires, éparses, lisses; calice à folioles linéaires, ciliées, égales à la corolle qui est jaune. ⊙ *Lieux arides.*

Tenuifolium, L. Feuilles lancéolées, éparses, hispides sur les bords; calice à folioles lancéolées, glanduleuses; corolle rosée, triple du calice. ♃ *Collines arides.*

Catharticum, L. Feuilles ovales-lancéolées, opposées en bas, lisses; calice à folioles ovales, glanduleuses, égales à la corolle qui est blanche. ⊙ *Lieux herbeux des bois.*

RADIOLA. Calice de 4 folioles trifides; 4 pétales; 8 étamines, dont 4 stériles; 4 stigmates; 8 capsules déhiscentes, à une loge monosperme, univalve, d'abord réunies.

Millegrana, Smith. Tige filiforme, dressée, dichotome; feuilles opposées, ovales; fleurs blanches, 3 à 3. ⊙ *Allées sablonneuses des bois.*

FAMILLE QUATRE-VINGT-QUATRIÈME.

LES CAPPARIDÉES.

Voyez les caractères de cette famille, page 255.

RESEDA. Calice à 4-6 folioles; 4-6 pétales laciniés; 12-15 étamines; styles nuls; 3 stigmates; capsule bâillante, à 3 valves soudées. — *Fleurs herbacées.*

Lutea, L. Toutes les feuilles ailées, pinnatifides au sommet, ondulées; calice à 6 dents étroites, se roulant après la fleuraison. ♃ *Lieux arides, sablonneux.*

Phyteuma, L. Feuilles radicales entières, les supérieures bilobées; calice à 5-6 folioles grandes, planes, et s'accroissant après la fleuraison. ⊙ *Bois.* Vincennes. R.

Luteola, L. Gaude. Toutes les feuilles simples, lancéolées, entières; calice à 4 folioles. ♂ *Lieux cultivés.*

DROSERA. Calice 5-fide, persistant; 5 pétales marcescents; 5 étamines; 3 styles bifurqués; capsule ovoïde, à 3 valves, à 1 loge polysperme.

Rotundifolia, L. Rossolis. Feuilles arrondies; 6 stigmates en tête. ♃ *Marais tourbeux.* Meudon. R.

Intermedia, Hayne. Feuilles ovales-allongées; 9 stigmates bifurqués. ♃ *Idem.* St-Léger. R.

Anglica, Huds. Feuilles linéaires-lancéolées, neuf? stigmates en massue. ♃ *Idem.* St-Léger. R.

FAMILLE QUATRE-VINGT-CINQUIÈME.

LES CRASSULÉES.

Voyez les caractères de cette famille, page 255.

+ Feuilles alternes.

CRASSULA. Calice à 5 divisions; 5 pétales; 5 étamines; 5 styles; 5 capsules ayant une écaille à la base de chacune, uniloculaire, polysperme.

Rubens, L. Tige fourchue; feuilles cylindriques, allongées; fleurs blanches, axillaires, unilatérales. ⊙ *Lieux arides.*

SEDUM. Calice de 5 folioles; 5 pétales; 10-12 étamines; 5 styles; 5 capsules ayant une écaille à la base de chacune, uniloculaires, réunies à la base, ouvertes en étoile au sommet, polyspermes.

* *Fleurs rouges ou blanches.*

A. *Feuilles planes.*

Telephium, L. Orpin. Feuilles cordiformes, planes, dentelées; fleurs en corymbe serré, nu. ♃ *Collines couvertes.* Buttes de Sèvres. R.

Anacampseros, L. Feuilles cunéiformes, planes, entières; fleurs en corymbe foliacé. ♃ *Coteaux stériles.* St-Prix. R.

Cepæa, L. Feuilles lancéolées, planes, entières; fleurs en longue panicule. ⊙ *Ravins des bois.*

B. *Feuilles cylindriques ou ovoïdes.*

Dasiphyllum, L. Tige pubescente-glanduleuse; feuilles ovoïdes, glabres; fleurs en grappes terminales. ♃ *Murs.* Rambouillet. R.

Album, L. Trique-madame. Tige glabre; feuilles cylindriques, obtuses, glabres; fleurs en cyme. ♃ *Bois, murs.*

Hirsutum, All. Tige velue, stolonifère; feuilles ovoïdes, poilues; fleurs en cyme; pétales velus, avec une pointe. ♃ *Collines.* Itteville. R.

Villosum, L. Tige velue, dressée; feuilles oblongues, planiuscules en dessus, velues; fleurs en panicule; pétales glabres, obtus. ⊙ *Mares.* Fontainebleau. R.

** *Fleurs jaunes.*

Acre, L. Vermiculaire. Feuilles ovoïdes, obtuses, aplaties en dehors, glabres; 2-4 fleurs sur la bifurcation de la tige; graines verruqueuses. ⊙ *Murs, lieux secs.*

Boloniense, Lois. Feuilles cylindriques, glabres, celles du bas plus courtes; 9-10 fleurs sur les 2-3 bifurcations de la tige. ♃ *Lieux secs.* Bois de Boulogne.

Sexangulare, L. Feuilles verticillées par 3 inférieurement, cylindriques, linéaires, les supérieures plus courtes; 8-10 fleurs sur les 2-3 bifurcations de la tige, penchées d'abord ; graines lisses. ♃ *Lieux arides.*

Reflexum, L. Tige à rameaux de la base stériles, réfléchie ; feuilles éparses, cylindriques-linéaires, sétacées, égales ; fleurs sur les 4-6 bifurcations de la tige, penchées d'abord. ♃ *Lieux secs.*

SEMPERVIVUM. Calice à 12 divisions ; 12 pétales ; 12-40 étamines, doubles des pistils ; 12 capsules, ayant une écaille bifide à la base de chacune, uniloculaires, polyspermes.

Tectorum, L. Joubarbe. Feuilles lancéolées, planes, les radicales ovales ; fleurs rosées, unilatérales, sur la bifurcation des tiges. ♃ *Toits de chaume.*

++ Feuilles opposées.

TILLÆA. Calice de 3 folioles ; 3 pétales ; 3 étamines ; 3 pistils ; 3 capsules uniloculaires, dispermes.

Muscosa, L. Tige très-minime, rameuse ; feuilles perfoliées, en bateau ; fleurs blanches, axillaires, solitaires, sessiles. ⊙ *Allées sombres des bois.*

BULLIARDA. Calice à 4 lobes ; 4 pétales ; 4 étamines ; 4 pistils ; 4 capsules ayant une écaille à la base de chacune, uniloculaires, polyspermes.

Vaillantii, DC. Tige petite, rougeâtre ; feuilles sessiles, linéaires ; fleurs axillaires, solitaires, pédonculées. ⊙ *Lieux inondés.* St-Léger. R.

FAMILLE QUATRE-VINGT-SIXIÈME.

LES LYTHRÉES.

Voyez les caractères de cette famille, page 255.

LYTHRUM. Calice tubuleux, à 12 dents, dont 6 plus courtes, membraneuses ; 6 pétales ; 6-12 étamines ; 1 style ; capsule à 2 loges polyspermes.

Salicaria, L. Salicaire. Feuilles opposées, lancéolées, subcordiformes, pubescentes ; fleurs rouges, en longs épis, à 12 étamines. ♃ *Ruisseaux.*

Hyssopifolium, L. Feuilles alternes, linéaires, glabres ; fleurs rouges, axillaires, à 6 étamines. ⊙ *Lieux où l'eau a séjourné.*

PEPLIS. Calice à 12 dents, dont 6 alternativement plus courtes ; corolle nulle ; 6 étamines ; 1 style ; capsule ovoïde, à 2 loges polyspermes. — *Fleurs rougeâtres.*

Portula, L. Tige couchée ; feuilles opposées, arrondies, entières, glabres, rétrécies en pétiole. ⊙ *Bord des mares.*

FAMILLE QUATRE-VINGT-SEPTIÈME.

LES PORTULACÉES.

Voyez les caractères de cette famille, page 256.

PORTULACA. Calice bifide; 5 pétales; 12 étamines; 1 style à 5 stigmates; pyxide à 1 loge polysperme.

Oleracea, L. Pourpier. Feuilles alternes, ovales-cunéiformes entières, épaisses; 2-3 fleurs jaunâtres, sessiles à l'extrémité des rameaux. ⊙ *Lieux cultivés.*

MONTIA. Calice à 2-3 lobes; 5-6 pétales dont 3 plus petits; 3-5 étamines; 1 style à 3 stigmates; capsule turbinée, uniloculaire, à 3 valves, 3 semences.

Fontana, L. Feuilles opposées, spathulées, entières, obtuses; fleurs blanches, axillaires, en grappe foliacée. ⊙ *Bords des marais.*

FAMILLE QUATRE-VINGT-HUITIÈME.

LES GÉRANIÉES.

Voyez les caractères de cette famille, page 256.

GERANIUM. Calice de 5 folioles; 5 pétales réguliers; 10 étamines fertiles, monadelphes; 1 style à 5 stigmates; 5 capsules terminées en longues pointes droites. — *Fleurs rougeâtres.*
* *Pédoncules uniflores.*

Sanguineum, L. Tige dressée, hispide; feuilles orbiculaires, à 5-7 lobes trifides; pédoncules uniflores. ♃ *Bois sablonneux.*
** *Pédoncules biflores.*
A. *Pétales entiers.*

Robertianum, L. Herbe à Robert. Tige diffuse, à articulations enflées, velues; feuilles ailées, à 3-5 folioles pinnatifides, larges; calice très-velu; capsule glabre. ⊙ *Lieux pierreux, buissons.*

Pratense, L. Tige dressée, glabre; feuilles subpeltées, divisées profondément en plusieurs lobes pinnatifides, glabres; calice velu; capsule velue. ♃ *Prés.*

Lucidum, L. Tige dressée, glabre; feuilles subpeltées, rudes, à 5-7 lobes trifides, peu profonds, luisants, glabres; calice glabre; capsule glabre. ⊙ *Pierres, murs.*

Rotundifolium, L. Tige couchée, velue-visqueuse, à articulations gonflées; feuilles arrondies-réniformes, à 5-6 lobes obtus, peu profonds, un peu velus, calice velu; capsule velue. ⊙ *Lieux secs, cultivés.*

B. *Pétales échancrés.*

Molle, L. Tige dressée, velue, un peu noueuse; feuilles orbiculaires, à 7 lobes obtus, trifides, pubescents; calice et capsule velus. ⊙ *Lieux arides.*

Dissectum, L. Tige dressée, velue; feuilles divisées jusqu'au pétiole en 5 lobes trifides; calice glabre; capsule velue. ⊙ *Lieux secs, bois.*

Columbinum, L. Pied de pigeon. Tige couchée, glabre; feuilles divisées jusqu'au pétiole en 5 lobes écartés, pinnatifides; calice et capsule glabres. ⊙ *Taillis, buissons.*

Pusillum, L. Tige subcouchée, pubescente; feuilles sub-réniformes, à 5-7 lobes profonds, trifides, linéaires, pubescents; fleurs à 5 étamines fertiles; calice et capsule pubescents. ⊙ *Lieux cultivés.*

ERODIUM. Diffère du *Geranium* par la corolle un peu irrégulière, à 5 étamines fertiles, et par la pointe des capsules tortillées.

Cicutarium. Mérat. Feuilles pinnées, à folioles pinnatifides; fleurs en ombelle simple, dont 2 pétales plus petits. ⊙ *Lieux sablonneux.*

FAMILLE QUATRE-VINGT-NEUVIÈME.

LES OXALIDÉES.

Voyez les caractères de cette famille, page 256.

OXALIS. Calice de 5 folioles, persistant; 5 pétales, à onglet, un peu réunis à la base; 10 étamines, dont 5 plus courtes, adhérentes par le bas des filets; 5 styles; capsule à 5 loges polyspermes.

Acetosella, L. Alleluia. Tige nulle; fleurs blanches. ♃ *Collines ombragées.* Mars.

Corniculata, L. Tige rameuse, diffuse; feuilles stipulées; fleurs jaunes en ombelle, à rayons réfléchis; pétales échancrés. ⊙ *Lieux cultivés.* R.

Stricta, L. Tige simple, stolonifère; feuilles sans stipule; fleurs jaunes en ombelle, à rayons redressés; pétales entiers. ♃ *Coteaux.* R.

FAMILLE QUATRE-VINGT-DIXIÈME.

LES ROSACÉES.

Voyez les caractères de cette famille, page 256.

+ Calice à 5 divisions.

ROSA. Calice à 5 divisions souvent pinnatifides, charnu.

5 pétales; étamines icosandres; fruits osseux, hérissés, indéhiscents, monostyles, pariétaux.

* *Styles réunis en colonne; fleurs blanches.*

Arvensis, L. Tige à jets radicaux stériles, couchés; folioles non glanduleuses; styles réunis. ♄ *Buissons.*

** *Styles distincts; fleurs roses.*

A. *Feuilles ou calice non glanduleux.*

Canina, L. Rose de chien. Aiguillons courbes, forts, aplatis; folioles glabres; divisions du calice pinnatifides, caduques; ovaire glabre. ♄ *Haies.*

Villosa, L. Aiguillons droits, fins, comprimés; folioles velues; divisions du calice pinnatifides, persistantes; ovaire pubescent. ♄ *Id.*

Pimpinellifolia, L. Aiguillons droits, fins, arrondis; folioles glabres; divisions du calice entières, persistantes; ovaire glabre ou épineux. ♄ *Lieux arides, rochers.*

B. *Feuilles ou calice glanduleux.*

Rubiginosa, L. Aiguillons courbes, comprimés; folioles glanduleuses, glabres; divisions du calice glanduleuses, pinnatifides, caduques; ovaire glabre. ♄ *Haies.*

Eglanteria, L. Aiguillons droits, très-aigus; folioles glanduleuses; divisions du calice non glanduleuses, pinnatifides, persistantes, étalées, glabres; fleurs jaunes ou ponceau. ♄ *Haies de montagnes.*

Gallica, L. Rose de Provins. Aiguillons droits, arrondis; folioles non glanduleuses, glabres; divisions du calice entières, glanduleuses-visqueuses; fleurs pourpres. ♄ *Fourré des bois.*

RUBUS. Calice à 5 dents entières; 5 pétales; étamines icosandres; baies nombreuses, monostyles, agglomérées, monospermes. — *Fleurs blanches.*

Idæus, L. Framboisier. Tige dressée; aiguillons droits, fins; feuilles à 3-5 folioles, pubescentes-blanches en dessous; calice non réfléchi; fruits rouges. ♄ *Cultivé.*

Fruticosus, L. Ronce. Tige dressée; aiguillons courbes, forts; feuilles à 3-5 folioles; calice réfléchi; fruits noirs. ♄ *Haies.*

Cæsius, L. Tige couchée; aiguillons courbes, fins; feuilles à 3 folioles, les latérales souvent bilobées; calice non réfléchi; fruits bleu glauque. ♄ *Champs, buissons.*

AGRIMONIA. Calice à 5 lobes hérissés; 5 pétales; 9-12 étamines; 2 styles; 2 semences pariétales. — *Fleurs jaunes.*

Eupatoria, L. Aigremoine. Feuilles ailées, à folioles ovales; dentées-incisées, entremêlées d'autres plus petites, pubescentes surtout en dessous; fleurs en long épi, accompagnées de bractées trifides. ⚥ *Haies, bois secs.*

Odorata, Camer. Diffère de la précédente par une tige plus élevée, et les folioles plus allongées, presque glabres. ⚥ *Lieux épais, fertiles, des bois.*

++ C a l i c e à 8-10 d i v i s i o n s.
A. *Réceptacle sec.*

GEUM. Calice à 10 divisions ; 5 pétales ; étamines icosandres ; semences nombreuses, monostyles, à arête genouillée, sur un réceptacle sec, hispide.

Urbanum, L. Benoîte. Fleurs jaunes, dressées, à arête nue. ♃ *Lieux ombragés.*

Rivale. L. Fleurs purpurines, penchées, à arête plumeuse. ♃ *Bois humides.* Beaumont. R.

POTENTILLA. Calice à 10 dents ; 5 pétales ; étamines icosandres ; semences nombreuses, monostyles, pédicellées, sur un réceptacle sec, velu.

Anserina, L. Argentine. Tige rampante ; feuilles ailées, à 15-17 folioles ovales-incisées, soyeuses-argentées, surtout en dessous, avec impair ; fleurs jaunes. ♃ *Rivages.*

Supina, L. Tige couchée, dichotome ; feuilles ailées, glabres, à 7 folioles pinnatifides, avec impair ; fleurs jaunes. ☉ *Lieux humides.*

Argentea, L. Tige dressée ; feuilles digitées, à 5 folioles trifides, ou pinnatifides, velues, blanches en dessous, fleurs jaunes. ♃ *Lieux secs, sablonneux.*

Verna, L. Tige couchée ; feuilles digitées, à 5-7 folioles ovales-cunéiformes, dentées-incisées, unicolores, velues ; fleurs jaunes. ♃ *Bruyères, gazons des bois.*

Reptans, Z. Quintefeuille. Tige rampante, glabre ; feuilles à 5 folioles ovales-cunéiformes, dentées-ciliées, unicolores, pubescentes en dessous ; fleurs jaunes. ♃ *Chemins, fossés.*

Vaillantii, Nestler. Tige couchée, velue ; feuilles à 3-5 folioles, ovales-oblongues, à base cunéiforme-allongée, soyeuses-luisantes ; fleurs blanches. ♃ *Lieux sablonneux des bois.*

Fragaria, Poiret. Tige couchée, glabre ; feuilles à 3 folioles arrondies, à base cunéiforme-courte, velues ; fleurs blanches. ♃ *Bois.* Avril.

TORMENTILLA. Diffère du genre *Potentilla* par un calice 8-fide, et 8 pétales. — *Fleurs jaunes.*

Erecta, L. Tormentille. Tige redressée, filiforme ; feuilles sessiles, à 3-5 folioles ovales, un peu ciliées-poilues sur les bords. ♃ *Prés, chemins.*

B. *Réceptacle mou.*

COMARUM. Calice à 10 divisions, dont 5 plus petites ; 5 pétales ; étamines icosandres ; semences nombreuses, monostyles, sur un réceptacle spongieux, nu, persistant. — *Fleurs pourpres.*

Palustre, L. Tige redressée, pubescente, purpurine ; feuilles pinnées, à 5-7 folioles ovales-allongées, dentées, blanches en dessous. ♃ *Marais tourbeux.*

FRAGARIA. Calice 10-fide, dont 5 divisions plus petites ; 5 pétales ; étamines icosandres ; graines nombreuses, monostyles, sur un réceptacle succulent, nu, caduc. — *Fleurs blanches.*

Vesca, L. Fraisier. Folioles à grandes dents; divisions du calice oblongues, se réfléchissant toutes; fruits glabres, caducs. ♃ *Bois.* Avril.

Collina, Ehrh. Folioles ovales, à dents serrées, petites; divisions du calice ovales-lancéolées, les 5 plus petites divergentes; fruits pubescents, marcescents. ♃ *Collines.*

FAMILLE QUATRE-VINGT-ONZIÈME.

LES SPIRÉACÉES.

Voyez les caractères de cette famille, page 256.

SPIRÆA. Calice 5-fide; 5 pétales; étamines icosandres; 3-12 capsules monostyles, uniloculaires, à 1-3 graines.

Filipendula, L. Filipendule. Feuilles ailées, à folioles uniformes, pinnatifides, glabres, unicolores; fleurs blanches, en corymbe. ♃ *Bois sablonneux.*

Ulmaria, L. Reine des prés. Feuilles ailées, à folioles inégales, ovales, pubescentes, blanches en dessous; fleurs blanches, en panicule. ♃ *Prés humides.*

FAMILLE QUATRE-VINGT-DOUZIÈME.

LES AMYGDALÉES.

Voyez les caractères de cette famille, page 256.

AMYGDALUS. Calice 5-fide, caduc; 5 pétales; étamines icosandres; 1 style; drupe couvert d'un duvet court, à noix poreuse. — *Fleurs blanches.*

Communis, L. Amandier. Feuilles lancéolées, arrondies à la base, à dents glanduleuses; fruit ovoïde, cotonneux. ♄ *Cultivé.* Mars.

PERSICA. Calice 5-fide, caduc; 5 pétales; étamines icosandres; 1 style; drupe à noix creusée de sillons profonds. — *Fleurs rosées.*

Vulgaris, Mill. Pêcher. Feuilles lancéolées-ovales, à dents non glanduleuses; fruit cotonneux. ♄ *Cultivé.* Avril.

Lævis, DC. Brugnonier. Feuilles lancéolées-allongées, à dents glanduleuses; fruit lisse. ♄ *Cultivé.* Avril.

PRUNUS. Calice 5-fide, caduc; 5 pétales; étamines icosandres; 1 style; drupe charnu, à noyau oblong, comprimé, avec une ligne saillante au pourtour. — *Fleurs blanches.*

Domestica, L. Prunier. Non épineux; feuilles ovales, pubescentes en dessous; fleurs solitaires; fruit gros, arrondi charnu. ♄ *Cultivé.* Avril.

Sylvatica, Desv. Non épineux; feuilles elliptiques, glabres des 2 côtés; fleurs solitaires; fruit petit, allongé, peu charnu. ♄ *Haies*. Avril.

Spinosa, L. Prunellier. Épineux; feuilles ovales, glabres, un peu ciliées, non décurrentes sur le pétiole; fleurs solitaires; fruit petit, rond, peu charnu. ♄ *Haies*. Avril.

Insititia, L. Épineux; feuilles ovales-lancéolées, velues, décurrentes sur le pétiole; fleurs géminées; fruit assez gros, rond, charnu. ♄ *Bois*. Avril.

CERASUS. Calice 5-fide, caduc; 5 pétales; étamines icosandres; 1 style; drupe charnu, à noyau lisse, arrondi, avec une ligne saillante d'un seul côté. — *Fleurs blanches*.

    * *Fleurs non en ombelle*. (Espèces non comestibles.)

Mahaleb, Mill. Bois de Sainte-Lucie. Feuilles subcordiformes-arrondies, glabres, dentées; 4-6 fleurs en corymbe redressé. ♄ *Bois*. Vigni. Avril. R.

Padus, L. Merisier à grappes. Feuilles ovales, glabres, denticulées-glanduleuses; 20-30 fleurs en grappe penchée. ♄ *Haies, bois*. Avril. R.

    ** *Fleurs en ombelle*. (Espèces comestibles.)

Vulgaris, Mill. Cerisier. Feuilles ovales-lancéolées, glabres, simplement dentées, non glanduleuses; fruit sphérique, acidule. ♄ *Cultivé*. Avril.

Semperflorens, DC. Cerisier de la Toussaint. Feuilles ovales, glabres, doublement dentées-glanduleuses; fruit sphérique, sucré. ♄ *Bois*. Avril.

Juliana, DC. Guignier. Feuilles ovales, glabres, profondément dentées en scie; fruit cordiforme, à chair fondante, noirâtre. ♄ *Cultivé*. Avril.

Avium, Moench. Merisier. Feuilles ovales-élargies, pubescentes en dessous, inégalement dentées; fruit ovoïde, petit, un peu acerbe. ♄ *Bois; cultivé*. Avril.

Duracina, DC. Bigarreautier. Feuilles ovales-élargies, glabres, à dents régulières; fruit cordiforme, à chair ferme, rouge. ♄ *Cultivé*. Avril.

FAMILLE QUATRE-VINGT-TREIZIÈME.

LES RENONCULACÉES.

Voyez les caractères de cette famille, page 256.

+ Genres pourvus d'un calice; feuilles alternes.

§ 1. *Réceptacle ne s'accroissant pas*.

RANUNCULUS. Calice de 5 folioles caduques; 5 pétales à onglet; étamines polyandres; pistils nombreux; graines en même nombre, comprimées, indéhiscentes, pointues.

* Fleurs jaunes. (Espèces terrestres.)

A. Feuilles simples.

Flammula, L. Petite douve. Tige traçante à la base, glabre ; feuilles ovales, pédonculées, les supérieures lancéolées; fleurs pédonculées, terminales. ♃. *Marais.*

Lingua, L. Tige dressée, velue; feuilles lancéolées-linéaires embrassantes; fleurs paniculées. ♃ *Marais.* St.-Gratien. R.

Gramineus, L. Tige dressée, glabre; feuilles linéaires, nervées, sessiles, à poils épars; fleurs en panicule. ♃ *Landes.* Fontainebleau. R.

Nodiflorus, L. Tige dressée, glabre; feuilles ovales, trinervées; fleurs sessiles sur les nœuds des tiges. ⊙ *Bord des mares.* Fontainebleau. R.

B. Toutes les feuilles lobées ou pinnatifides.

a. Semences lisses.

Auricomus, L. Tige faible, presque glabre; feuilles radicales réniformes, entières, puis trilobées-crénelées, les caulinaires digitées, à segments linéaires; fleurs à pétales souvent avortés. ♃ *Bois couverts.* Avril.

Sceleratus, L. Tige dressée, glabre; feuilles semi-5-lobées, à lobe trifide, les supérieures pinnatifides, glabres; pédoncule sillonné. ♃ *Lieux humides.*

Lanuginosus, L. Tige dressée, velue; feuilles à 3-5 divisions cunéiformes, trifides, très-velues; pédoncule non sillonné. ♃ *Bois élevés.*

Acris, L. Bouton d'or. Tige dressée, glabre; feuilles pétiolées, les radicales à 5 lobes principaux, trifides, pubescents, les supérieures sessiles; pédoncule non sillonné. ♃ *Prés humides.*

Repens, L. Tige dressée, à rejets rampants; feuilles à 3 divisions, incisées-lobées, un peu poilues, la moyenne pétiolée; pédoncule sillonné. ♃ *Lieux cultivés.*

Bulbosus, L. Tige bulbeuse à la base; feuilles à divisions trifides, la moyenne pétiolée, à découpures trilobées, très-velues, marquées de taches blanchâtres; pédoncule sillonné. ♃ *Lieux cultivés.*

Chærophyllos, L. Tige uniflore. ♃ *Bois secs.*

b. Semences tuberculeuses ou hérissées d'aspérités.

Philonotis, Willd. Racine fibreuse, fasciculée; tige dressée; feuilles à 3 divisions, incisées-lobées, celle du milieu un peu pétiolée; pédoncule sillonné; graines couvertes de tubercules à pointes courtes. ♃ *Lieux cultivés, frais.*

Parviflorus, L. Tige couchée; feuilles cordiformes, arrondies, sublobées, à laciniures aiguës; fleurs très-petites; graines chargées d'aspérités crochues. ⊙ *Côtes élevées.* Champagne. R.

Arvensis, L. Tige dressée, velue; feuilles à 3 folioles pinnatifides, l'impaire à divisions linéaires; pédoncule sillonné; graines épineuses. ⊙ *Moissons.*

24.

** *Fleurs blanches*. (Espèces aquatiques.)

Hederaceus, L. Tige rampante; toutes les feuilles subréni-
formes, à 3-5 lobes arrondis; graines striées, glabres. ⊙ *Fontaines, prés humides*. St.-Léger. R.

Tripartitus, DC. Tige redressée, velue; feuilles pubescentes
en dessous, les inférieures multifides, à divisions capillaires,
les supérieures arrondies, trilobées; fleurs très-petites;
graines striées, glabres. ⊙ *Marécages*. Fontainebleau. R.

Aquatilis, L. Grenouillette. Toutes les feuilles glabres, parfois entières, à 5 lobes tridentés ou multifides-capillaires, le
plus souvent les intérieures multifides-capillaires, les supérieures à 5 lobes tridentés; fleurs très-grandes; graines
striées, velues. ⊙ *Bords des eaux, ou dans l'eau*.

FICARIA. Calice de 3 folioles; 8-9 pétales écailleux; étamines
polyandres; styles nombreux; autant de semences globuleuses.

Ranunculoides, Roth. Ficaire. Feuilles cordiformes, crénelées-
anguleuses; fleurs jaunes, solitaires sur un pédoncule
presque radical. ♃ *Bois ombragés*. Avril.

HEPATICA. Calice à 3 folioles persistantes; 6 pétales; étamines polyandres; styles nombreux; autant de semences sessiles, nues.

Triloba, Vill. Hépatique. Feuilles à 3 lobes arrondis, entiers,
velus. ♃ *Lieux ombragés*. Villers-Cotterets. Mars.

§ II. *Réceptacle s'accroissant.*

ADONIS. Calice à 5 folioles; 5-8 pétales ou plus, nus; étamines polyandres; styles nombreux; autant de semences sessiles, nues.

Annua, Mill. Adonis. Tige dressée; feuilles pinnatifides, à
segments capillaires, glabres; fleurs rouges ou jaunes, axillaires; graines ridées, pointues. ⊙ *Moissons*.

MYOSURUS. Calice à 5 folioles gibbeuses, colorées; corolle
0; 1 nectaire pétaliforme; 5 étamines; styles nombreux;
autant de semences sessiles, nues.

Minimus, L. Queue de souris. Feuilles linéaires, entières;
fleur blanche, terminale, solitaire. ⊙ *Moissons*. Montmorency. R.

++ Genres dépourvus de calice; feuilles opposées.

ANEMONE. Calice 0; 5-9 pétales; étamines polyandres;
semences nombreuses, monostyles, terminées par une pointe
ou une soie.

* *Graines terminées par une pointe*. (Anemone.)

Nemorosa, L. Sylvie. Hampe poilue; feuilles à 3 folioles
ovales; collerette pédonculée, à folioles ovales; une fleur terminale. ♃ *Bois*. Avril.

Ranunculoides, L. Hampe glabre; feuilles à 5-7 lobes digités; collerette sessile, à folioles allongées; 2 fleurs terminales. ♃ *Prés des bois.* Avril.

Sylvestris, L. Hampe velue; feuilles à 3-5 folioles trifides; collerette pédonculée, à 3-5 folioles multifides; 1 fleur terminale, à semences entourées d'un duvet laineux. ♃ *Bois sablonneux*. Compiègne. R.

** *Graines terminées par une longue queue soyeuse.*
(Pulsatilla.)

Pulsatilla, L. Pulsatille. Hampe uniflore; feuilles tripinnatifides; collerette très-découpée. ♃ *Lieux secs des bois.*

CLEMATIS. Calice 0; 4 pétales; étamines icosandres; graines nombreuses, monostyles, terminées par une longue arête plumeuse.

Vitalba, L. Herbe aux gueux. Tige volubile; feuilles ailées, à pétiole se roulant, à folioles cordiformes, entières. ♄ *Haies.*

THALICTRUM. Calice 0; 4-5 pétales caducs; étamines polyandres; semences nombreuses, monostyles, sillonnées, terminées par une arête nue.

Flavum, L. Rhubarbe des pauvres. Folioles cunéiformes; fleurs à 5 pétales. ♃ *Prés humides.*

Minus, L. Folioles arrondies; fleurs à 4 pétales. ♃ *Taillis sablonneux*. Bois de Boulogne. R.

FAMILLE QUATRE-VINGT-QUATORZIÈME.

LES HELLÉBORACÉES.

Voyez les caractères de cette famille, page 256.

+ *Nectaires contenus dans la fleur.*

HELLEBORUS. Calice de 5 folioles; corolle nulle; 5 nectaires tubuleux; étamines polyandres; 3-5 styles; autant de capsules sessiles.

Fœtidus, L. Pied de griffon. Tige très-rameuse; feuilles pédalées, radicales, à folioles lancéolées-linéaires, serrulées, au sommet; les caulinaires avortées, entières; fleurs verdâtres, terminales. ♃ *Lieux pierreux.*

Viridis, L. Tige presque simple; feuilles pédalées, les radicales, et les caulinaires à folioles ovales-lancéolées, dentées-incisées; fleurs verdâtres. ♃ *Buissons des bois*. Compiègne. R.

KOELLEA. Calice nul; 6-8 pétales, caducs, assis sur un involucre multifide; 5-8 nectaires tubuleux; étamines polyandres; 6-8 capsules pédicellées, monostyles.

Hiemalis, Birta. Hampe unifoliée, uniflore. ♃ *Bois humides.* La queue, en Brie. Mars. R.

NIGELLA. Calice nul; 5 pétales pédicellés; 5 nectaires trifides; étamines polyandres; 3-6 styles; 3-6 capsules à demi adhérentes, polyspermes. — *Fleurs bleu tendre*.

Arvensis, L. Nigelle. Feuilles multifides, à divisions capillaires. ⊙ *Moissons*.

ᴾ PARNASSIA. Calice de 5 folioles, persistant; 5 pétales; 5 nectaires lamelleux, ciliés; 5 étamines; 4 pistils; une capsule à 4 valves.

Palustris, L. Gazon du Parnasse. Feuilles cordiformes, entières; 1 fleur blanche, solitaire, sur une tige unifoliée. ⚥ *Lieux tourbeux*.

++ *Nectaires se prolongeant au-dessous de la fleur*.

AQUILEGIA. Calice nul; 5 pétales irréguliers; nectaire à 5 éperons; 5 styles; étamines nombreuses; 5 capsules réunies par la base.

Vulgaris, L. Ancolie. Feuilles trichotomes, à folioles trilobées, glauques, glabres; fleurs terminales, à nectaires recourbés. ⚥ *Bois*.

DELPHINIUM. Calice nul; 5 pétales irréguliers, dont un éperonné; nectaires bifides; 12-15 étamines; 1-3 pistils; 1-3 capsules siliquiformes.

Consolida, L. Pied d'alouette. Tige à rameaux étalés; fleurs bleu tendre, peu nombreuses, en grappe, à pédicelle plus long que les bractées; capsule glabre. ⊙ *Moissons*.

+++ *Nectaires nuls*.

CALTHA. Calice nul; 5-8 pétales; étamines polyandres; 10-12 capsules monostyles. — *Fleurs jaunes*.

Palustris, L. Souci d'eau. Feuilles cordées-réniformes, crénelées à la base, les supérieures sessiles, crénelées partout. ⚥ *Marécages*. Avril.

FAMILLE QUATRE-VINGT-QUINZIÈME.

LES PAPAVÉRACÉES.

Voyez les caractères de cette famille, page 256.

+ *Calice à 2 folioles*.

PAPAVER. Calice de 2 folioles, caduc; 4 pétales; étamines polyandres; un stigmate sessile, en bouclier, persistant; une capsule cloisonnée, à une loge polysperme.—*Fleurs rougeâtres*.

* *Capsules glabres*.

Somniferum, L. Pavot. Tige glabre; feuilles ovales, amplexicaules, dentées-incisées, glauques; capsule globuleuse, glabre. ⊙ *Lieux cultivés*.

Rhoeas, L. Coquelicot. Tige hispide; feuilles pinnatifides, à segments linéaires, hispides; capsule globuleuse, glabre. ⊙ *Champs*.

Dubium, L. Tige hispide; feuilles deux fois pinnatifides, à segments linéaires, hispides; capsule en massue allongée, glabre. ⊙ *Moissons.*

** *Capsules hérissées.*

Hybridum, L. Tige un peu velue; feuilles 2-3 fois pinnatifides, à segments linéaires; capsule globuleuse, hérissée. ⊙ *Moissons, lieux cultivés.*

Argemone, L. Tige un peu velue; feuilles 2-3 fois pinnatifides, à segments linéaires; capsule en massue, hérissée. ⊙ *Lieux cultivés.*

CHELIDONIUM. Calice de 2 folioles, caduc; 4 pétales; étamines polyandres; 1 stigmate bifide; 1 capsule siliquiforme linéaire, plane, à 1 loge, à 2 valves. *Fleurs jaunes.*

Majus, L. Chélidoine. Feuilles pinnatifides, à folioles arrondies, lobées, glauques en dessous, parfois laciniées. ♃ *Haies, lieux couverts.*

GLAUCIUM. Calice de 2 folioles, caduc; 4 pétales; étamines polyandres; stigmate à 3-4 lobes; 1 capsule siliquiforme, linéaire, arrondie, à 2 loges, à 2 valves. — *Fleurs jaunes.*

Flavum, Crantz. Pavot cornu. Feuilles pinnatifides, épaisses, glauques-pulvérulentes, lobées, les supérieures amplexicaules. ⊙ *Lieux caillouteux.*

HYPECOUM. Calice de 2 folioles, caduc; 4 pétales, les 2 extérieurs plus larges et trifides; 4 étamines; 2 styles; 1 capsule siliquiforme, linéaire, uniloculaire, arquée, à articulations monospermes.

Procumbens, L. Cumin cornu. Feuilles radicales bi ou tripinnées, à folioles ovales, glauques, les florales à segments linéaires; hampe à 3-4 fleurs. ⊙ *Moissons.* Issy. R.

++ *Calice à 4-5 folioles.*

NYMPHÆA. Calice persistant; pétales nombreux, sur un ou plusieurs rangs; étamines polyandres; 1 stigmate; capsule uniloculaire, polysperme.

Alba, L. Nénuphar. Feuilles cordiformes-arrondies; calice de 4 folioles; pétales blancs, sur plusieurs rangs, de la grandeur du calice. ♃ *Eaux.*

Lutea, L. Feuilles cordiformes-ovales; calice de 5 folioles; pétales jaunes, sur un seul rang, plus courts que le calice. ♃ *Eaux.*

ACTÆA. Calice caduc; 4 pétales; étamines polyandres; 1 style; 1 baie à 1 loge polysperme.

Spicata, L. Christophoriane. Feuilles bi ou tripinnées, à folioles ovales, lobées; fleurs blanches, en grappe. ♃ *Taillis montueux.* St-Leu. R.

FAMILLE QUATRE-VINGT-SEIZIÈME.

LES CISTÉES.

Voyez les caractères de cette famille, page 256.

HELIANTHEMUM. Calice de 5 folioles, dont 2 plus petites; 5 pétales; étamines polyandres; 1 style; 1 stigmate; capsule à 3 valves *i* à I loge polysperme. — *Fleurs jaunes.*

+ *Tiges ligneuses.*

A. *Feuilles pourvues de stipules.*

Vulgare, DC. Fleur du soleil. Tige couchée; toutes les feuilles ovales-oblongues, à bords un peu roulés; stipules lancéolées. ♃ *Lieux secs.*

Obscurum, DC. Tige couchée; feuilles inférieures rondes, les supérieures ovales-elliptiques, à bords planes; stipules lancéolées. ♃ *Lieux ombragés des bois.*

Pilosum, DC. Tige dressée, simple; feuilles linéaires, roulées, velues, blanches des 2 côtés; stipules linéaires. ♄ *Rochers.*

Apenninum, DC. Tige couchée, diffuse; feuilles linéaires-lancéolées, planes, pubescentes, blanches en dessous; stipules linéaires. ♄ *Collines pierreuses.* Fontainebleau. R.

Pulverulentum, DC. Tige couchée, diffuse; feuilles linéaires, roulées, pulvérulentes-velues; stipules linéaires. ♄ *Lieux arides.* Fontainebleau. R.

B. *Feuilles dépourvues de stipules.*

Umbellatum, Desf. Tige dressée; feuilles alternes, linéaires, roulées, pubescentes; verticilles de fleurs blanches en ombelle. ♄ *Collines pierreuses.* Fontainebleau. R.

Fumana, Desf. Tige couchée; feuilles alternes, linéaires-sétacées, planes, glabres; fleurs terminales. ♄ *Montagnes arides.* Fontainebleau. R.

++ *Tiges herbacées.*

Guttatum, Mill. Feuilles lancéolées, à 3-5 nervures; fleurs à pétales tachés. ⊙ *Lieux sablonneux des bois.*

FAMILLE QUATRE-VINGT-DIX-SEPTIÈME

LES TILIACÉES.

Voyez les caractères de cette famille, page 256.

TILIA. Calice de 5 folioles, caduc; 5 pétales; étamines polyandres; 1 style; 1 stigmate; capsule globuleuse à 5 valves, à 1 loge polysperme. — *Fleurs verdâtres.*

* *Feuilles glabres sur les 2 faces.*

Mycrophylla, Vent. Feuilles portant des paquets laineux au sommet du pétiole. ♄ *Bois élevés.*

Macrophylla, Mérat. Feuilles sans paquets de poils au sommet du pétiole. ♄ *Cultivé.*

** *Feuilles pubescentes en dessous.*

Platyphyllos, Vent. Tilleul. Feuilles sans paquet laineux sur le pétiole, mais en offrant quelques rudiments aux angles des veines. ♄ *Bois, jardins.*

Rubra, DC. Tilleul de Hollande. Feuilles rougeâtres sans aucun paquet laineux. ♄ *Cultivé* (1).

FAMILLE QUATRE-VINGT-DIX-HUITIÈME.

LES MALVACÉES.

Voyez les caractères de cette famille, page 257.

MALVA. Calice double, l'extérieur à 3 folioles, l'intérieur à 5 divisions; étamines nombreuses, monadelphes; capsules monostyles, réunies circulairement, évalves. — *Fleurs violettes.*

* *Tiges garnies de poils simples.*

Rotundifolia, L. Mauve. Tige couchée, glabre; feuilles cordiformes-orbiculaires, à 5 lobes peu marqués; fruits pubescents, lisses, non réticulés. ⊙ *Bord des chemins.*

Sylvestris, L. Tige dressée, velue; feuilles à 5-7 lobes marqués, crénelés; fruits glabres, chagrinés, réticulés. ♃ *Haies.*

** *Tiges garnies de poils rayonnants.*

Alcea, L. Alcée. Calice extérieur à folioles oblongues, ovales; capsules glabres. ♃ *Bois.* •

Moschata, L. Calice extérieur à folioles linéaires; capsules velues, hérissées. ♃ *Prés des bois.*

ALTÆA. Calice double, l'extérieur à 6-9 divisions, l'intérieur à 5; 5 pétales; étamines nombreuses, monadelphes; capsules monostyles, réunies circulairement, évalves.

Hirsuta, L. Tige hispide; feuilles inférieures réniformes, les supérieures à 3 lobes, dentées-subpinnatifides. ♂ *Buissons, lieux arides.*

FAMILLE QUATRE-VINGT-DIX-NEUVIÈME.

LES HYPÉRICÉES.

Voyez les caractères de cette famille, page 257.

HYPERICUM. Calice à 5 divisions; 5 pétales; étamines nom-

(1) Ces 4 espèces forment dans Linné le T. *Europœa*.

breuses, tridelphes; 3 styles; capsule à 3 loges, 3 valves, polysperme. — *Fleurs jaunes.*

  * *Divisions du calice non bordées de dents glanduleuses.*

Perforatum, L. Millepertuis. Tige dressée, rameuse, marquée de 4 lignes peu saillantes, interrompues; feuilles ovales-lancéolées, perforées abondamment; calice à divisions lancéolées; pétales ovales. ♃ *Bois, prés.*

Tetrapterum, Fries. Tige dressée, simple, marquée de 4 ailes continues; feuilles ovales-larges, à peine perforées; calice à divisions linéaires; pétales linéaires. ♃ *Bois humides.*

Humifusum, L. Tige couchée, à 2 tranchants, filiformes; feuilles elliptiques, glabres, fleurs solitaires; calice à divisions grandes. ⊙ *Bois montueux, découverts.*

  ** *Divisions du calice bordées de dents glanduleuses.*

Pulchrum, L. Tige dressée, glabre; feuilles cordiformes, perforées, glabres, celles du haut perfoliées; calice à divisions ovales. ♃ *Bois secs.*

Montanum, L. Tige dressée, glabre; feuilles ovales-allongées, denticulées, glabres; calice à divisions lancéolées-linéaires. ♃ *Taillis épais.*

Hirsutum, L. Tige dressée, velue; feuilles oblongues, entières, velues, perforées; calice à divisions lancéolées. ♃ *Chemins et fossés des bois.*

Elodes, L. Tige rampante, velue; feuilles rondes, à 5-7 nervures, très-velues; calice à divisions ovales. ♃ *Eaux.* St-Léger. R.

ANDROSÆMUM. Calice à 5 divisions; 5 pétales; étamines nombreuses, quinquadelphes; 3 styles; baie à 1 loge polysperme. — *Fleurs jaunes.*

Officinale, All. Toute saine. Tige à 2 tranchants, ligneuse; feuilles ovales, grandes, glauques en dessous, entières, glabres. ♄ *Bois montagneux.* Valvins. R.

FAMILLE CENTIÈME.

LES VIOLÉES.

Voyez les caractères de cette famille, page 257.

VIOLA. Calice à 5 divisions réfléchies, persistantes; 5 pétales irréguliers, le supérieur plus grand, éperonné; 5 étamines syngénèses; capsule à 3 valves, à 1 loge polysperme.

  * *Stigmate aigu, courbé.*

Palustris, L. Acaule, pas de rejets rampants; feuilles radicales réniformes-arrondies, glabres; fleurs bleu tendre. ♃ *Marais tourbeux.* St-Léger. R.

Odorata, L. Violette. Acaule, à rejets rampants; feuilles cordiformes, glabres; fleurs violettes. ♃ *Bois.* Mars.

Hirta, L. Acaule, pas de rejets rampants; feuilles cordi-formes-allongées, velues; fleurs bleu pâle. ♃ *Lieux tourbeux des bois.*

Canina, L. Tige dressée, glabre; feuilles cordiformes; sti-pules longues, ciliées; fleurs bleu pâle. ♃ *Bois.*

Lancifolia, Thore. Tige dressée, glabre; feuilles ovales-lan-céolées; stipules pinnatifides; fleurs bleu pâle. ♃ *Montagnes boisées.*

** *Stigmate en godet, droit.*

Arvensis, Murray. Pensée sauvage. Tige presque couchée, glabre, ailée; feuilles radicales ovales, les supérieures li-néaires; stipules pinnatifides; corolle un peu plus grande que le calice, blanchâtre. ☉ *Champs sablonneux.*

Tricolor, Lam. Pensée. Tige *idem;* toutes les feuilles ovales; corolle double du calice, tricolore. ☉ *Lieux cultivés.*

Hispida, Lam. Tige presque couchée, hispide; feuilles ova-les-lancéolées, hispides; stipules palmées, à divisions folia-cées; fleurs bleu pâle. ♃ *Coteaux sablonneux.* Mantes. R.

IMPATIENS. Calice de 2 folioles caduques; 4 pétales irrégu-liers, les 2 extérieurs calleux, 1 autre éperonné; 5 étamines syngénèses; capsule à 5 valves, élastique, à 1 loge poly-sperme.

Noli me tangere, L. Tige à articulations renflées; feuilles ovales, à grosses dents; pédoncules à 3-4 fleurs jaunâtres. ♃ *Bois ombragés.* Versailles. R.

FAMILLE CENT ET UNIÈME.

LES POLYGALÉES.

Voyez les caractères de cette famille, page 257.

POLYGALA. Mêmes caractères que ceux de la famille.

* *Espèces à feuilles radicales plus petites que les caulinaires, ne faisant pas la rosette à la base des tiges.*

Vulgaris, L. Herbe au lait. Tige dressée; feuilles inférieures ovales-oblongues, les supérieures lancéolées-linéaires, aiguës; les 2 grandes folioles du calice ovales, obtuses; fleurs bleues, roses ou blanches. ♃ *Prés secs des bois.*

Oxyptera, Reich. Tige couchée; feuilles inférieures ovales-arrondies, les supérieures ovales-lancéolées; les 2 grandes folioles du calice étroites, aiguës; fleurs blanches ou roses. ♃ *Collines élevées.* R.

** *Espèces à feuilles radicales plus grandes que les caulinaires, étalées en rosette à la base de la tige.*

Amara, L. Tige couchée, rameuse; feuilles inférieures obo-vales-arrondies, très-obtuses, grandes, les supérieures linéaires; fleurs grandes, bleues. ♃ *Pelouses sèches, élevées*. St.-Germain. R.

Austriaca, Crantz. Tige dressée, diffuse, les branches latérales couchées; feuilles inférieures obovales, les supérieures lancéolées; fleurs petites, blanches. ♃ *Collines sèches*. Fontainebleau. R.

FAMILLE CENT-DEUXIÈME.

LES FUMARIÉES.

Voyez les caractères de cette famille, page 257.

FUMARIA. Calice de 2 folioles colorées, caduques; 4 pétales irréguliers, dont 1 éperonné; 6 étamines, diadelphes; 1 style; capsule sphérique, monosperme, indéhiscente.

Officinalis, L. Fumeterre. Tige dressée; folioles élargies-cunéiformes; fleurs rougeâtres, en long épi; calice à folioles dentées; capsule aplatie en dessus. ☉ *Lieux cultivés*. Avril.

Parviflora, Lam. Tige dressée; folioles linéaires; fleurs blanchâtres, en épi court; calice à folioles entières, étroites; capsule arrondie en dessus, pointue au sommet. ☉ *Champs*.

Micrantha, Lag. Diffère du *Parviflora* par le calice à folioles larges, et les capsules plus petites. ☉ *Champs*. Mennecy. R.

Capreolata, L. Tige couchée; folioles-cunéiformes; pétioles se roulant; fleurs jaunâtres, en épi court; calice à folioles entières, larges; capsules arrondies, sans pointe. ☉ *Lieux cultivés*.

CORYDALIS. Calice de 2 folioles; 4 pétales irréguliers, dont 1 éperonné; 6 étamines diadelphes; 1 style; capsule siliqueuse à 1 loge polysperme. — *Fleurs rougeâtres*.

Tuberosa, DC. Bulbe creux; feuilles trichotomes, à folioles ovales, sans écailles sous l'inférieure; bractées ovales-lancéolées, entières; éperon enflé, recourbé; fleurs purpurines ou blanches. ♃ *Coteaux des bois*. St-Maur. Avril. R.

Digitata, Pers. Bulbe solide; feuilles trichotomes, à folioles oblongues, avec 1 écaille; bractées palmées; éperon non enflé, droit; fleurs purpurines ou blanches. ♃ *Idem*. Avril. R.

FAMILLE CENT-TROISIÈME.

LES LÉGUMINEUSES.

Voyez les caractères de cette famille, page 257.

+ *Genres à feuilles simples*.

ULEX. Calice à 2 lèvres grandes, concaves; corolle à carène

de 2 folioles; étamines monadelphes; gousse renflée, uniloculaire, polysperme. — *Fleurs jaunes.*

Europæa, L. Ajonc. 2 écailles à la base du pédoncule; calice velu, à dents ovales. ♃ *Haies.*

Nanus, Smith. Pas d'écailles à la base du pédoncule; calice
glabre, à dents lancéolées. ♃ *Lieux stériles.*

GENISTA. Calice en cloche, à 2 lèvres, la supérieure à 2
dents, l'inférieure à 3; corolle à étendard oblong, à carène
pendante; étamines monadelphes; style glabre; gousse oblongue. — *Fleurs jaunes.*

Tinctoria, L. Genêt des teinturiers. Tige non épineuse;
feuilles lancéolées, linéaires; légume glabre, comprimé. ♃
Prés bas.

Anglica, L. Tige épineuse; feuilles lancéolées, aiguës;
légume glabre, enflé. ♃ *Collines pierreuses.*

Pilosa, L. Tige épineuse; feuilles oblongues-lancéolées,
obtuses, petites; légume soyeux, glanduleux, comprimé. ♃
Bruyères.

Sagittalis, L. Tige à 2 ailes, articulée, non épineuse;
feuilles ovales-lancéolées, grandes, très-obtuses; légume velu,
comprimé. *Bois.* Bois de Boulogne. R.

++ *Genres à feuilles à 3 folioles.*

SPARTIUM. Calice en cloche, à 2 lèvres entières, arrondies,
courtes; corolle à étendard obcordé, à carène diphylle; étamines monadelphes; style velu; légume comprimé.

Scoparium, L. Genêt à balai. Feuilles à 3 folioles ovales, les
supérieures simples; fleurs jaunes, solitaires; gousse très-velue. ♃ *Bois stériles.*

CYTISUS. Calice en cloche, à 2 lèvres, la supérieure à 2
dents, l'inférieure à 3; étamines diadelphes, dans la carène;
gousse oblongue. — *Fleurs jaunes.*

Laburnum, L. Aubours. Arbre à folioles ovales, pubescentes; fleurs en grappe pendante; gousse étroite, subpubes-
cente. ♃ *Cultivé.*

Supinus, L. Arbrisseau à tige couchée, à folioles obovales-
cunéiformes, pubescentes; fleurs en tête dressée; fruit très-
velu. ♃ *Collines boisées.* Valvins. R.

ONONIS. Calice en cloche, à 5 divisions linéaires; corolle
à étendard grand, strié; étamines monadelphes; gousse
ovoïde.

* *Fleurs roses.*

Procurrens, Wallr. Tige radicante, épineuse, poilue; folioles ovales-arrondies, poilues-glanduleuses, dentées-rongées;
légume oblong. ♃ *Champs cultivés.*

Spinosa, Wallr. Arrête-bœuf. Tige dressée, très-épineuse,
velue; folioles oblongues-cunéiformes, un peu dentées au
sommet, presque glabres; légume globuleux. ♃ *Champs incultes.*

Altissima, Lam. Tige dressée, inerme, velue-visqueuse;

folioles ovales-cunéliformes, à grandes dents dans toute leur longueur; légume globuleux. ♄ *Lieux herbeux des bois.* St-Germain. R.

** *Fleurs jaunes.*

Columnæ, All. Tige dressée, inerme, pubescente; folioles obovales-cunéiformes, à dents acérées; stipules dentées; fleurs sessiles; légume globuleux. ♃ *Coteaux arides.* St-Maur. R.

Natrix, L. Tige dressée, inerme, velue-visqueuse; folioles lancéolées, denticulées; stipules entières; fleurs sur de longs pédoncules aristés; légume long. ♄ *Idem.* Sèvres. R.

TRIFOLIUM. Calice tubuleux, persistant, à 5 dents; corolle à carène courte; étamines diadelphes; légume très-court, à 1-4 graines.

* *Étendard caduc; calice à dents glabres* (Trifolium).

Glomeratum, L. Tige couchée, glabre; folioles obovales-arrondies, glabres; stipules lancéolées; fleurs rougeâtres, en têtes sessiles, distantes; gousses monospermes. ☉ *Bord des mares.* Mennecy. R.

Strictum, L. Tige couchée, glabre; folioles oblongues-linéaires; stipules rhomboïdales; fleurs rougeâtres, en têtes longuement pédonculées; gousses dispermes. ☉ *Bord des mares.* Fontainebleau. R.

Repens, L. Triolet. Tige rampante, plane, glabre; folioles ovales, marbrées; fleurs blanches ou rosées, en ombelle simple; gousse à 4 graines. ♃ *Prés.*

Elegans, Savi. Tige couchée, pleine, glabre; folioles ovales, élargies, marbrées; fleurs roses, en tête pédicellée; gousse à 2-3 graines. ♃ *Allées des bois.*

Michelianum, Savi. Tige débile, creuse, glabre; folioles obovales; fleurs blanches pédicellées, en tête pédonculée; gousse à 2 graines. ☉ *Prés inondés.* Palaiseau. R.

Montanum, L. Tige dressée, pleine, pubescente; folioles ovales-allongées; fleurs blanches en tête oblongue, pédicellée, à étendard allongé, étroit. ♃ *Bois secs.*

** *Étendard caduc; calice glabre, à dents ciliées.*

Ochroleucum, L. Tige dressée, pleine, pubescente; folioles inférieures obcordées, les supérieures ovales-oblongues; fleurs jaunâtres en épi court, à corolle allongée. ♃ *Prés humides.*

Subterraneum, L. Tige couchée, velue; folioles obcordées; fleurs jaunâtres, en tête pédonculée, qui s'enfouissent en terre. ☉ *Bord des chemins.* Ville-d'Avray. R.

Rubens, L. Tige dressée, glabre; folioles linéaires-lancéolées; fleurs rouges, en épi allongé, sans foliole à la base, à corolle monopétale. ☉ *Bois.*

Medium, L. Tige flexueuse, pubescente; folioles ovales, oblongues-lancéolées; fleurs rougeâtres, en épi globuleux, foliacé à la base, à corolle monopétale. ♃ *Bord des bois.*

*** *Étendard caduc; calice à dents velues.*

Diffusum, Wild. Tige couchée, diffuse, poilue; folioles ovales-allongées; fleurs rougeâtres, en tête pédonculée, foliacée à la base, grosse. ⊙ *Plaines boisées*. Melun. R.

Pratense, L. Tige dressée, fistuleuse, velue; folioles ovales, courtes, marbrées; fleurs rougeâtres, en tête pédonculée, foliacée à la base, à corolle monopétale. ♃ *Prés*.

Incarnatum, L. Tige dressée, fistuleuse, velue; folioles arrondies-cunéiformes, subsessiles en haut; fleurs incarnat, en épi oblong, non foliacé à la base. ⊙ *Bois*.

Arvense, L. Tige relevée, molle, velue; folioles oblongues-linéaires, pointues, soyeuses; fleurs en petites têtes cylindriques, nombreuses, pédicellées, blanc-rose. ⊙ *Lieux sablonneux.*

Scabrum, L. Tige couchée, roide, velue; folioles obcordées; fleurs blanchâtres, en têtes oblongues, foliacées, sessiles; calice à dents roides, piquantes, recourbées. ⊙ *Lieux arides, sablonneux.*

Striatum, L. Tige dressée, pubescente; folioles obovales-cunéiformes; fleurs purpurines en têtes oblongues, foliacées, à calice strié, à dents droites. ⊙ *Bord des chemins des bois sablonneux.*

Fragiferum, L. Trèfle fraise. Tige rampante, un peu velue; folioles ovales; fleurs purpurines, en tête arrondie, à calice enflé, laineux, rougissant. ⊙ *Bord des chemins.*

**** *Étendard persistant, réfléchi; gousses monospermes*
(Chrysaspis).

Parisiense, DC. Tige subdressée, faible, un peu poilue; folioles obovales-lancéolées; l'impaire presque sessile; stipules ovales, glabres, dentées; corolle striée, jaune. ⊙ *Prés humides.* St-Gratien. R.

Campestre, Schreb. Tige dressée, un peu velue; folioles obovales-arrondies, l'impaire à pétiole double; stipules obovales-entières, ciliées; corolle striée, jaune. ⊙ *Moissons.*

Filiforme, L. Tige couchée, grêle, pubescente; folioles obovales-cunéiformes, l'impaire à pétiole double; stipules ovales, entières; corolle non striée. ⊙ *Prés.*

MELILOTUS. Calice en cloche, persistant, à 5 dents; corolle papilionacée; étamines diadelphes; gousses courtes, arrondies, dépassant le calice, indéhiscentes, à 1-3 graines.

Officinalis, L. Mélilot. Folioles ovales-arrondies; fleurs jaunes, en longs épis filiformes, à étendard égal aux ailes et à la carène; gousse pubescente, à 2 graines subcordiformes. ♂ *Champs, bois.*

Vulgaris, Willd. Folioles ovales-elliptiques; fleurs blanches, en longs épis filiformes, à étendard plus long que les ailes et la carène; gousse glabre, à une graine ovale. ⊙ *Champs.*

25.

Lupulina, Desv. Tige couchée; folioles ovales-cunéiformes; stipules élargies, dentées; fleurs jaunes, en épis ovoïdes; gousse réniforme, noircissant. ☉ *Lieux cultivés, chemins.*

Willdenowii, Mérat. Tige subdressée; folioles ovales; stipules lancéolées, entières; fleurs jaunes, en épis ovoïdes; gousse réniforme, noircissant. ♃ *Lieux piétinés par les bestiaux.*

MEDICAGO. Calice cylindrique, à 5 divisions égales; corolle à carène écartée de l'étendard; étamines diadelphes; gousse falciforme, ou en spirale, à semences réniformes. — *Fleurs jaunes* (1).

Falcata, L. Tige couchée; folioles cunéiformes-étroites; fleurs violettes, en grappe; gousse glabre, falciforme, non épineuse. ♃ *Prés secs.*

Sativa, L. Luzerne. Tige dressée; folioles ovales-oblongues; fleurs en grappe; gousse pubescente, faisant 2 tours lâches, non épineuse. ♃ *Prés.*

Scutellata, Allioni. Tige diffuse; folioles ovales, dentées; fleurs jaunes; gousse faisant plusieurs tours inscrits l'un dans l'autre, réticulée, glabre, non épineuse. ☉ *Champs.* B.

Maculata, Willd. Tige presque dressée; folioles obcordées, tachées, entières; gousse glabre, à 3-4 tours épineux, crochus sur les bords. ☉ *Prés humides.*

Muricata, Willd. Tige couchée; folioles-subobcordées-cunéiformes, denticulées; gousse glabre, striée, à 3-4 tours, bordée d'épines courtes, presque droites, divariquées. ☉ *Champs.*

Apiculata, Willd. Tige diffuse; folioles ovales-cunéiformes, submucronées; gousse glabre, à 3-4 tours, bordée de très-courtes épines divariquées. ☉ *Moissons.*

Gerardi, Willd. Tige couchée; folioles cunéiformes-arrondies, courtes, blanchâtres; stipules lancéolées; gousse pubescente, grosse, à 4-5 tours comprimés, bordés d'épines crochues. ☉ *Lieux arides.*

Minima, Willd. Tige couchée; folioles obovales, blanchâtres; stipules ovales-lancéolées, presque entières; gousse pubescente, petite, à 3-4 tours arrondis, bordés de pointes épineuses, d'abord droites, puis courbées au sommet. ☉ *Lieux secs, murailles.*

TRIGONELLA. Calice en cloche, à 5 divisions; corolle à carène très-petite; étamines diadelphes; gousse allongée, comprimée. — *Fleurs jaunes.*

Monspeliaca, L. Folioles cunéiformes, très-obtuses; gousses sessiles, réfléchies, partant du même point, striées. ☉ *Plaines sablonneuses.*

LOTUS. Calice tubuleux, à 5 découpures; corolle à ailes plus courtes que l'étendard; étamines diadelphes; gousse cylindrique. — *Stipules foliacées; fleurs jaunes.*

(1) Sauf la première espèce.

Siliquosus. L. Gousse à 4 ailes. ♃ *Prés humides.*

Corniculatus, L. Tige redressée; folioles ovales - cunéiformes; calice glabre; gousses nues. ♃ *Prés secs, collines.*

Altissimus, Desv. Tige dressée, élevée; folioles obovales, larges; calice poilu-cilié; gousses nues. ♃ *Prés humides.*

PHASEOLUS. Calice à 2 lèvres, la supérieure échancrée, l'inférieure à 3 dents; corolle à étendard réfléchi; étamines, pistil et carène en spirale; gousse allongée, comprimée. — *Fleurs blanches.*

Vulgaris, L. Haricot. Tige volubile, élevée; bractées plus petites que le calice, ouvertes; gousse droite. ⊙ *Cultivé.*

Nanus, L. Haricot nain. Tige non volubile, naine; bractées plus longues que le calice; gousse pendante. ⊙ *Cultivé.*

+++ *Genre à feuilles ailées.*

A. Feuilles ailées avec impaire.

§ I. Fleurs en épi ou en grappe.

ANTHYLLIS. Calice ventru, à 5 dents, persistant; corolle à pétales égaux; étamines monadelphes; gousse arrondie, petite, cachée par le calice.

Vulneraria, L. Vulnéraire. Feuilles à 7-9 folioles inégales, pubescentes; fleurs jaunes, formant 2 têtes, sessiles, séparées par une bractée digitée. ♃ *Prés secs, pelouses des montagnes.* Butte de Sèvres. R.

GALEGA. Calice en cloche, à 5 dents subulées; corolle à pétales égaux; étamines diadelphes; gousse linéaire, droite, comme moniliforme. — *Fleurs blanches.*

Officinalis, L. Rue de chèvre. Feuilles à 13-19 folioles, oblongues, obtuses, mucronées, glabres. ♃ *Taillis élevés.* Sèvres. R.

ROBINIA. Calice à 4 divisions, la supérieure bifide; corolle à pétales égaux; étamines diadelphes; gousse allongée, comprimée, à dos membraneux, aigu. — *Fleurs blanches.*

Pseudo-Acacia, L. Acacia. Feuilles à 11-15 folioles, ovales; stipules géminées, épineuses; pédoncule uniflore. ♄ *Cultivé.*

ONOBRYCHIS. Calice à 5 divisions capillaires, persistant; corolle à ailes courtes; étamines diadelphes; gousse courte, tronquée, comprimée, garnie d'aspérités, à une loge polysperme.

Sativa, Lam. Sainfoin. Feuilles à 17-19 folioles lancéolées; fleurs roses, en épi. ♃ *Cultivé.*

ASTRAGALUS. Calice à 5 dents; corolle à carène obtuse; étamines diadelphes; gousse à deux loges polyspermes.

Glyciphyllos, L. Réglisse bâtarde. Tige couchée; feuilles à 11-13 folioles ovales-oblongues, glabres; fleurs jaunâtres, en épi court; gousse triangulaire, arquée, subulée. ♃ *Bois herbeux.*

Monspessulanus, L. Acaule; feuilles à 20-30 folioles ovales;

hampe à épi terminal court, à fleurs purpurines; gousses amincies en pointe. ♃ *Montagnes.* Mantes. R.

§ II. Fleurs en ombelle simple.

ORNITHOPUS. Calice tubuleux, à 5 dents égales; corolle à carène très-petite; étamines diadelphes; gousse arquée, à plusieurs loges moniliformes, ovoïdes, monospermes. — *Fleurs rosées.*

Perpusillus, L. Pied d'oiseau. Tige couchée, filiforme; feuilles à 15-25 folioles ovales-arrondies, petites; gousses pubescentes. ☉ *Bois sablonneux.*

HIPPOCREPIS. Calice à 5 dents inégales; corolle à étendard linéaire à la base, séparé; étamines diadelphes; gousse à plusieurs loges monospermes, à articulations courbées en fer à cheval.

Comosa, L. Fer à cheval. Tige couchée, un peu ligneuse; feuilles à 7-11 folioles ovales-cunéiformes; gousses étalées, longuement pédonculées. ♃ *Coteaux crayeux.*

CORONILLA. Calice à 2 lèvres, la supérieure à 2 dents, l'inférieure à 3; corolle à étendard plus long que les ailes; étamines diadelphes; légume droit à plusieurs loges monospermes, à articulations ovoïdes.

Minima, L. Tige ligneuse; feuilles à 5-9 folioles obovales-cunéiformes, épaisses, obtuses; stipules échancrées, larges; fleurs jaunes. ♄ *Collines sèches.* Fontainebleau. R.

Varia, L. Tige herbacée; feuilles à 12-16 folioles oblongues-cunéiformes, comme tronquées; stipules linéaires, entières; fleurs roses. ♃ *Prés, champs.*

B. Feuilles ailées, sans impaire, terminées par une vrille.

LATHYRUS. Calice en cloche, à 5 découpures, dont 2 supérieures plus courtes; corolle à étendard plus grand que les ailes et la carène; étamines diadelphes; style plane, élargi vers le sommet; gousse oblongue, comprimée, uniloculaire, polysperme.

* Pédoncule à 1-3 fleurs.

Aphaca, L. Feuilles nulles; stipules grandes, sagittées-cordiformes; vrilles simples; fleurs jaunes; gousse glabre. ☉ *Moissons.*

Nissolia, L. Feuilles simples, linéaires, très-étroites; vrille nulle; fleurs purpurines; gousse glabre. ♃ *Moissons.*

Longepedonculatus, DC. Feuilles à 2 folioles linéaires; vrille rameuse ou simple; fleurs bleu-purpurines; pédoncule uniflore, très-allongé; gousse linéaire, glabre. ☉ *Moissons.*

Sativus, L. Pois carré. Feuilles à 2-4 folioles lancéolées-linéaires; vrille presque simple; fleurs bleu-purpurines; pédoncule uniflore, articulé, à 2 bractées; gousse ovale, glabre, à 2 ailes dorsales. ☉ *Cultivé.*

Cicera, L. Jarosse. Diffère de la précédente parce que les gousses ont seulement un sillon sur le dos, au lieu d'une gouttière. ⊙ *Mélée au* Sativus.

Hirsutus, L. Feuilles à 2 folioles lancéolées; vrille rameuse; fleurs purpurines; pédoncule de 1-3 fleurs; gousse oblongue, velue. ⊙ *Moissons.*

** *Pédoncule portant plus de 3 fleurs.*

Tuberosus, L. Racine tuberculeuse; feuilles à 2 folioles ovales, obtuses; fleurs roses; pédoncule à 5-6 fleurs; gousse allongée, glabre. ♃ *Moissons.*

Pratensis, L. Feuilles à 2 folioles lancéolées; vrilles simples; fleurs jaunes; pédoncule à 4-8 fleurs; gousse oblongue, glabre. ♃ *Bois, prés.*

Palustris, L. Feuilles de 4 à 8 folioles, les inférieures ovales, les supérieures lancéolées; vrilles simples; fleurs bleuâtres; pédoncules à 4-6 fleurs; gousse oblongue, glabre. ♃ *Prés marécageux.* St-Gratien. R.

Sylvestris, L. Feuilles à 2 folioles lancéolées-linéaires, longues, aiguës; pédoncule très-long, à 4-6 fleurs rougeâtres; gousse allongée, glabre. ♃ *Bois.* Bougival. R.

OROBUS. Calice en cloche, à 5 divisions, dont 2 plus courtes; corolle à pétales égaux; étamines diadelphes; style rude en dessous, linéaire, géniculé; gousse presque cylindrique; uniloculaire, polysperme. — *Feuilles non terminées par une vrille; fleurs purpurines.*

Niger, L. Tige rameuse; feuilles à 4-6 paires de folioles, les inférieures lancéolées, les supérieures ovales, noircissant; stipules linéaires, entières. ♃ *Montagnes.* Fontainebleau. R.

Vernus, L. Tige simple; feuilles à 3-4 paires de folioles grandes, ovales-lancéolées; stipules semi-sagittées, ovales, entières. ♃ *Bois.* Montmorency. Avril. R.

Tuberosus, L. Racine tubéreuse; tige simple; feuilles à 4-5 paires de folioles finement ponctuées, ovales-lancéolées; stipules semi-sagittées, lancéolées, dentées. ♃ *Bord des bois.*

PISUM. Calice en cloche, à 5 divisions, 2 supérieures plus courtes; corolle à pétales égaux; étamines diadelphes; style triangulaire, creusé intérieurement en carène; gousse allongées, uniloculaire, polysperme. — *Stipules très-grandes, orbiculaires.*

Sativum, L. Pois. Tige volubile; feuilles à folioles ovales, entières; fleurs blanches; pédoncule biflore. ⊙ *Cultivé.*

Arvense, L. Pisaille. Tige non volubile; feuilles à folioles ovales, dentées; fleurs roses; pédoncule uniflore. ⊙ *Cultivé.*

ERVUM. Calice à 5 divisions égales; corolle à pétales égaux; étamines diadelphes; style droit, court; stigmate en tête, glabre; gousse comprimée, courte, uniloculaire, disperme. —*Fleurs blanches.*

Lens, L. Lentille. Tige non grimpante; feuilles vrillées, à folioles ovales-allongées, entières; stipules lancéolées, entières, simples; gousse glabre. ⊙ *Cultivé.*

Lentoides, Ten. Tige non grimpante; feuilles vrillées, à folioles obovales, les supérieures lancéolées; stipules sagittées, dentées; gousse glabre. ☉ *Parmi la précédente.*

Hirsutum, L. Tige grimpante; feuilles à folioles linéaires tronquées; stipules linéaires, simples ou trifides; gousse velue. ☉ *Haies, buissons.*

VICIA. Calice à 5 dents, 2 plus courtes; corolle à pétales égaux; 1 style allongé, coudé; stigmate filiforme, velu; gousse oblongue, uniloculaire, à plus de 3 graines.

* Fleurs presque sessiles, axillaires.

Sativa, L. Vesce. Tige velue, redressée; feuilles à folioles obcordées, les supérieures obcunéiformes; stipules tachées, avec enfoncement; fleurs purpurines; gousses brunes, à graine globuleuse. ☉ *Cultivé.*

Segetalis, Thuill. Tige velue, redressée; feuilles à folioles ovales, les supérieures ovales-lancéolées; stipules non tachées, sans enfoncement; fleurs purpurines; gousse noire, à graines un peu comprimées, lisses. ☉ *Moissons.*

Angustifolia, Roth. Tige pubescente, couchée; feuilles à folioles obcordées, les supérieures linéaires, tronquées; stipules semi-sagittées, non tachées, sans enfoncement; fleurs purpurines; gousse noire, à graines un peu comprimées, lisses. ☉ *Lieux sablonneux* (1).

Lethyroides, L. Tige dressée, velue, rameuse, petite; feuilles à folioles obcordées, les supérieures ovales-oblongues; une seule fleur violette; gousse oblongue, glabre; graines finement tuberculeuses. ☉ *Lieux secs.*

Pannonica, Jacq. Tige dressée, velue, simple, grande; feuilles à folioles linéaires, échancrées; stipules entières, tachées; fleurs purpurines, pendantes; gousse velue; semences lisses. ☉ *Moissons.* Ivry. R.

Sepium, L. Tige grimpante, glabre; feuilles à folioles ovales-allongées, atténuées au sommet; folioles des feuilles inférieures plus petites, plus arrondies; stipules dentées; fleurs purpurines, un peu pédonculées; gousse glabre. ♃ *Haies.*

Lutea, L. Tige faible, glabre; feuilles à folioles ovales-allongées, ciliées-poilues; fleur jaune solitaire, à étendard glabre; gousse poilue, réfléchie. ☉ *Bois sablonneux.*

Hybrida, L. Diffère du précédent par l'étendard glabre. ☉ *Idem.*

** Fleurs à pédoncule très-long.

Cracca, L. Tige grimpante; feuilles à folioles ovales-lancéolées; pédoncule à 20-30 fleurs purpurines, luisantes en dessous; gousse allongée, glabre. ♃ *Haies, moissons.*

Tenuifolia, Roth. Tige grimpante; folioles linéaires; pédoncules à 12-15 fleurs purpurines; gousse allongée, glabre. ♃ *Idem.*

Pseudo-Cracca, Bert. Tige grimpante; feuilles à folioles

---

(1) Cette espèce et les 2 précédentes forment le V. *sativa*, L.

lancéolées; pédoncules à 5-6 fleurs purpurines; gousse elliptique, glabre. ♃ *Idem* (1).

Tetrasperma, Moench. Tige un peu grimpante; feuilles
à folioles oblongues-linéaires; pédoncule à 1-2 fleurs purpurines; gousse glabre, cylindrique, à 4-6 graines. ☉ *Moissons,*
buissons.

Gracilis, Lois. Tige grimpante, grêle; feuilles à folioles
linéaires; pédoncules à 1-4 fleurs purpurines; gousse plane,
glabre, à 5-8 graines. ☉ *Moissons maigres.*

Ervilia, Willd. Orobe. Tige dressée, presque glabre; feuilles
à folioles lancéolées-linéaires; stipules à 3-5 dents; pédoncule
à une fleur purpurine; gousse glabre, ondulée, articulée,
noueuse, à 3-4 graines anguleuses. ☉ *Moissons.*

Monantha, DC. Tige dressée, glabre; feuilles à folioles linéaires, tronquées-creusées au sommet; stipules laciniées;
pédoncule uniflore; gousse glabre, elliptique,! bossue, à 3
graines comprimées, épaisses. ☉ *Cultivé.*

C. Feuilles ailées sans impaire ni vrilles.

FABA. Calice à 5 dents, les 2 supérieures plus courtes; corolle
à pétales égaux; étamines diadelphes; gousse longue, à
valves charnues, uniloculaire, polysperme.

Vulgaris, Moench. Fève. Tige dressée, glabre; feuilles à
4 folioles ovales, entières, mucronées, alternes; 2-5 fleurs
axillaires, subsessiles, blanc-noir. ☉ *Cultivé.*

CICER. Calice à 5 divisions, dont 4 penchées sur l'étendard;
corolle à pétales égaux; étamines diadelphes; légume court,
gonflé, uniloculaire, disperme. — *Fleurs blanches.*

Arietinum, L. Pois chiche. Feuilles à folioles ovales, dentées
en scie; pédoncule axillaire, uniflore; gousse globuleuse,
velue. ☉ *Cultivé.*

CLASSE QUATORZIÈME (2).

DICOTYLÉDONES SQUAMMIFLORES.

TABLEAU DES FAMILLES DE LA CLASSE QUATORZIÈME.

QUERCINÉES. Fleurs monoïques; les *mâles* disposées en

---

(1) Cette espèce et les 2 précédentes paraissent des variétés de la même
plante.

(2) Les chatns des végétaux de la classe xıv s'épanouissent presque tous en
mars et avril (sauf quelques Saules tardifs); le coudrier les ouvre en février.

chatons lâches, ayant chacune une écaille portant 5-20 étamines; les *femelles* contenues dans un involucre ou cupule, au nombre de I-3, à écaille dentée; ovaire simple, supère, à I ou plusieurs styles; fruit monosperme, enveloppé par l'involucre persistant.

SALICINÉES. Fleurs dioïques; les *mâles* en chaton, à écaille portant de I - 30 étamines; les *femelles* à écaille entière; ovaire simple, supère; style à 2-4 stigmates; capsule à I-2 loges, à plusieurs graines aigrettées.

BÉTULACÉES. Fleurs monoïques ou dioïques; les *mâles* en chaton imbriqué, à écaille portant 4-12 étamines; les *femelles* en chaton, à écaille dentée; ovaire simple, supère, surmonté de 2 styles; fruit indéhiscent, à 2 loges I-spermes.

CONIFÈRES. Fleurs monoïques; les *mâles* en chaton, à écaille portant des étamines sans filet; les *femelles* disposées en cône formé d'écailles nombreuses, imbriquées, à un ou plusieurs ovaires; stigmate simple ou bifide; I noix I-sperme.

FAMILLE CENT-QUATRIÈME.

LES QUERCINÉES.

Voyez les caractères de cette famille, page 299.

+ *Genres à involucre, ou cupule, n'enveloppant qu'en partie le fruit.*

QUERCUS. Fleurs monoïques; les *mâles* en longue grappe simple; I écaille campanulée, à 5-10 lobes; 5-10 étamines; fleurs *femelles* solitaires ou agglomérées; I involucre ou cupule entier, ligneux, écailleux ou hémisphérique; I style très-court; 3 stigmates; I noix supère; I graine bilobée. — *Fleurs herbacées.*

Robur, L. Chêne. Feuilles subsessiles, glabres des 2 côtés; fruits pédonculés. ♄ *Bois.*

Sessiliflora, Smith. Feuilles pétiolées; glabres des 2 côtés; fruits sessiles. ♄ *Bois.*

Pubescens, Willd. Feuilles velues en dessous; fruits sessiles. ♄ *Bois.*

CORYLUS. Fleurs monoïques; les *mâles* en chaton imbriqué, cylindrique; I écaille rhomboïdale, trilobée; 8 étamines; les *femelles*, plusieurs réunies dans un bourgeon écailleux, lacinié; 2 styles saillants; stigmate simple; noix ovoïde, monosperme, à coque osseuse. — *Fleurs herbacées.*

Avellana, L. Noisetier. Feuilles arrondies - cordiformes; stipules arrondies-ovales, obtuses. ♄ *Bois.*

CARPINUS. Fleurs monoïques; les *mâles* en chaton allongé,

à écailles imbriquées, ovales, ciliées; 8-20 étamines; les *femelles* en chaton raboteux; 1 écaille pédiculée, réticulée; 2 styles; 1 noix ovoïde-anguleuse, dentée, 1-loculaire.

Betulus, L. Charme. Feuilles ovales-oblongues-cordiformes, à dents nombreuses, aiguës, inégales; écailles planes. ♄ *Bois.*

++ *Genres à involucre enveloppant entièrement le fruit.*

FAGUS. Fleurs monoïques; les *mâles* en chaton globuleux; 1 écaille à 6 lobes; 8-12 étamines; les *femelles* 2 à 2 dans un involucre hérissé à 4 lobes; 2 styles trifides; 2 graines recouvertes par l'involucre.

Sylvatica, L. Hêtre. Feuilles ovales-arrondies, subentières. ♄ *Bois.*

CASTANEA. Fleurs monoïques; les *mâles* en chaton allongé; 1 écaille à 6 divisions; 5-20 étamines; les *femelles* 2-3 dans un involucre quadrilobé, globuleux, épineux; 6 styles; fruit à enveloppe cuirassée, à 1-3 graines.

Vesca, Gaertn. Châtaignier. Feuilles ovales-lancéolées, à dents sétacées. ♄ *Bois élevés, sablonneux.*

JUGLANS. Fleurs monoïques; les *mâles* en chatons allongés; 3 écailles, l'intérieure trilobée; 12-24 étamines; les *femelles* solitaires dans de petits bourgeons à 4 écailles caduques; 2 styles; stigmate en massue; noix ovoïde, à noyau sillonné, enveloppé par une écorce charnue. — *Fleurs herbacées.*

Regia, L. Noyer. Feuilles pinnées avec impaire, à 5-7 folioles ovales. ♄ *Cultivé.*

FAMILLE CENT-CINQUIÈME.

LES SALICINÉES.

Voyez les caractères de cette famille, page 300.

SALIX. Fleurs dioïques; les *mâles* en chaton allongé; 1 écaille entière, glanduleuse; 2 étamines; les *femelles* en chaton à écailles *idem*; 1 style bifurqué à 2-4 stigmates; capsule à 2 valves, uniloculaire, à plusieurs graines aigrettées. — *Fleurs herbacées.*

* 2 *étamines adhérentes, à anthère noire; feuilles glabres; chatons précoces.*

Purpurea, L. Feuilles lancéolées-obovales; étamines à filet réunies dans toute leur longueur; style court; stigmate ovoïde. ♄ *Bord des rivières.*

Rubra, Huds. Feuilles linéaires-lancéolées; 2 étamines réunies seulement à la base; style allongé; stigmate presque linéaire. ♄ *Idem.*

** 2 *étamines libres; feuilles velues en dedans, très-entières; chatons tardifs.*

26

Viminalis, L. Feuilles lancéolées-linéaires, très-entières, ondulées, argentées en dessous; stipules lancéolées-linéaires; capsules sessiles; stigmate entier. ♄ *Lieux humides.*

Stipularis, Smith. Feuilles lancéolées-linéaires, très-longues, très-entières, ondulées, argentées en dessous; stipules semi-cordées; capsules pédicellées; stigmate entier. ♄ *Oseraies.*

Acuminata, Smith. Feuilles oblongues-lancéolées, très-entières; stipules réniformes; capsules pédicellées; stigmate entier. ♄ *Oseraies.*

*** *2 étamines libres; feuilles velues des 2 côtés, crénelées-ondulées, souvent réticulées; chatons précoces.*

Capræa, L. Marceau. Bourgeons glabres; feuilles elliptiques, crénelées; stipules réniformes; chatons sessiles, à écailles elliptiques-lancéolées. ♄ *Lieux sablonneux.*

Cinerea, L. Bourgeons velus; feuilles lancéolées-obvales, presque dentées en scie; stipules réniformes, subdentées; chatons sessiles; écailles obvales, obtuses. ♄ *Bois tourbeux.*

Aurita, L. Bourgeons glabres; feuilles obovales-arrondies, subdentées; stipules réniformes; chatons pédonculés ♄ *Bord des ruisseaux.*

Repens, L. Tige rampante; feuilles entières; stipules lancéolées; chatons pédonculés; capsule glabre (velue ou pubescente dans les espèces précédentes). ♄ *Sables tourbeux.*

**** *2 étamines libres; feuilles glabres ou pubescentes, denticulées-glanduleuses; chatons tardifs.*

Alba, L. Saule. Feuilles lancéolées, dentées en scie, soyeuses (ou glabres, *S. vitellina*, L.); stipules lancéolées; chatons pédonculés; capsule glabre. ♄ *Bord des eaux.*

Fragilis, L. Feuilles ovales-lancéolées, acuminées, dentées en scie, glabres; stipules semi-cordées; chatons pédonculés; capsule glabre. ♄ *Bord des étangs.*

***** *2-3 étamines libres; feuilles denticulées-glanduleuses, glabres; chatons tardifs.*

Triandra. L. Feuilles linéaires-oblongues; 3 étamines; capsules glabres; stigmate horizontal; écailles glabres. ♄ *Bord des eaux.*

Hippophæfolia, Thuill. Feuilles lancéolées; 2 étamines; capsules tomenteuses; stigmate vertical; écailles velues. ♄ *Bord des eaux.*

POPULUS. Fleurs dioïques; les *mâles* en chaton cylindrique; 1 écaille tronquée, entière; étamines nombreuses; les *femelles* en chaton *idem*; stigmate sessile, 4-fide; capsule globuleuse, à bords résistants, simulant 2 loges, à plusieurs graines aigrettées. — *Fleurs herbacées.*

* *Bourgeons et feuilles velus; 8 étamines.*

Alba, L. Peuplier blanc. Feuilles cordiformes-arrondies, anguleuses-lobées, très-blanches, velues en-dessous, à pétiole épais; stipules lancéolées; chaton court. ♄ *Lieux humides.*

Canescens, Smith. Grisaille. Feuilles arrondies, sinueuses-lobées, cendrées, pubescentes en dessous, à pétiole grêle; stipules linéaires-lancéolées; chaton long. ♄ *Bois.*

Tremula, L. Tremble. Feuilles orbiculaires, glabres des 2 côtés, un peu poilues sur les bords, glauques en-dessous, à pétiole long et grêle; stipules sétacées; chatons allongés. ♄ *Bord des eaux.*

** *Bourgeons et feuilles glabres; 12-20 étamines.*

Nigra, L. Peuplier noir. Rameaux étalés; feuilles subcordiformes-ovales, arrondies à la base, crénelées-dentées. ♄ *Bord des eaux.*

Fastigiata, Poir. Peuplier d'Italie. Rameaux serrés contre la tige; feuilles quadrilatères, à base cunéiforme, dentées-crénelées. ♄ *Lieux humides.*

FAMILLE CENT-SIXIÈME.

LES BÉTULACÉES.

Voyez les caractères de cette famille, page 300.

+ *Fleurs monoïques.*

BETULA. Fleurs monoïques; les *mâles* en chatons grêles; 3 écailles au-dessus l'une de l'autre, les inférieures portant 12-15 étamines, et les supérieures 6-8; les *femelles :* 1 écaille trilobée, à lobe moyen en languette, à 2-3 fleurs à leur base; capsule à 1 loge monosperme; 2 styles environnés d'une large membrane. — *Fleurs herbacées.*

Alba, L. Bouleau. Rameaux glabres, blancs; feuilles ovales-subdeltoïdes, tronquées à la base, doublement dentées, très-glabres, acuminées. ♄ *Bois sablonneux.*

Pubescens, Ehrh. Rameaux velus, grisâtres; feuilles subcordiformes, épaisses, à dents presque égales, pubescentes en dessus, velues en dessous. ♄ *Lieux tourbeux.*

ALNUS. Fleurs monoïques; les *mâles* en chatons grêles; 3 écailles pédicellées, placées sur une plus grande, formant un godet quadrilobé; 4 étamines; les *femelles* en petits chatons ovoïdes; 1 écaille à 4-5 lobes contenant 2 fleurs; capsule comprimée, à 2 loges monospermes, à 2 styles longs.

Glutinosa, Gaertn. Aune. Feuilles arrondies, comme tronquées au sommet, sublobées, dentées, glabres-visqueuses. ♄ *Lieux humides.*

++ *Fleurs dioïques.*

MYRICA. Fleurs dioïques; les *mâles* en chatons ovoïdes; 1 écaille ovale, entière, portant 4 étamines; les *femelles* en petites têtes globuleuses; 1 écaille *idem;* 2 styles; 1 drupe monosperme.

Gale, L. Piment royal. Feuilles lancéolées-cunéiformes, dentées vers le sommet, légèrement pubescentes. ♄ *Marais tourbeux.* St-Léger. R.

FAMILLE CENT-SEPTIÈME.

LES CONIFÈRES.

Voyez les caractères de cette famille, page 300.

+ *Fleurs femelles réunies en cône.*

PINUS. Fleurs monoïques; les *mâles* en chatons oblongs, ramassés, à écailles nombreuses, imbriquées, à 2 anthères; les *femelles* en chatons solitaires ou cônes, à 2 écailles chacune, épaissies et ombiliquées au sommet, ligneuses, ayant à leur base 2 noix osseuses, à 2 stigmates et 1 aile membraneuse. — *Fleurs herbacées.*

Sylvestris, L. Pin. Feuilles 2 à 2, linéaires-arrondies, roides; cônes parfois 2 à 2, aussi longs que les feuilles, à écailles en pyramide raccourcie au sommet. ♃ *Cultivé* (1).

Rubra, Mill. Pin d'Écosse. Feuilles 2 à 2, linéaires-arrondies, roides; cônes verticillés par 4-5, à écaille en pyramide 4-angulaire, allongée. ♃ *Cultivé.*

Maritima, L. Feuilles 2 à 2, linéaires-arrondies, faibles, très-longues; cônes gros, solitaires, à écaille en pyramide 2-angulaire, à pointe obtuse. ♃ *Cultivé.*

ABIES. Fleurs monoïques; les *mâles* en chatons solitaires; 1 écaille à 2 anthères; les *femelles* en chatons ou cônes solitaires, globuleux; 2 écailles différentes, dont l'extérieure plus grande, amincies au sommet; 2 graines à aile membraneuse; 2 stigmates. — *Fleurs herbacées.*

Excelsa, Poir. Épicea. Feuilles solitaires, éparses, 4-angulaires, subulées; cônes pendants. ♃ *Cultivé.*

Pectinata, DC. Sapin. Feuilles solitaires, distiques, planes, échancrées; cônes redressés. ♃ *Cultivé.*

++ *Fleurs femelles solitaires.*

JUNIPERUS. Fleurs monoïques; les *mâles* en chatons solitaires; 1 écaille peltée, pédiculée, uniflore; 8 anthères; les *femelles*, écailles 3 à 3; 2 ovaires à leur base, adhérents, formant, par leur agrégation, un fruit bacciforme; 1-2 graines; 1 style; 1 stigmate globuleux.

Communis, L. Genévrier. Feuilles verticillées par 3, ouvertes, linéaires-lancéolées, aiguës-piquantes, planes-canaliculées; baies petites, noirâtres à leur maturité. ♃ *Collines pierreuses, bois arides.*

FIN.

---

(1) Sur la plupart des Pins sylvestres de la forêt de Fontainebleau, on a greffé le Pin laricio.

TABLE ALPHABÉTIQUE

DES NOMS LATINS ET FRANÇAIS DES FAMILLES
ET DES GENRES DES PLANTES CONTENUS DANS
LE SYNOPSIS DE LA NOUVELLE FLORE DES EN-
VIRONS DE PARIS (I).

————o———

(1) Les noms des familles sont en petites capitales, ceux des genres en
romain et les français en italique.

27

FIN DE LA TABLE.

ERRATA.

—

Page   8, après *Nostoc verrucosum*, ajoutez : Vauch.
- — 109, ligne dernière, *Culthœcola*, lisez : *Calthœcola*.
- — 112, ligne 11, ajoutez une virgule après : cendré.
- — 132, au *Corsinia bischofii*, au lieu de: L.(Linné), mettez: Zeyer, et à la fin ajoutez : Fontainebleau.
- — 139, CINCLITODUS, lisez : CINCLIDOTUS.
- — 142, ligne 24, *leucodon*, mettez : LEUCODON, qui forme genre.
- — 206, après *Cynoglossum officinale*, mettez : cynoglosse, en place de : grande consoude.
- — 211, ligne 6, à *V. arvensis*, ajoutez : L.
  Id.   ligne 12, *hederefolia*, lisez : *hederæfolia*.

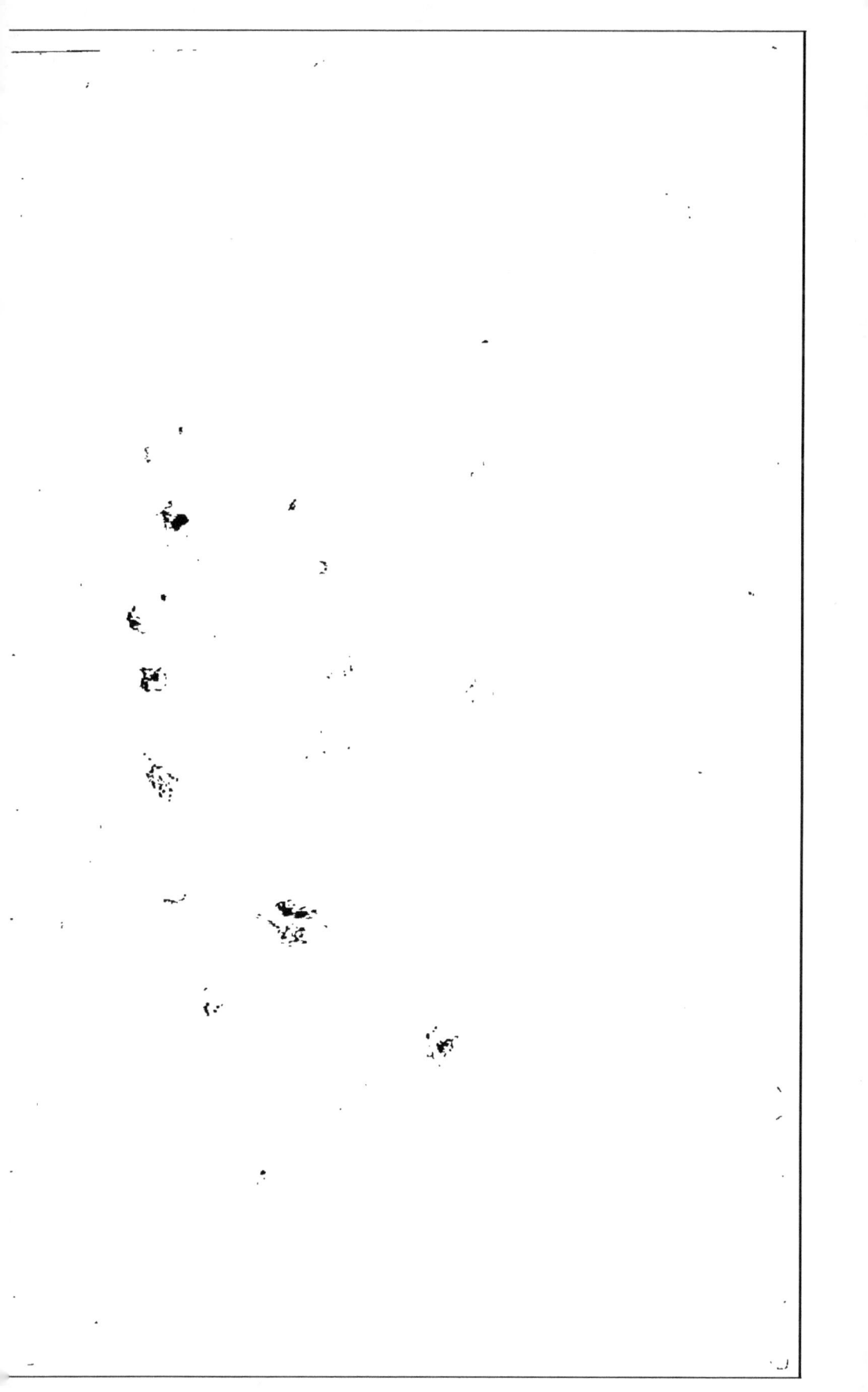

www.ingramcontent.com/pod-product-compliance
Lightning Source LLC
Chambersburg PA
CBHW060411200326
41518CB00009B/1325